융합교육 시리즈 9

STEAM EDUCATION SERIES

# 뺄셈 프랙탈 디자인을 만나다

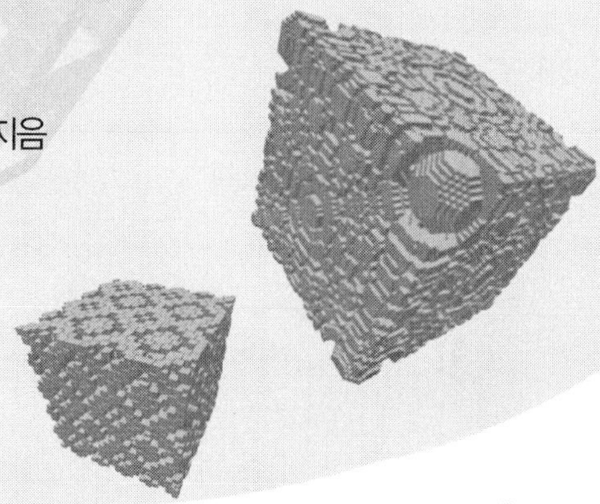

안대영 지음

교우사
KYOWOOSA

# 머리말

프랙탈은 자연을 탐구하는 수학이다. 자연에서 나타나는 자기닮음의 현상을 수학적으로 탐구하는 학문이다. 프랙탈은 자기닮음을 기본으로 한다.

프랙탈을 접한지 20년이 되었다. 프랙탈을 처음 접했을 때의 느낌은 놀라움 이었다. 수학이 살아 움직임을 느꼈다. 단계별로 진행하는 도형을 보면서 세상을 얻은 듯 하였다. 프랙탈을 접하기 전 부터 엑셀에 대한 관심이 있었고, 엑셀을 잘 다루기도 하였다. 대학원 때는 컴퓨터를 전공하기도 했다. 엑셀의 힘과 프랙탈이 만나서 새로운 프랙탈을 만들기 시작했다. 프랙탈을 공부하는 15년 동안은 모방의 시간이었다. 책에 나오는 프랙탈을 엑셀로 풀어보는 정도 였다. 15년 정도 되어서 프랙탈을 다르게 볼 수 있는 기회가 왔다. 단순했다. 프랙탈은 곱셈일 뿐이었다. 곱셈으로 프랙탈을 만들 수 있다는 것은 놀라움 이었다. 그동안 노력했던 모든 것들이 단순한 곱셈일 뿐 이었다. 곱셈에서 덧셈으로 나아가는 것도 많이 시간의 흐름이 있었다. 덧셈, 곱셈, 뺄셈, 나눗셈 모두가 형제 임에도 불구하고, 연산을 적용하는 것은 바로 되지는 않았다.

세상의 넓음 만큼이나 많은 프랙탈이 있다. 왜 이렇게 많은 프랙탈을 이야기 하는 것일까.

자신이 경험한 프랙탈 보다 경험하지 않은 프랙탈이 훨씬 많기 때문이다. 우리가 알고 있는 프랙탈의 지식에서 벗어나 미지의 프랙탈 세상을 경험하고 만들어 보기를 바란다. 자기 일을 돌아보고 남의 일을 돌아 볼 때, 기쁨을 가지는 것처럼, 프랙탈의 더 다양한 세상을 통해 더 큰 기쁨을 가질 수 있다.

수학을 통하여 자신의 즐거움과 타인의 행복을 위해 무엇을 할 것인가에 대한 고민은 자신을 더 풍성하게 한다. 프랙탈을 색칠하기만 해도 된다. 두려움의 수학이 아니라, 함께 느끼고 보는 즐거움의 대상이기를 바란다. 백화점에 갔다. 아름답게 디자인된 유리위에 화장품이 있다. 디자이너가 작품을 만들기까지 많은 시간과 노력이 있었을 것이다. 그들의 수고에 도움이 되었으면 한다. 디자인이란 신의 선물이다. 우리가 아름다움을 느낄 수 있는 마음, 아름다움을 공유할 수 있는 마음, 그 마음의 신의 마음이다. 수학을 통해서 쉽게 생각하고 가질 수 있는 디자인의 세상을 함께 나누기 위해서이다.

세상의 모든 것이 디자인이다. 디자인은 우리 모두가 생각할 수 있다. 우리는 디자이너의 본성을 가지고 있다. 아름다움을 느낄 수 있는 모든 사람을 디자이너이다. 나는 그들에게 디자이너가 되는 조금 쉬운 길을 소개하고 싶다. 디자인은 매력적이다. 디자인을 통해 세상을 아름답게 볼 수 있는 안목과, 아름답게 느낄 수 있는 공감을 통하여 디자인의 세계에 함께 하길 바란다. 누구나 할 수 있다. 수학을 통해 쉽게 갈 수 있는 길이 있기 때문이다. 수학은 도움을 주는 자 이어야 한다. 수학은 봉사 이어야 한다. 수학은 세상을 아름답게 볼 수 있는 힘을 길러 주어야 한다.

그래도 세상이 아름답고, 세상 속에서 아름다움을 함께 나누고, 아름다움을 만들어 가는 힘을 수학이 길러 주었으면 한다. 그 수학의 힘을 디자인이 도왔으면 한다. 프랙탈은 마음이다. 빨셈 프랙탈은 빨셈을 통해 자신이 더 풍부해지는 프랙탈이다. 자기것을 빼 버리지만 더 풍족해지고, 채워지는 프랙탈을 볼 수 있다. 자신에게서 빼 버리지만 자신이 더 채워지는 프랙탈의 힘을 느껴보길 바란다. 프랙탈 디자인이란 새로운 장르를 소개할 수 있는 기회를 주신 오판근 사장님과 편집 관계자 여러분께 감사드립니다. 항상 같은 마음으로 지켜봐준 아내에게도 고마움을 전합니다.

저자
안대영

# 차례

## 3장 빨셈-덧셈 프랙탈 디자인/ 215

제 1 장

# 뺄셈-뺄셈 프랙탈 디자인

# 1 빼셈-빼셈 프랙탈 디자인

빼셈-빼셈 프랙탈은 1단계 프랙탈을 이용하여 2단계 프랙탈을 만들때, 빼셈 프랙탈을 이용한다. 1단계와 2단계를 이용하여 3단계 프랙탈을 만들때도 빼셈 프랙탈을 이용한다.

## (1) 1단계 프랙탈

① 1단계의 프랙탈이 다음과 같이 주어져 있다.

| 0 | 0 | 0 |
|---|---|---|
| 0 | 1 | 0 |
| 0 | 0 | 0 |

## (2) 2단계 빼셈 프랙탈

① 2단계의 프랙탈을 만들어 보자. 1단계 프랙탈을 어떻게 이용하였는지 살펴보자.

| 0 | 0 | 0 | 0 | 0 | 0 | 0 | 0 | 0 |
|---|---|---|---|---|---|---|---|---|
| 0 | 0 | 0 | 0 | 0 | 0 | 0 | 0 | 0 |
| 0 | 0 | 0 | 0 | 0 | 0 | 0 | 0 | 0 |
| 0 | 0 | 0 | 1 | 1 | 1 | 0 | 0 | 0 |
| 0 | 0 | 0 | 1 | 1 | 1 | 0 | 0 | 0 |
| 0 | 0 | 0 | 1 | 1 | 1 | 0 | 0 | 0 |
| 0 | 0 | 0 | 0 | 0 | 0 | 0 | 0 | 0 |
| 0 | 0 | 0 | 0 | 0 | 0 | 0 | 0 | 0 |
| 0 | 0 | 0 | 0 | 0 | 0 | 0 | 0 | 0 |

| 0 | 0 | 0 | 0 | 0 | 0 | 0 | 0 | 0 |
|---|---|---|---|---|---|---|---|---|
| 0 | 1 | 0 | 0 | 1 | 0 | 0 | 1 | 0 |
| 0 | 0 | 0 | 0 | 0 | 0 | 0 | 0 | 0 |
| 0 | 0 | 0 | 0 | 0 | 0 | 0 | 0 | 0 |
| 0 | 1 | 0 | 0 | 1 | 0 | 0 | 1 | 0 |
| 0 | 0 | 0 | 0 | 0 | 0 | 0 | 0 | 0 |
| 0 | 0 | 0 | 0 | 0 | 0 | 0 | 0 | 0 |
| 0 | 1 | 0 | 0 | 1 | 0 | 0 | 1 | 0 |
| 0 | 0 | 0 | 0 | 0 | 0 | 0 | 0 | 0 |

② 두 개의 대응하는 수의 빼셈을 구해보자. 0보다 큰수에 색칠해 보자.

| 0-0 | 0-0 | 0-0 | 0-0 | 0-0 | 0-0 | 0-0 | 0-0 | 0-0 |
|---|---|---|---|---|---|---|---|---|
| 0-0 | 0-1 | 0-0 | 0-0 | 0-1 | 0-0 | 0-0 | 0-1 | 0-0 |
| 0-0 | 0-0 | 0-0 | 0-0 | 0-0 | 0-0 | 0-0 | 0-0 | 0-0 |
| 0-0 | 0-0 | 0-0 | 1-0 | 1-0 | 1-0 | 0-0 | 0-0 | 0-0 |
| 0-0 | 0-1 | 0-0 | 1-0 | 1-1 | 1-0 | 0-0 | 0-1 | 0-0 |
| 0-0 | 0-0 | 0-0 | 1-0 | 1-0 | 1-0 | 0-0 | 0-0 | 0-0 |
| 0-0 | 0-0 | 0-0 | 0-0 | 0-0 | 0-0 | 0-0 | 0-0 | 0-0 |
| 0-0 | 0-1 | 0-0 | 0-0 | 0-1 | 0-0 | 0-0 | 0-1 | 0-0 |
| 0-0 | 0-0 | 0-0 | 0-0 | 0-0 | 0-0 | 0-0 | 0-0 | 0-0 |

| 0 | 0 | 0 | 0 | 0 | 0 | 0 | 0 | 0 |
|---|---|---|---|---|---|---|---|---|
| 0 | -1 | 0 | 0 | -1 | 0 | 0 | -1 | 0 |
| 0 | 0 | 0 | 0 | 0 | 0 | 0 | 0 | 0 |
| 0 | 0 | 0 | 1 | 1 | 1 | 0 | 0 | 0 |
| 0 | -1 | 0 | 1 | 0 | 1 | 0 | -1 | 0 |
| 0 | 0 | 0 | 1 | 1 | 1 | 0 | 0 | 0 |
| 0 | 0 | 0 | 0 | 0 | 0 | 0 | 0 | 0 |
| 0 | -1 | 0 | 0 | -1 | 0 | 0 | -1 | 0 |
| 0 | 0 | 0 | 0 | 0 | 0 | 0 | 0 | 0 |

## (3) 3단계 빽셈 프랙탈

① 1단계 한 개의 셀을 81번 반복해서 만들어 보자.

| 0 | 0 | 0 | 0 | 0 | 0 | 0 | 0 | 0 | 0 | 0 | 0 | 0 | 0 | 0 | 0 | 0 | 0 | 0 | 0 | 0 | 0 | 0 | 0 | 0 | 0 | 0 |
|---|---|---|---|---|---|---|---|---|---|---|---|---|---|---|---|---|---|---|---|---|---|---|---|---|---|---|
| 0 | 0 | 0 | 0 | 0 | 0 | 0 | 0 | 0 | 0 | 0 | 0 | 0 | 0 | 0 | 0 | 0 | 0 | 0 | 0 | 0 | 0 | 0 | 0 | 0 | 0 | 0 |
| 0 | 0 | 0 | 0 | 0 | 0 | 0 | 0 | 0 | 0 | 0 | 0 | 0 | 0 | 0 | 0 | 0 | 0 | 0 | 0 | 0 | 0 | 0 | 0 | 0 | 0 | 0 |
| 0 | 0 | 0 | 0 | 0 | 0 | 0 | 0 | 0 | 0 | 0 | 0 | 0 | 0 | 0 | 0 | 0 | 0 | 0 | 0 | 0 | 0 | 0 | 0 | 0 | 0 | 0 |
| 0 | 0 | 0 | 0 | 0 | 0 | 0 | 0 | 0 | 0 | 0 | 0 | 0 | 0 | 0 | 0 | 0 | 0 | 0 | 0 | 0 | 0 | 0 | 0 | 0 | 0 | 0 |
| 0 | 0 | 0 | 0 | 0 | 0 | 0 | 0 | 0 | 0 | 0 | 0 | 0 | 0 | 0 | 0 | 0 | 0 | 0 | 0 | 0 | 0 | 0 | 0 | 0 | 0 | 0 |
| 0 | 0 | 0 | 0 | 0 | 0 | 0 | 0 | 0 | 0 | 0 | 0 | 0 | 0 | 0 | 0 | 0 | 0 | 0 | 0 | 0 | 0 | 0 | 0 | 0 | 0 | 0 |
| 0 | 0 | 0 | 0 | 0 | 0 | 0 | 0 | 0 | 0 | 0 | 0 | 0 | 0 | 0 | 0 | 0 | 0 | 0 | 0 | 0 | 0 | 0 | 0 | 0 | 0 | 0 |
| 0 | 0 | 0 | 0 | 0 | 0 | 0 | 0 | 0 | 0 | 0 | 0 | 0 | 0 | 0 | 0 | 0 | 0 | 0 | 0 | 0 | 0 | 0 | 0 | 0 | 0 | 0 |
| 0 | 0 | 0 | 0 | 0 | 0 | 0 | 0 | 0 | 1 | 1 | 1 | 1 | 1 | 1 | 1 | 1 | 1 | 0 | 0 | 0 | 0 | 0 | 0 | 0 | 0 | 0 |
| 0 | 0 | 0 | 0 | 0 | 0 | 0 | 0 | 0 | 1 | 1 | 1 | 1 | 1 | 1 | 1 | 1 | 1 | 0 | 0 | 0 | 0 | 0 | 0 | 0 | 0 | 0 |
| 0 | 0 | 0 | 0 | 0 | 0 | 0 | 0 | 0 | 1 | 1 | 1 | 1 | 1 | 1 | 1 | 1 | 1 | 0 | 0 | 0 | 0 | 0 | 0 | 0 | 0 | 0 |
| 0 | 0 | 0 | 0 | 0 | 0 | 0 | 0 | 0 | 1 | 1 | 1 | 1 | 1 | 1 | 1 | 1 | 1 | 0 | 0 | 0 | 0 | 0 | 0 | 0 | 0 | 0 |
| 0 | 0 | 0 | 0 | 0 | 0 | 0 | 0 | 0 | 1 | 1 | 1 | 1 | 1 | 1 | 1 | 1 | 1 | 0 | 0 | 0 | 0 | 0 | 0 | 0 | 0 | 0 |
| 0 | 0 | 0 | 0 | 0 | 0 | 0 | 0 | 0 | 1 | 1 | 1 | 1 | 1 | 1 | 1 | 1 | 1 | 0 | 0 | 0 | 0 | 0 | 0 | 0 | 0 | 0 |
| 0 | 0 | 0 | 0 | 0 | 0 | 0 | 0 | 0 | 1 | 1 | 1 | 1 | 1 | 1 | 1 | 1 | 1 | 0 | 0 | 0 | 0 | 0 | 0 | 0 | 0 | 0 |
| 0 | 0 | 0 | 0 | 0 | 0 | 0 | 0 | 0 | 1 | 1 | 1 | 1 | 1 | 1 | 1 | 1 | 1 | 0 | 0 | 0 | 0 | 0 | 0 | 0 | 0 | 0 |
| 0 | 0 | 0 | 0 | 0 | 0 | 0 | 0 | 0 | 1 | 1 | 1 | 1 | 1 | 1 | 1 | 1 | 1 | 0 | 0 | 0 | 0 | 0 | 0 | 0 | 0 | 0 |
| 0 | 0 | 0 | 0 | 0 | 0 | 0 | 0 | 0 | 0 | 0 | 0 | 0 | 0 | 0 | 0 | 0 | 0 | 0 | 0 | 0 | 0 | 0 | 0 | 0 | 0 | 0 |
| 0 | 0 | 0 | 0 | 0 | 0 | 0 | 0 | 0 | 0 | 0 | 0 | 0 | 0 | 0 | 0 | 0 | 0 | 0 | 0 | 0 | 0 | 0 | 0 | 0 | 0 | 0 |
| 0 | 0 | 0 | 0 | 0 | 0 | 0 | 0 | 0 | 0 | 0 | 0 | 0 | 0 | 0 | 0 | 0 | 0 | 0 | 0 | 0 | 0 | 0 | 0 | 0 | 0 | 0 |
| 0 | 0 | 0 | 0 | 0 | 0 | 0 | 0 | 0 | 0 | 0 | 0 | 0 | 0 | 0 | 0 | 0 | 0 | 0 | 0 | 0 | 0 | 0 | 0 | 0 | 0 | 0 |
| 0 | 0 | 0 | 0 | 0 | 0 | 0 | 0 | 0 | 0 | 0 | 0 | 0 | 0 | 0 | 0 | 0 | 0 | 0 | 0 | 0 | 0 | 0 | 0 | 0 | 0 | 0 |
| 0 | 0 | 0 | 0 | 0 | 0 | 0 | 0 | 0 | 0 | 0 | 0 | 0 | 0 | 0 | 0 | 0 | 0 | 0 | 0 | 0 | 0 | 0 | 0 | 0 | 0 | 0 |
| 0 | 0 | 0 | 0 | 0 | 0 | 0 | 0 | 0 | 0 | 0 | 0 | 0 | 0 | 0 | 0 | 0 | 0 | 0 | 0 | 0 | 0 | 0 | 0 | 0 | 0 | 0 |
| 0 | 0 | 0 | 0 | 0 | 0 | 0 | 0 | 0 | 0 | 0 | 0 | 0 | 0 | 0 | 0 | 0 | 0 | 0 | 0 | 0 | 0 | 0 | 0 | 0 | 0 | 0 |
| 0 | 0 | 0 | 0 | 0 | 0 | 0 | 0 | 0 | 0 | 0 | 0 | 0 | 0 | 0 | 0 | 0 | 0 | 0 | 0 | 0 | 0 | 0 | 0 | 0 | 0 | 0 |

② 2단계의 프랙탈을 한 개로 생각하고 9번 반복해보자.

| 0 | 0 | 0 | 0 | 0 | 0 | 0 | 0 | 0 | 0 | 0 | 0 | 0 | 0 | 0 | 0 | 0 | 0 | 0 | 0 | 0 | 0 | 0 | 0 | 0 | 0 | 0 |
|---|---|---|---|---|---|---|---|---|---|---|---|---|---|---|---|---|---|---|---|---|---|---|---|---|---|---|
| 0 | -1 | 0 | 0 | -1 | 0 | 0 | -1 | 0 | 0 | -1 | 0 | 0 | -1 | 0 | 0 | -1 | 0 | 0 | -1 | 0 | 0 | -1 | 0 | 0 | -1 | 0 |
| 0 | 0 | 0 | 0 | 0 | 0 | 0 | 0 | 0 | 0 | 0 | 0 | 0 | 0 | 0 | 0 | 0 | 0 | 0 | 0 | 0 | 0 | 0 | 0 | 0 | 0 | 0 |
| 0 | 0 | 0 | 1 | 1 | 1 | 0 | 0 | 0 | 0 | 0 | 0 | 1 | 1 | 1 | 0 | 0 | 0 | 0 | 0 | 0 | 1 | 1 | 1 | 0 | 0 | 0 |
| 0 | -1 | 0 | 1 | 0 | 1 | 0 | -1 | 0 | 0 | -1 | 0 | 1 | 0 | 1 | 0 | -1 | 0 | 0 | -1 | 0 | 1 | 0 | 1 | 0 | -1 | 0 |
| 0 | 0 | 0 | 1 | 1 | 1 | 0 | 0 | 0 | 0 | 0 | 0 | 1 | 1 | 1 | 0 | 0 | 0 | 0 | 0 | 0 | 1 | 1 | 1 | 0 | 0 | 0 |
| 0 | 0 | 0 | 0 | 0 | 0 | 0 | 0 | 0 | 0 | 0 | 0 | 0 | 0 | 0 | 0 | 0 | 0 | 0 | 0 | 0 | 0 | 0 | 0 | 0 | 0 | 0 |
| 0 | -1 | 0 | 0 | -1 | 0 | 0 | -1 | 0 | 0 | -1 | 0 | 0 | -1 | 0 | 0 | -1 | 0 | 0 | -1 | 0 | 0 | -1 | 0 | 0 | -1 | 0 |
| 0 | 0 | 0 | 0 | 0 | 0 | 0 | 0 | 0 | 0 | 0 | 0 | 0 | 0 | 0 | 0 | 0 | 0 | 0 | 0 | 0 | 0 | 0 | 0 | 0 | 0 | 0 |
| 0 | 0 | 0 | 0 | 0 | 0 | 0 | 0 | 0 | 0 | 0 | 0 | 0 | 0 | 0 | 0 | 0 | 0 | 0 | 0 | 0 | 0 | 0 | 0 | 0 | 0 | 0 |
| 0 | -1 | 0 | 0 | -1 | 0 | 0 | -1 | 0 | 0 | -1 | 0 | 0 | -1 | 0 | 0 | -1 | 0 | 0 | -1 | 0 | 0 | -1 | 0 | 0 | -1 | 0 |
| 0 | 0 | 0 | 0 | 0 | 0 | 0 | 0 | 0 | 0 | 0 | 0 | 0 | 0 | 0 | 0 | 0 | 0 | 0 | 0 | 0 | 0 | 0 | 0 | 0 | 0 | 0 |
| 0 | 0 | 0 | 1 | 1 | 1 | 0 | 0 | 0 | 0 | 0 | 0 | 1 | 1 | 1 | 0 | 0 | 0 | 0 | 0 | 0 | 1 | 1 | 1 | 0 | 0 | 0 |
| 0 | -1 | 0 | 1 | 0 | 1 | 0 | -1 | 0 | 0 | -1 | 0 | 1 | 0 | 1 | 0 | -1 | 0 | 0 | -1 | 0 | 1 | 0 | 1 | 0 | -1 | 0 |
| 0 | 0 | 0 | 1 | 1 | 1 | 0 | 0 | 0 | 0 | 0 | 0 | 1 | 1 | 1 | 0 | 0 | 0 | 0 | 0 | 0 | 1 | 1 | 1 | 0 | 0 | 0 |
| 0 | 0 | 0 | 0 | 0 | 0 | 0 | 0 | 0 | 0 | 0 | 0 | 0 | 0 | 0 | 0 | 0 | 0 | 0 | 0 | 0 | 0 | 0 | 0 | 0 | 0 | 0 |
| 0 | -1 | 0 | 0 | -1 | 0 | 0 | -1 | 0 | 0 | -1 | 0 | 0 | -1 | 0 | 0 | -1 | 0 | 0 | -1 | 0 | 0 | -1 | 0 | 0 | -1 | 0 |
| 0 | 0 | 0 | 0 | 0 | 0 | 0 | 0 | 0 | 0 | 0 | 0 | 0 | 0 | 0 | 0 | 0 | 0 | 0 | 0 | 0 | 0 | 0 | 0 | 0 | 0 | 0 |
| 0 | 0 | 0 | 0 | 0 | 0 | 0 | 0 | 0 | 0 | 0 | 0 | 0 | 0 | 0 | 0 | 0 | 0 | 0 | 0 | 0 | 0 | 0 | 0 | 0 | 0 | 0 |
| 0 | -1 | 0 | 0 | -1 | 0 | 0 | -1 | 0 | 0 | -1 | 0 | 0 | -1 | 0 | 0 | -1 | 0 | 0 | -1 | 0 | 0 | -1 | 0 | 0 | -1 | 0 |
| 0 | 0 | 0 | 0 | 0 | 0 | 0 | 0 | 0 | 0 | 0 | 0 | 0 | 0 | 0 | 0 | 0 | 0 | 0 | 0 | 0 | 0 | 0 | 0 | 0 | 0 | 0 |
| 0 | 0 | 0 | 1 | 1 | 1 | 0 | 0 | 0 | 0 | 0 | 0 | 1 | 1 | 1 | 0 | 0 | 0 | 0 | 0 | 0 | 1 | 1 | 1 | 0 | 0 | 0 |
| 0 | -1 | 0 | 1 | 0 | 1 | 0 | -1 | 0 | 0 | -1 | 0 | 1 | 0 | 1 | 0 | -1 | 0 | 0 | -1 | 0 | 1 | 0 | 1 | 0 | -1 | 0 |
| 0 | 0 | 0 | 1 | 1 | 1 | 0 | 0 | 0 | 0 | 0 | 0 | 1 | 1 | 1 | 0 | 0 | 0 | 0 | 0 | 0 | 1 | 1 | 1 | 0 | 0 | 0 |
| 0 | 0 | 0 | 0 | 0 | 0 | 0 | 0 | 0 | 0 | 0 | 0 | 0 | 0 | 0 | 0 | 0 | 0 | 0 | 0 | 0 | 0 | 0 | 0 | 0 | 0 | 0 |
| 0 | -1 | 0 | 0 | -1 | 0 | 0 | -1 | 0 | 0 | -1 | 0 | 0 | -1 | 0 | 0 | -1 | 0 | 0 | -1 | 0 | 0 | -1 | 0 | 0 | -1 | 0 |
| 0 | 0 | 0 | 0 | 0 | 0 | 0 | 0 | 0 | 0 | 0 | 0 | 0 | 0 | 0 | 0 | 0 | 0 | 0 | 0 | 0 | 0 | 0 | 0 | 0 | 0 | 0 |

③ ①과 ②에서 같은 위치에 있는 대응하는 셀의 뺄셈을 구해보자.

| 0 | 0 | 0 | 0 | 0 | 0 | 0 | 0 | 0 | 0 | 0 | 0 | 0 | 0 | 0 | 0 | 0 | 0 | 0 | 0 | 0 | 0 | 0 | 0 | 0 | 0 | 0 |
|---|---|---|---|---|---|---|---|---|---|---|---|---|---|---|---|---|---|---|---|---|---|---|---|---|---|---|
| 0 | 1 | 0 | 0 | 1 | 0 | 0 | 1 | 0 | 0 | 1 | 0 | 0 | 1 | 0 | 0 | 1 | 0 | 0 | 1 | 0 | 0 | 1 | 0 | 0 | 1 | 0 |
| 0 | 0 | 0 | 0 | 0 | 0 | 0 | 0 | 0 | 0 | 0 | 0 | 0 | 0 | 0 | 0 | 0 | 0 | 0 | 0 | 0 | 0 | 0 | 0 | 0 | 0 | 0 |
| 0 | 0 | 0 | -1 | -1 | -1 | 0 | 0 | 0 | 0 | 0 | 0 | -1 | -1 | -1 | 0 | 0 | 0 | 0 | 0 | 0 | -1 | -1 | -1 | 0 | 0 | 0 |
| 0 | 1 | 0 | -1 | 0 | -1 | 0 | 1 | 0 | 0 | 1 | 0 | -1 | 0 | -1 | 0 | 1 | 0 | 0 | 1 | 0 | -1 | 0 | -1 | 0 | 1 | 0 |
| 0 | 0 | 0 | -1 | -1 | -1 | 0 | 0 | 0 | 0 | 0 | 0 | -1 | -1 | -1 | 0 | 0 | 0 | 0 | 0 | 0 | -1 | -1 | -1 | 0 | 0 | 0 |
| 0 | 0 | 0 | 0 | 0 | 0 | 0 | 0 | 0 | 0 | 0 | 0 | 0 | 0 | 0 | 0 | 0 | 0 | 0 | 0 | 0 | 0 | 0 | 0 | 0 | 0 | 0 |
| 0 | 1 | 0 | 0 | 1 | 0 | 0 | 1 | 0 | 0 | 1 | 0 | 0 | 1 | 0 | 0 | 1 | 0 | 0 | 1 | 0 | 0 | 1 | 0 | 0 | 1 | 0 |
| 0 | 0 | 0 | 0 | 0 | 0 | 0 | 0 | 0 | 0 | 0 | 0 | 0 | 0 | 0 | 0 | 0 | 0 | 0 | 0 | 0 | 0 | 0 | 0 | 0 | 0 | 0 |
| 0 | 0 | 0 | 0 | 0 | 0 | 0 | 0 | 0 | 1 | 1 | 1 | 1 | 1 | 1 | 1 | 1 | 1 | 0 | 0 | 0 | 0 | 0 | 0 | 0 | 0 | 0 |
| 0 | 1 | 0 | 0 | 1 | 0 | 0 | 1 | 0 | 1 | 2 | 1 | 1 | 2 | 1 | 1 | 2 | 1 | 0 | 1 | 0 | 0 | 1 | 0 | 0 | 1 | 0 |
| 0 | 0 | 0 | 0 | 0 | 0 | 0 | 0 | 0 | 1 | 1 | 1 | 1 | 1 | 1 | 1 | 1 | 1 | 0 | 0 | 0 | 0 | 0 | 0 | 0 | 0 | 0 |
| 0 | 0 | 0 | -1 | -1 | -1 | 0 | 0 | 0 | 1 | 1 | 1 | 0 | 0 | 0 | 1 | 1 | 1 | 0 | 0 | 0 | -1 | -1 | -1 | 0 | 0 | 0 |
| 0 | 1 | 0 | -1 | 0 | -1 | 0 | 1 | 0 | 1 | 2 | 1 | 0 | 1 | 0 | 1 | 2 | 1 | 0 | 1 | 0 | -1 | 0 | -1 | 0 | 1 | 0 |
| 0 | 0 | 0 | -1 | -1 | -1 | 0 | 0 | 0 | 1 | 1 | 1 | 0 | 0 | 0 | 1 | 1 | 1 | 0 | 0 | 0 | -1 | -1 | -1 | 0 | 0 | 0 |
| 0 | 0 | 0 | 0 | 0 | 0 | 0 | 0 | 0 | 1 | 1 | 1 | 1 | 1 | 1 | 1 | 1 | 1 | 0 | 0 | 0 | 0 | 0 | 0 | 0 | 0 | 0 |
| 0 | 1 | 0 | 0 | 1 | 0 | 0 | 1 | 0 | 1 | 2 | 1 | 1 | 2 | 1 | 1 | 2 | 1 | 0 | 1 | 0 | 0 | 1 | 0 | 0 | 1 | 0 |
| 0 | 0 | 0 | 0 | 0 | 0 | 0 | 0 | 0 | 1 | 1 | 1 | 1 | 1 | 1 | 1 | 1 | 1 | 0 | 0 | 0 | 0 | 0 | 0 | 0 | 0 | 0 |
| 0 | 0 | 0 | 0 | 0 | 0 | 0 | 0 | 0 | 0 | 0 | 0 | 0 | 0 | 0 | 0 | 0 | 0 | 0 | 0 | 0 | 0 | 0 | 0 | 0 | 0 | 0 |
| 0 | 1 | 0 | 0 | 1 | 0 | 0 | 1 | 0 | 0 | 1 | 0 | 0 | 1 | 0 | 0 | 1 | 0 | 0 | 1 | 0 | 0 | 1 | 0 | 0 | 1 | 0 |
| 0 | 0 | 0 | 0 | 0 | 0 | 0 | 0 | 0 | 0 | 0 | 0 | 0 | 0 | 0 | 0 | 0 | 0 | 0 | 0 | 0 | 0 | 0 | 0 | 0 | 0 | 0 |
| 0 | 0 | 0 | -1 | -1 | -1 | 0 | 0 | 0 | 0 | 0 | 0 | -1 | -1 | -1 | 0 | 0 | 0 | 0 | 0 | 0 | -1 | -1 | -1 | 0 | 0 | 0 |
| 0 | 1 | 0 | -1 | 0 | -1 | 0 | 1 | 0 | 0 | 1 | 0 | -1 | 0 | -1 | 0 | 1 | 0 | 0 | 1 | 0 | -1 | 0 | -1 | 0 | 1 | 0 |
| 0 | 0 | 0 | -1 | -1 | -1 | 0 | 0 | 0 | 0 | 0 | 0 | -1 | -1 | -1 | 0 | 0 | 0 | 0 | 0 | 0 | -1 | -1 | -1 | 0 | 0 | 0 |
| 0 | 0 | 0 | 0 | 0 | 0 | 0 | 0 | 0 | 0 | 0 | 0 | 0 | 0 | 0 | 0 | 0 | 0 | 0 | 0 | 0 | 0 | 0 | 0 | 0 | 0 | 0 |
| 0 | 1 | 0 | 0 | 1 | 0 | 0 | 1 | 0 | 0 | 1 | 0 | 0 | 1 | 0 | 0 | 1 | 0 | 0 | 1 | 0 | 0 | 1 | 0 | 0 | 1 | 0 |
| 0 | 0 | 0 | 0 | 0 | 0 | 0 | 0 | 0 | 0 | 0 | 0 | 0 | 0 | 0 | 0 | 0 | 0 | 0 | 0 | 0 | 0 | 0 | 0 | 0 | 0 | 0 |

④ 계산 결과가 0보다 큰 수에 색을 칠해 보자.

| 0 | 0 | 0 | 0 | 0 | 0 | 0 | 0 | 0 | 0 | 0 | 0 | 0 | 0 | 0 | 0 | 0 | 0 | 0 | 0 | 0 | 0 | 0 | 0 | 0 | 0 | 0 |
|---|---|---|---|---|---|---|---|---|---|---|---|---|---|---|---|---|---|---|---|---|---|---|---|---|---|---|
| 0 | 1 | 0 | 0 | 1 | 0 | 0 | 1 | 0 | 0 | 1 | 0 | 0 | 1 | 0 | 0 | 1 | 0 | 0 | 1 | 0 | 0 | 1 | 0 | 0 | 1 | 0 |
| 0 | 0 | 0 | 0 | 0 | 0 | 0 | 0 | 0 | 0 | 0 | 0 | 0 | 0 | 0 | 0 | 0 | 0 | 0 | 0 | 0 | 0 | 0 | 0 | 0 | 0 | 0 |
| 0 | 0 | 0 | -1 | -1 | -1 | 0 | 0 | 0 | 0 | 0 | 0 | -1 | -1 | -1 | 0 | 0 | 0 | 0 | 0 | 0 | -1 | -1 | -1 | 0 | 0 | 0 |
| 0 | 1 | 0 | -1 | 0 | -1 | 0 | 1 | 0 | 0 | 1 | 0 | -1 | 0 | -1 | 0 | 1 | 0 | 0 | 1 | 0 | -1 | 0 | -1 | 0 | 1 | 0 |
| 0 | 0 | 0 | -1 | -1 | -1 | 0 | 0 | 0 | 0 | 0 | 0 | -1 | -1 | -1 | 0 | 0 | 0 | 0 | 0 | 0 | -1 | -1 | -1 | 0 | 0 | 0 |
| 0 | 0 | 0 | 0 | 0 | 0 | 0 | 0 | 0 | 0 | 0 | 0 | 0 | 0 | 0 | 0 | 0 | 0 | 0 | 0 | 0 | 0 | 0 | 0 | 0 | 0 | 0 |
| 0 | 1 | 0 | 0 | 1 | 0 | 0 | 1 | 0 | 0 | 1 | 0 | 0 | 1 | 0 | 0 | 1 | 0 | 0 | 1 | 0 | 0 | 1 | 0 | 0 | 1 | 0 |
| 0 | 0 | 0 | 0 | 0 | 0 | 0 | 0 | 0 | 0 | 0 | 0 | 0 | 0 | 0 | 0 | 0 | 0 | 0 | 0 | 0 | 0 | 0 | 0 | 0 | 0 | 0 |
| 0 | 0 | 0 | 0 | 0 | 0 | 0 | 0 | 0 | 1 | 1 | 1 | 1 | 1 | 1 | 1 | 1 | 1 | 0 | 0 | 0 | 0 | 0 | 0 | 0 | 0 | 0 |
| 0 | 1 | 0 | 0 | 1 | 0 | 0 | 1 | 0 | 1 | 2 | 1 | 1 | 2 | 1 | 1 | 2 | 1 | 0 | 1 | 0 | 0 | 1 | 0 | 0 | 1 | 0 |
| 0 | 0 | 0 | 0 | 0 | 0 | 0 | 0 | 0 | 1 | 1 | 1 | 1 | 1 | 1 | 1 | 1 | 1 | 0 | 0 | 0 | 0 | 0 | 0 | 0 | 0 | 0 |
| 0 | 0 | 0 | -1 | -1 | -1 | 0 | 0 | 0 | 1 | 1 | 1 | 0 | 0 | 0 | 1 | 1 | 1 | 0 | 0 | 0 | -1 | -1 | -1 | 0 | 0 | 0 |
| 0 | 1 | 0 | -1 | 0 | -1 | 0 | 1 | 0 | 1 | 2 | 1 | 0 | 1 | 0 | 1 | 2 | 1 | 0 | 1 | 0 | -1 | 0 | -1 | 0 | 1 | 0 |
| 0 | 0 | 0 | -1 | -1 | -1 | 0 | 0 | 0 | 1 | 1 | 1 | 0 | 0 | 0 | 1 | 1 | 1 | 0 | 0 | 0 | -1 | -1 | -1 | 0 | 0 | 0 |
| 0 | 0 | 0 | 0 | 0 | 0 | 0 | 0 | 0 | 1 | 1 | 1 | 1 | 1 | 1 | 1 | 1 | 1 | 0 | 0 | 0 | 0 | 0 | 0 | 0 | 0 | 0 |
| 0 | 1 | 0 | 0 | 1 | 0 | 0 | 1 | 0 | 1 | 2 | 1 | 1 | 2 | 1 | 1 | 2 | 1 | 0 | 1 | 0 | 0 | 1 | 0 | 0 | 1 | 0 |
| 0 | 0 | 0 | 0 | 0 | 0 | 0 | 0 | 0 | 1 | 1 | 1 | 1 | 1 | 1 | 1 | 1 | 1 | 0 | 0 | 0 | 0 | 0 | 0 | 0 | 0 | 0 |
| 0 | 0 | 0 | 0 | 0 | 0 | 0 | 0 | 0 | 0 | 0 | 0 | 0 | 0 | 0 | 0 | 0 | 0 | 0 | 0 | 0 | 0 | 0 | 0 | 0 | 0 | 0 |
| 0 | 1 | 0 | 0 | 1 | 0 | 0 | 1 | 0 | 0 | 1 | 0 | 0 | 1 | 0 | 0 | 1 | 0 | 0 | 1 | 0 | 0 | 1 | 0 | 0 | 1 | 0 |
| 0 | 0 | 0 | 0 | 0 | 0 | 0 | 0 | 0 | 0 | 0 | 0 | 0 | 0 | 0 | 0 | 0 | 0 | 0 | 0 | 0 | 0 | 0 | 0 | 0 | 0 | 0 |
| 0 | 0 | 0 | -1 | -1 | -1 | 0 | 0 | 0 | 0 | 0 | 0 | -1 | -1 | -1 | 0 | 0 | 0 | 0 | 0 | 0 | -1 | -1 | -1 | 0 | 0 | 0 |
| 0 | 1 | 0 | -1 | 0 | -1 | 0 | 1 | 0 | 0 | 1 | 0 | -1 | 0 | -1 | 0 | 1 | 0 | 0 | 1 | 0 | -1 | 0 | -1 | 0 | 1 | 0 |
| 0 | 0 | 0 | -1 | -1 | -1 | 0 | 0 | 0 | 0 | 0 | 0 | -1 | -1 | -1 | 0 | 0 | 0 | 0 | 0 | 0 | -1 | -1 | -1 | 0 | 0 | 0 |
| 0 | 0 | 0 | 0 | 0 | 0 | 0 | 0 | 0 | 0 | 0 | 0 | 0 | 0 | 0 | 0 | 0 | 0 | 0 | 0 | 0 | 0 | 0 | 0 | 0 | 0 | 0 |
| 0 | 1 | 0 | 0 | 1 | 0 | 0 | 1 | 0 | 0 | 1 | 0 | 0 | 1 | 0 | 0 | 1 | 0 | 0 | 1 | 0 | 0 | 1 | 0 | 0 | 1 | 0 |
| 0 | 0 | 0 | 0 | 0 | 0 | 0 | 0 | 0 | 0 | 0 | 0 | 0 | 0 | 0 | 0 | 0 | 0 | 0 | 0 | 0 | 0 | 0 | 0 | 0 | 0 | 0 |

## (4) 엑셀을 이용한 빼셈-빼셈 프랙탈

① 엑셀을 이용해서 2단계는 빼셈 프랙탈, 3단계도 빼셈 프랙탈을 만들어 보자.

| 0 | 0 | 0 |
|---|---|---|
| 0 | 1 | 0 |
| 0 | 0 | 0 |

| 0 | 0 | 0 | 0 | 0 | 0 | 0 | 0 | 0 |
|---|---|---|---|---|---|---|---|---|
| 0 | -1 | 0 | 0 | -1 | 0 | 0 | -1 | 0 |
| 0 | 0 | 0 | 0 | 0 | 0 | 0 | 0 | 0 |
| 0 | 0 | 0 | 1 | 1 | 1 | 0 | 0 | 0 |
| 0 | -1 | 0 | 1 | 0 | 1 | 0 | -1 | 0 |
| 0 | 0 | 0 | 1 | 1 | 1 | 0 | 0 | 0 |
| 0 | 0 | 0 | 0 | 0 | 0 | 0 | 0 | 0 |
| 0 | -1 | 0 | 0 | -1 | 0 | 0 | -1 | 0 |
| 0 | 0 | 0 | 0 | 0 | 0 | 0 | 0 | 0 |

| 0 | 0 | 0 | 0 | 0 | 0 | 0 | 0 | 0 | 0 | 0 | 0 | 0 | 0 | 0 | 0 | 0 | 0 | 0 | 0 | 0 | 0 | 0 | 0 | 0 | 0 | 0 |
|---|---|---|---|---|---|---|---|---|---|---|---|---|---|---|---|---|---|---|---|---|---|---|---|---|---|---|
| 0 | 1 | 0 | 0 | 1 | 0 | 0 | 1 | 0 | 0 | 1 | 0 | 0 | 1 | 0 | 0 | 1 | 0 | 0 | 1 | 0 | 0 | 1 | 0 | 0 | 1 | 0 |
| 0 | 0 | 0 | 0 | 0 | 0 | 0 | 0 | 0 | 0 | 0 | 0 | 0 | 0 | 0 | 0 | 0 | 0 | 0 | 0 | 0 | 0 | 0 | 0 | 0 | 0 | 0 |
| 0 | 0 | 0 | -1 | -1 | -1 | 0 | 0 | 0 | 0 | 0 | 0 | -1 | -1 | -1 | 0 | 0 | 0 | 0 | 0 | 0 | -1 | -1 | -1 | 0 | 0 | 0 |
| 0 | 1 | 0 | -1 | 0 | -1 | 0 | 1 | 0 | 0 | 1 | 0 | -1 | 0 | -1 | 0 | 1 | 0 | 0 | 1 | 0 | -1 | 0 | -1 | 0 | 1 | 0 |
| 0 | 0 | 0 | -1 | -1 | -1 | 0 | 0 | 0 | 0 | 0 | 0 | -1 | -1 | -1 | 0 | 0 | 0 | 0 | 0 | 0 | -1 | -1 | -1 | 0 | 0 | 0 |
| 0 | 0 | 0 | 0 | 0 | 0 | 0 | 0 | 0 | 0 | 0 | 0 | 0 | 0 | 0 | 0 | 0 | 0 | 0 | 0 | 0 | 0 | 0 | 0 | 0 | 0 | 0 |
| 0 | 1 | 0 | 0 | 1 | 0 | 0 | 1 | 0 | 0 | 1 | 0 | 0 | 1 | 0 | 0 | 1 | 0 | 0 | 1 | 0 | 0 | 1 | 0 | 0 | 1 | 0 |
| 0 | 0 | 0 | 0 | 0 | 0 | 0 | 0 | 0 | 0 | 0 | 0 | 0 | 0 | 0 | 0 | 0 | 0 | 0 | 0 | 0 | 0 | 0 | 0 | 0 | 0 | 0 |
| 0 | 0 | 0 | 0 | 0 | 0 | 0 | 0 | 0 | 1 | 1 | 1 | 1 | 1 | 1 | 1 | 1 | 1 | 0 | 0 | 0 | 0 | 0 | 0 | 0 | 0 | 0 |
| 0 | 1 | 0 | 0 | 1 | 0 | 0 | 1 | 0 | 1 | 2 | 1 | 1 | 2 | 1 | 1 | 2 | 1 | 0 | 1 | 0 | 0 | 1 | 0 | 0 | 1 | 0 |
| 0 | 0 | 0 | 0 | 0 | 0 | 0 | 0 | 0 | 1 | 1 | 1 | 1 | 1 | 1 | 1 | 1 | 1 | 0 | 0 | 0 | 0 | 0 | 0 | 0 | 0 | 0 |
| 0 | 0 | 0 | -1 | -1 | -1 | 0 | 0 | 0 | 1 | 1 | 1 | 0 | 0 | 0 | 1 | 1 | 1 | 0 | 0 | 0 | -1 | -1 | -1 | 0 | 0 | 0 |
| 0 | 1 | 0 | -1 | 0 | -1 | 0 | 1 | 0 | 1 | 2 | 1 | 0 | 1 | 0 | 1 | 2 | 1 | 0 | 1 | 0 | -1 | 0 | -1 | 0 | 1 | 0 |
| 0 | 0 | 0 | -1 | -1 | -1 | 0 | 0 | 0 | 1 | 1 | 1 | 0 | 0 | 0 | 1 | 1 | 1 | 0 | 0 | 0 | -1 | -1 | -1 | 0 | 0 | 0 |
| 0 | 0 | 0 | 0 | 0 | 0 | 0 | 0 | 0 | 1 | 1 | 1 | 1 | 1 | 1 | 1 | 1 | 1 | 0 | 0 | 0 | 0 | 0 | 0 | 0 | 0 | 0 |
| 0 | 1 | 0 | 0 | 1 | 0 | 0 | 1 | 0 | 1 | 2 | 1 | 1 | 2 | 1 | 1 | 2 | 1 | 0 | 1 | 0 | 0 | 1 | 0 | 0 | 1 | 0 |
| 0 | 0 | 0 | 0 | 0 | 0 | 0 | 0 | 0 | 1 | 1 | 1 | 1 | 1 | 1 | 1 | 1 | 1 | 0 | 0 | 0 | 0 | 0 | 0 | 0 | 0 | 0 |
| 0 | 0 | 0 | 0 | 0 | 0 | 0 | 0 | 0 | 0 | 0 | 0 | 0 | 0 | 0 | 0 | 0 | 0 | 0 | 0 | 0 | 0 | 0 | 0 | 0 | 0 | 0 |
| 0 | 1 | 0 | 0 | 1 | 0 | 0 | 1 | 0 | 0 | 1 | 0 | 0 | 1 | 0 | 0 | 1 | 0 | 0 | 1 | 0 | 0 | 1 | 0 | 0 | 1 | 0 |
| 0 | 0 | 0 | 0 | 0 | 0 | 0 | 0 | 0 | 0 | 0 | 0 | 0 | 0 | 0 | 0 | 0 | 0 | 0 | 0 | 0 | 0 | 0 | 0 | 0 | 0 | 0 |
| 0 | 0 | 0 | -1 | -1 | -1 | 0 | 0 | 0 | 0 | 0 | 0 | -1 | -1 | -1 | 0 | 0 | 0 | 0 | 0 | 0 | -1 | -1 | -1 | 0 | 0 | 0 |
| 0 | 1 | 0 | -1 | 0 | -1 | 0 | 1 | 0 | 0 | 1 | 0 | -1 | 0 | -1 | 0 | 1 | 0 | 0 | 1 | 0 | -1 | 0 | -1 | 0 | 1 | 0 |
| 0 | 0 | 0 | -1 | -1 | -1 | 0 | 0 | 0 | 0 | 0 | 0 | -1 | -1 | -1 | 0 | 0 | 0 | 0 | 0 | 0 | -1 | -1 | -1 | 0 | 0 | 0 |
| 0 | 0 | 0 | 0 | 0 | 0 | 0 | 0 | 0 | 0 | 0 | 0 | 0 | 0 | 0 | 0 | 0 | 0 | 0 | 0 | 0 | 0 | 0 | 0 | 0 | 0 | 0 |
| 0 | 1 | 0 | 0 | 1 | 0 | 0 | 1 | 0 | 0 | 1 | 0 | 0 | 1 | 0 | 0 | 1 | 0 | 0 | 1 | 0 | 0 | 1 | 0 | 0 | 1 | 0 |
| 0 | 0 | 0 | 0 | 0 | 0 | 0 | 0 | 0 | 0 | 0 | 0 | 0 | 0 | 0 | 0 | 0 | 0 | 0 | 0 | 0 | 0 | 0 | 0 | 0 | 0 | 0 |

② 2단계 빼셈 프랙탈을 다음과 같이 입력해보자.

| 0 | 0 | 0 |
|---|---|---|
| 0 | 1 | 0 |
| 0 | 0 | 0 |

| =$B$2-B2 | =$B$2-C2 | =$B$2-D2 | =$C$2-B2 | =$C$2-C2 | =$C$2-D2 | =$D$2-B2 | =$D$2-C2 | =$D$2-D2 |
|---|---|---|---|---|---|---|---|---|
| =$B$2-B3 | =$B$2-C3 | =$B$2-D3 | =$C$2-B3 | =$C$2-C3 | =$C$2-D3 | =$D$2-B3 | =$D$2-C3 | =$D$2-D3 |
| =$B$2-B4 | =$B$2-C4 | =$B$2-D4 | =$C$2-B4 | =$C$2-C4 | =$C$2-D4 | =$D$2-B4 | =$D$2-C4 | =$D$2-D4 |
| =$B$3-B2 | =$B$3-C2 | =$B$3-D2 | =$C$3-B2 | =$C$3-C2 | =$C$3-D2 | =$D$3-B2 | =$D$3-C2 | =$D$3-D2 |
| =$B$3-B3 | =$B$3-C3 | =$B$3-D3 | =$C$3-B3 | =$C$3-C3 | =$C$3-D3 | =$D$3-B3 | =$D$3-C3 | =$D$3-D3 |
| =$B$3-B4 | =$B$3-C4 | =$B$3-D4 | =$C$3-B4 | =$C$3-C4 | =$C$3-D4 | =$D$3-B4 | =$D$3-C4 | =$D$3-D4 |
| =$B$4-B2 | =$B$4-C2 | =$B$4-D2 | =$C$4-B2 | =$C$4-C2 | =$C$4-D2 | =$D$4-B2 | =$D$4-C2 | =$D$4-D2 |
| =$B$4-B3 | =$B$4-C3 | =$B$4-D3 | =$C$4-B3 | =$C$4-C3 | =$C$4-D3 | =$D$4-B3 | =$D$4-C3 | =$D$4-D3 |
| =$B$4-B4 | =$B$4-C4 | =$B$4-D4 | =$C$4-B4 | =$C$4-C4 | =$C$4-D4 | =$D$4-B4 | =$D$4-C4 | =$D$4-D4 |

③ 먼저 입력할 부분을 영역설정한다.

| | A | B | C | D | E | F | G | H |
|---|---|---|---|---|---|---|---|---|
| 1 | | | | | | | | |
| 2 | | 0 | 0 | 0 | | | | |
| 3 | | 0 | 1 | 0 | | | | |
| 4 | | 0 | 0 | 0 | | | | |

④ F2셀에 '=$B$2-B2'를 입력하자.

| | A | B | C | D | E | F | G | H |
|---|---|---|---|---|---|---|---|---|
| 1 | | | | | | | | |
| 2 | | 0 | 0 | 0 | | =$B$2-B2 | | |
| 3 | | 0 | 1 | 0 | | | | |
| 4 | | 0 | 0 | 0 | | | | |

⑤ [Ctrl]를 누른 상태에서 [Enter↵]를 누른다. 아래와 같이 입력된다.
앞 부분은 절대셀로 고정한다. 뒤 부분은 상대셀을 이용한다.

| | A | B | C | D | E | F | G | H |
|---|---|---|---|---|---|---|---|---|
| 1 | | | | | | | | |
| 2 | | 0 | 0 | 0 | | =$B$2-B2 | =$B$2-C2 | =$B$2-D2 |
| 3 | | 0 | 1 | 0 | | =$B$2-B3 | =$B$2-C3 | =$B$2-D3 |
| 4 | | 0 | 0 | 0 | | =$B$2-B4 | =$B$2-C4 | =$B$2-D4 |

⑥ 다른 셀에 대해서도 같은 방법으로 2단계 빽셈 프랙탈을 채워보자.

⑦ 3단계 빽셈 프랙탈도 2단계와 같은 방법으로 입력해 보자.

| | B | C | D | F | G | H | I | J | K | L | M | N |
|---|---|---|---|---|---|---|---|---|---|---|---|---|
| 1 | | | | | | | | | | | | |
| 2 | 0 | 0 | 0 | 0 | 0 | 0 | 0 | 0 | 0 | 0 | 0 | 0 |
| 3 | 0 | 1 | 0 | 0 | -1 | 0 | 0 | -1 | 0 | 0 | -1 | 0 |
| 4 | 0 | 0 | 0 | 0 | 0 | 0 | 0 | 0 | 0 | 0 | 0 | 0 |
| 5 | | | | 0 | 0 | 0 | 1 | 1 | 1 | 0 | 0 | 0 |
| 6 | | | | 0 | -1 | 0 | 1 | 0 | 1 | 0 | -1 | 0 |
| 7 | | | | 0 | 0 | 0 | 1 | 1 | 1 | 0 | 0 | 0 |
| 8 | | | | 0 | 0 | 0 | 0 | 0 | 0 | 0 | 0 | 0 |
| 9 | | | | 0 | -1 | 0 | 0 | -1 | 0 | 0 | -1 | 0 |
| 10 | | | | 0 | 0 | 0 | 0 | 0 | 0 | 0 | 0 | 0 |

| | P | Q | R | S | T | U | V | W | X |
|---|---|---|---|---|---|---|---|---|---|
| 1 | | | | | | | | | |
| 2 | =$B$2-F2 | =$B$2-G2 | =$B$2-H2 | =$B$2-I2 | =$B$2-J2 | =$B$2-K2 | =$B$2-L2 | =$B$2-M2 | =$B$2-N2 |
| 3 | =$B$2-F3 | =$B$2-G3 | =$B$2-H3 | =$B$2-I3 | =$B$2-J3 | =$B$2-K3 | =$B$2-L3 | =$B$2-M3 | =$B$2-N3 |
| 4 | =$B$2-F4 | =$B$2-G4 | =$B$2-H4 | =$B$2-I4 | =$B$2-J4 | =$B$2-K4 | =$B$2-L4 | =$B$2-M4 | =$B$2-N4 |
| 5 | =$B$2-F5 | =$B$2-G5 | =$B$2-H5 | =$B$2-I5 | =$B$2-J5 | =$B$2-K5 | =$B$2-L5 | =$B$2-M5 | =$B$2-N5 |
| 6 | =$B$2-F6 | =$B$2-G6 | =$B$2-H6 | =$B$2-I6 | =$B$2-J6 | =$B$2-K6 | =$B$2-L6 | =$B$2-M6 | =$B$2-N6 |
| 7 | =$B$2-F7 | =$B$2-G7 | =$B$2-H7 | =$B$2-I7 | =$B$2-J7 | =$B$2-K7 | =$B$2-L7 | =$B$2-M7 | =$B$2-N7 |
| 8 | =$B$2-F8 | =$B$2-G8 | =$B$2-H8 | =$B$2-I8 | =$B$2-J8 | =$B$2-K8 | =$B$2-L8 | =$B$2-M8 | =$B$2-N8 |
| 9 | =$B$2-F9 | =$B$2-G9 | =$B$2-H9 | =$B$2-I9 | =$B$2-J9 | =$B$2-K9 | =$B$2-L9 | =$B$2-M9 | =$B$2-N9 |
| 10 | =$B$2-F10 | =$B$2-G10 | =$B$2-H10 | =$B$2-I10 | =$B$2-J10 | =$B$2-K10 | =$B$2-L10 | =$B$2-M10 | =$B$2-N10 |

⑧ 일부를 확대하였다.

| | B | C | D | F | G | H | I | J | K | L | M | N |
|---|---|---|---|---|---|---|---|---|---|---|---|---|
| 1 | | | | | | | | | | | | |
| 2 | 0 | 0 | 0 | 0 | 0 | 0 | 0 | 0 | 0 | 0 | 0 | 0 |
| 3 | 0 | 1 | 0 | 0 | -1 | 0 | 0 | -1 | 0 | 0 | -1 | 0 |
| 4 | 0 | 0 | 0 | 0 | 0 | 0 | 0 | 0 | 0 | 0 | 0 | 0 |
| 5 | | | | 0 | 0 | 0 | 1 | 1 | 1 | 0 | 0 | 0 |
| 6 | | | | 0 | -1 | 0 | 1 | 0 | 1 | 0 | -1 | 0 |
| 7 | | | | 0 | 0 | 0 | 1 | 1 | 1 | 0 | 0 | 0 |
| 8 | | | | 0 | 0 | 0 | 0 | 0 | 0 | 0 | 0 | 0 |
| 9 | | | | 0 | -1 | 0 | 0 | -1 | 0 | 0 | -1 | 0 |
| 10 | | | | 0 | 0 | 0 | 0 | 0 | 0 | 0 | 0 | 0 |

| | P | Q | R | S |
|---|---|---|---|---|
| 1 | | | | |
| 2 | =$B$2-F2 | =$B$2-G2 | =$B$2-H2 | =$B$2-I2 |
| 3 | =$B$2-F3 | =$B$2-G3 | =$B$2-H3 | =$B$2-I3 |
| 4 | =$B$2-F4 | =$B$2-G4 | =$B$2-H4 | =$B$2-I4 |
| 5 | =$B$2-F5 | =$B$2-G5 | =$B$2-H5 | =$B$2-I5 |
| 6 | =$B$2-F6 | =$B$2-G6 | =$B$2-H6 | =$B$2-I6 |
| 7 | =$B$2-F7 | =$B$2-G7 | =$B$2-H7 | =$B$2-I7 |
| 8 | =$B$2-F8 | =$B$2-G8 | =$B$2-H8 | =$B$2-I8 |
| 9 | =$B$2-F9 | =$B$2-G9 | =$B$2-H9 | =$B$2-I9 |
| 10 | =$B$2-F10 | =$B$2-G10 | =$B$2-H10 | =$B$2-I10 |

## (5) 엑셀을 이용한 빨셈-빨셈 프랙탈 조건부 서식

① 엑셀 메뉴의 [파일][옵션][고급]에서 [0값이 있는 셀에 0표시] 체크를 하지 않는다.

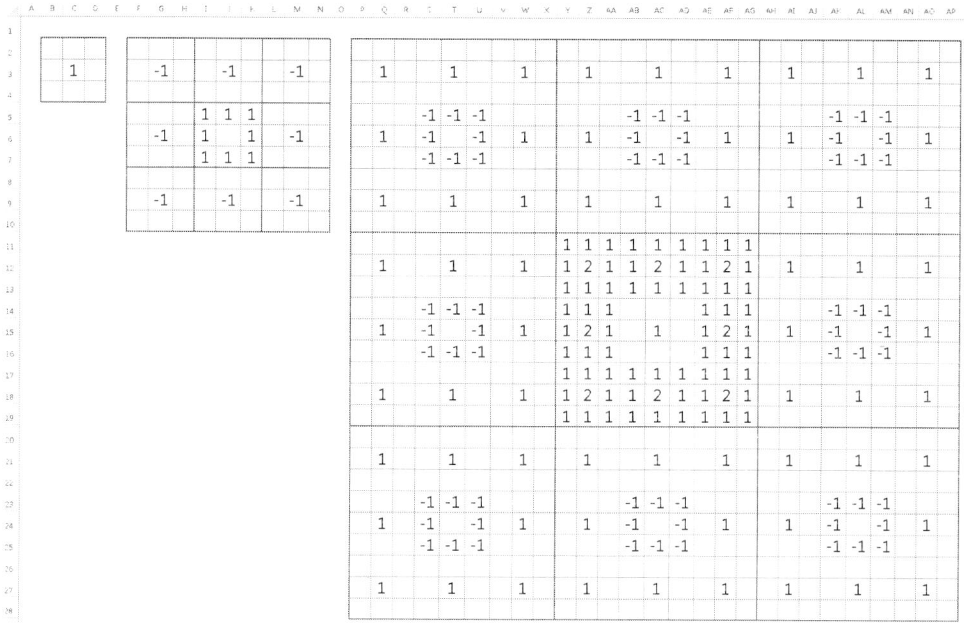

② 엑셀 메뉴의 [홈] [조건부 서식] [셀 강조 규칙]에서 [보다 큼]에서 0보다 큼을 선택한다.

③ 사용자 지정 서식에서 원하는 색으로 채워보자.

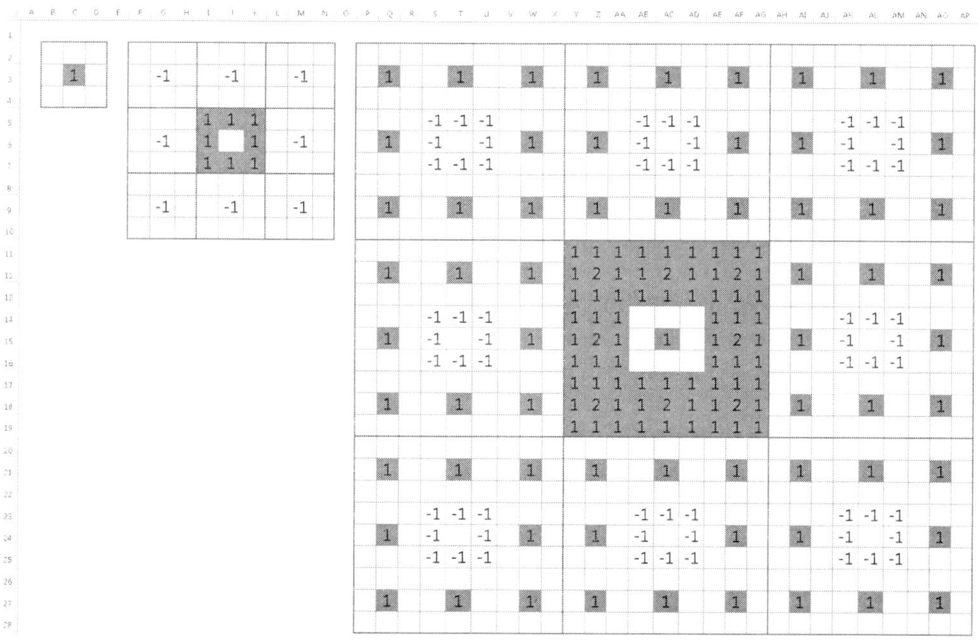

## 2 3×3 빨셈-빨셈 프랙탈

### (1) 1단계 1개

① $\log_3 1 = 0$

| 0 | 0 | 0 |
|---|---|---|
| 0 | 1 | 0 |
| 0 | 0 | 0 |

② $\log_9 16 = 1.262$

| 0 | 0 | 0 | 0 | 0 | 0 | 0 | 0 | 0 |
|---|---|---|---|---|---|---|---|---|
| 0 | -1 | 0 | 0 | -1 | 0 | 0 | -1 | 0 |
| 0 | 0 | 0 | 0 | 0 | 0 | 0 | 0 | 0 |
| 0 | 0 | 0 | 1 | 1 | 1 | 0 | 0 | 0 |
| 0 | -1 | 0 | 1 | 0 | 1 | 0 | -1 | 0 |
| 0 | 0 | 0 | 1 | 1 | 1 | 0 | 0 | 0 |
| 0 | 0 | 0 | 0 | 0 | 0 | 0 | 0 | 0 |
| 0 | -1 | 0 | 0 | -1 | 0 | 0 | -1 | 0 |
| 0 | 0 | 0 | 0 | 0 | 0 | 0 | 0 | 0 |

③ $\log_{27} 201 = 1.609$

| 0 | 0 | 0 | 0 | 0 | 0 | 0 | 0 | 0 | 0 | 0 | 0 | 0 | 0 | 0 | 0 | 0 | 0 | 0 | 0 | 0 | 0 | 0 | 0 | 0 | 0 | 0 |
|---|---|---|---|---|---|---|---|---|---|---|---|---|---|---|---|---|---|---|---|---|---|---|---|---|---|---|
| 0 | -1 | 0 | 0 | -1 | 0 | 0 | -1 | 0 | 0 | -1 | 0 | 0 | -1 | 0 | 0 | -1 | 0 | 0 | -1 | 0 | 0 | -1 | 0 | 0 | -1 | 0 |
| 0 | 0 | 0 | 0 | 0 | 0 | 0 | 0 | 0 | 0 | 0 | 0 | 0 | 0 | 0 | 0 | 0 | 0 | 0 | 0 | 0 | 0 | 0 | 0 | 0 | 0 | 0 |
| 0 | 0 | 0 | 1 | 1 | 1 | 0 | 0 | 0 | 0 | 0 | 0 | 1 | 1 | 1 | 0 | 0 | 0 | 0 | 0 | 0 | 1 | 1 | 1 | 0 | 0 | 0 |
| 0 | -1 | 0 | 1 | 0 | 1 | 0 | -1 | 0 | 0 | -1 | 0 | 1 | 0 | 1 | 0 | -1 | 0 | 0 | -1 | 0 | 1 | 0 | 1 | 0 | -1 | 0 |
| 0 | 0 | 0 | 1 | 1 | 1 | 0 | 0 | 0 | 0 | 0 | 0 | 1 | 1 | 1 | 0 | 0 | 0 | 0 | 0 | 0 | 1 | 1 | 1 | 0 | 0 | 0 |
| 0 | 0 | 0 | 0 | 0 | 0 | 0 | 0 | 0 | 0 | 0 | 0 | 0 | 0 | 0 | 0 | 0 | 0 | 0 | 0 | 0 | 0 | 0 | 0 | 0 | 0 | 0 |
| 0 | -1 | 0 | 0 | -1 | 0 | 0 | -1 | 0 | 0 | -1 | 0 | 0 | -1 | 0 | 0 | -1 | 0 | 0 | -1 | 0 | 0 | -1 | 0 | 0 | -1 | 0 |
| 0 | 0 | 0 | 0 | 0 | 0 | 0 | 0 | 0 | 0 | 0 | 0 | 0 | 0 | 0 | 0 | 0 | 0 | 0 | 0 | 0 | 0 | 0 | 0 | 0 | 0 | 0 |
| 0 | 0 | 0 | 0 | 0 | 0 | 0 | 0 | 0 | 1 | 1 | 1 | 1 | 1 | 1 | 1 | 1 | 1 | 0 | 0 | 0 | 0 | 0 | 0 | 0 | 0 | 0 |
| 0 | -1 | 0 | 0 | -1 | 0 | 0 | -1 | 0 | 1 | 0 | 1 | 1 | 0 | 1 | 1 | 0 | 1 | 0 | -1 | 0 | 0 | -1 | 0 | 0 | -1 | 0 |
| 0 | 0 | 0 | 0 | 0 | 0 | 0 | 0 | 0 | 1 | 1 | 1 | 1 | 1 | 1 | 1 | 1 | 1 | 0 | 0 | 0 | 0 | 0 | 0 | 0 | 0 | 0 |
| 0 | 0 | 0 | 1 | 1 | 1 | 0 | 0 | 0 | 1 | 1 | 1 | 2 | 2 | 2 | 1 | 1 | 1 | 0 | 0 | 0 | 1 | 1 | 1 | 0 | 0 | 0 |
| 0 | -1 | 0 | 1 | 0 | 1 | 0 | -1 | 0 | 1 | 0 | 1 | 2 | 1 | 2 | 1 | 0 | 1 | 0 | -1 | 0 | 1 | 0 | 1 | 0 | -1 | 0 |
| 0 | 0 | 0 | 1 | 1 | 1 | 0 | 0 | 0 | 1 | 1 | 1 | 2 | 2 | 2 | 1 | 1 | 1 | 0 | 0 | 0 | 1 | 1 | 1 | 0 | 0 | 0 |
| 0 | 0 | 0 | 0 | 0 | 0 | 0 | 0 | 0 | 1 | 1 | 1 | 1 | 1 | 1 | 1 | 1 | 1 | 0 | 0 | 0 | 0 | 0 | 0 | 0 | 0 | 0 |
| 0 | -1 | 0 | 0 | -1 | 0 | 0 | -1 | 0 | 1 | 0 | 1 | 1 | 0 | 1 | 1 | 0 | 1 | 0 | -1 | 0 | 0 | -1 | 0 | 0 | -1 | 0 |
| 0 | 0 | 0 | 0 | 0 | 0 | 0 | 0 | 0 | 1 | 1 | 1 | 1 | 1 | 1 | 1 | 1 | 1 | 0 | 0 | 0 | 0 | 0 | 0 | 0 | 0 | 0 |
| 0 | 0 | 0 | 0 | 0 | 0 | 0 | 0 | 0 | 0 | 0 | 0 | 0 | 0 | 0 | 0 | 0 | 0 | 0 | 0 | 0 | 0 | 0 | 0 | 0 | 0 | 0 |
| 0 | -1 | 0 | 0 | -1 | 0 | 0 | -1 | 0 | 0 | -1 | 0 | 0 | -1 | 0 | 0 | -1 | 0 | 0 | -1 | 0 | 0 | -1 | 0 | 0 | -1 | 0 |
| 0 | 0 | 0 | 0 | 0 | 0 | 0 | 0 | 0 | 0 | 0 | 0 | 0 | 0 | 0 | 0 | 0 | 0 | 0 | 0 | 0 | 0 | 0 | 0 | 0 | 0 | 0 |
| 0 | 0 | 0 | 1 | 1 | 1 | 0 | 0 | 0 | 0 | 0 | 0 | 1 | 1 | 1 | 0 | 0 | 0 | 0 | 0 | 0 | 1 | 1 | 1 | 0 | 0 | 0 |
| 0 | -1 | 0 | 1 | 0 | 1 | 0 | -1 | 0 | 0 | -1 | 0 | 1 | 0 | 1 | 0 | -1 | 0 | 0 | -1 | 0 | 1 | 0 | 1 | 0 | -1 | 0 |
| 0 | 0 | 0 | 1 | 1 | 1 | 0 | 0 | 0 | 0 | 0 | 0 | 1 | 1 | 1 | 0 | 0 | 0 | 0 | 0 | 0 | 1 | 1 | 1 | 0 | 0 | 0 |
| 0 | 0 | 0 | 0 | 0 | 0 | 0 | 0 | 0 | 0 | 0 | 0 | 0 | 0 | 0 | 0 | 0 | 0 | 0 | 0 | 0 | 0 | 0 | 0 | 0 | 0 | 0 |
| 0 | -1 | 0 | 0 | -1 | 0 | 0 | -1 | 0 | 0 | -1 | 0 | 0 | -1 | 0 | 0 | -1 | 0 | 0 | -1 | 0 | 0 | -1 | 0 | 0 | -1 | 0 |
| 0 | 0 | 0 | 0 | 0 | 0 | 0 | 0 | 0 | 0 | 0 | 0 | 0 | 0 | 0 | 0 | 0 | 0 | 0 | 0 | 0 | 0 | 0 | 0 | 0 | 0 | 0 |

위의 그림에서 0을 보이지 않게 하여 아래 그림을 만들어 보자.

|  |  |  |
|---|---|---|
|  | 1 |  |
|  |  |  |

|  |  |  |  |  |  |  |  |  |
|---|---|---|---|---|---|---|---|---|
|  | -1 |  |  | -1 |  |  | -1 |  |
|  |  |  |  |  |  |  |  |  |
|  |  |  | 1 | 1 | 1 |  |  |  |
|  | -1 |  | 1 |  | 1 |  | -1 |  |
|  |  |  | 1 | 1 | 1 |  |  |  |
|  |  |  |  |  |  |  |  |  |
|  | -1 |  |  | -1 |  |  | -1 |  |
|  |  |  |  |  |  |  |  |  |

|  |  |  |  |  |  |  |  |  |  |  |  |  |  |  |  |  |  |  |  |  |  |  |  |  |  |  |
|---|---|---|---|---|---|---|---|---|---|---|---|---|---|---|---|---|---|---|---|---|---|---|---|---|---|---|
|  | -1 |  |  | -1 |  |  | -1 |  |  | -1 |  |  | -1 |  |  | -1 |  |  | -1 |  |  | -1 |  |  | -1 |  |
|  |  |  |  |  |  |  |  |  |  |  |  |  |  |  |  |  |  |  |  |  |  |  |  |  |  |  |
|  |  |  | 1 | 1 | 1 |  |  |  |  |  |  | 1 | 1 | 1 |  |  |  |  |  |  | 1 | 1 | 1 |  |  |  |
|  | -1 |  | 1 |  | 1 |  | -1 |  |  | -1 |  | 1 |  | 1 |  | -1 |  |  | -1 |  | 1 |  | 1 |  | -1 |  |
|  |  |  | 1 | 1 | 1 |  |  |  |  |  |  | 1 | 1 | 1 |  |  |  |  |  |  | 1 | 1 | 1 |  |  |  |
|  |  |  |  |  |  |  |  |  |  |  |  |  |  |  |  |  |  |  |  |  |  |  |  |  |  |  |
|  | -1 |  |  | -1 |  |  | -1 |  |  | -1 |  |  | -1 |  |  | -1 |  |  | -1 |  |  | -1 |  |  | -1 |  |
|  |  |  |  |  |  |  |  |  |  |  |  |  |  |  |  |  |  |  |  |  |  |  |  |  |  |  |
|  |  |  |  |  |  |  |  |  | 1 | 1 | 1 | 1 | 1 | 1 | 1 | 1 | 1 |  |  |  |  |  |  |  |  |  |
|  | -1 |  |  | -1 |  |  | -1 |  | 1 |  | 1 | 1 |  | 1 | 1 |  | 1 |  | -1 |  |  | -1 |  |  | -1 |  |
|  |  |  |  |  |  |  |  |  | 1 | 1 | 1 | 1 | 1 | 1 | 1 | 1 | 1 |  |  |  |  |  |  |  |  |  |
|  |  |  | 1 | 1 | 1 |  |  |  | 1 | 1 | 1 | 2 | 2 | 2 | 1 | 1 | 1 |  |  |  | 1 | 1 | 1 |  |  |  |
|  | -1 |  | 1 |  | 1 |  | -1 |  | 1 |  | 1 | 2 | 1 | 2 | 1 |  | 1 |  | -1 |  | 1 |  | 1 |  | -1 |  |
|  |  |  | 1 | 1 | 1 |  |  |  | 1 | 1 | 1 | 2 | 2 | 2 | 1 | 1 | 1 |  |  |  | 1 | 1 | 1 |  |  |  |
|  |  |  |  |  |  |  |  |  | 1 | 1 | 1 | 1 | 1 | 1 | 1 | 1 | 1 |  |  |  |  |  |  |  |  |  |
|  | -1 |  |  | -1 |  |  | -1 |  | 1 |  | 1 | 1 |  | 1 | 1 |  | 1 |  | -1 |  |  | -1 |  |  | -1 |  |
|  |  |  |  |  |  |  |  |  | 1 | 1 | 1 | 1 | 1 | 1 | 1 | 1 | 1 |  |  |  |  |  |  |  |  |  |
|  |  |  |  |  |  |  |  |  |  |  |  |  |  |  |  |  |  |  |  |  |  |  |  |  |  |  |
|  | -1 |  |  | -1 |  |  | -1 |  |  | -1 |  |  | -1 |  |  | -1 |  |  | -1 |  |  | -1 |  |  | -1 |  |
|  |  |  |  |  |  |  |  |  |  |  |  |  |  |  |  |  |  |  |  |  |  |  |  |  |  |  |
|  |  |  | 1 | 1 | 1 |  |  |  |  |  |  | 1 | 1 | 1 |  |  |  |  |  |  | 1 | 1 | 1 |  |  |  |
|  | -1 |  | 1 |  | 1 |  | -1 |  |  | -1 |  | 1 |  | 1 |  | -1 |  |  | -1 |  | 1 |  | 1 |  | -1 |  |
|  |  |  | 1 | 1 | 1 |  |  |  |  |  |  | 1 | 1 | 1 |  |  |  |  |  |  | 1 | 1 | 1 |  |  |  |
|  |  |  |  |  |  |  |  |  |  |  |  |  |  |  |  |  |  |  |  |  |  |  |  |  |  |  |
|  | -1 |  |  | -1 |  |  | -1 |  |  | -1 |  |  | -1 |  |  | -1 |  |  | -1 |  |  | -1 |  |  | -1 |  |
|  |  |  |  |  |  |  |  |  |  |  |  |  |  |  |  |  |  |  |  |  |  |  |  |  |  |  |

1, 2, 3 단계에서 0보다 큰 수만 표시하였다.

① $\log_3 1 = 0$

| 0 | 0 | 0 |
|---|---|---|
| 0 | 1 | 0 |
| 0 | 0 | 0 |

② $\log_9 16 = 1.262$

|  |  |  |  |  |  |  |  |  |
|---|---|---|---|---|---|---|---|---|
|  |  |  |  |  |  |  |  |  |
|  |  |  |  |  |  |  |  |  |
|  |  |  | 1 | 1 | 1 |  |  |  |
|  |  |  | 1 |  | 1 |  |  |  |
|  |  |  | 1 | 1 | 1 |  |  |  |
|  |  |  |  |  |  |  |  |  |
|  |  |  |  |  |  |  |  |  |
|  |  |  |  |  |  |  |  |  |

③ $\log_{27} 201 = 1.609$

|  |  |  |  |  |  |  |  |  |  |  |  |  |  |  |  |  |  |  |  |  |  |  |  |  |  |  |
|---|---|---|---|---|---|---|---|---|---|---|---|---|---|---|---|---|---|---|---|---|---|---|---|---|---|---|
|  |  |  |  |  |  |  |  |  |  |  |  |  |  |  |  |  |  |  |  |  |  |  |  |  |  |  |
|  |  |  |  |  |  |  |  |  |  |  |  |  |  |  |  |  |  |  |  |  |  |  |  |  |  |  |
|  |  |  | 1 | 1 | 1 |  |  |  |  |  |  | 1 | 1 | 1 |  |  |  |  |  |  | 1 | 1 | 1 |  |  |  |
|  |  |  | 1 |  | 1 |  |  |  |  |  |  | 1 |  | 1 |  |  |  |  |  |  | 1 |  | 1 |  |  |  |
|  |  |  | 1 | 1 | 1 |  |  |  |  |  |  | 1 | 1 | 1 |  |  |  |  |  |  | 1 | 1 | 1 |  |  |  |
|  |  |  |  |  |  |  |  |  |  |  |  |  |  |  |  |  |  |  |  |  |  |  |  |  |  |  |
|  |  |  |  |  |  |  |  |  |  |  |  |  |  |  |  |  |  |  |  |  |  |  |  |  |  |  |
|  |  |  |  |  |  |  |  |  |  |  |  |  |  |  |  |  |  |  |  |  |  |  |  |  |  |  |
|  |  |  |  |  |  |  |  |  | 1 | 1 | 1 | 1 | 1 | 1 | 1 | 1 | 1 |  |  |  |  |  |  |  |  |  |
|  |  |  |  |  |  |  |  |  | 1 |  | 1 | 1 |  | 1 | 1 |  | 1 |  |  |  |  |  |  |  |  |  |
|  |  |  |  |  |  |  |  |  | 1 | 1 | 1 | 1 | 1 | 1 | 1 | 1 | 1 |  |  |  |  |  |  |  |  |  |
|  |  |  | 1 | 1 | 1 |  |  |  | 1 | 1 | 1 | 2 | 2 | 2 | 1 | 1 | 1 |  |  |  | 1 | 1 | 1 |  |  |  |
|  |  |  | 1 |  | 1 |  |  |  | 1 |  | 1 | 2 | 1 | 2 | 1 |  | 1 |  |  |  | 1 |  | 1 |  |  |  |
|  |  |  | 1 | 1 | 1 |  |  |  | 1 | 1 | 1 | 2 | 2 | 2 | 1 | 1 | 1 |  |  |  | 1 | 1 | 1 |  |  |  |
|  |  |  |  |  |  |  |  |  | 1 | 1 | 1 | 1 | 1 | 1 | 1 | 1 | 1 |  |  |  |  |  |  |  |  |  |
|  |  |  |  |  |  |  |  |  | 1 |  | 1 | 1 |  | 1 | 1 |  | 1 |  |  |  |  |  |  |  |  |  |
|  |  |  |  |  |  |  |  |  | 1 | 1 | 1 | 1 | 1 | 1 | 1 | 1 | 1 |  |  |  |  |  |  |  |  |  |
|  |  |  |  |  |  |  |  |  |  |  |  |  |  |  |  |  |  |  |  |  |  |  |  |  |  |  |
|  |  |  |  |  |  |  |  |  |  |  |  |  |  |  |  |  |  |  |  |  |  |  |  |  |  |  |
|  |  |  |  |  |  |  |  |  |  |  |  |  |  |  |  |  |  |  |  |  |  |  |  |  |  |  |
|  |  |  | 1 | 1 | 1 |  |  |  |  |  |  | 1 | 1 | 1 |  |  |  |  |  |  | 1 | 1 | 1 |  |  |  |
|  |  |  | 1 |  | 1 |  |  |  |  |  |  | 1 |  | 1 |  |  |  |  |  |  | 1 |  | 1 |  |  |  |
|  |  |  | 1 | 1 | 1 |  |  |  |  |  |  | 1 | 1 | 1 |  |  |  |  |  |  | 1 | 1 | 1 |  |  |  |
|  |  |  |  |  |  |  |  |  |  |  |  |  |  |  |  |  |  |  |  |  |  |  |  |  |  |  |
|  |  |  |  |  |  |  |  |  |  |  |  |  |  |  |  |  |  |  |  |  |  |  |  |  |  |  |
|  |  |  |  |  |  |  |  |  |  |  |  |  |  |  |  |  |  |  |  |  |  |  |  |  |  |  |

0보다 큰 수에 색칠해 보자.

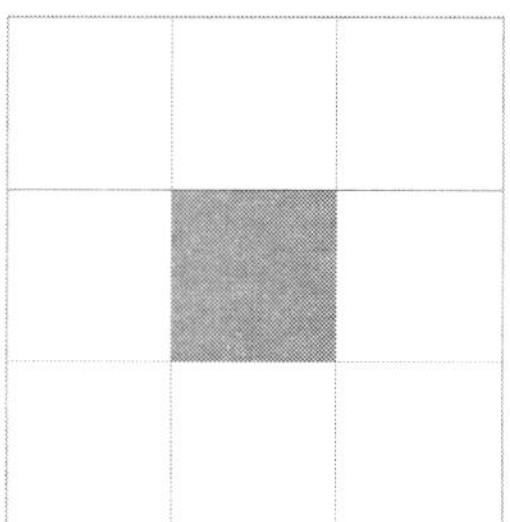

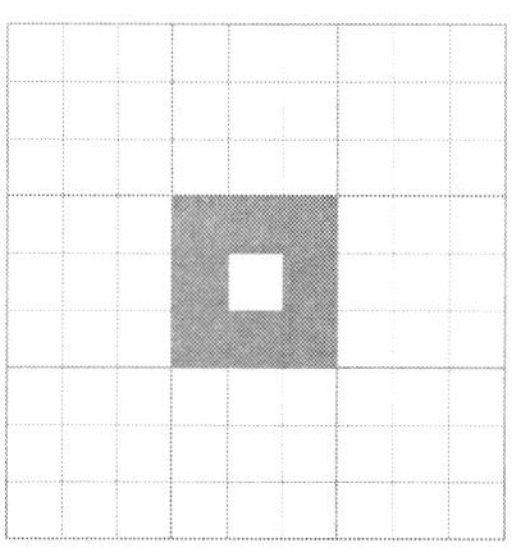

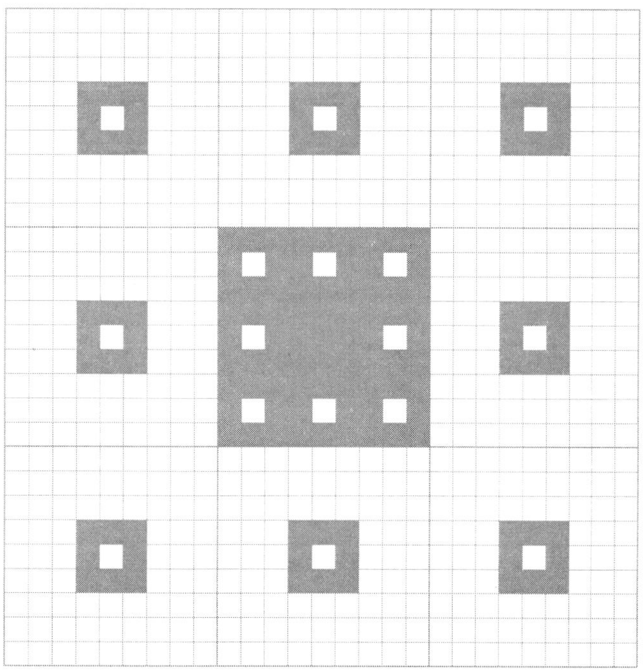

| ① $\log_3 1 = 0$ | ② $\log_9 8 = 0.946$ | ③ $\log_{27} 137 = 1.493$ |
|---|---|---|

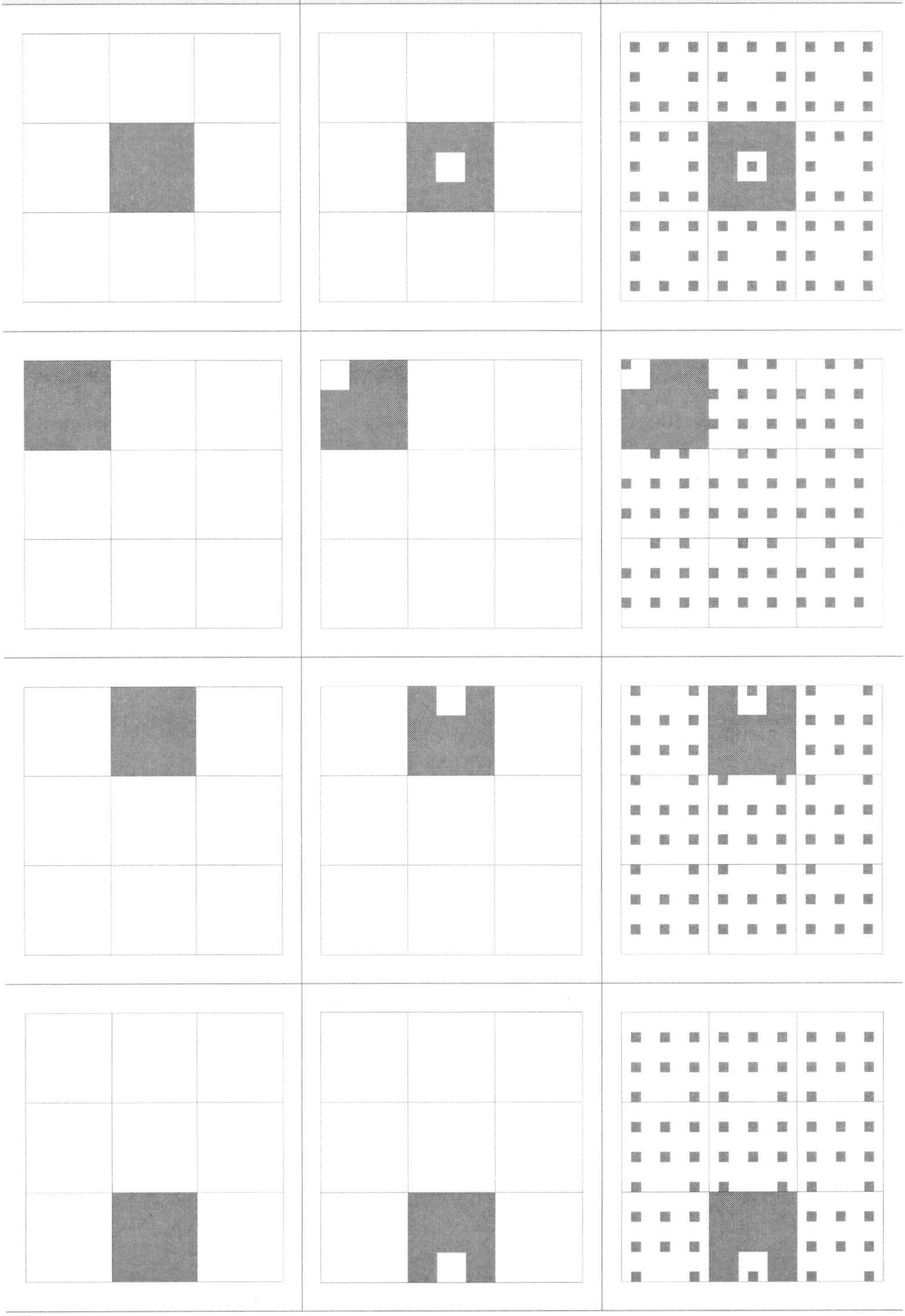

## (2) 1단계 2개

| ① $\log_3 2 = 0.631$ | ② $\log_9 14 = 1.201$ | ③ $\log_{27} 232 = 1.653$ |
|---|---|---|
|  | 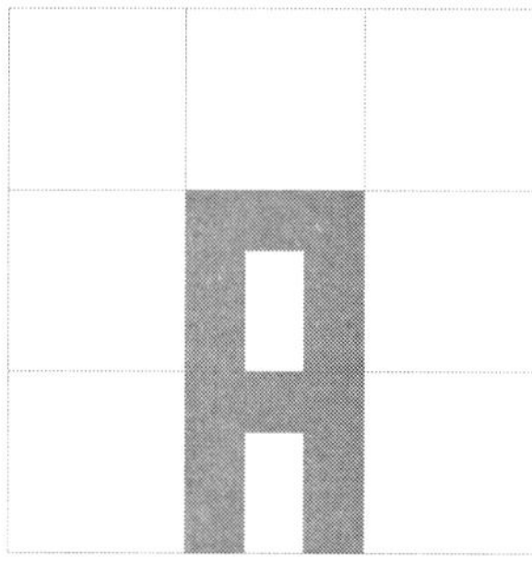 |  |
|  | 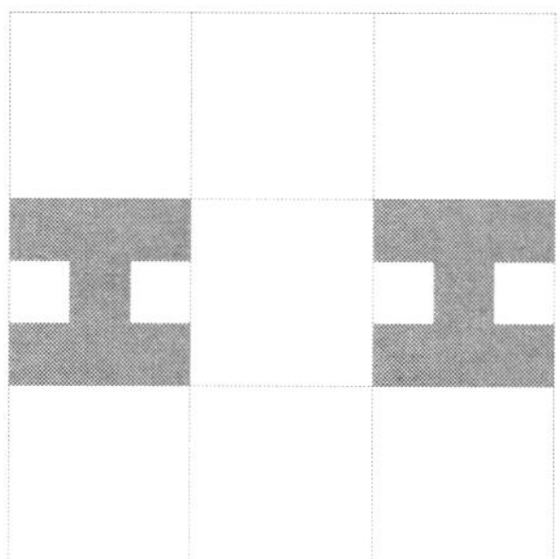 | 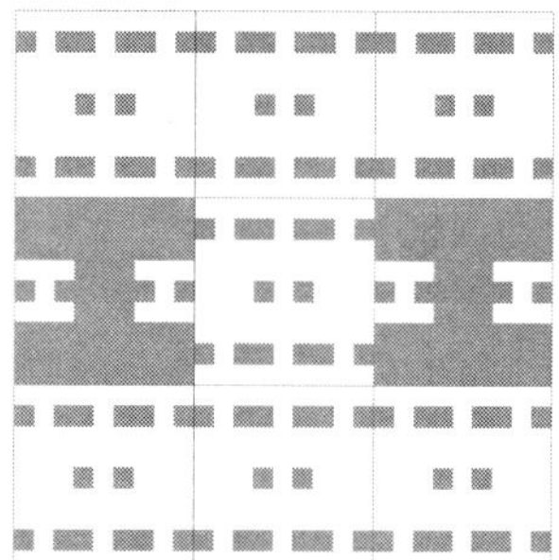 |
|  | 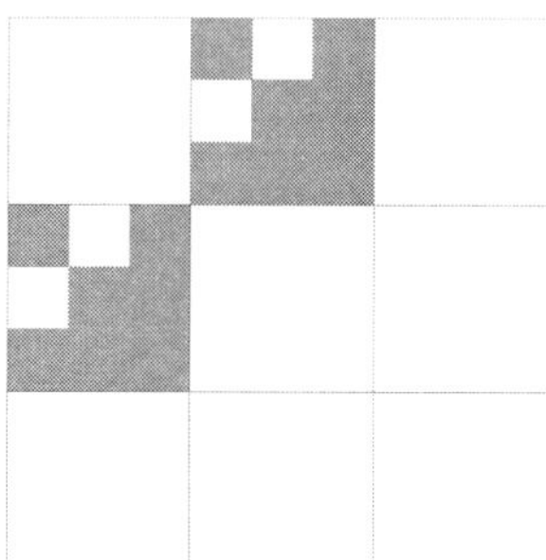 |  |
|  | 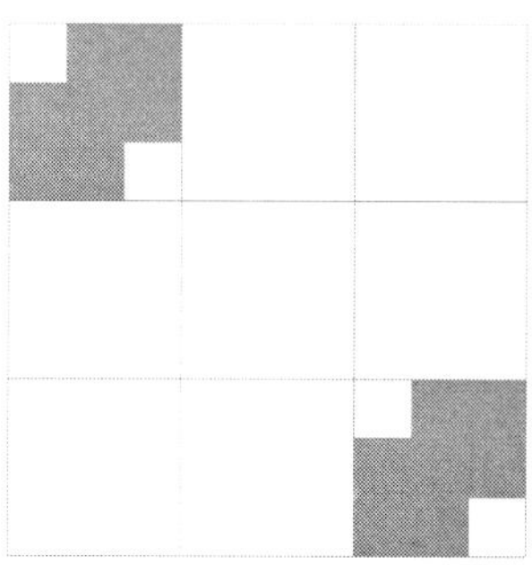 | 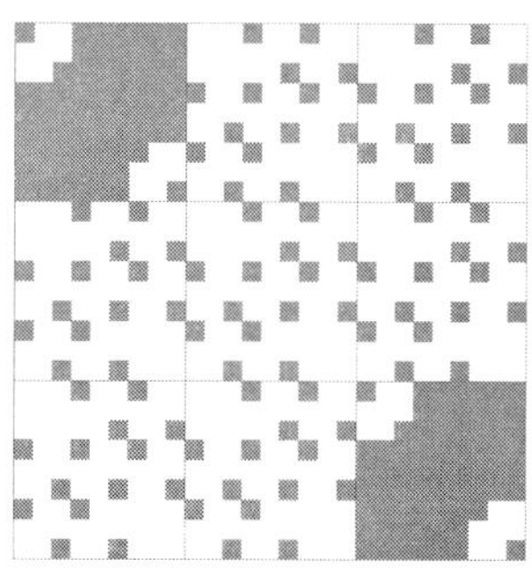 |

## (3) 1단계 3개

| ① $\log_3 3 = 1$ | ② $\log_9 18 = 1.315$ | ③ $\log_{27} 297 = 1.728$ |
|---|---|---|
|  | 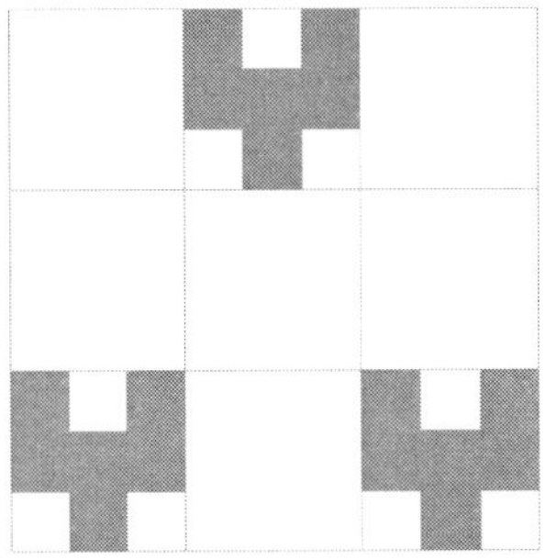 |  |
|  | 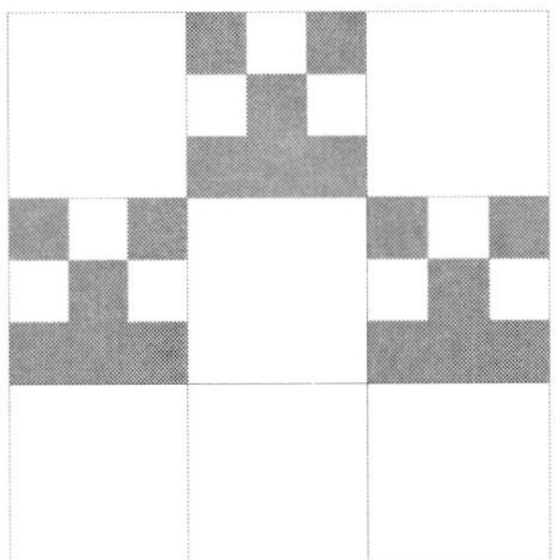 |  |
|  | 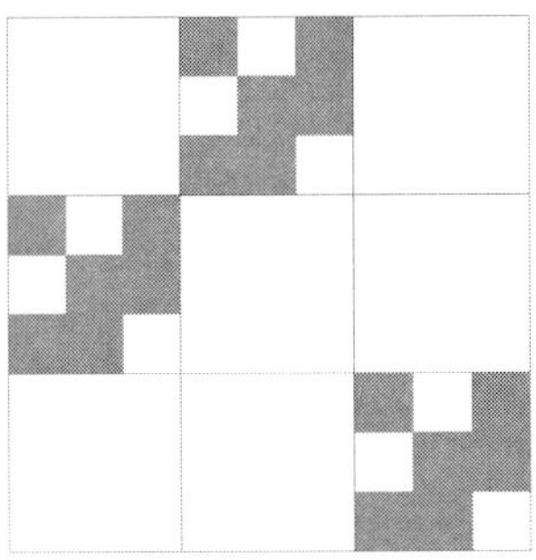 | 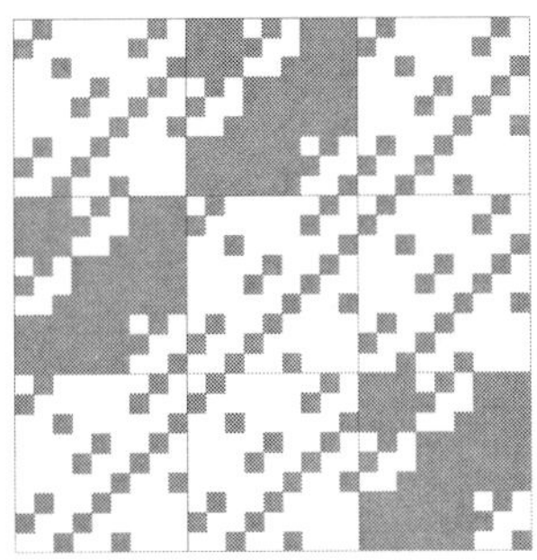 |
|  |  |  |

## (4) 1단계 4개

| ① $\log_3 4 = 1.262$ | ② $\log_9 20 = 1.363$ | ③ $\log_{27} 344 = 1.772$ |
|---|---|---|
|  | 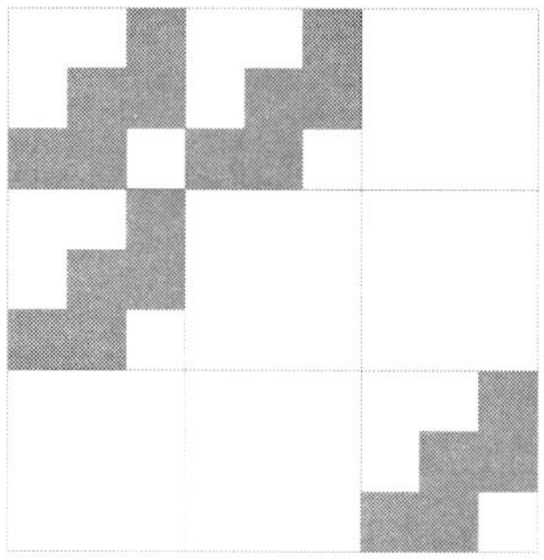 |  |
|  | 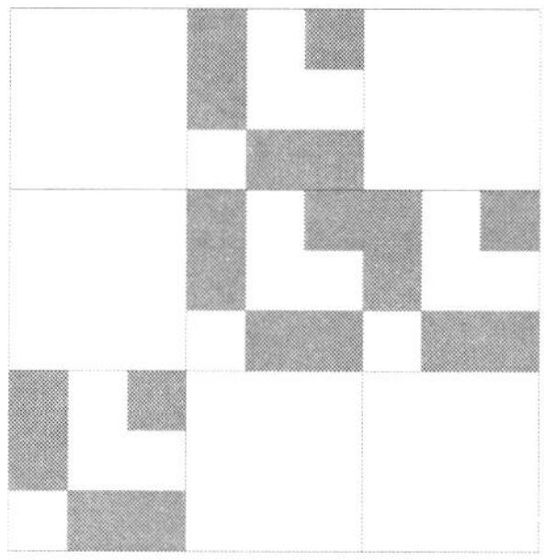 | 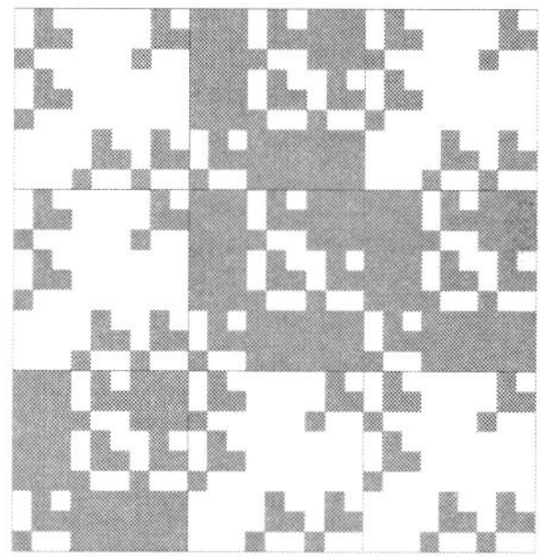 |
|  |  |  |
|  | 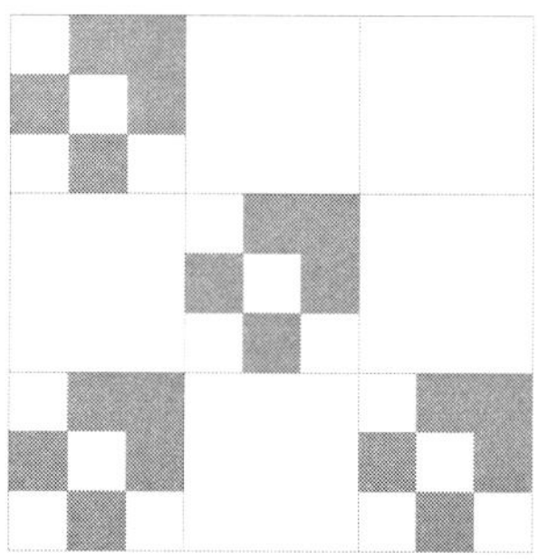 | 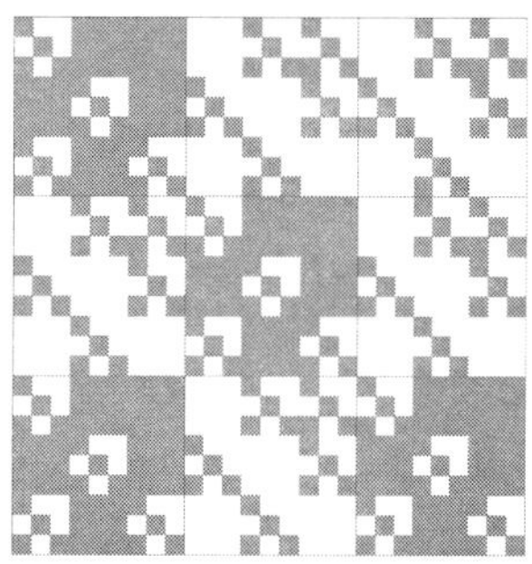 |

(5) 1단계 5개

| ① $\log_3 5 = 1.465$ | ② $\log_9 20 = 1.363$ | ③ $\log_{27} 385 = 1.806$ |
|---|---|---|
|  | 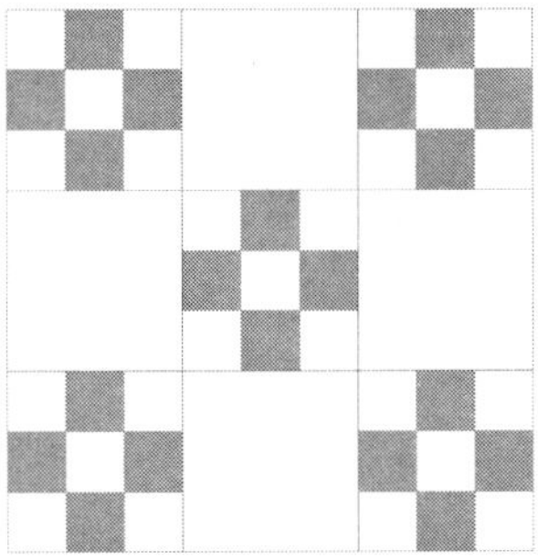 |  |
|  |  |  |
|  | 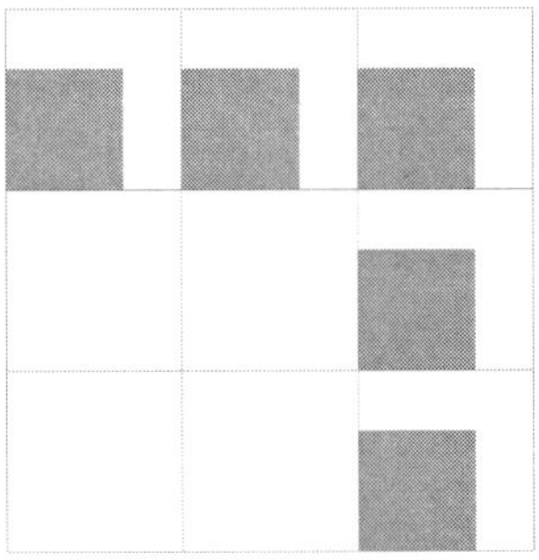 | 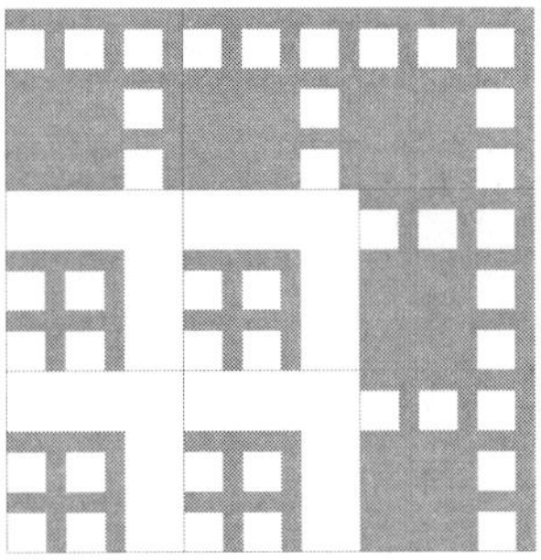 |
|  | 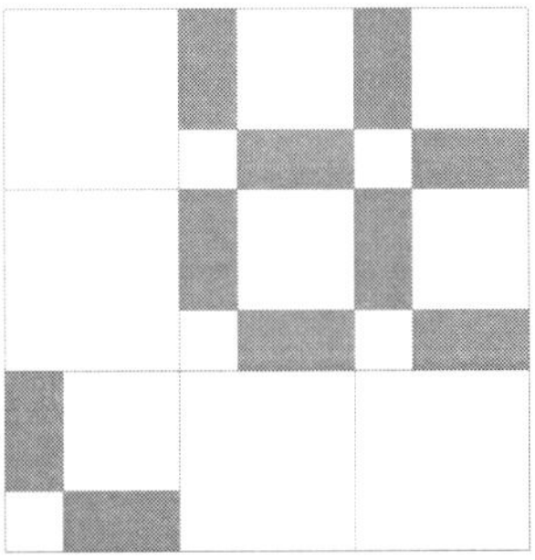 | 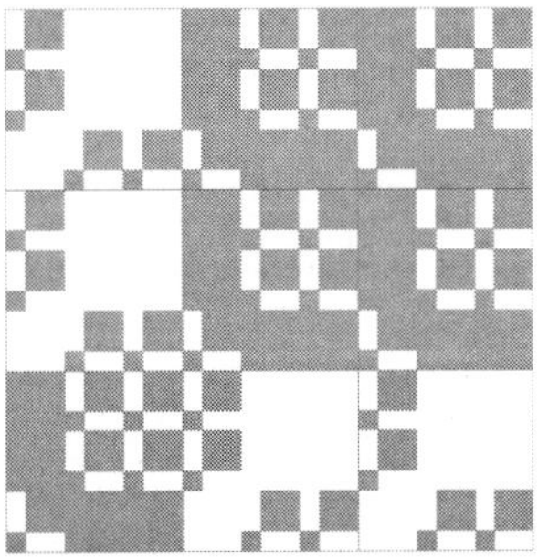 |

### (6) 1단계 6개

| ① $\log_3 6 = 1.631$ | ② $\log_9 18 = 1.315$ | ③ $\log_{27} 432 = 1.841$ |
|---|---|---|
|  | 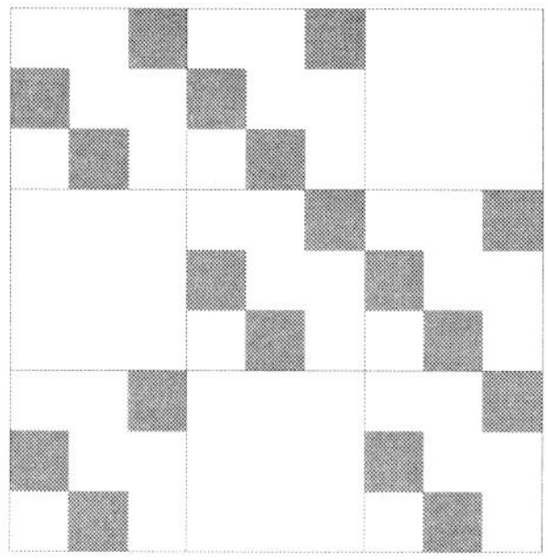 | 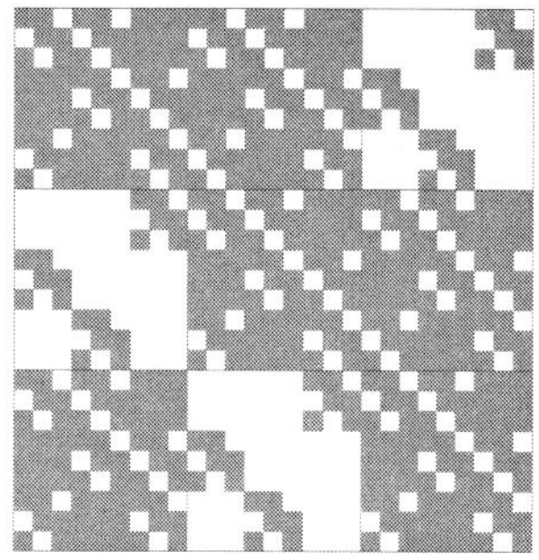 |
|  |  | 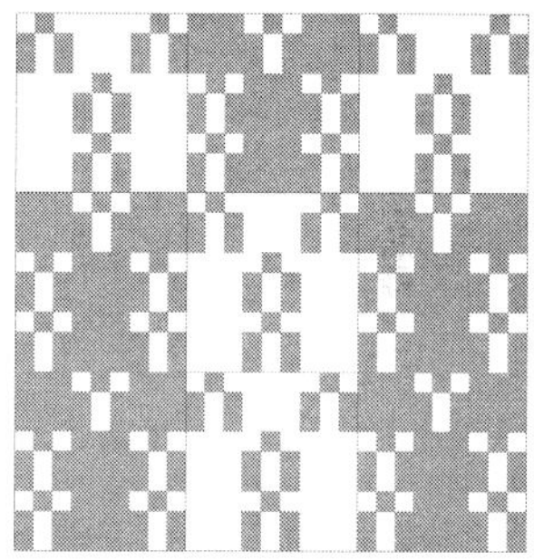 |
|  |  |  |
|  | 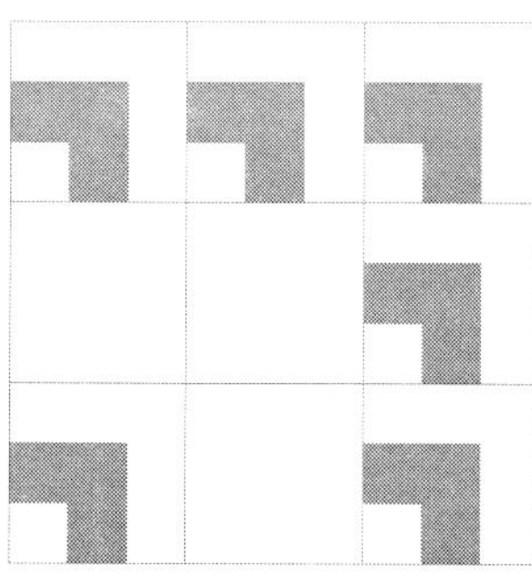 |  |

(7) 1단계 7개

| ① $\log_3 7 = 1.771$ | ② $\log_9 14 = 1.201$ | ③ $\log_{27} 497 = 1.884$ |
| --- | --- | --- |
|  | 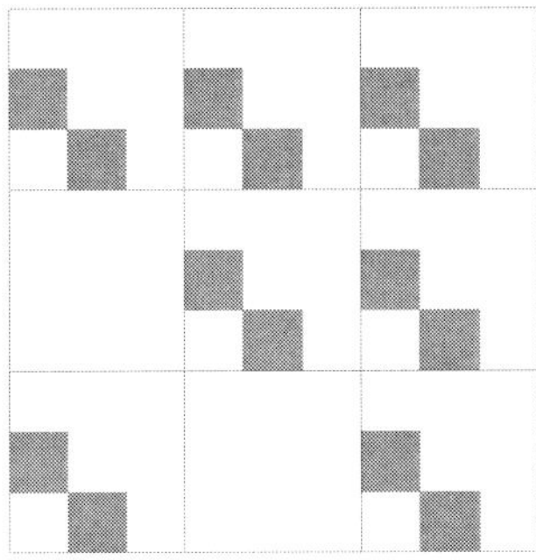 |  |

| ① $\log_3 7 = 1.771$ | ② $\log_9 14 = 1.201$ | ③ $\log_{27} 497 = 1.884$ |
| --- | --- | --- |
|  | 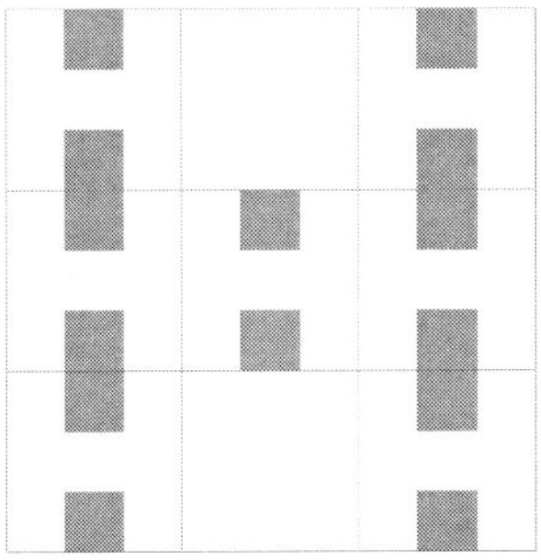 | 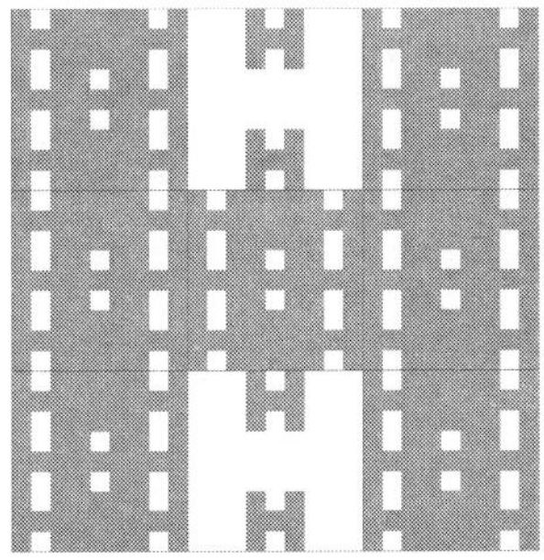 |

(8) 1단계 8개

| ① $\log_3 8 = 1.893$ | ② $\log_9 8 = 0.946$ | ③ $\log_{27} 592 = 1.937$ |
| --- | --- | --- |
|  | 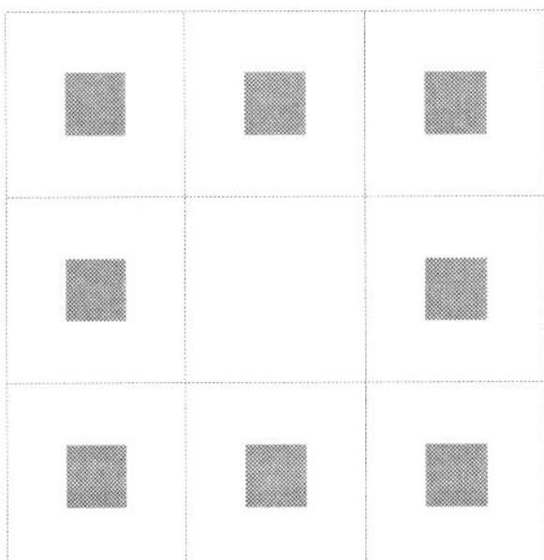 | 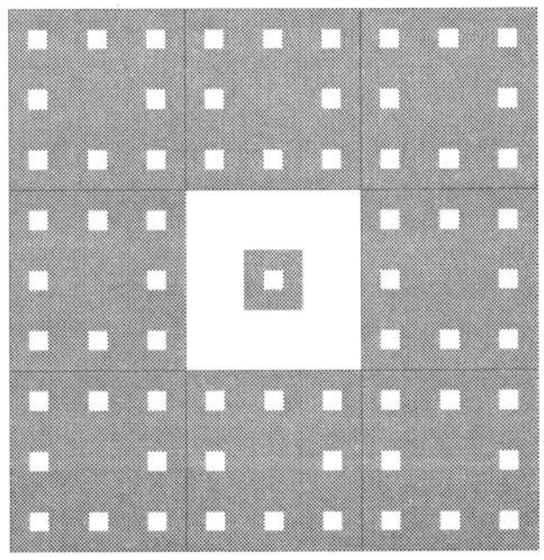 |

## 3 4×4 빽셈-빽셈 프랙탈

### (1) 1단계 1개

| ① $\log_4 1 = 0$ | ② $\log_{16} 15 = 0.977$ | ③ $\log_{64} 466 = 1.477$ |
| --- | --- | --- |

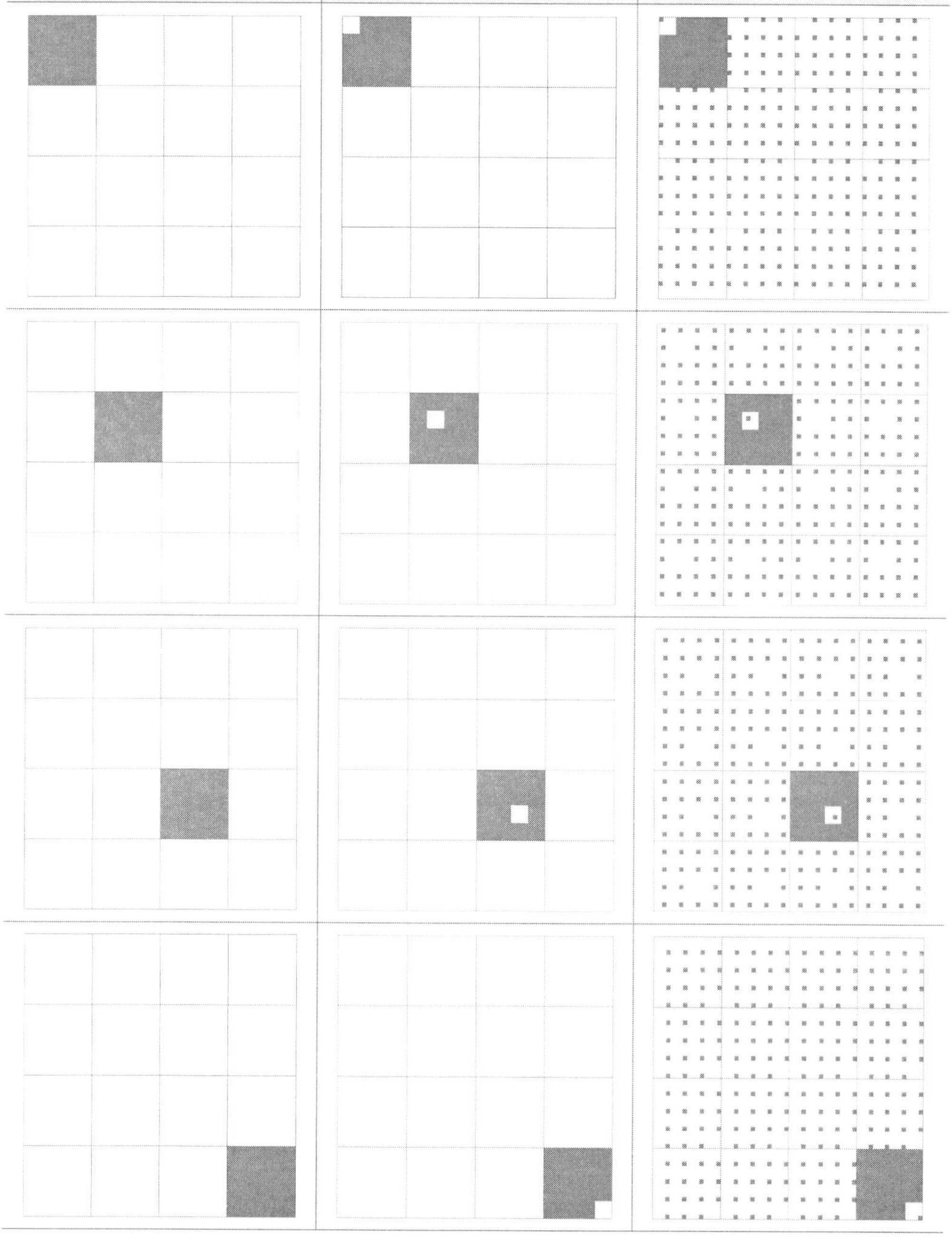

(2) 1단계 2개

| ① $\log_4 2 = 0.5$ | ② $\log_{16} 28 = 1.202$ | ③ $\log_{64} 848 = 1.621$ |
|---|---|---|
|  | 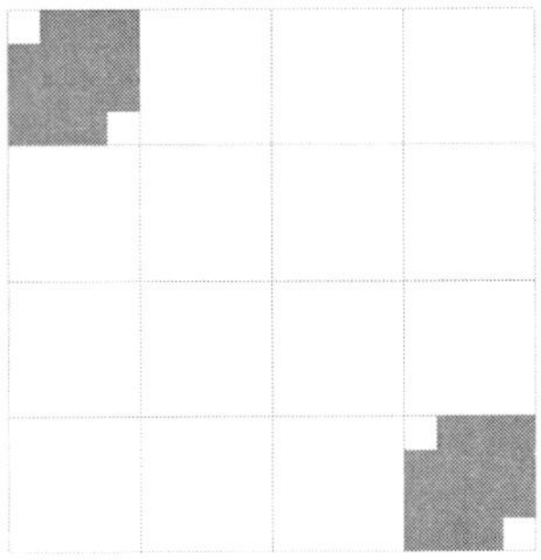 | 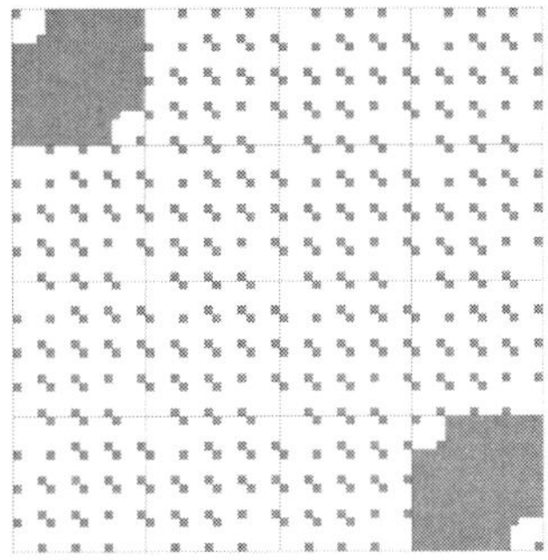 |
| 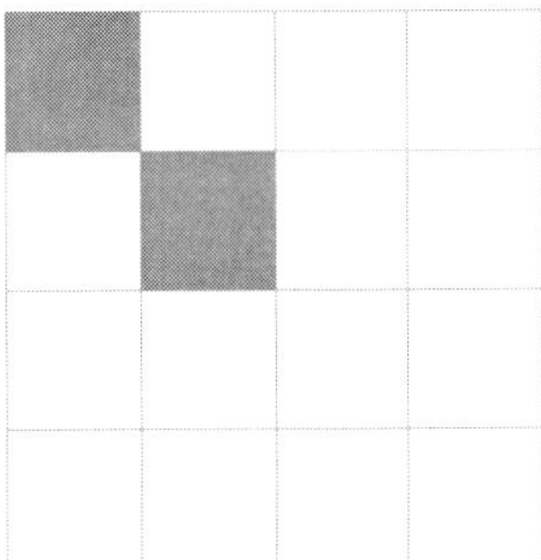 | 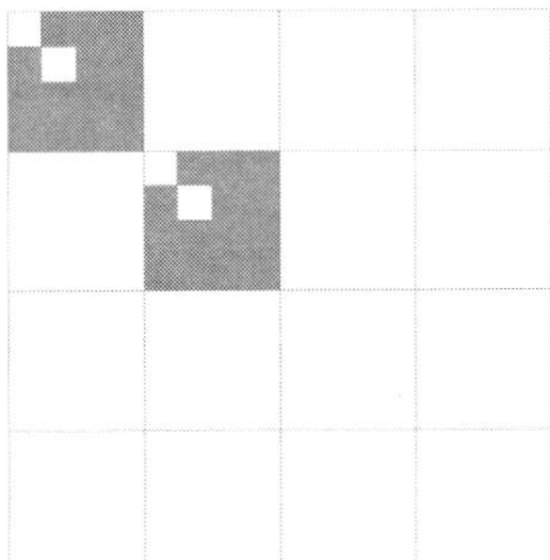 | 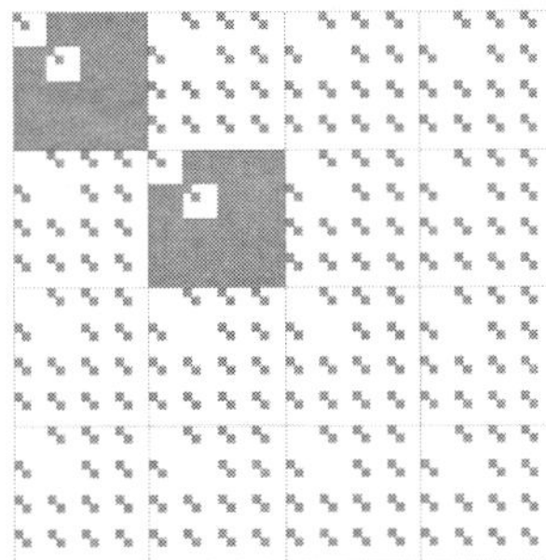 |
| 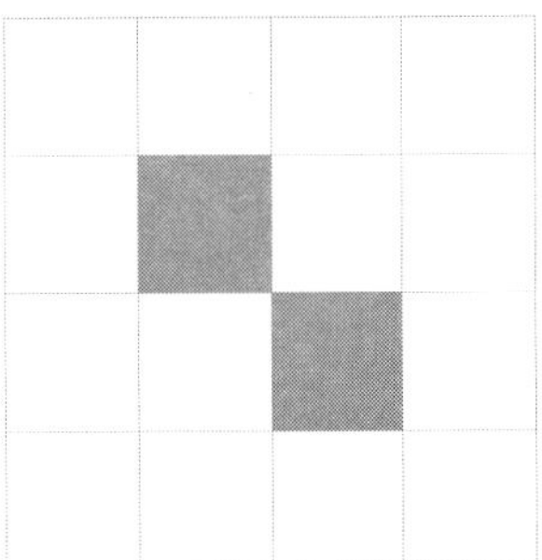 | 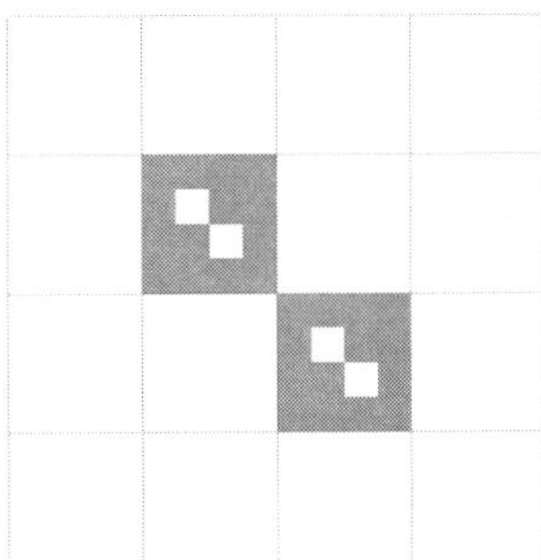 | 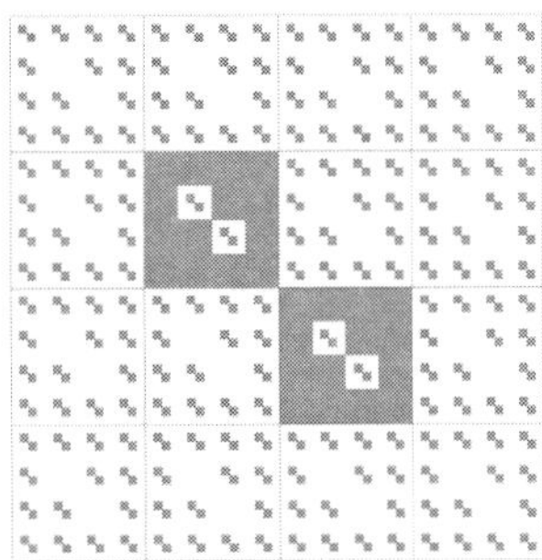 |
|  | 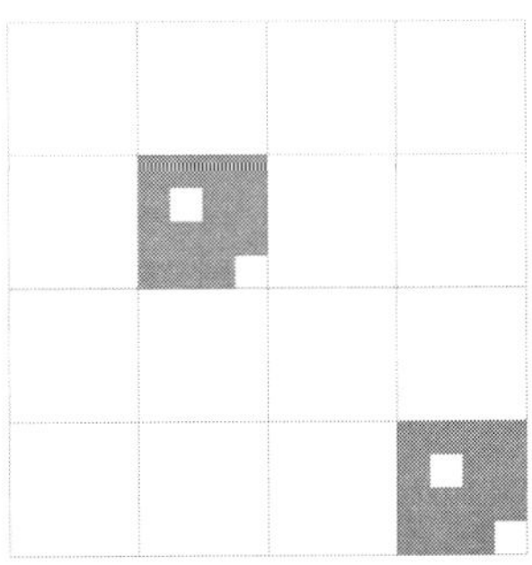 | 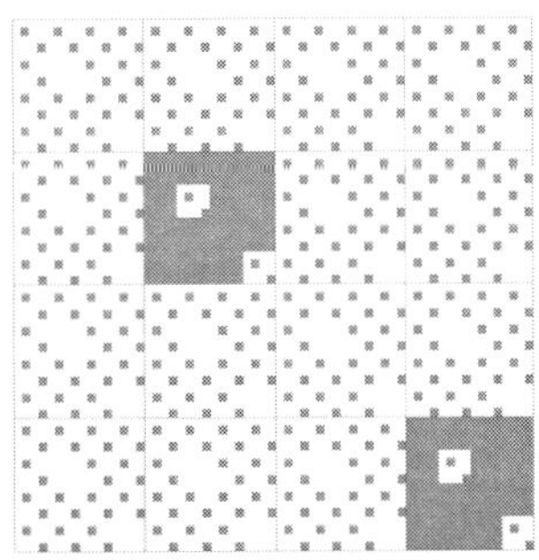 |

### (3) 1단계 3개

| ① $\log_{4}3 = 0.792$ | ② $\log_{16}48 = 1.396$ | ③ $\log_{64}1408 = 1.743$ |
|---|---|---|
|  | 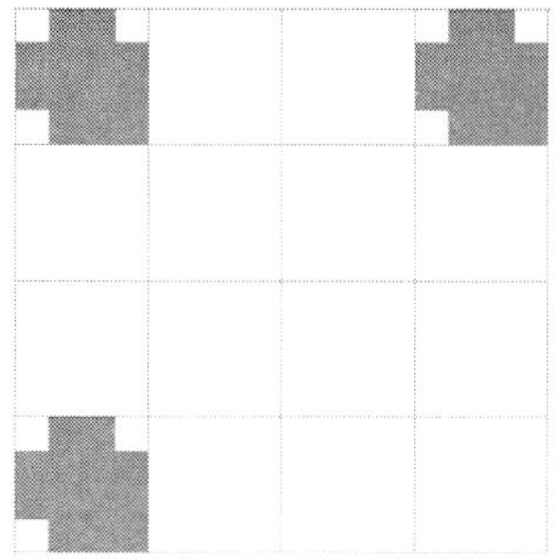 | 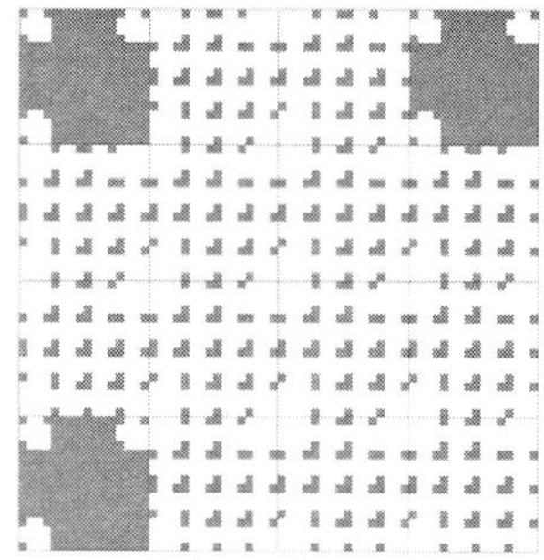 |
| 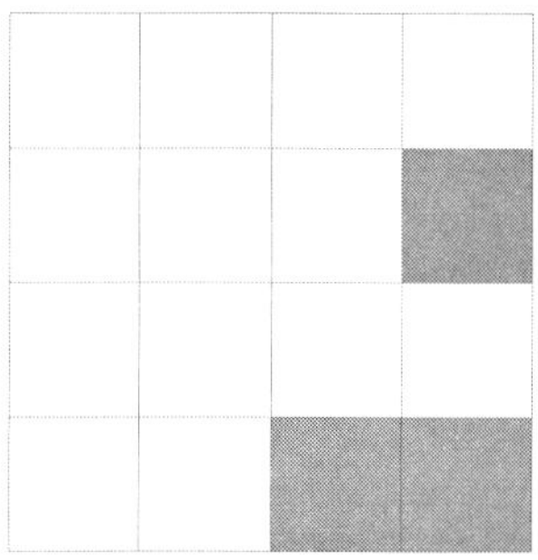 | 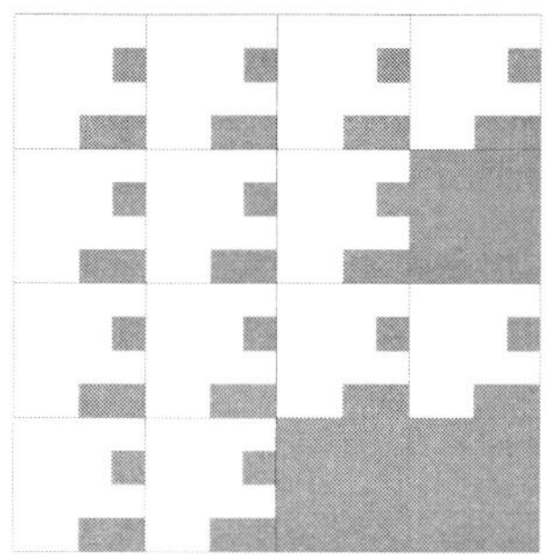 | 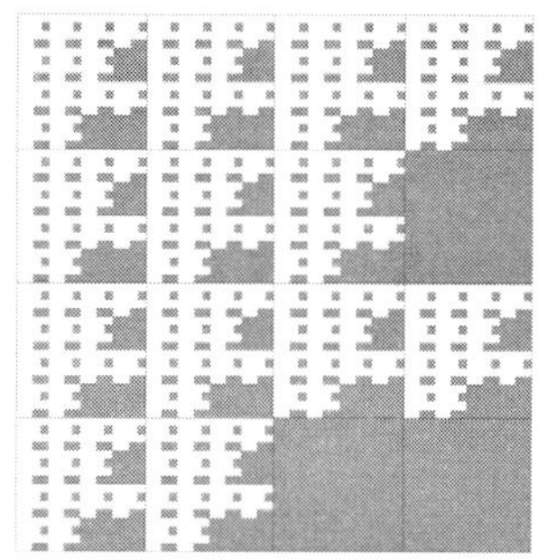 |
| 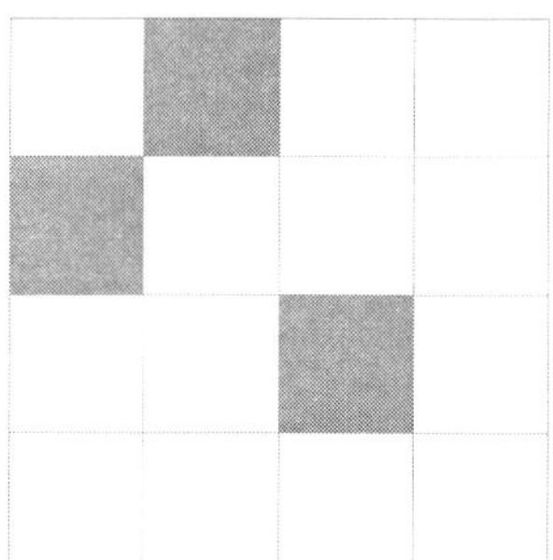 | 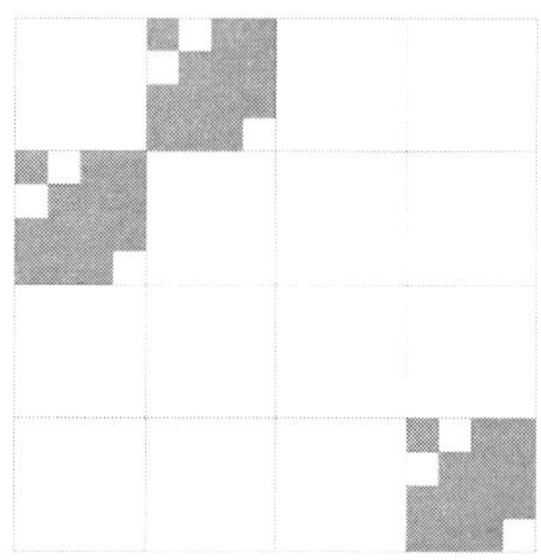 | 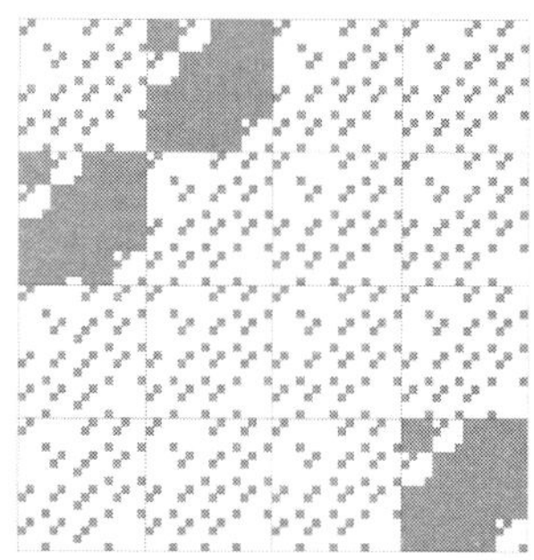 |
| 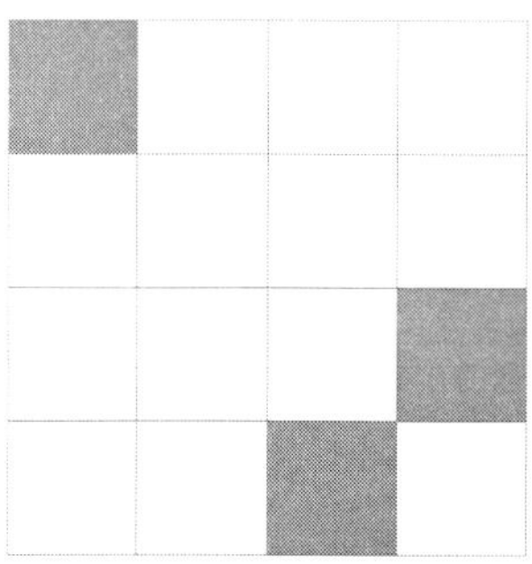 | 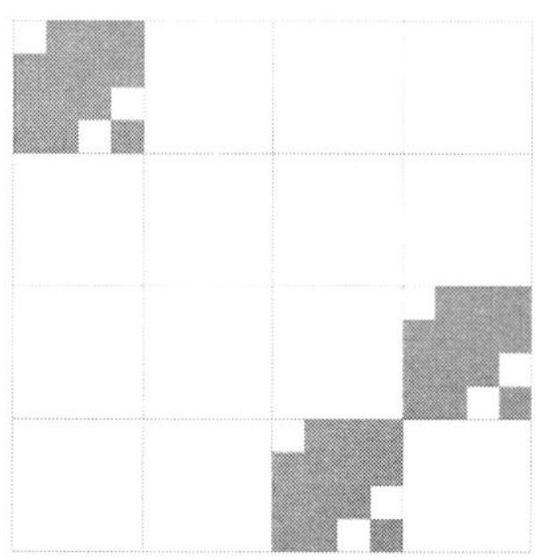 | 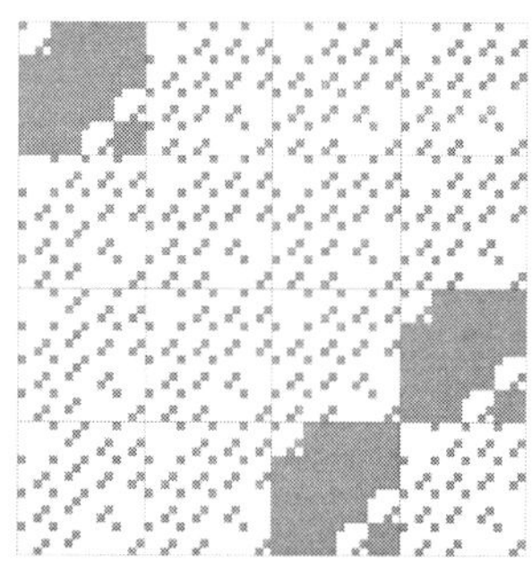 |

### (4) 1단계 4개

| ① $\log_4 4 = 1$ | ② $\log_{16} 48 = 1.396$ | ③ $\log_{64} 1408 = 1.743$ |
| --- | --- | --- |
|  | 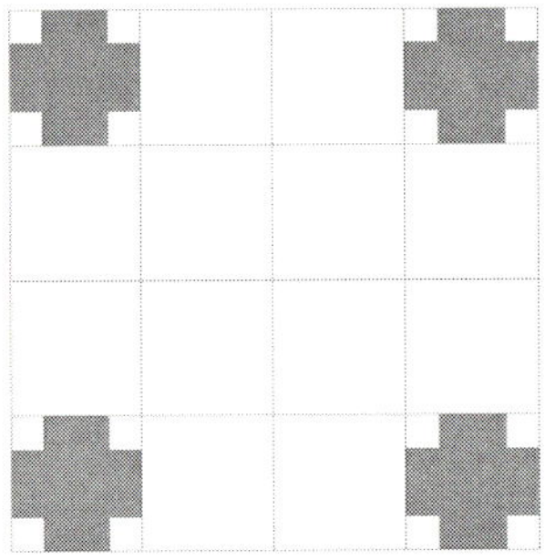 | 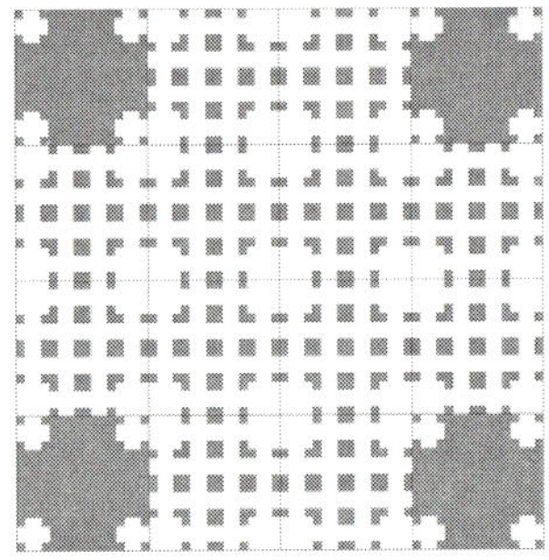 |
|  | 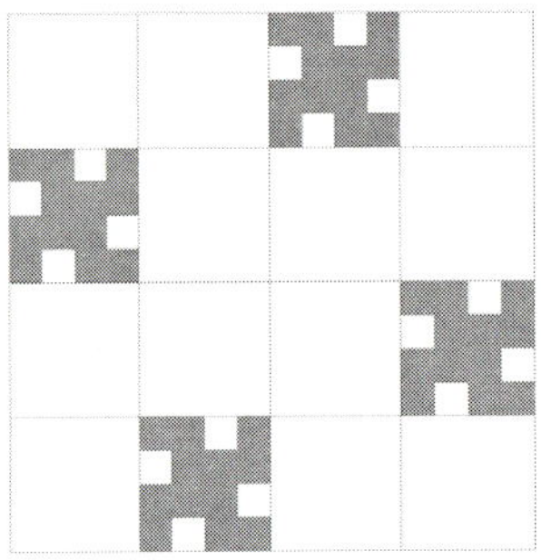 | 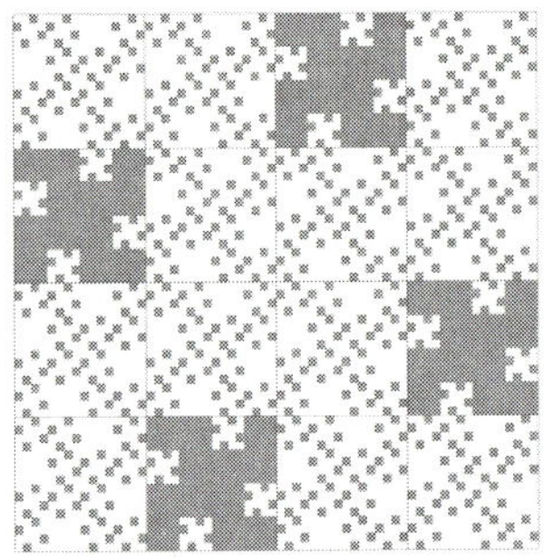 |
|  |  | 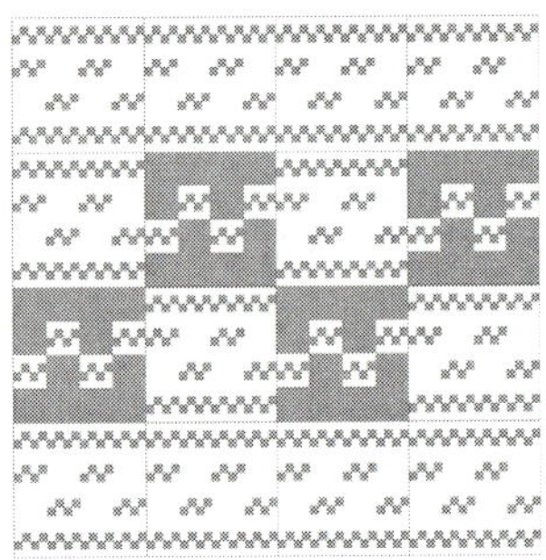 |
|  | 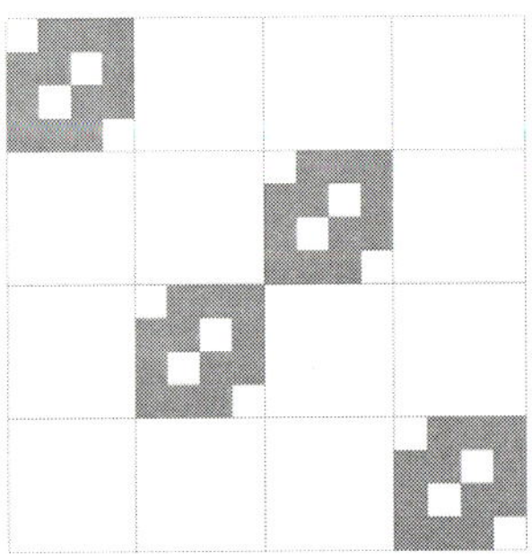 | 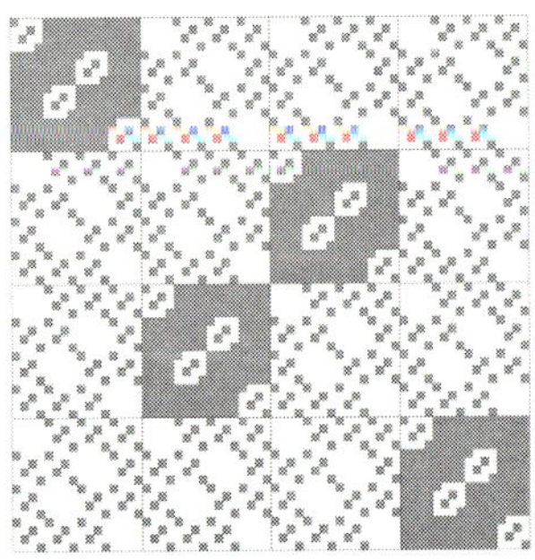 |

| ① $\log_4 4 = 1$ | ② $\log_{16} 48 = 1.396$ | ③ $\log_{64} 1408 = 1.743$ |
| --- | --- | --- |
|  | 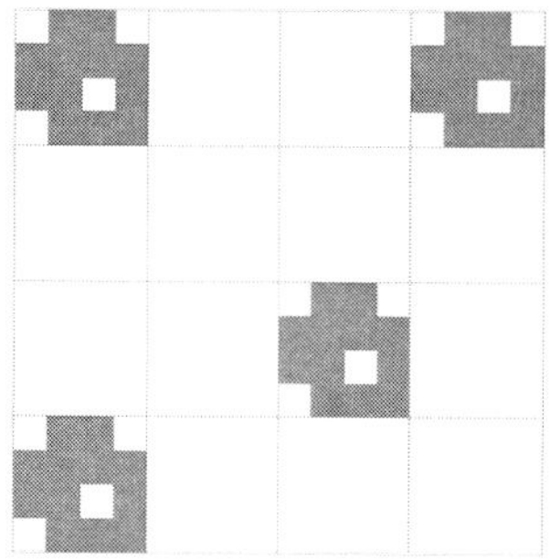 | 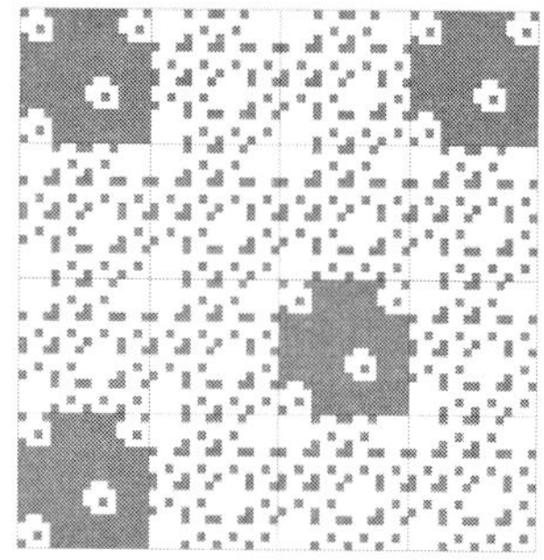 |
|  | 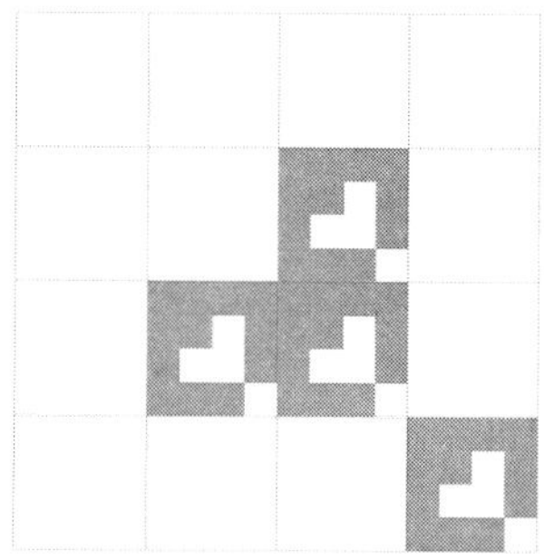 | 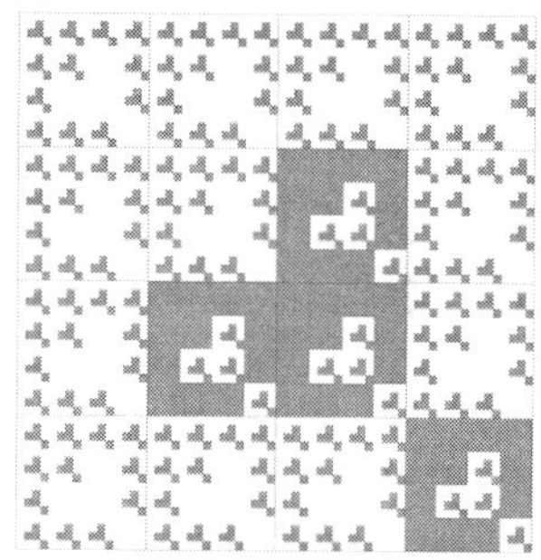 |
| 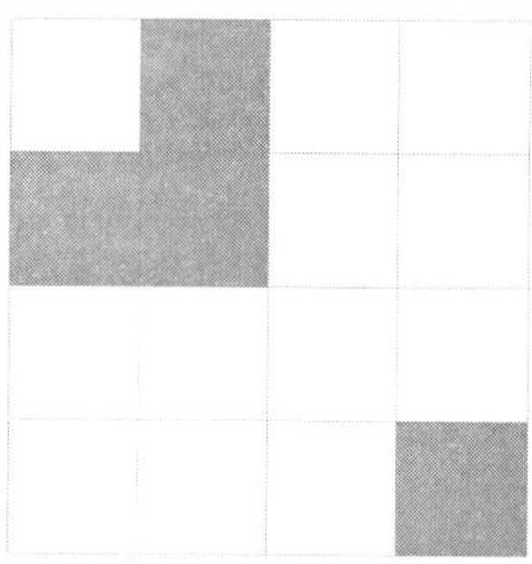 | 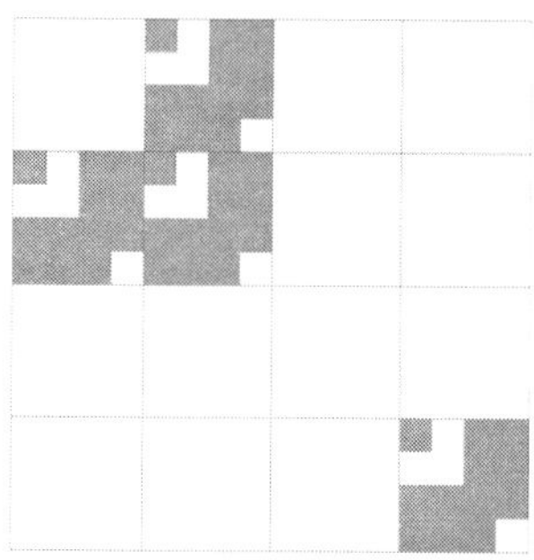 | 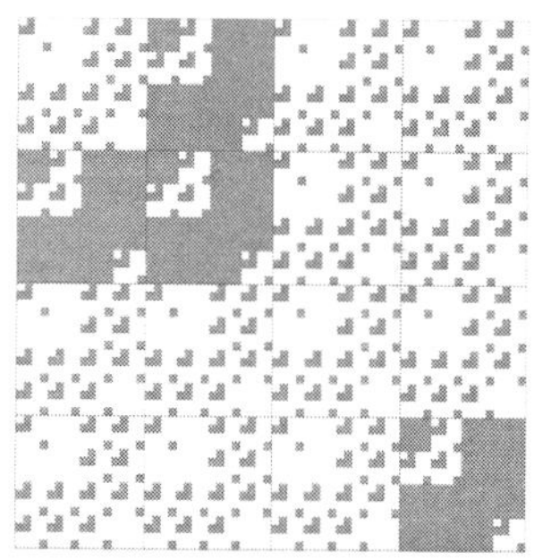 |
|  | 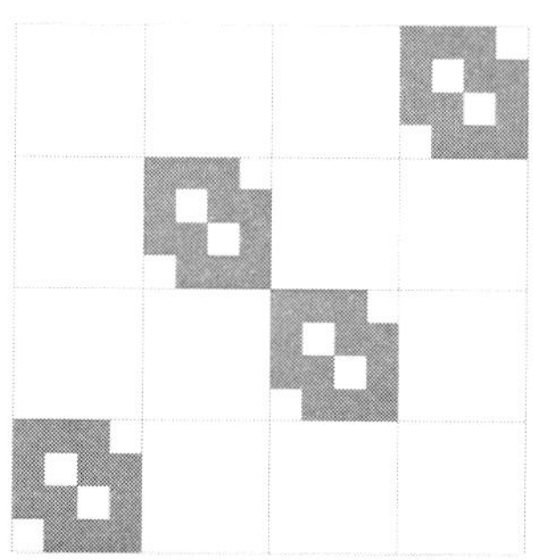 | 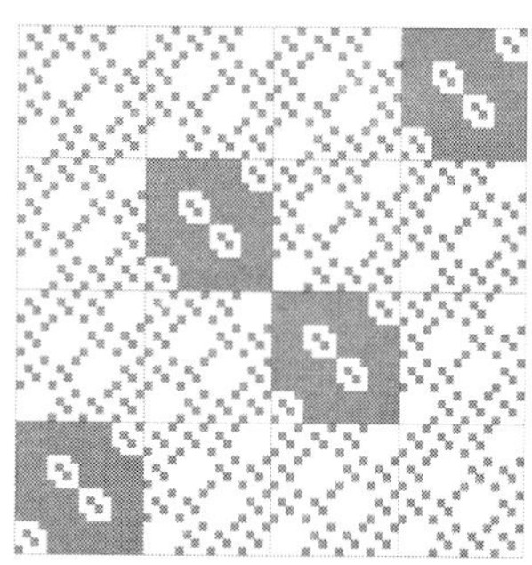 |

## (5) 1단계 5개

| ① $\log_4 5 = 1.161$ | ② $\log_{16} 55 = 1.445$ | ③ $\log_{64} 1610 = 1.775$ |
|---|---|---|
|  | 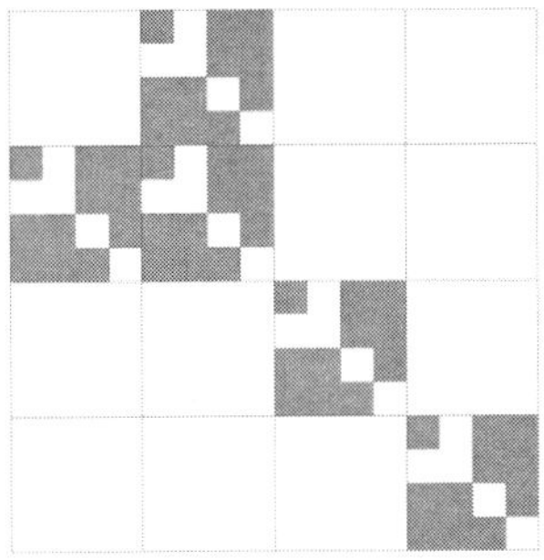 | 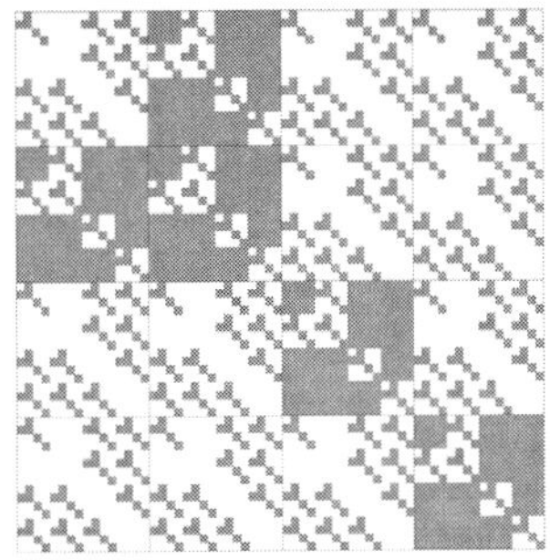 |
|  | 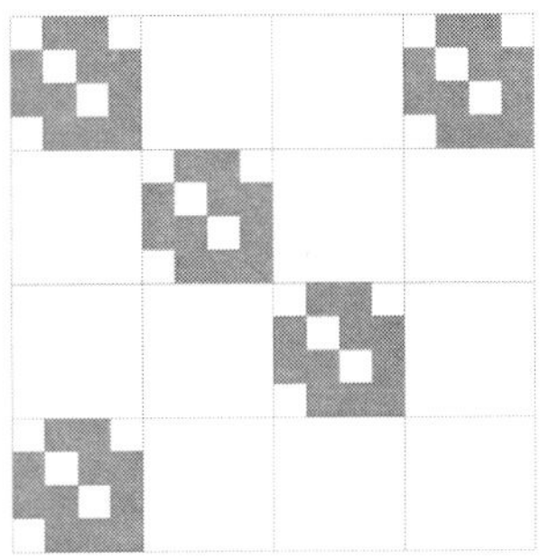 | 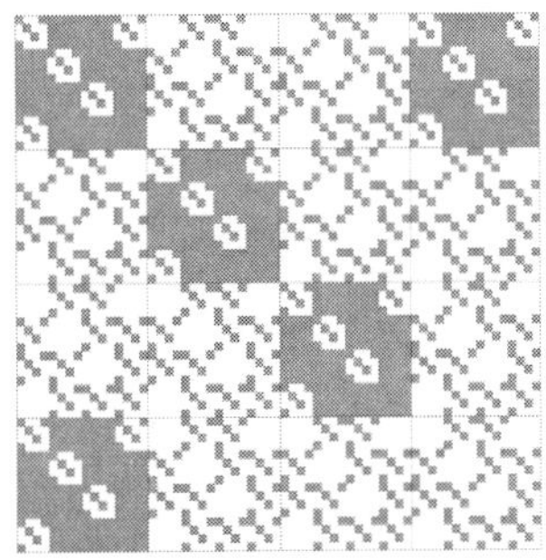 |
|  | 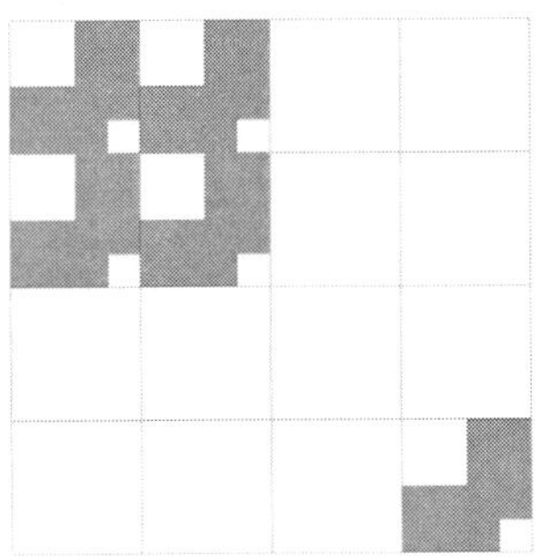 | 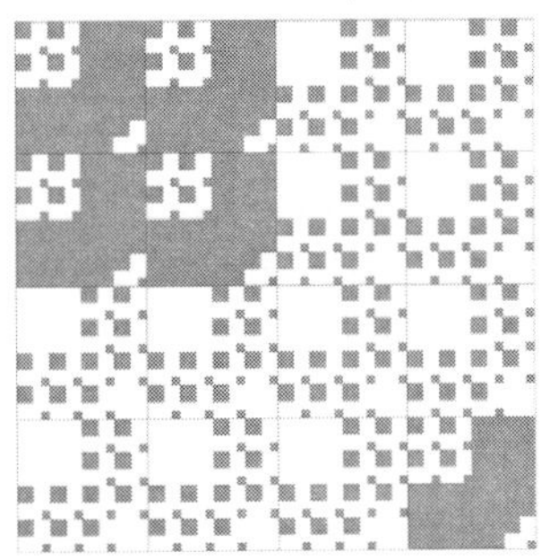 |
|  | 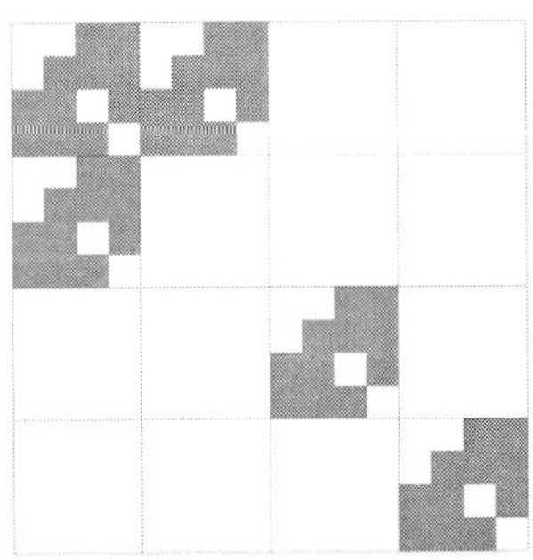 | 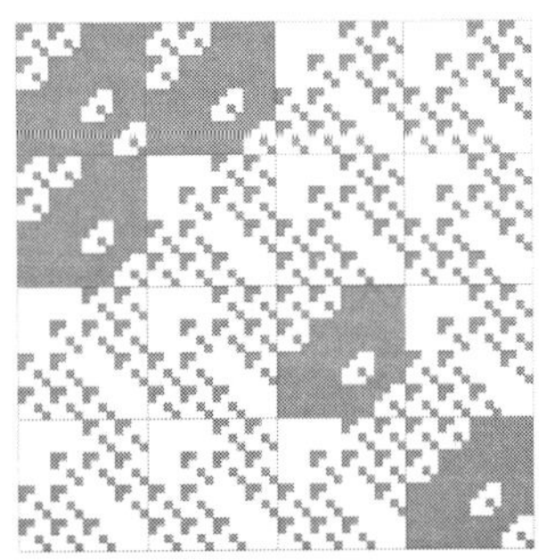 |

## (6) 1단계 6개

| ① $\log_{4}6 = 1.292$ | ② $\log_{16}60 = 1.477$ | ③ $\log_{64}1776 = 1.799$ |
| --- | --- | --- |
| 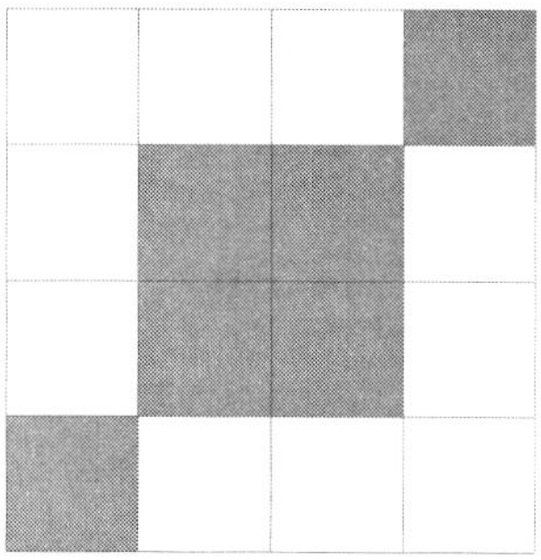 | 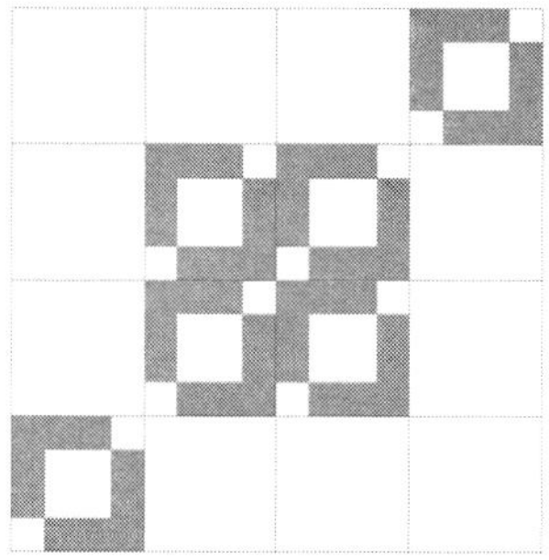 | 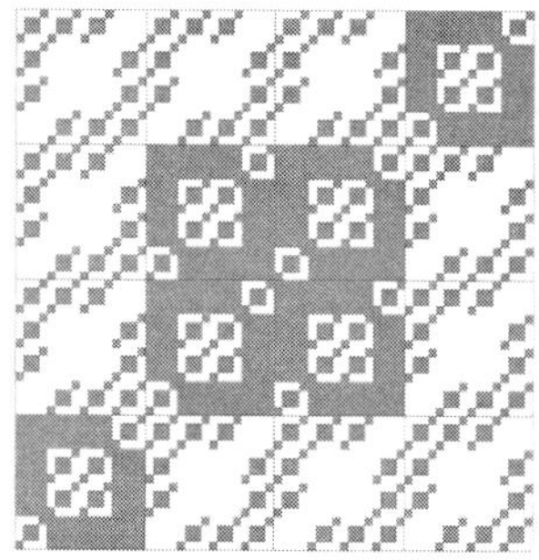 |
|  | 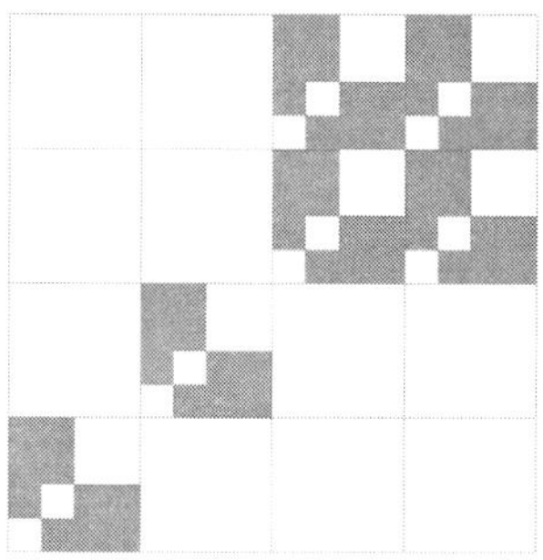 | 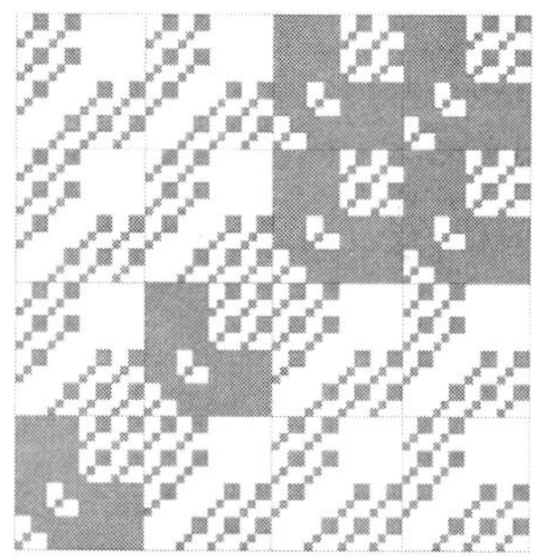 |
|  | 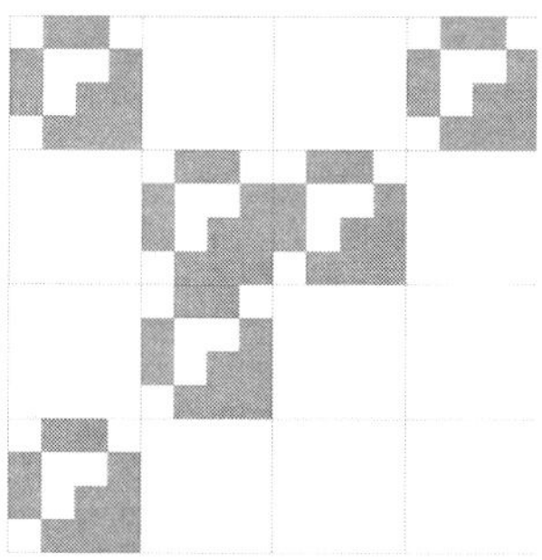 | 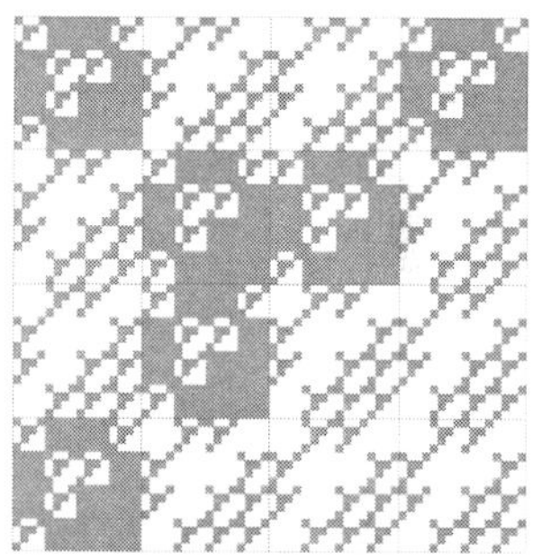 |
|  |  |  |

## (7) 1단계 7개

| ① $\log_4 7 = 1.404$ | ② $\log_{16} 63 = 1.494$ | ③ $\log_{64} 1918 = 1.818$ |
| --- | --- | --- |
|  | 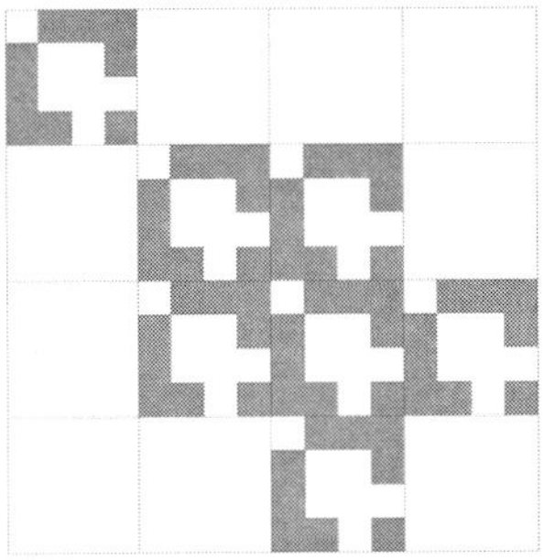 | 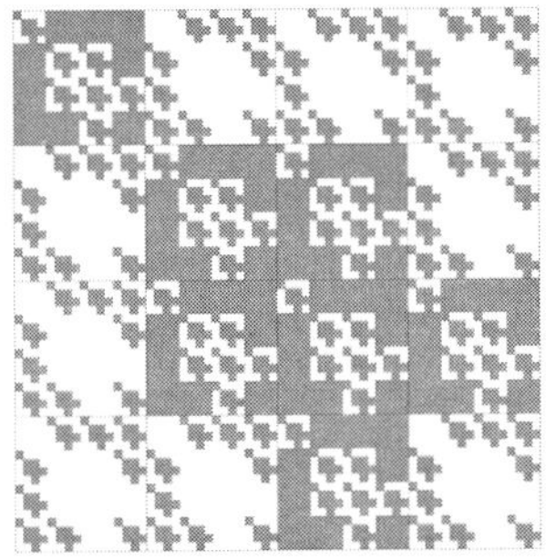 |
|  | 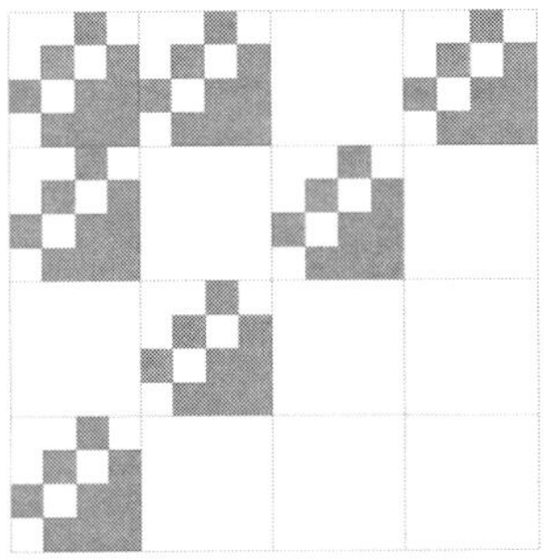 | 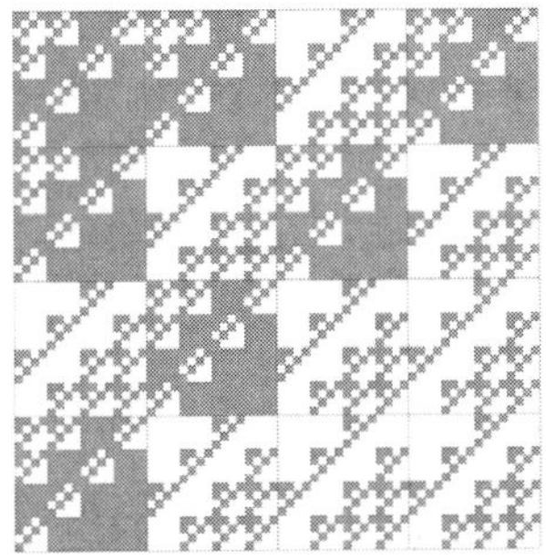 |
|  | 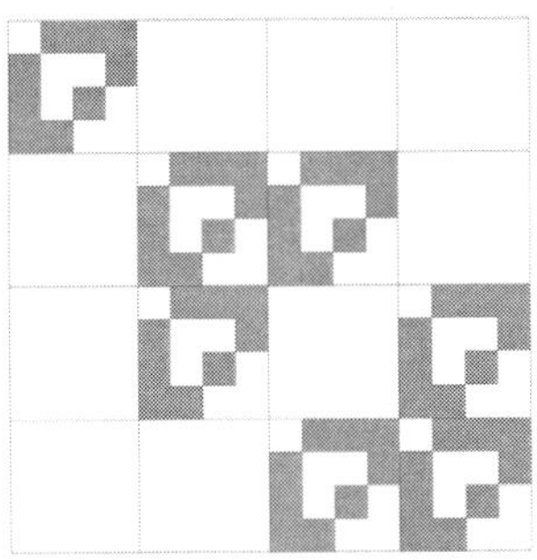 | 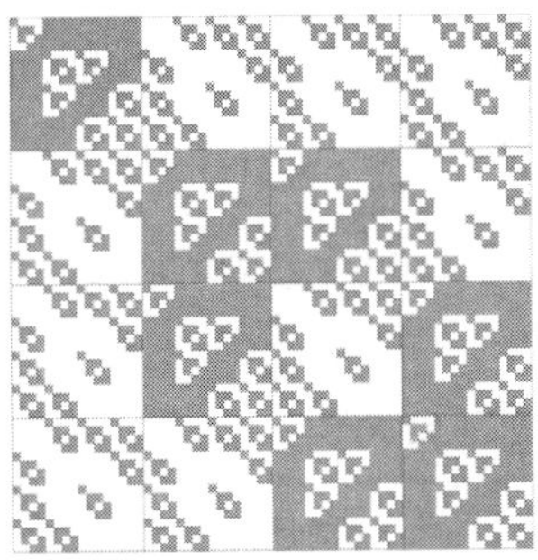 |
|  | 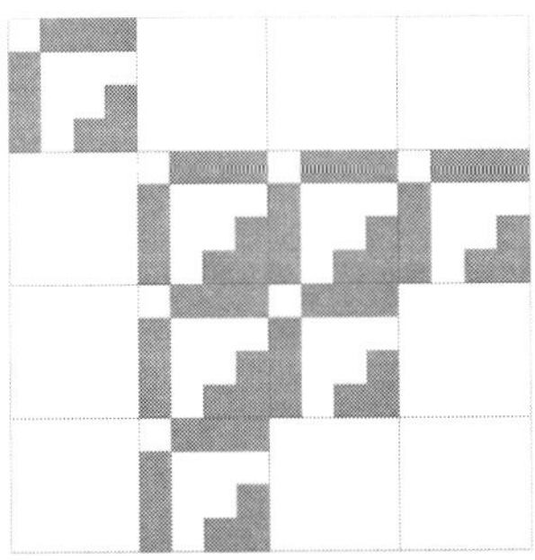 | 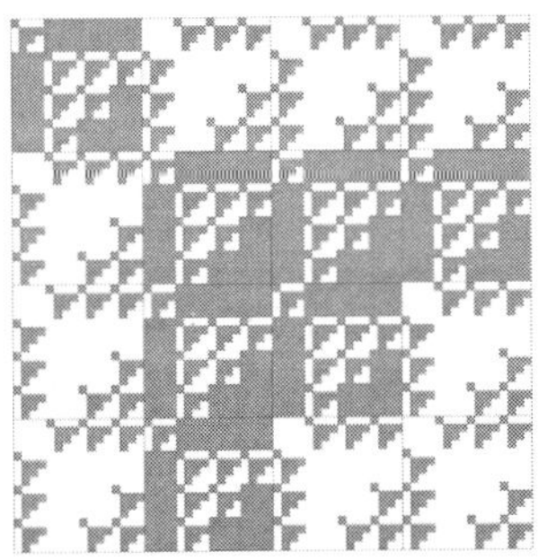 |

## (8) 1단계 8개

| ① $\log_4 8 = 1.5$ | ② $\log_{16} 64 = 1.5$ | ③ $\log_{64} 2048 = 1.833$ |
|---|---|---|
| 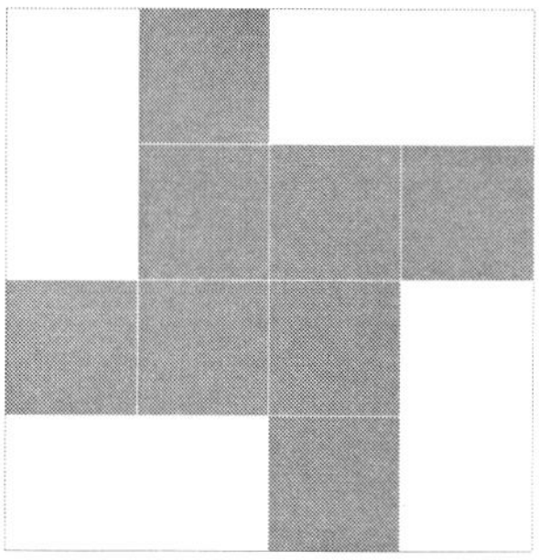 | 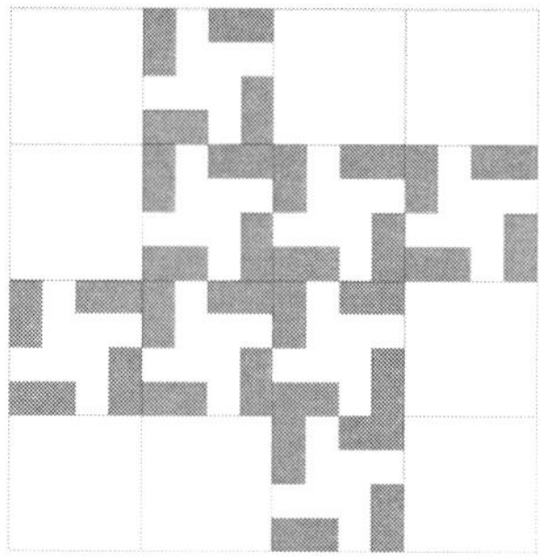 | 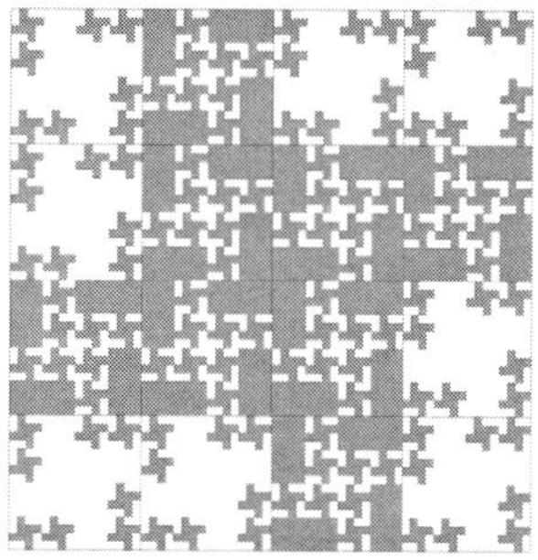 |
|  | 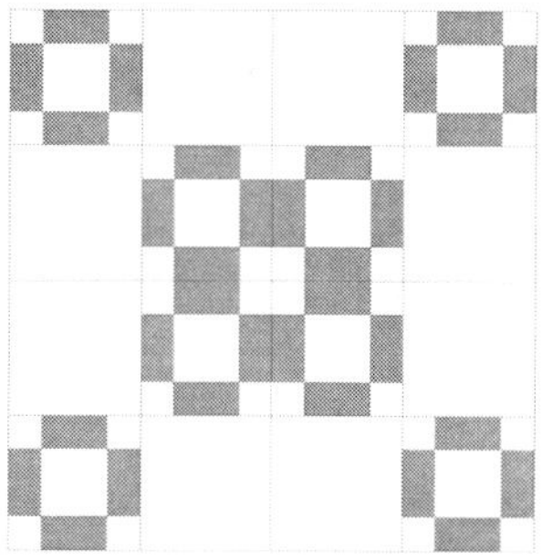 |  |
|  | 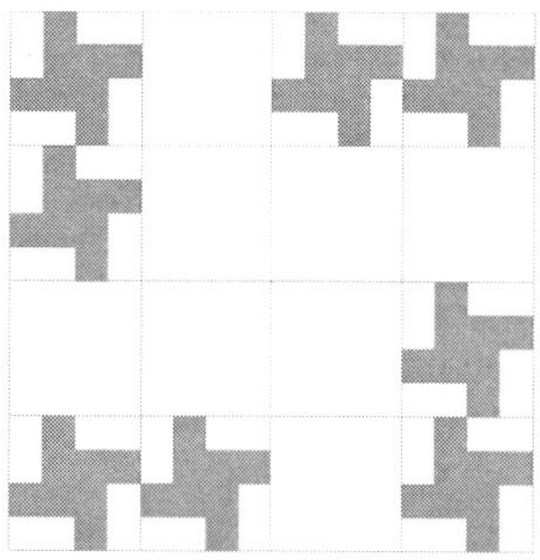 | 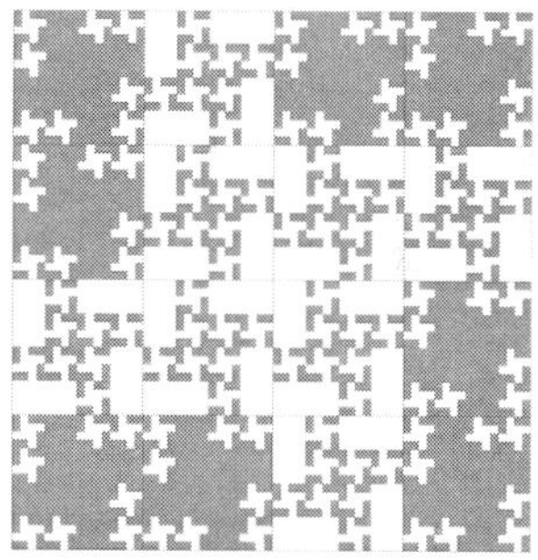 |
|  | 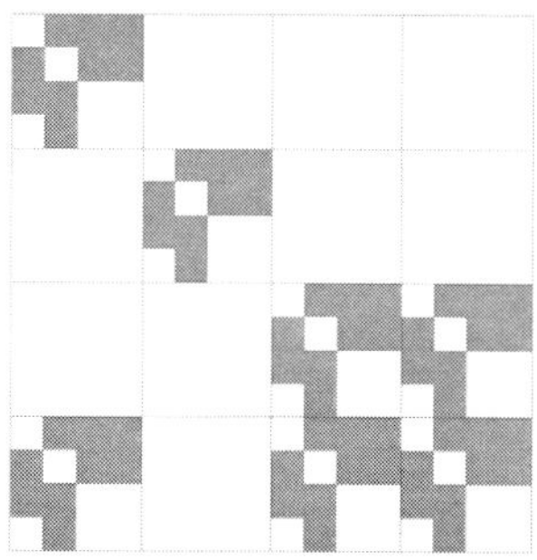 | 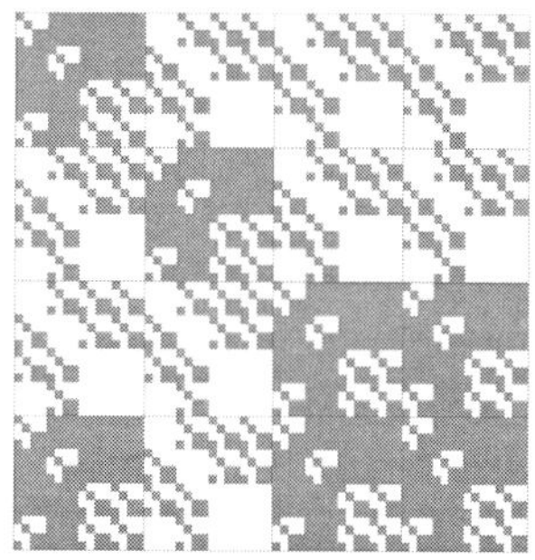 |

## 4 5×5 빼셈-덧셈 프랙탈

### (1) 1단계 1개

① $\log_5 1 = 0$

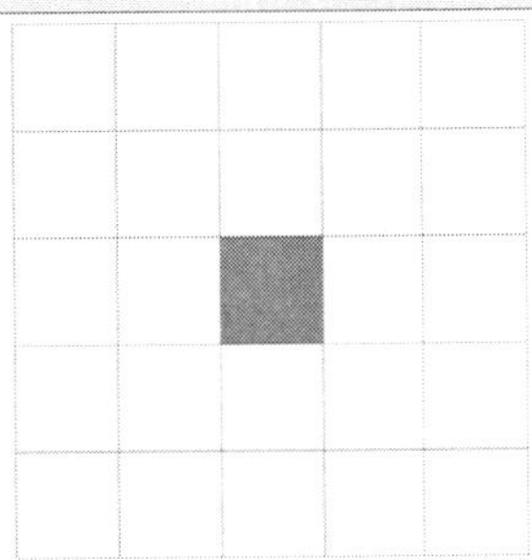

② $\log_{25} 24 = 0.99$

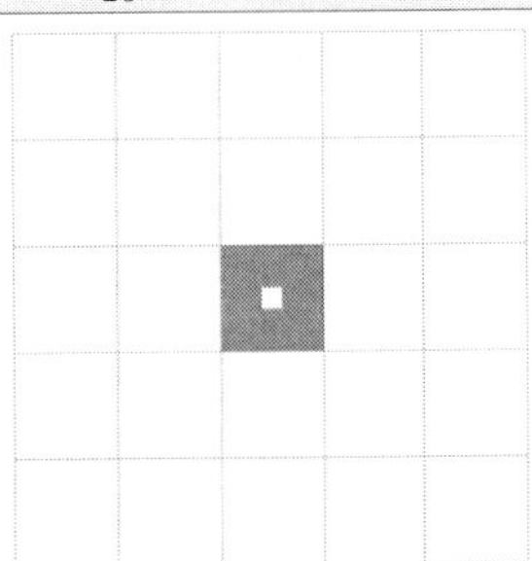

③ $\log_{125} 1177 = 1.464$

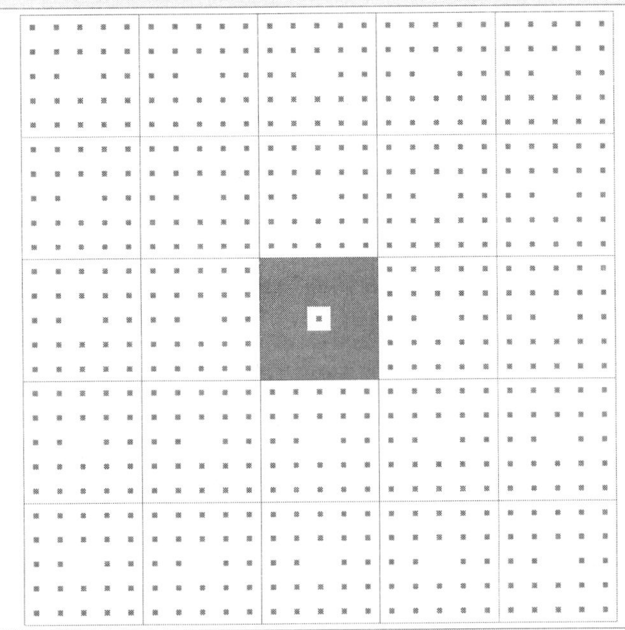

① $\log_5 1 = 0$

② $\log_{25} 24 = 0.99$

③ $\log_{125} 1177 = 1.464$

## (2) 1단계 2개

① $\log_5 2 = 0.431$

② $\log_{25} 46 = 1.19$

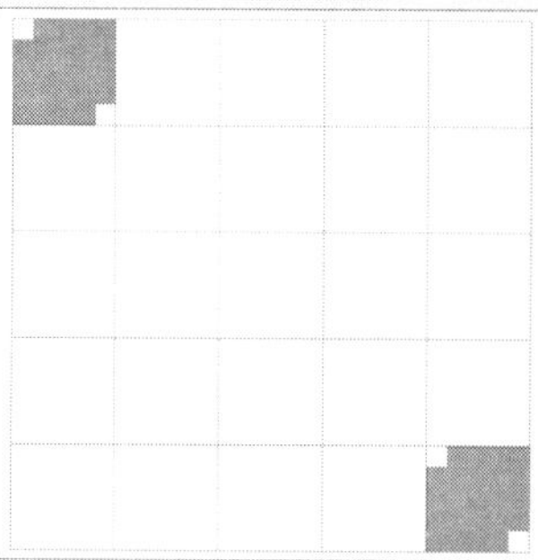

③ $\log_{125} 2216 = 1.595$

① $\log_5 2 = 0.431$

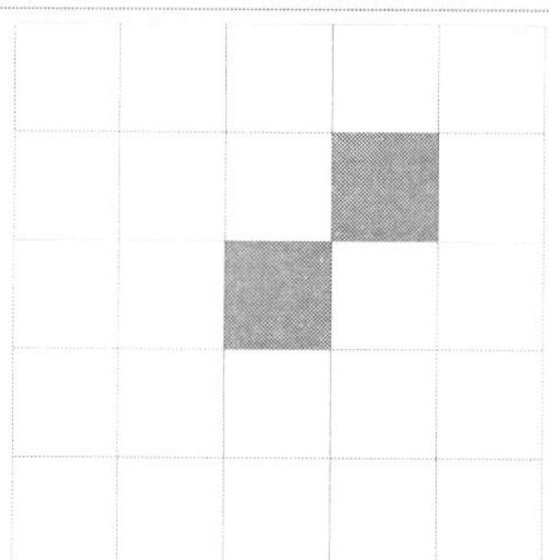

② $\log_{25} 96 = 1.418$

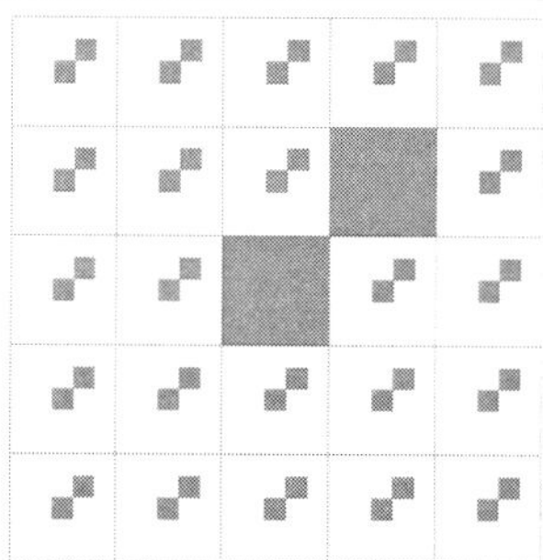

③ $\log_{125} 3458 = 1.688$

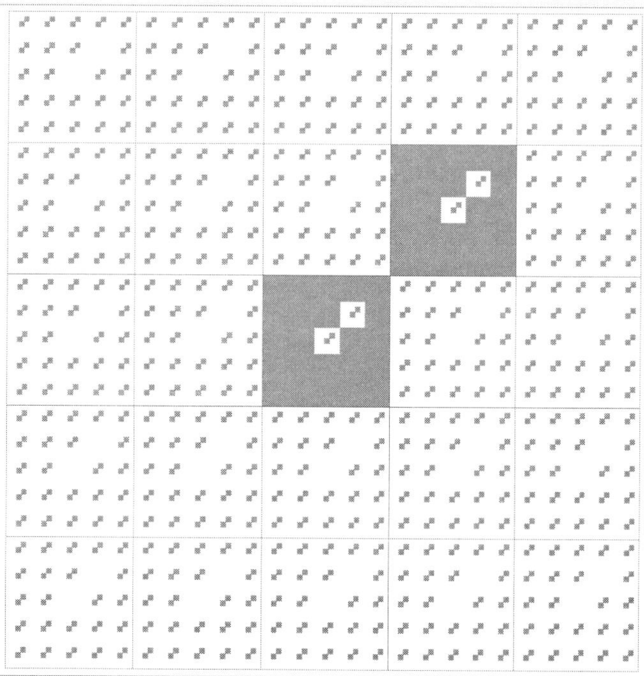

(3) 1단계 3개

① $\log_5 3 = 0.683$

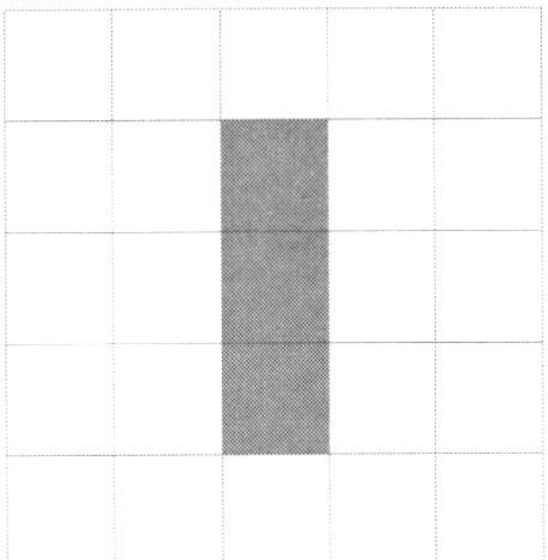

② $\log_{25} 66 = 1.3$

③ $\log_{125} 3129 = 1.667$

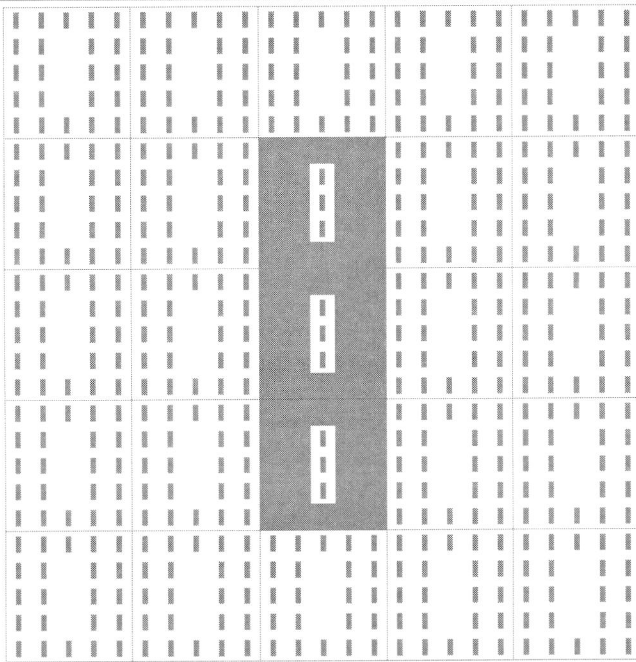

① $\log_5 3 = 0.683$

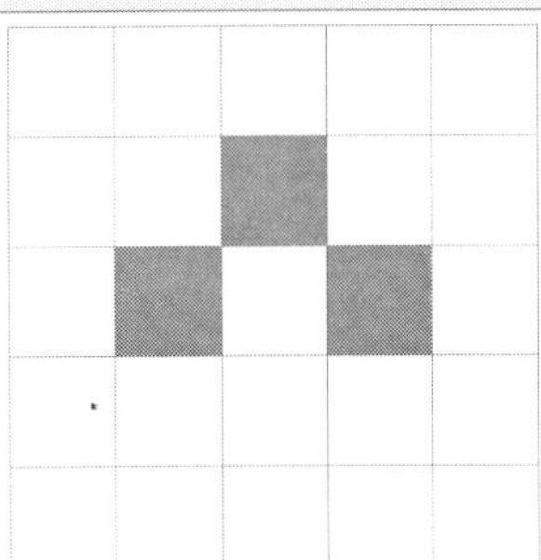

② $\log_{25} 66 = 1.3$

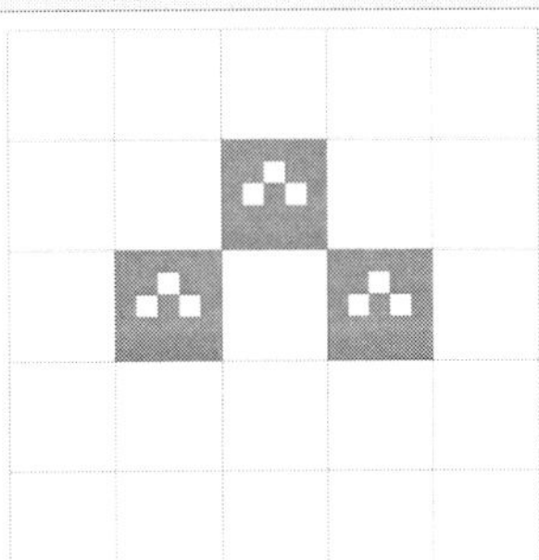

③ $\log_{125} 3129 = 1.667$

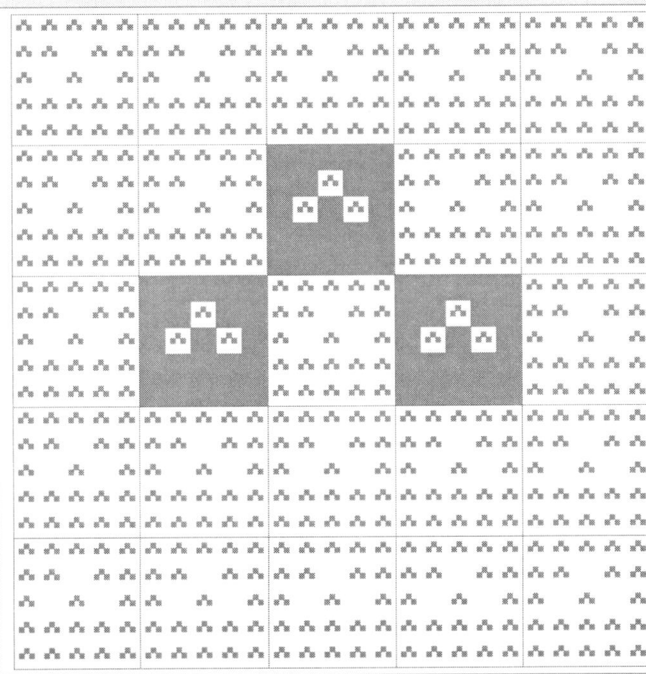

## (4) 1단계 4개

① $\log_5 4 = 0.861$

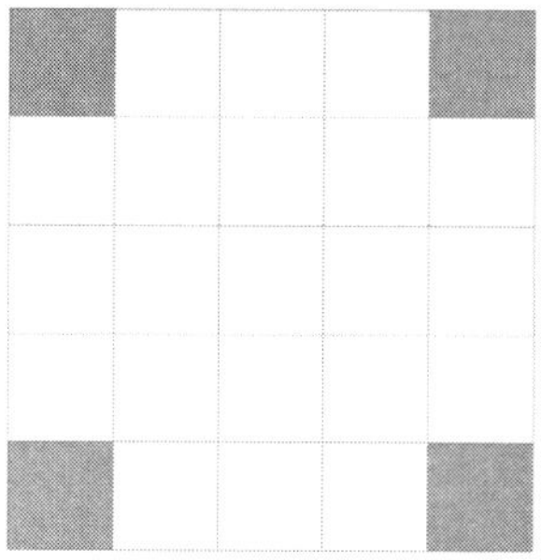

② $\log_{25} 84 = 1.38$

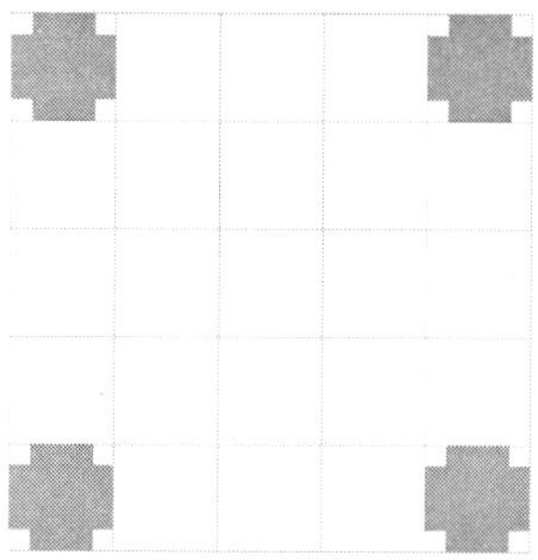

③ $\log_{125} 3928 = 1.714$

① $\log_5 4 = 0.861$

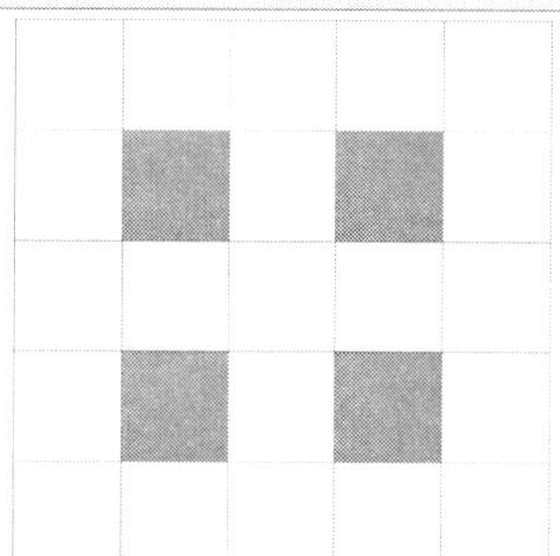

② $\log_{25} 84 = 1.38$

③ $\log_{125} 3928 = 1.714$

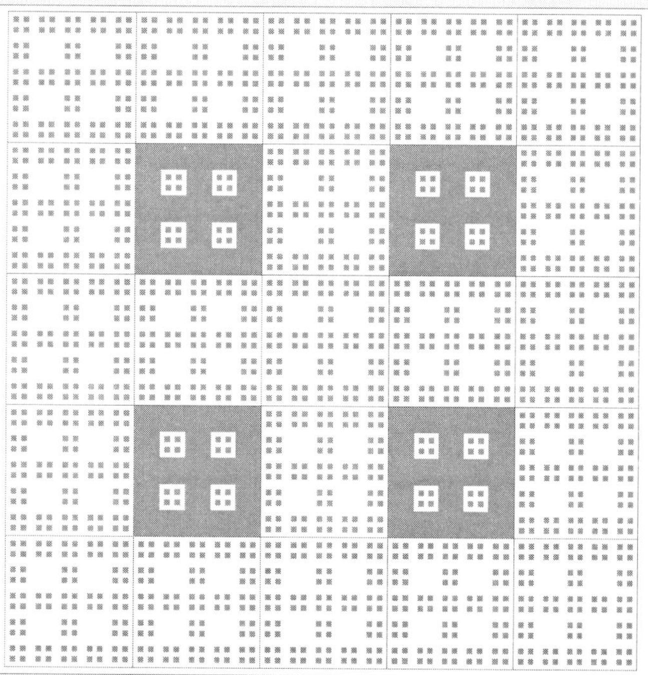

① $\log_5 4 = 0.861$

② $\log_{25} 84 = 1.38$

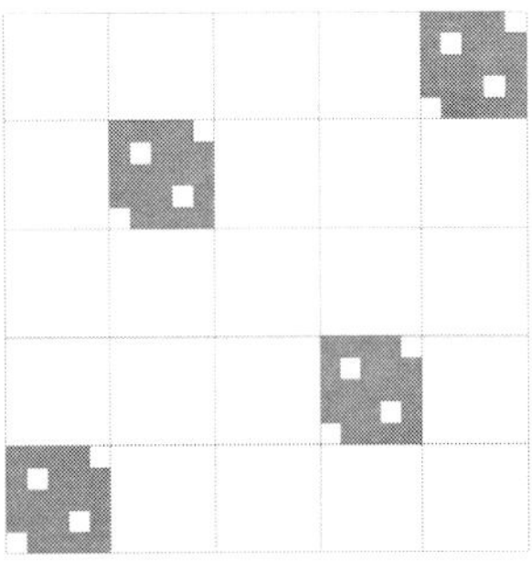

③ $\log_{125} 3928 = 1.714$

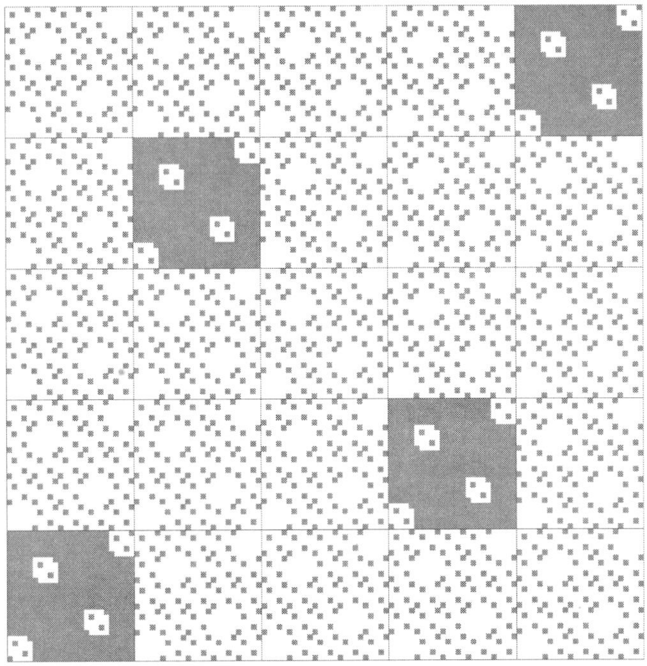

① $\log_5 4 = 0.861$

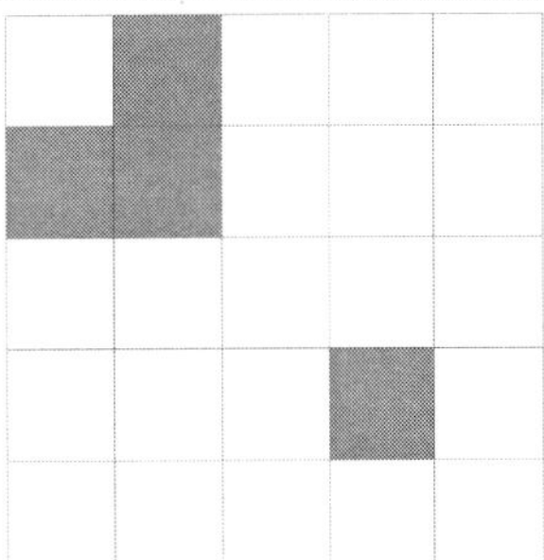

② $\log_{25} 84 = 1.38$

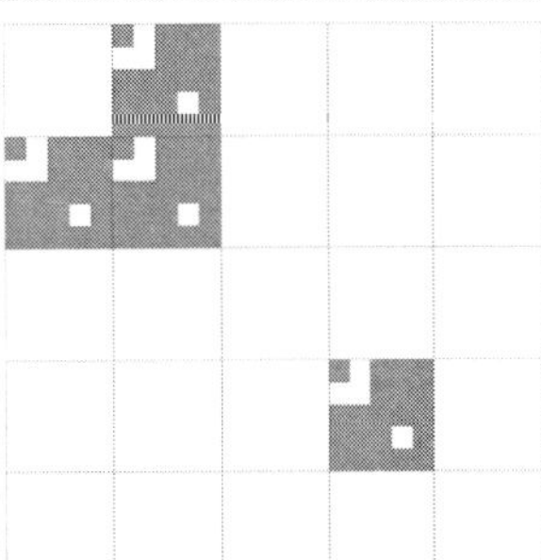

③ $\log_{125} 3928 = 1.714$

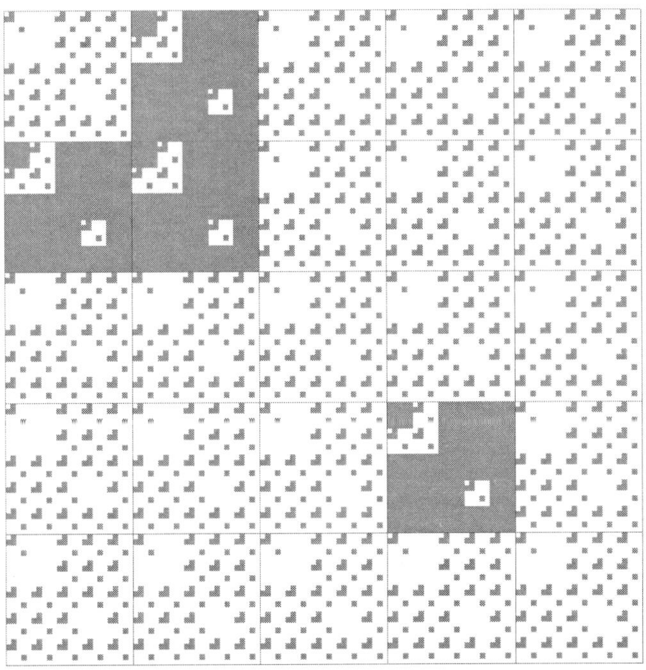

## (5) 1단계 5개

① $\log_5 5 = 1$

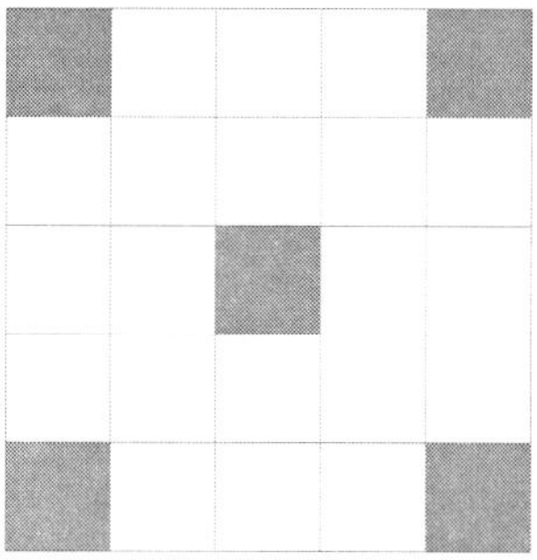

② $\log_{25} 100 = 1.43$

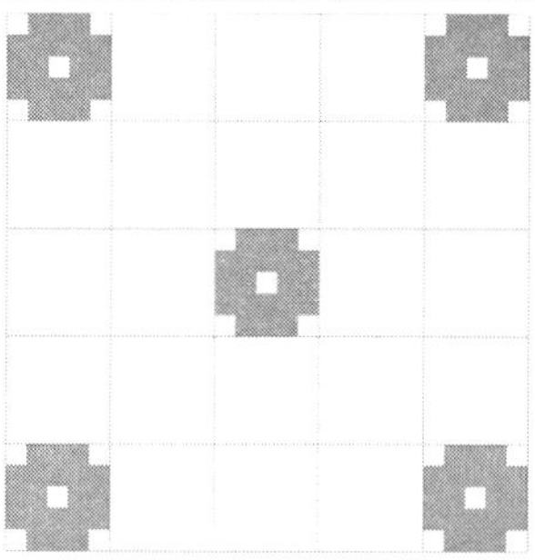

③ $\log_{125} 4625 = 1.748$

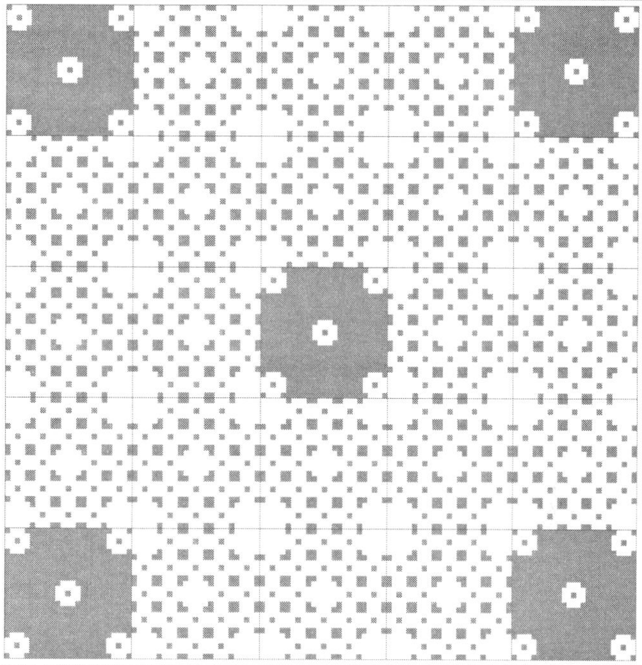

① $\log_5 5 = 1$

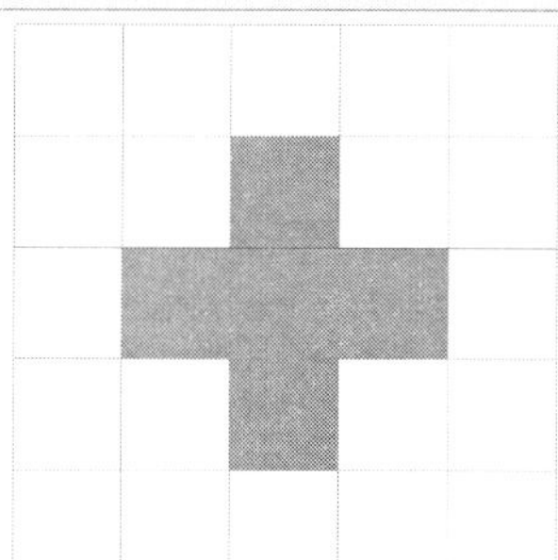

② $\log_{25} 100 = 1.43$

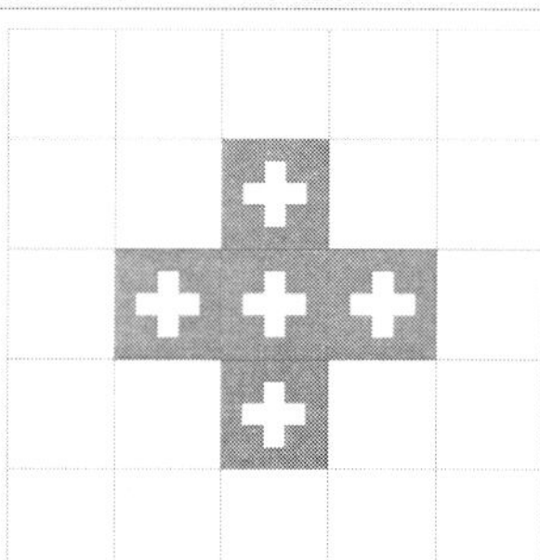

③ $\log_{125} 4625 = 1.748$

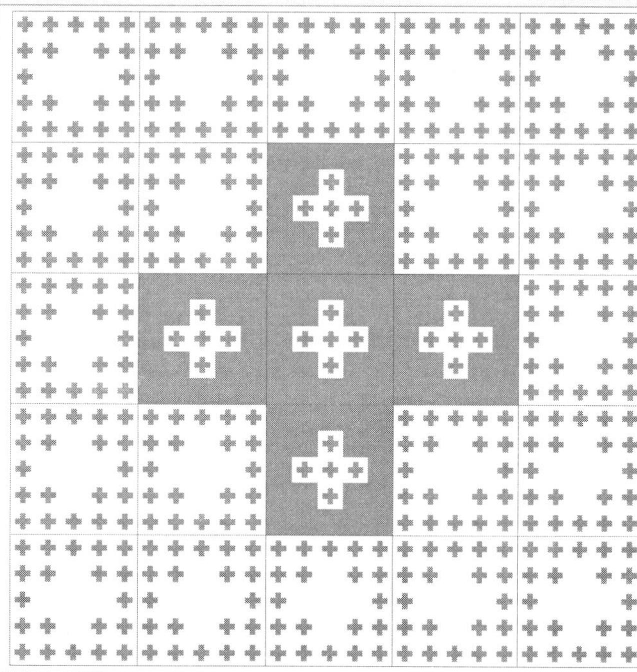

① $\log_5 5 = 1$

② $\log_{25} 100 = 1.43$

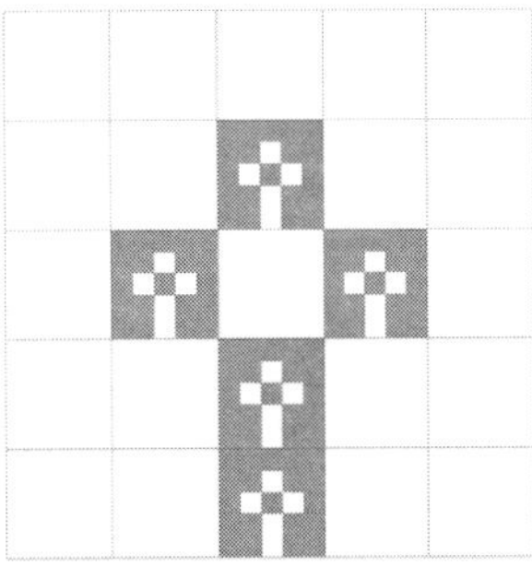

③ $\log_{125} 4625 = 1.748$

① $\log_5 5 = 1$

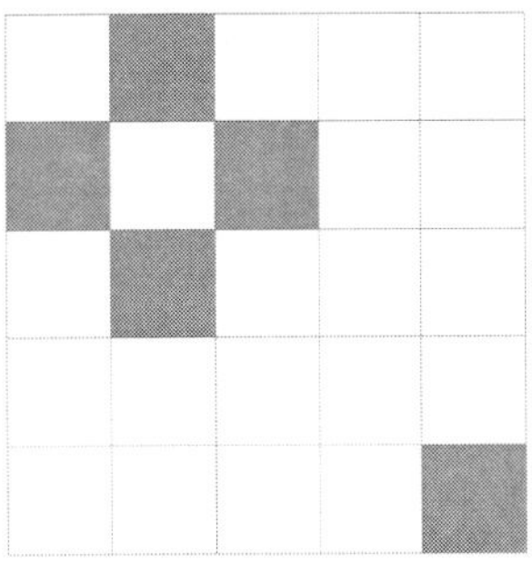

② $\log_{25} 100 = 1.43$

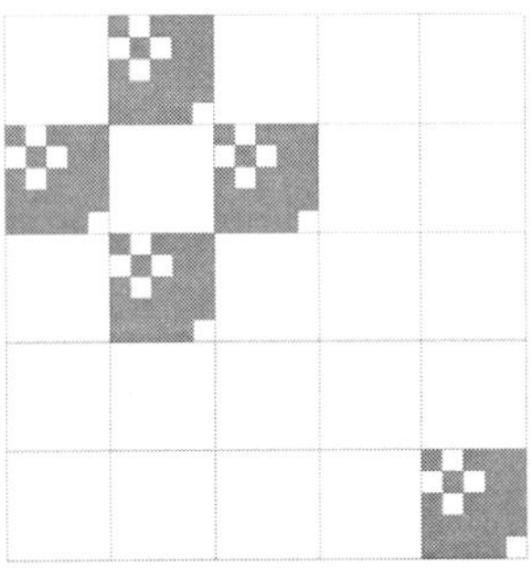

③ $\log_{125} 4625 = 1.748$

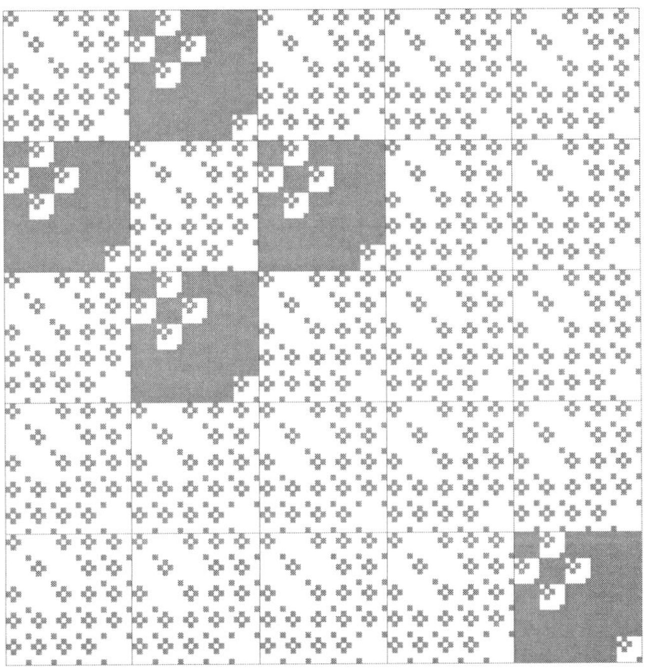

① $\log_5 5 = 1$

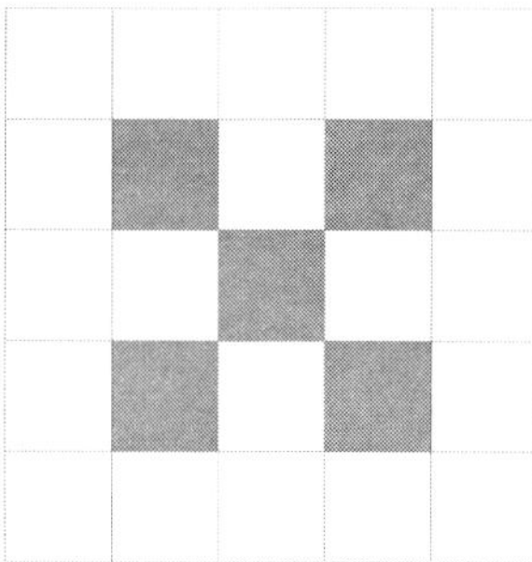

② $\log_{25} 100 = 1.43$

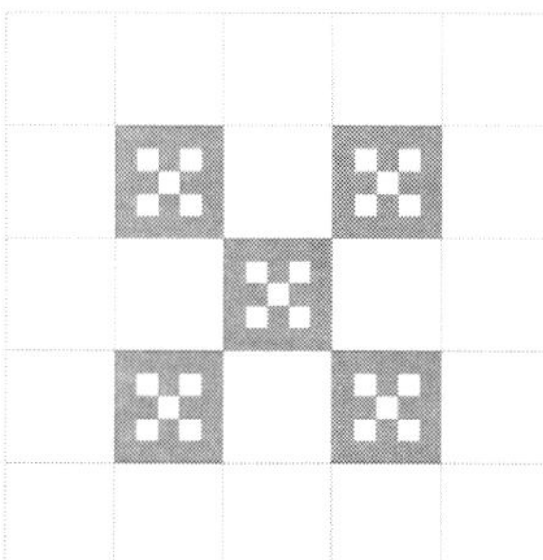

③ $\log_{125} 4625 = 1.748$

① $\log_5 5 = 1$

② $\log_{25} 100 = 1.43$

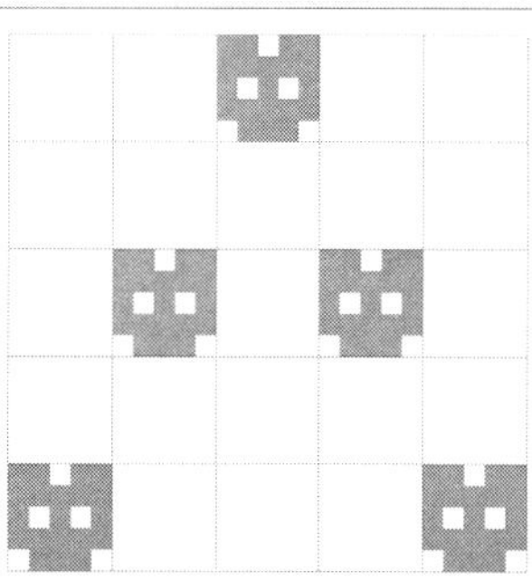

③ $\log_{125} 4625 = 1.748$

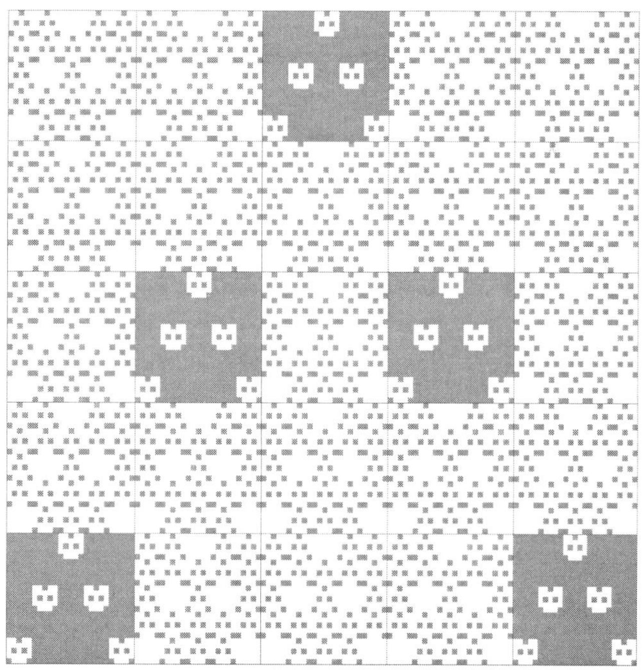

### (6) 1단계 6개

① $\log_5 6 = 1.113$

② $\log_{25} 114 = 1.47$

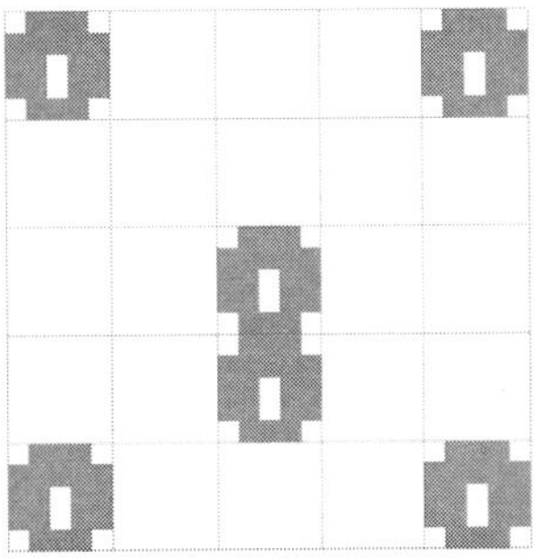

③ $\log_{125} 5232 = 1.773$

① $\log_5 6 = 1.113$

② $\log_{25} 114 = 1.47$

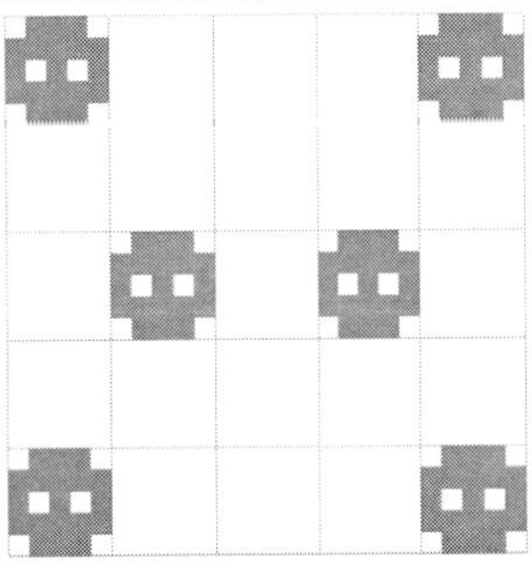

③ $\log_{125} 5232 = 1.773$

## (7) 1단계 7개

① $\log_5 7 = 1.209$

② $\log_{25} 126 = 1.5$

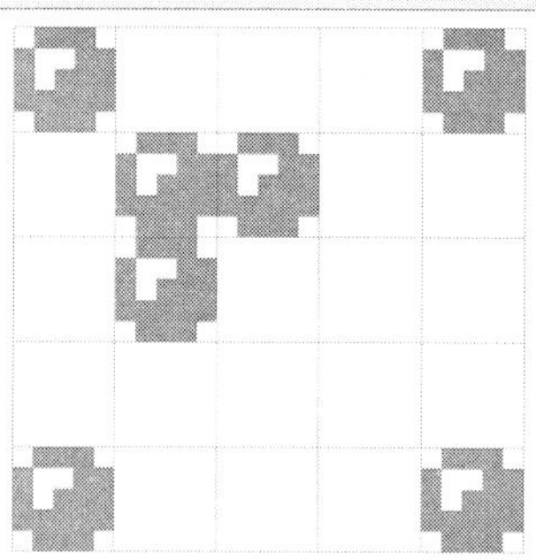

③ $\log_{125} 5761 = 1.793$

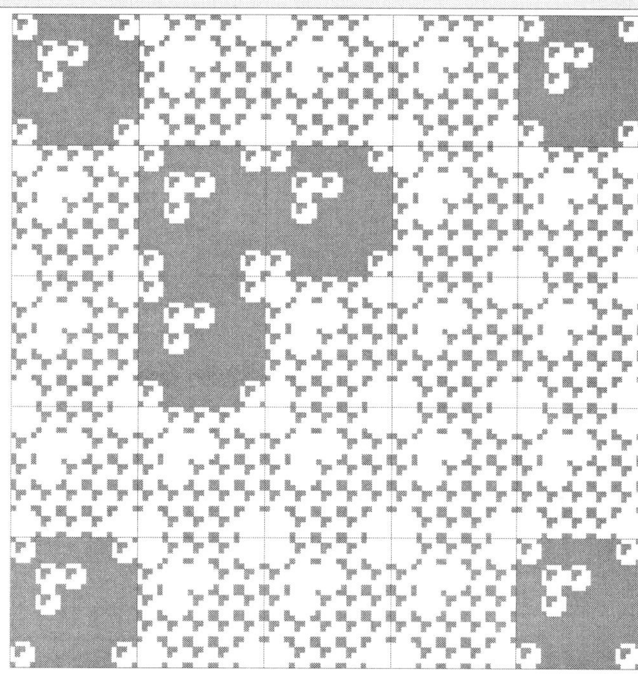

① $\log_5 7 = 1.209$

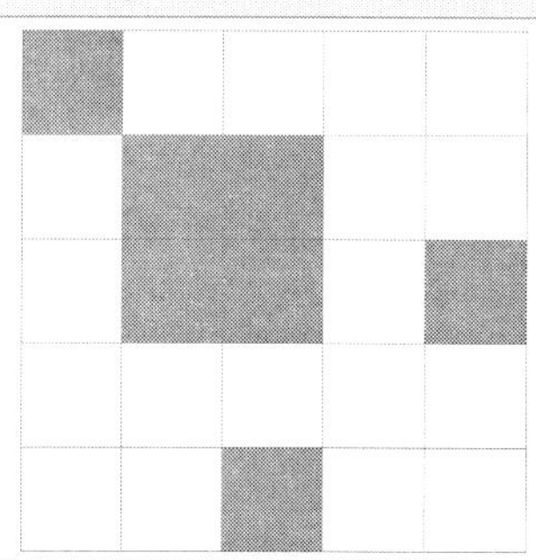

② $\log_{25} 126 = 1.5$

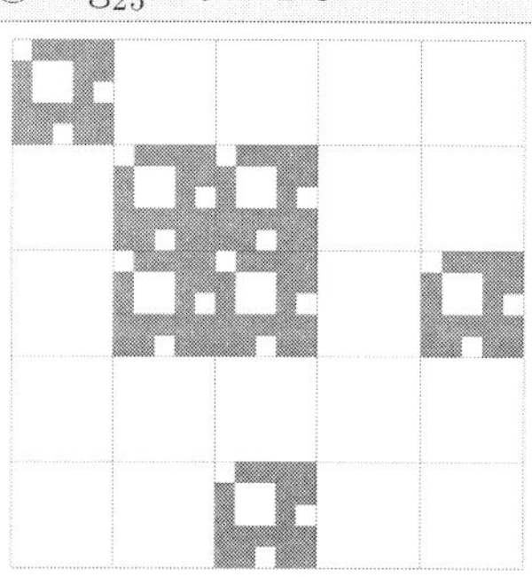

③ $\log_{125} 5761 = 1.793$

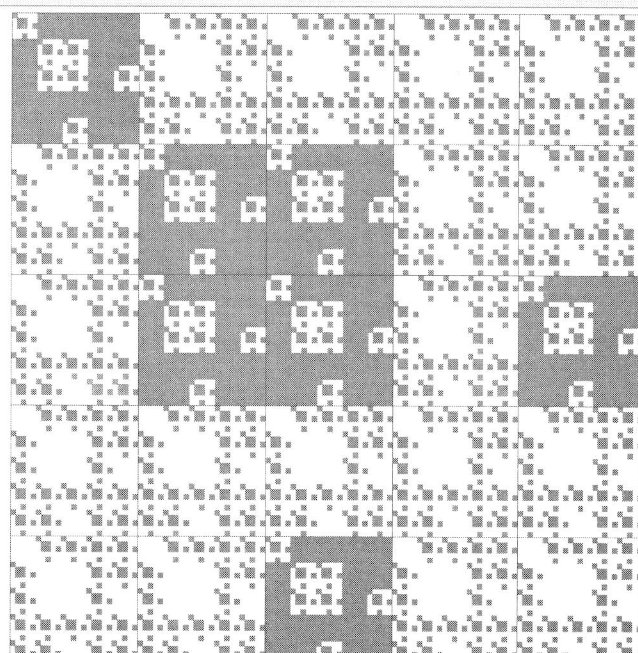

① $\log_5 7 = 1.209$

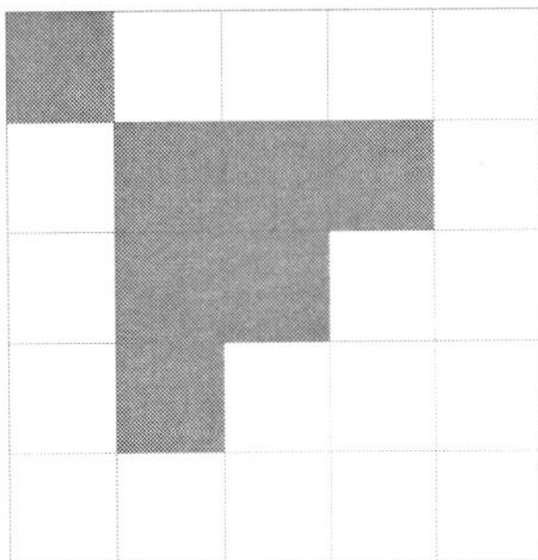

② $\log_{25} 126 = 1.5$

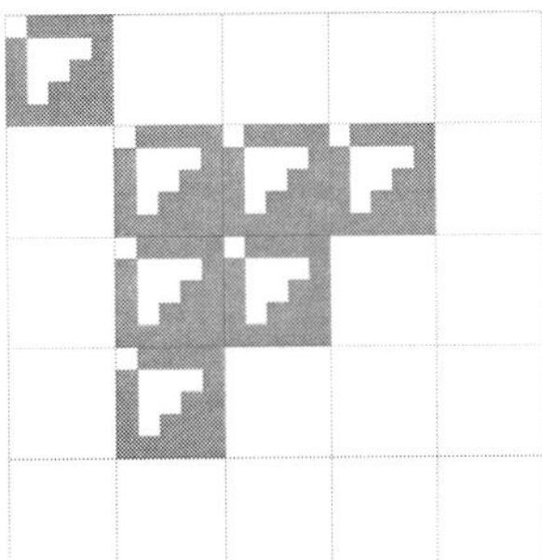

③ $\log_{125} 5761 = 1.793$

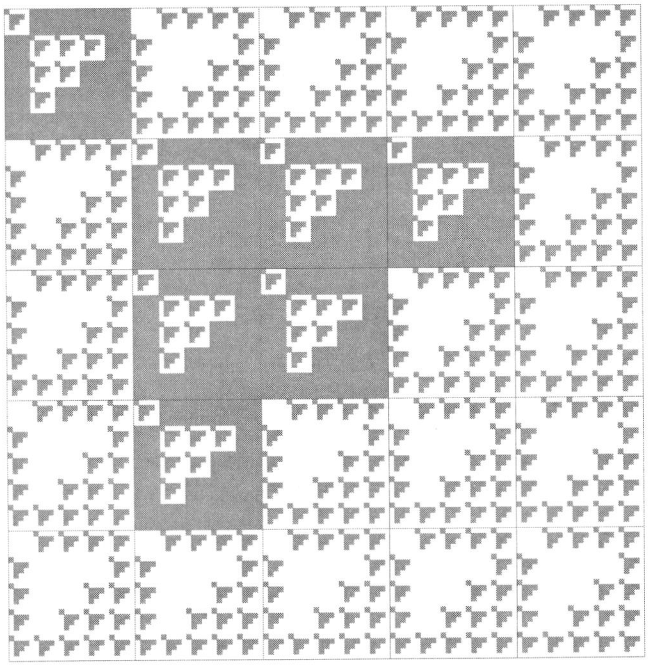

① $\log_5 7 = 1.209$

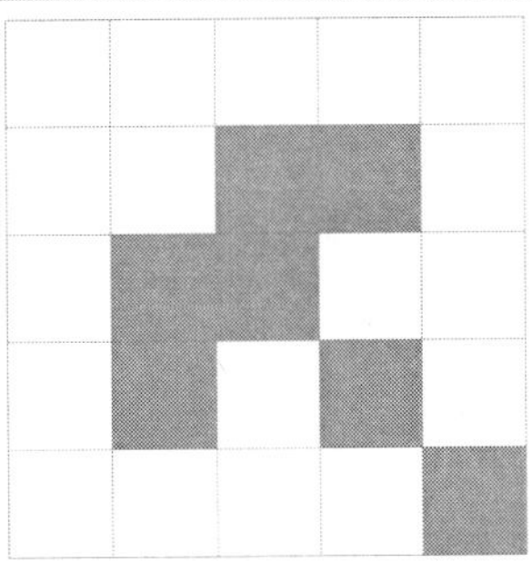

② $\log_{25} 126 = 1.5$

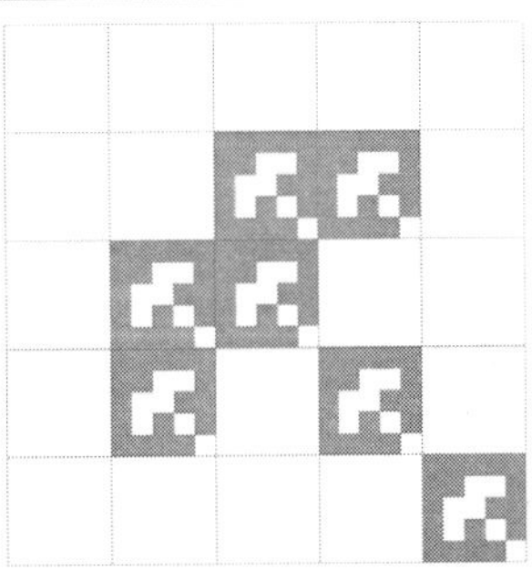

③ $\log_{125} 5761 = 1.793$

## (8) 1단계 8개

① $\log_5 8 = 1.292$

② $\log_{25} 136 = 1.53$

③ $\log_{125} 6224 = 1.809$

① $\log_5 8 = 1.292$

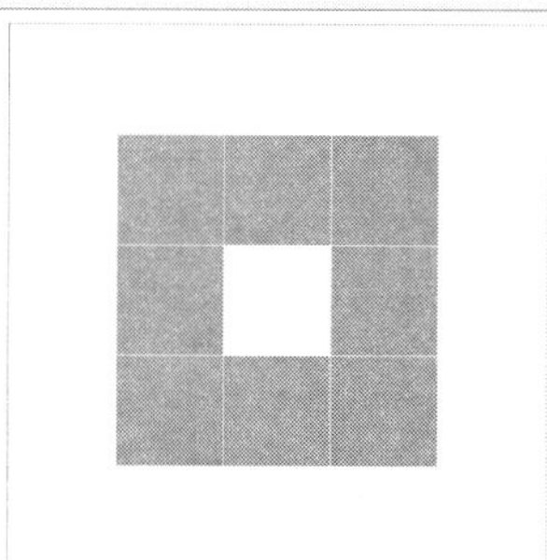

② $\log_{25} 136 = 1.53$

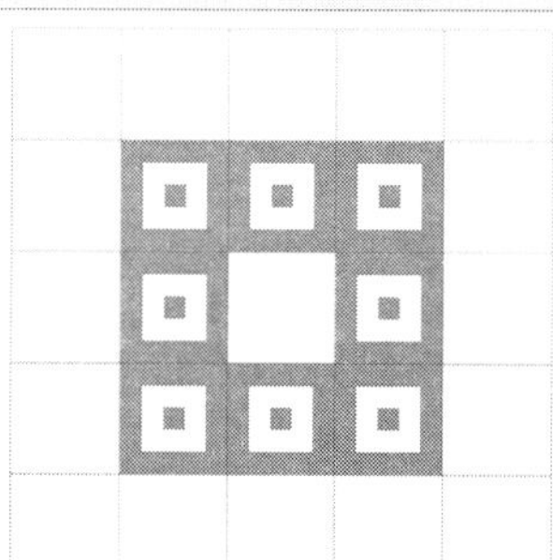

③ $\log_{125} 6224 = 1.809$

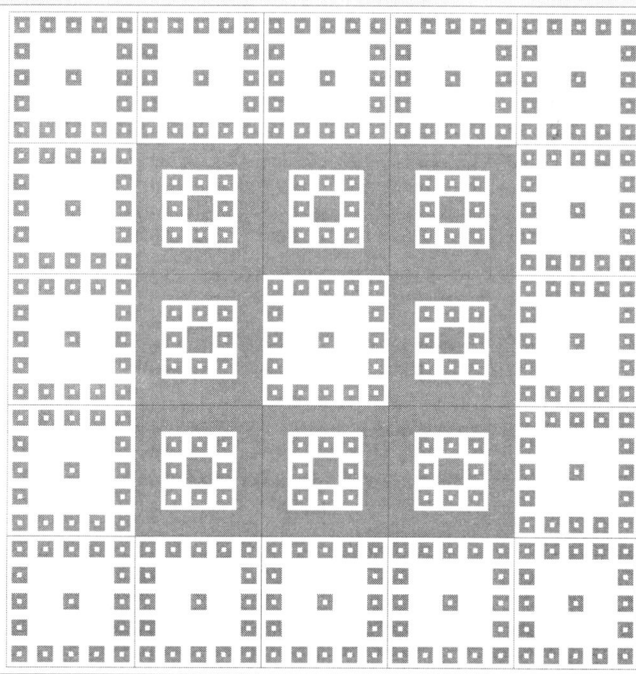

① $\log_5 8 = 1.292$

② $\log_{25} 136 = 1.53$

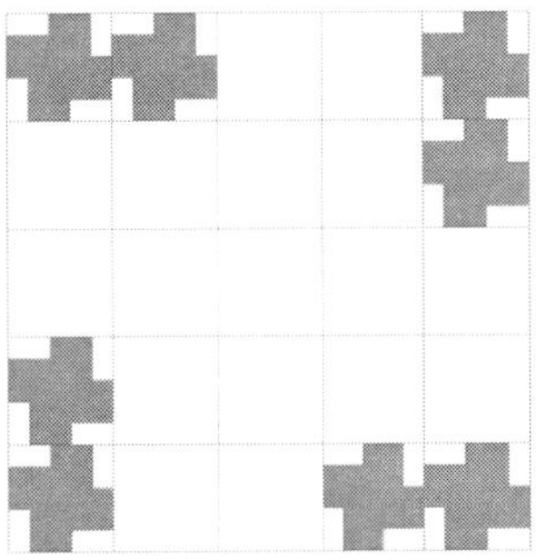

③ $\log_{125} 6224 = 1.809$

① $\log_5 8 = 1.292$

② $\log_{25} 136 = 1.53$

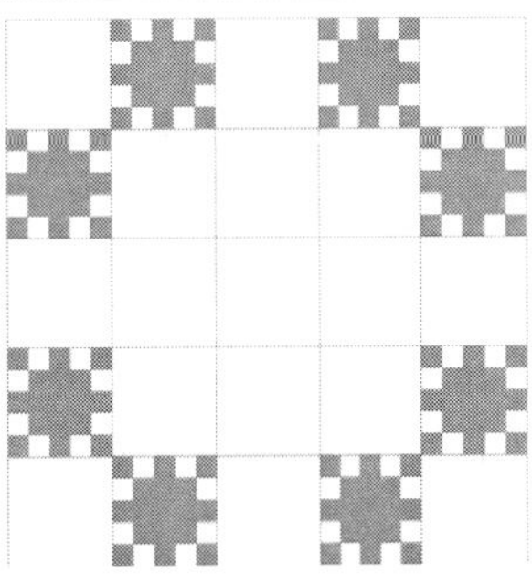

③ $\log_{125} 6224 = 1.809$

① $\log_5 8 = 1.292$

② $\log_{25} 136 = 1.53$

③ $\log_{125} 6224 = 1.809$

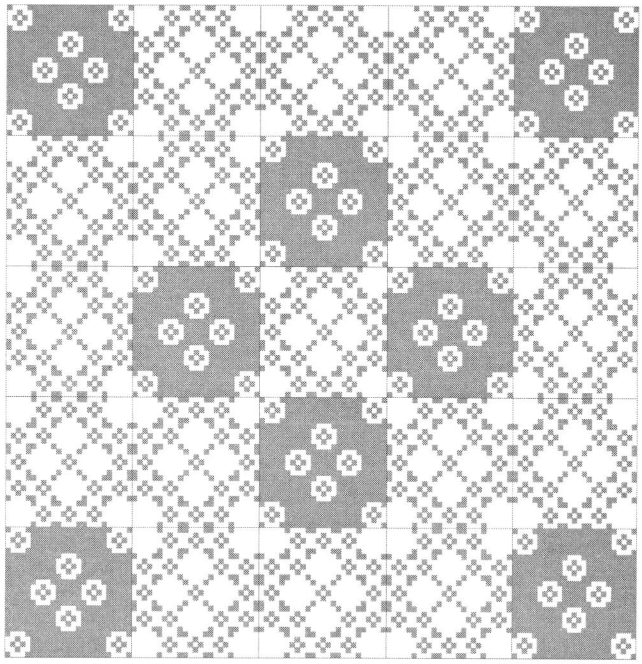

① $\log_5 8 = 1.292$

② $\log_{25} 136 = 1.53$

③ $\log_{125} 6224 = 1.809$

① $\log_5 8 = 1.292$

② $\log_{25} 136 = 1.53$

③ $\log_{125} 6224 = 1.809$

① $\log_5 8 = 1.292$

② $\log_{25} 136 = 1.53$

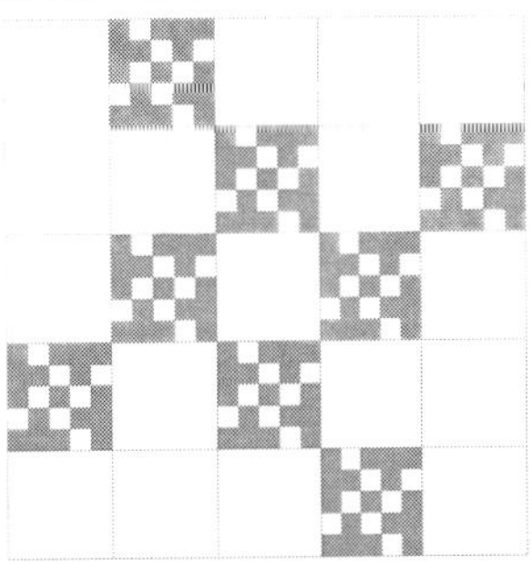

③ $\log_{125} 6224 = 1.809$

## (9) 1단계 9개

① $\log_5 9 = 1.365$

② $\log_{25} 144 = 1.54$

③ $\log_{125} 6633 = 1.823$

① $\log_5 9 = 1.365$

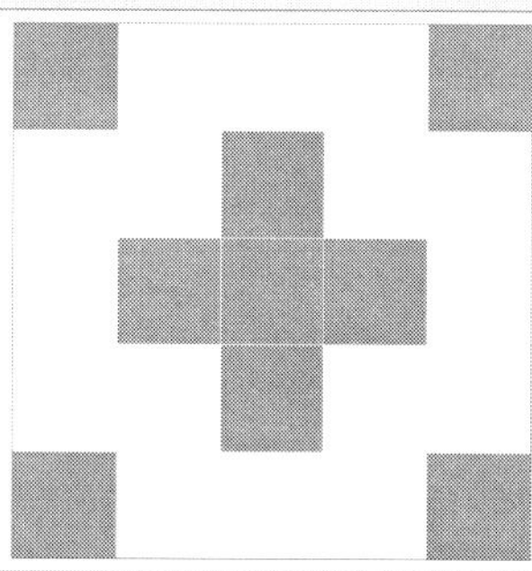

② $\log_{25} 144 = 1.54$

③ $\log_{125} 6633 = 1.823$

① $\log_5 9 = 1.365$

② $\log_{25} 144 = 1.54$

③ $\log_{125} 6633 = 1.823$

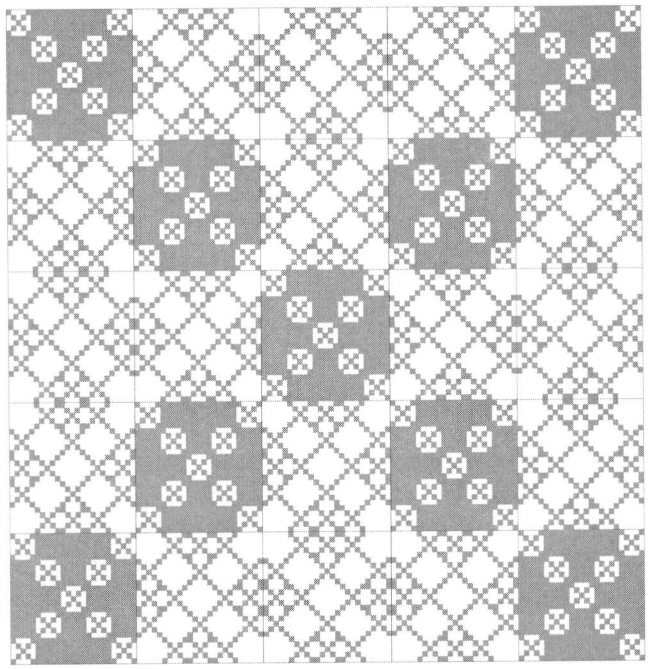

① $\log_5 9 = 1.365$

② $\log_{25} 144 = 1.54$

③ $\log_{125} 6633 = 1.823$

① $\log_5 9 = 1.365$

② $\log_{25} 144 = 1.54$

③ $\log_{125} 6633 = 1.823$

① $\log_5 9 = 1.365$

② $\log_{25} 144 = 1.54$

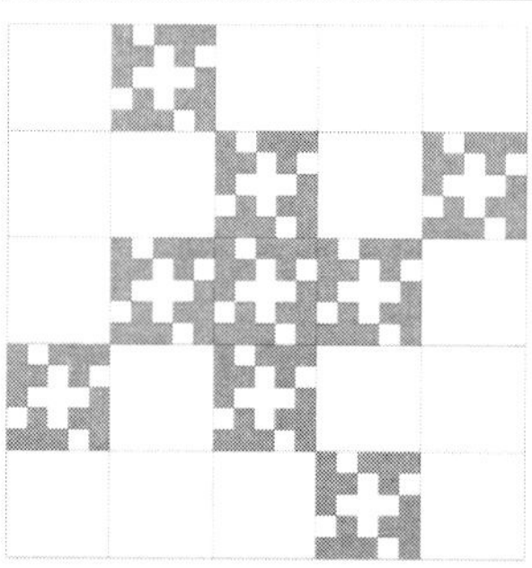

③ $\log_{125} 6633 = 1.823$

## (10) 1단계 10개

① $\log_5 10 = 1.431$

② $\log_{25} 150 = 1.56$

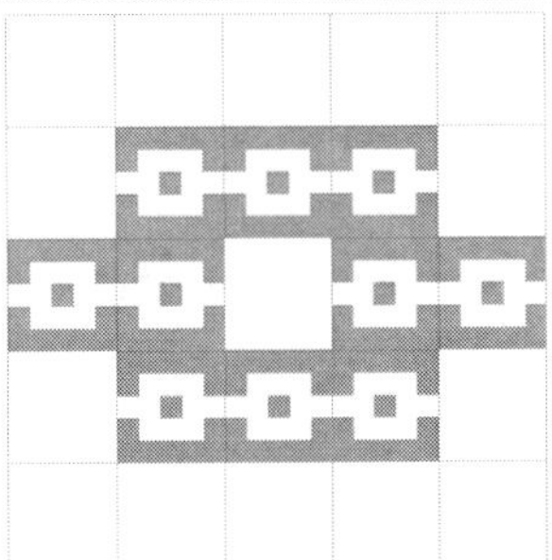

③ $\log_{125} 700 = 1.834$

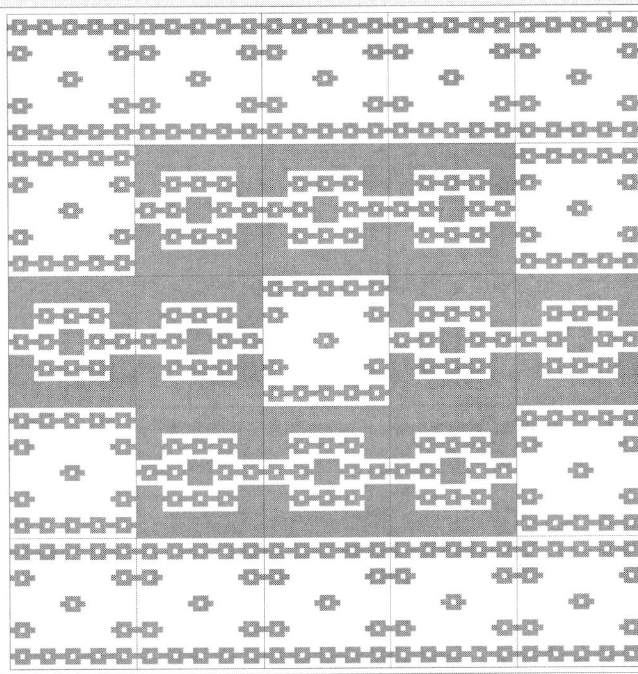

① $\log_5 10 = 1.431$

② $\log_{25} 150 = 1.56$

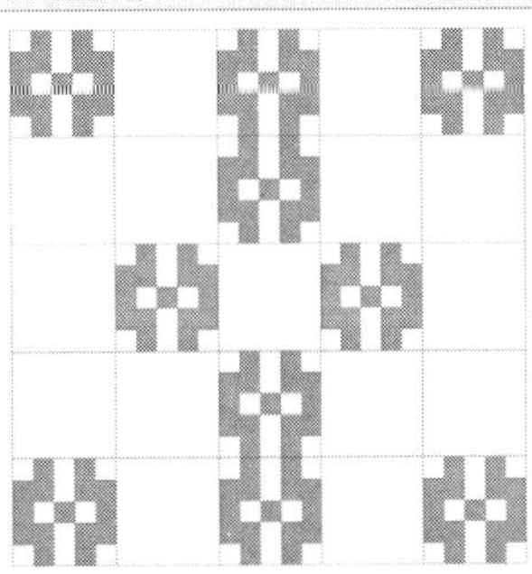

③ $\log_{125} 700 = 1.834$

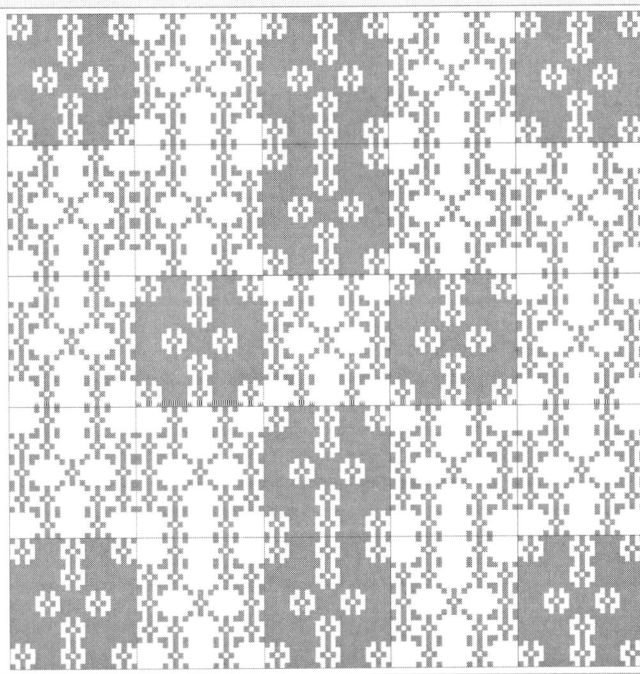

① $\log_5 10 = 1.431$

② $\log_{25} 150 = 1.56$

③ $\log_{125} 700 = 1.834$

① $\log_5 10 = 1.431$

② $\log_{25} 150 = 1.56$

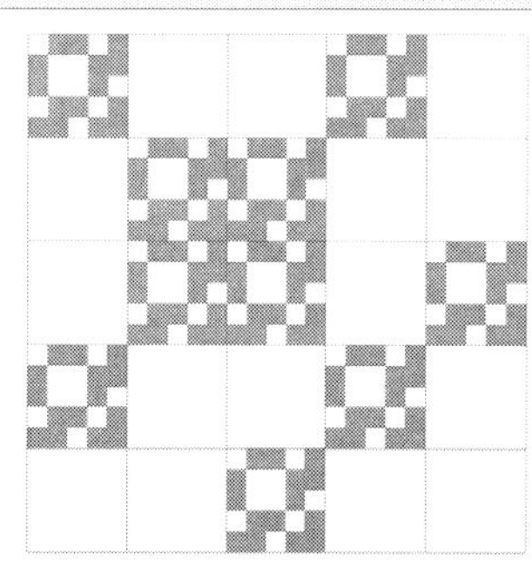

③ $\log_{125} 700 = 1.834$

## (11) 1단계 11개

① $\log_5 11 = 1.490$

② $\log_{25} 154 = 1.57$

③ $\log_{125} 7337 = 1.843$

① $\log_5 11 = 1.490$

② $\log_{25} 154 = 1.57$

③ $\log_{125} 7337 = 1.843$

## (12) 1단계 12개

① $\log_5 12 = 1.544$

② $\log_{25} 156 = 1.57$

③ $\log_{125} 7656 = 1.852$

① $\log_5 12 = 1.544$

② $\log_{25} 156 = 1.57$

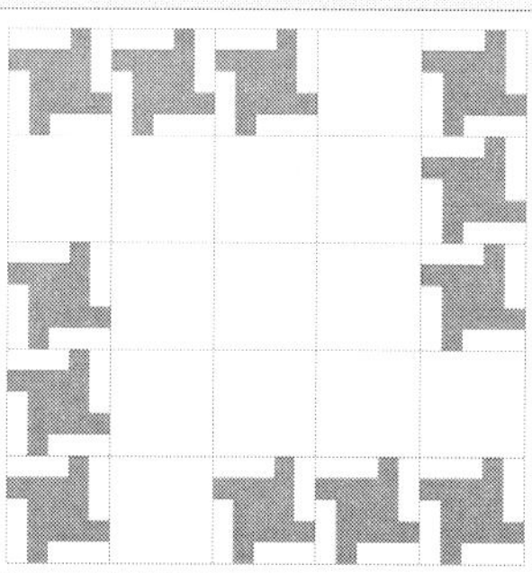

③ $\log_{125} 7656 = 1.852$

① $\log_5 12 = 1.544$

② $\log_{25} 156 = 1.57$

③ $\log_{125} 7656 = 1.852$

① $\log_5 12 = 1.544$

② $\log_{25} 156 = 1.57$

③ $\log_{125} 7656 = 1.852$

① $\log_5 12 = 1.544$

② $\log_{25} 156 = 1.57$

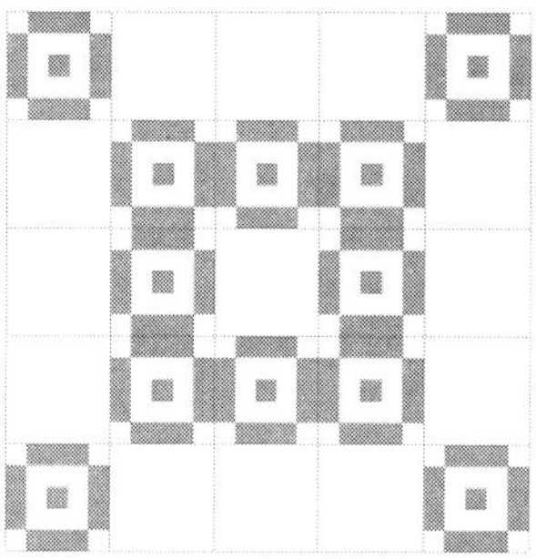

③ $\log_{125} 7656 = 1.852$

① $\log_5 12 = 1.544$

② $\log_{25} 156 = 1.57$

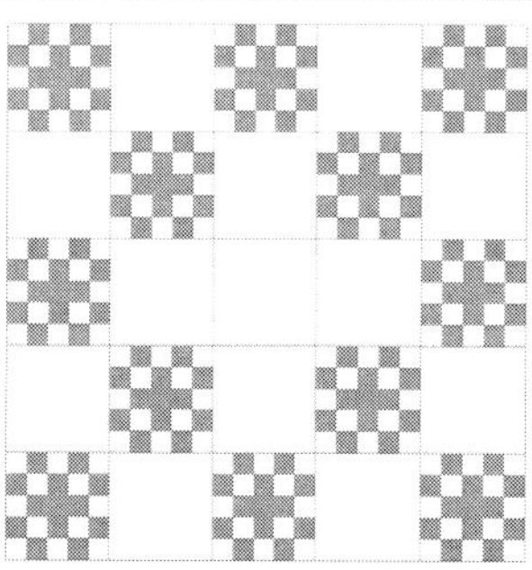

③ $\log_{125} 7656 = 1.852$

① $\log_5 12 = 1.544$

② $\log_{25} 156 = 1.57$

③ $\log_{125} 7656 = 1.852$

① $\log_5 12 = 1.544$

② $\log_{25} 156 = 1.57$

③ $\log_{125} 7656 = 1.852$

## (13) 1단계 13개

① $\log_5 13 = 1.594$

② $\log_{25} 156 = 1.57$

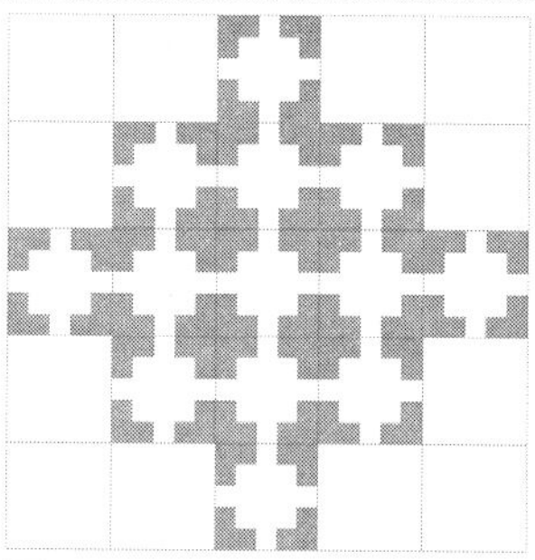

③ $\log_{125} 7969 = 1.861$

① $\log_5 13 = 1.594$

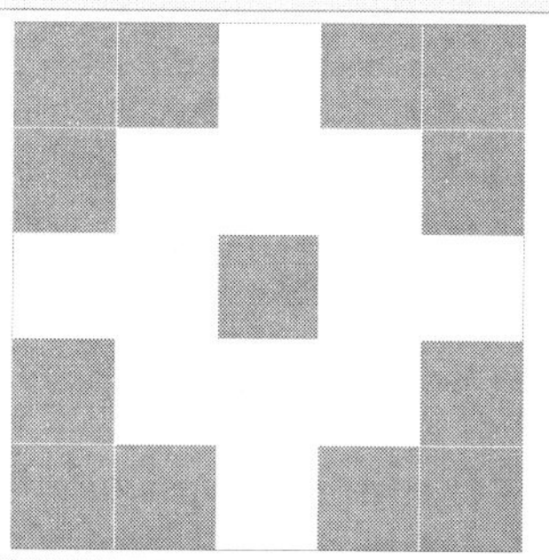

② $\log_{25} 156 = 1.57$

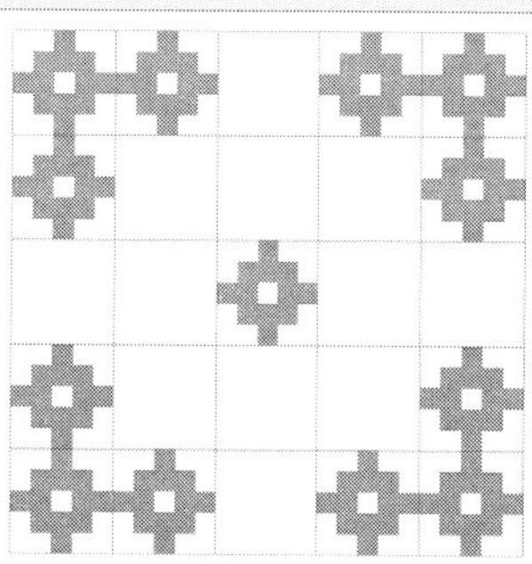

③ $\log_{125} 7969 = 1.861$

① $\log_5 13 = 1.594$

② $\log_{25} 156 = 1.57$

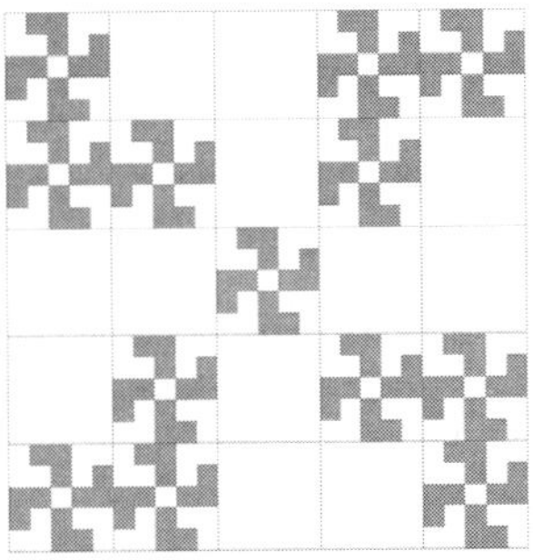

③ $\log_{125} 7969 = 1.861$

① $\log_5 13 = 1.594$

② $\log_{25} 156 = 1.57$

③ $\log_{125} 7969 = 1.861$

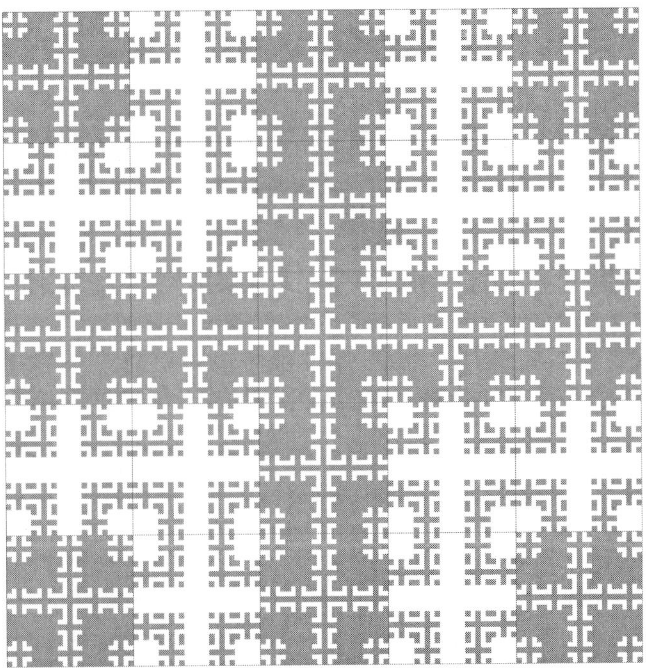

## (14) 1단계 16개

① $\log_5 16 = 1.723$

② $\log_{25} 144 = 1.54$

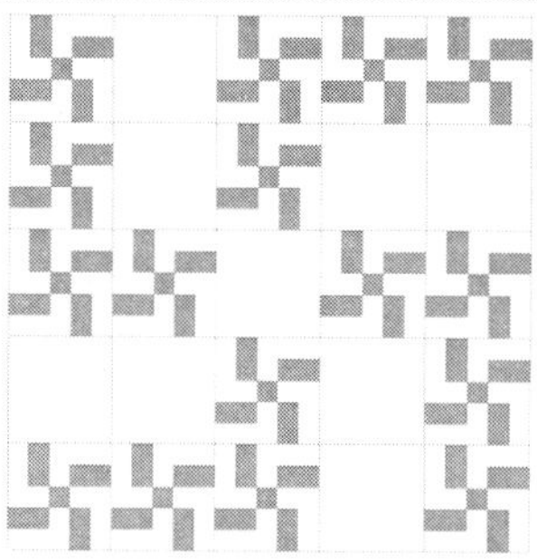

③ $\log_{125} 8992 = 1.886$

① $\log_5 16 = 1.723$

② $\log_{25} 144 = 1.54$

③ $\log_{125} 8992 = 1.886$

① $\log_5 16 = 1.723$

② $\log_{25} 144 = 1.54$

③ $\log_{125} 8992 = 1.886$

① $\log_5 16 = 1.723$

② $\log_{25} 144 = 1.54$

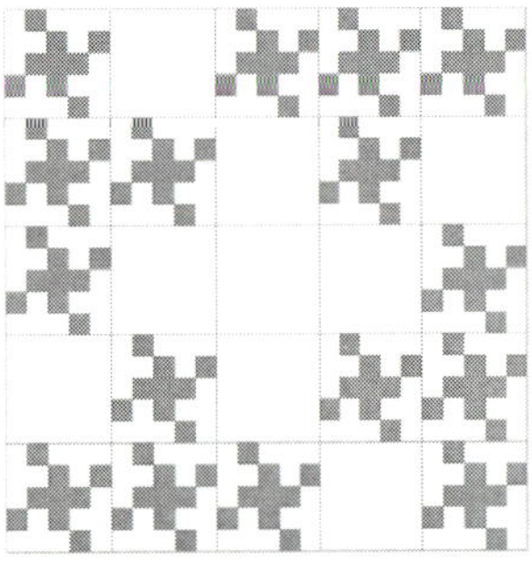

③ $\log_{125} 8992 = 1.886$

## 5 6×6 빽셈-빽셈 프랙탈

### (1) 1단계 2개

① $\log_6 2 = 0.387$

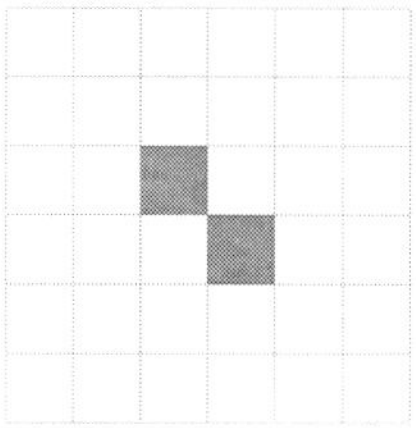

② $\log_{36} 68 = 1.177$

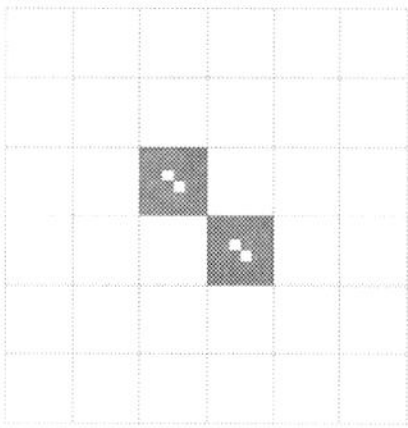

③ $\log_{216} 4768 = 1.576$

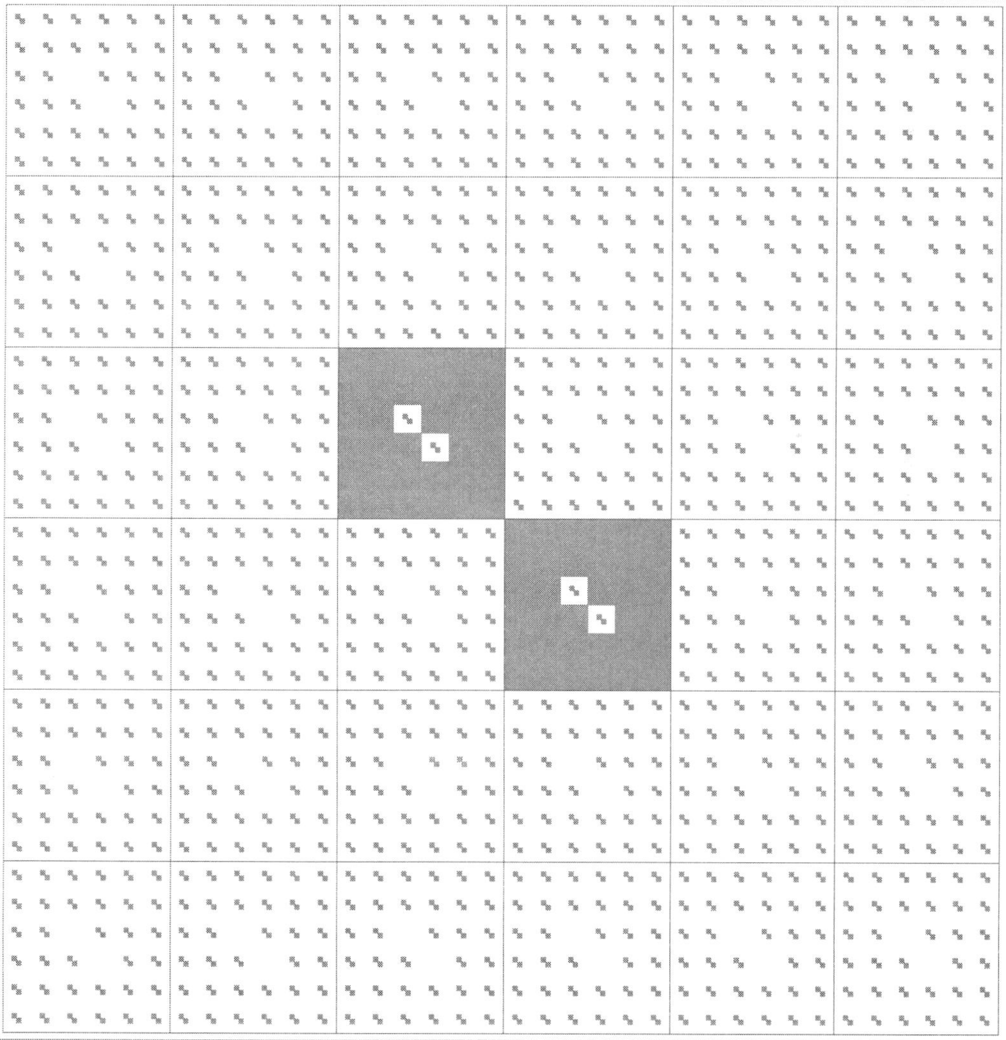

(2) 1단계 4개

① $\log_6 4 = 0.774$

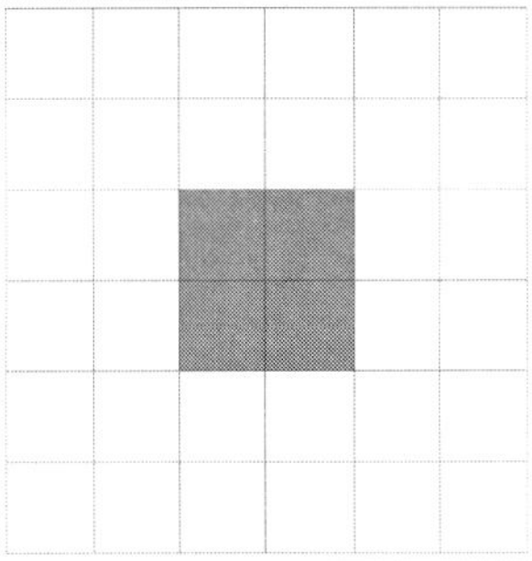

② $\log_{36} 128 = 1.354$

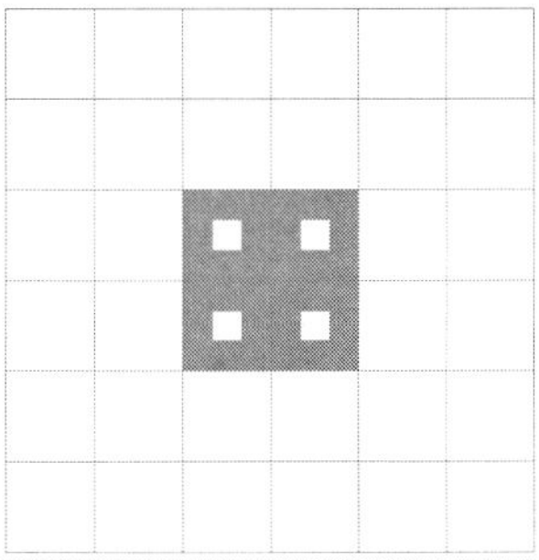

③ $\log_{216} 8768 = 1.689$

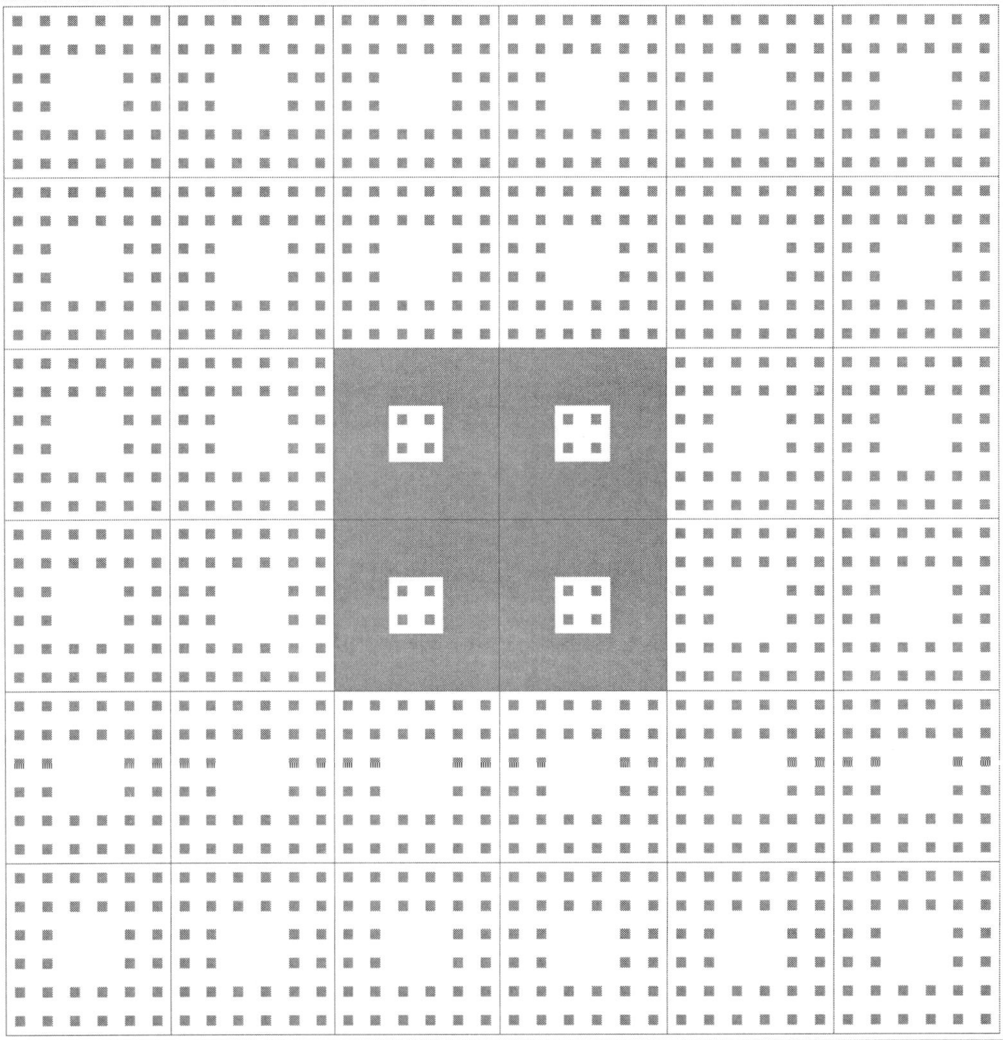

① $\log_6 4 = 0.774$

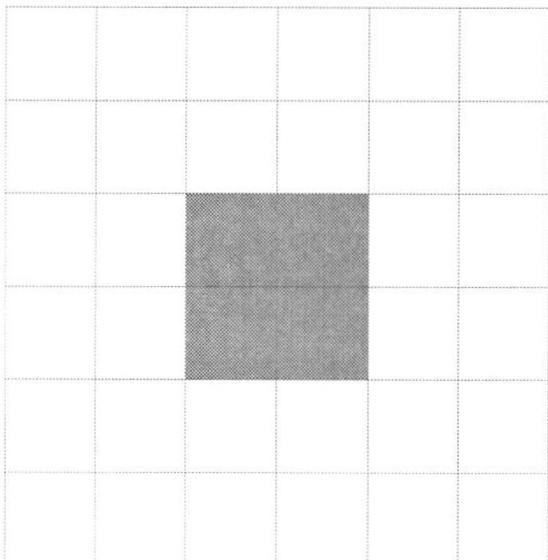

② $\log_{36} 128 = 1.354$

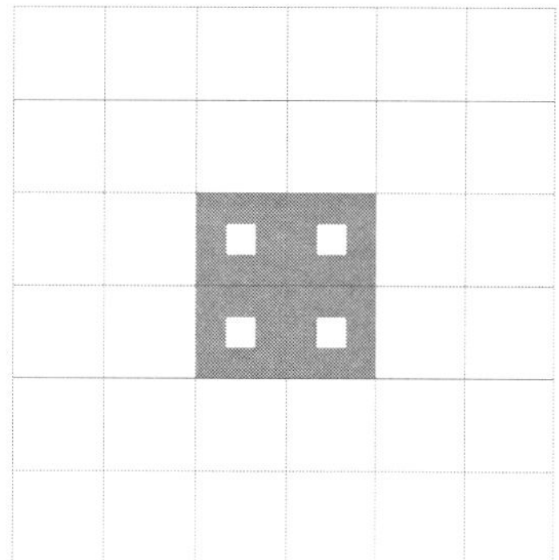

③ $\log_{216} 8768 = 1.689$

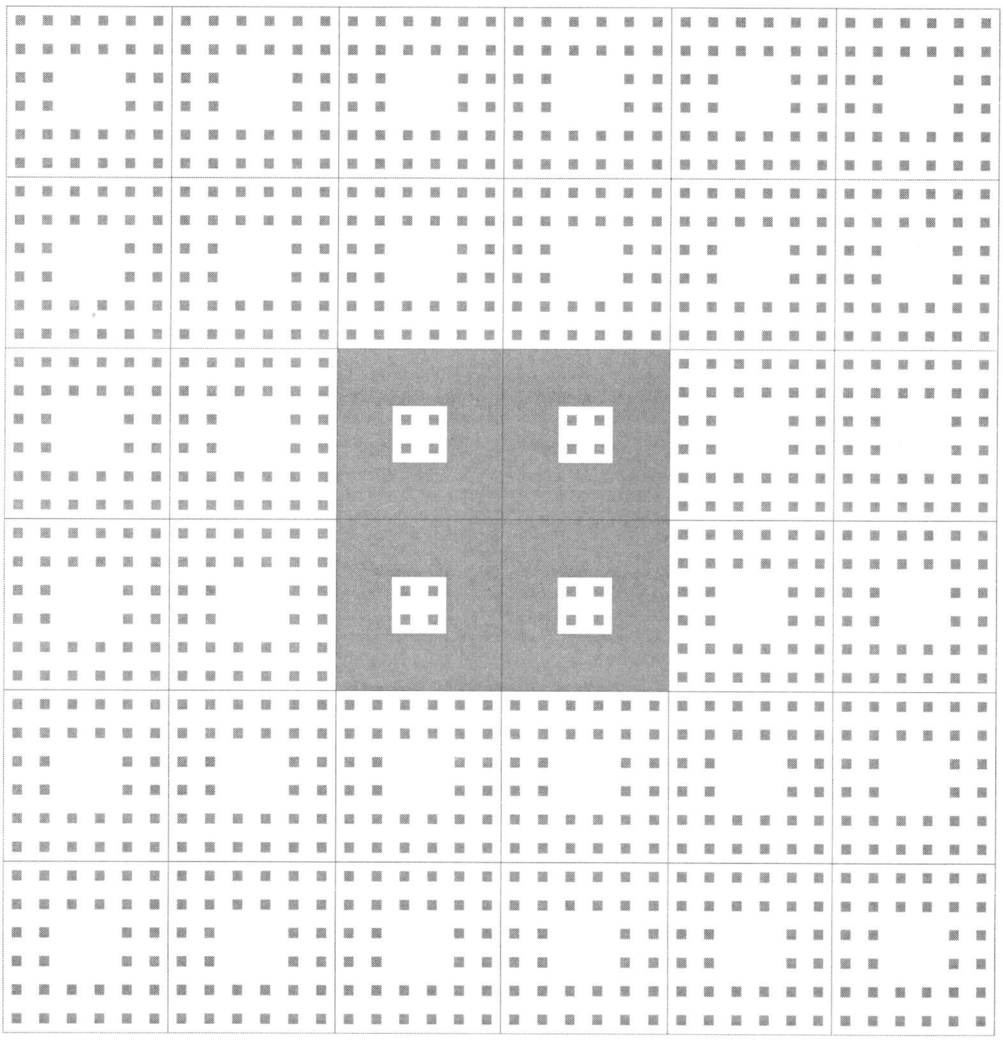

① $\log_6 4 = 0.774$

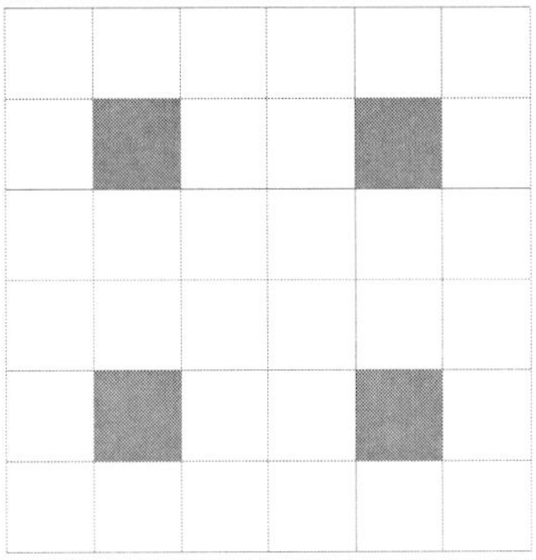

② $\log_{36} 128 = 1.354$

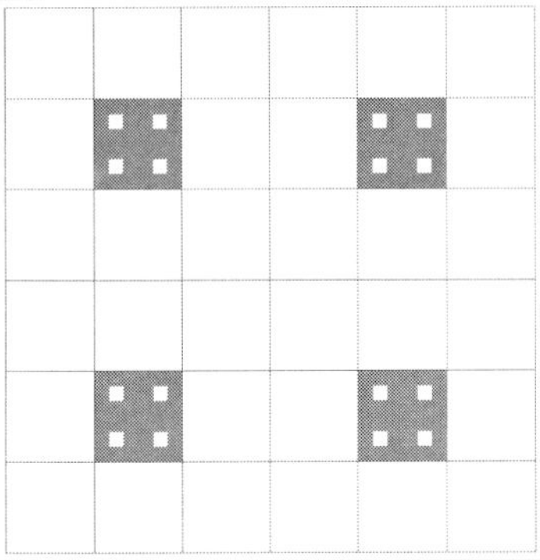

③ $\log_{216} 8768 = 1.689$

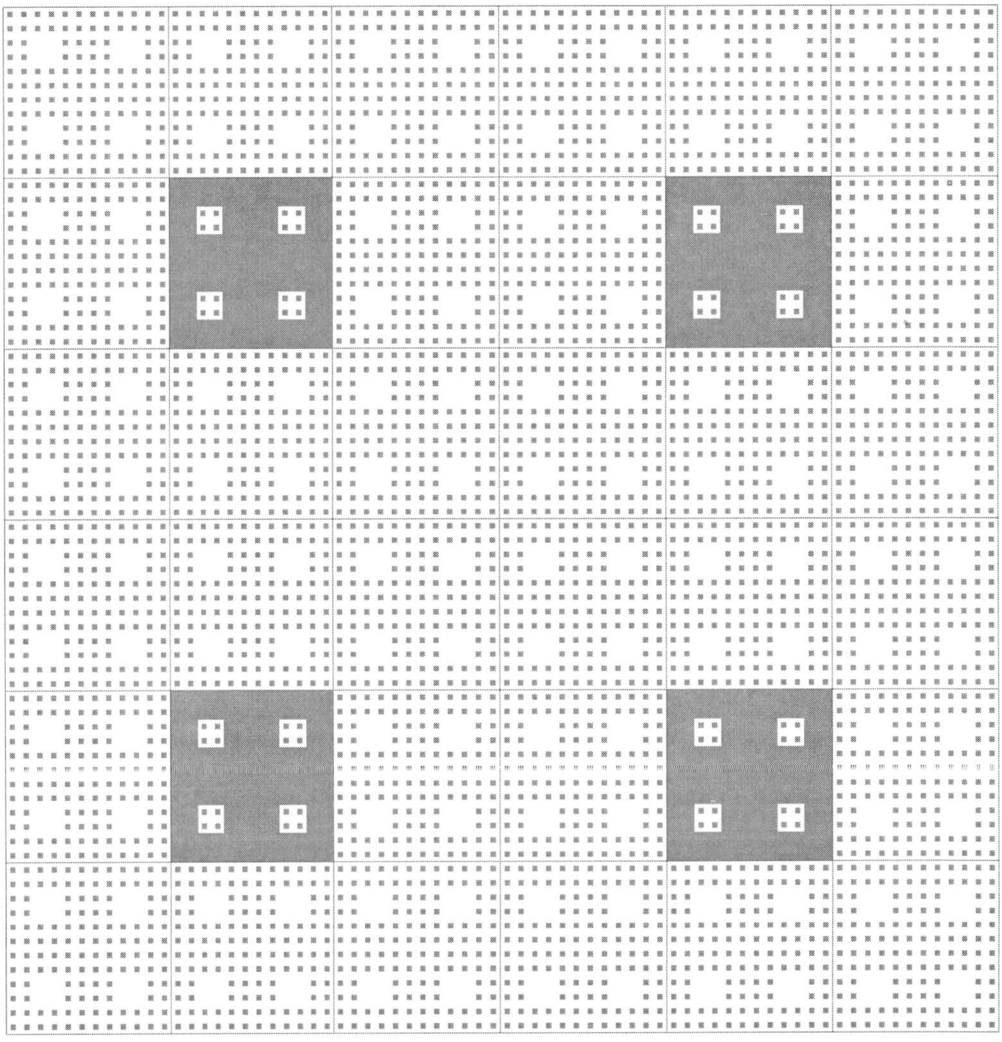

① $\log_6 4 = 0.774$

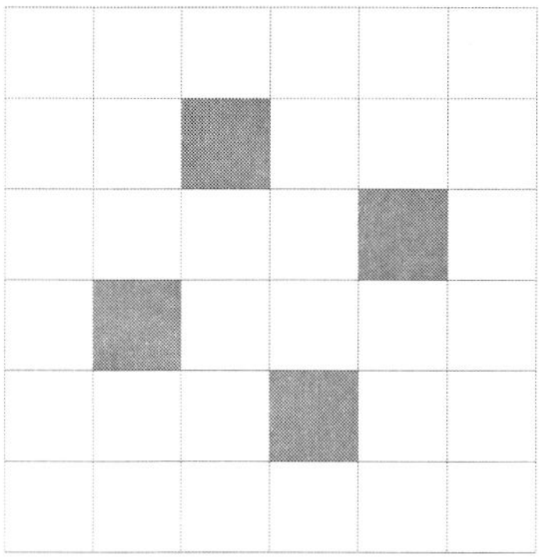

② $\log_{36} 128 = 1.354$

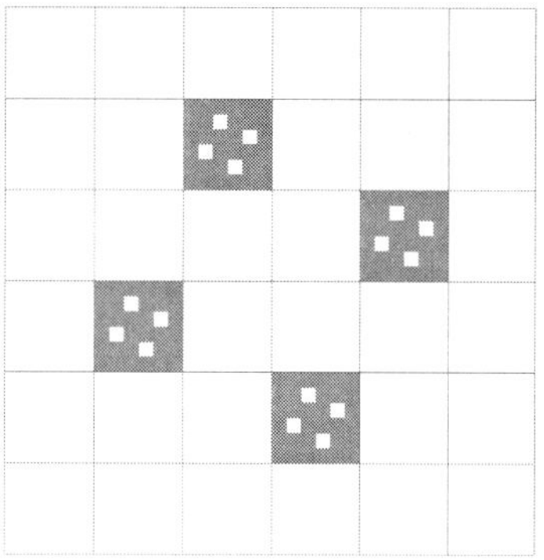

③ $\log_{216} 8768 = 1.689$

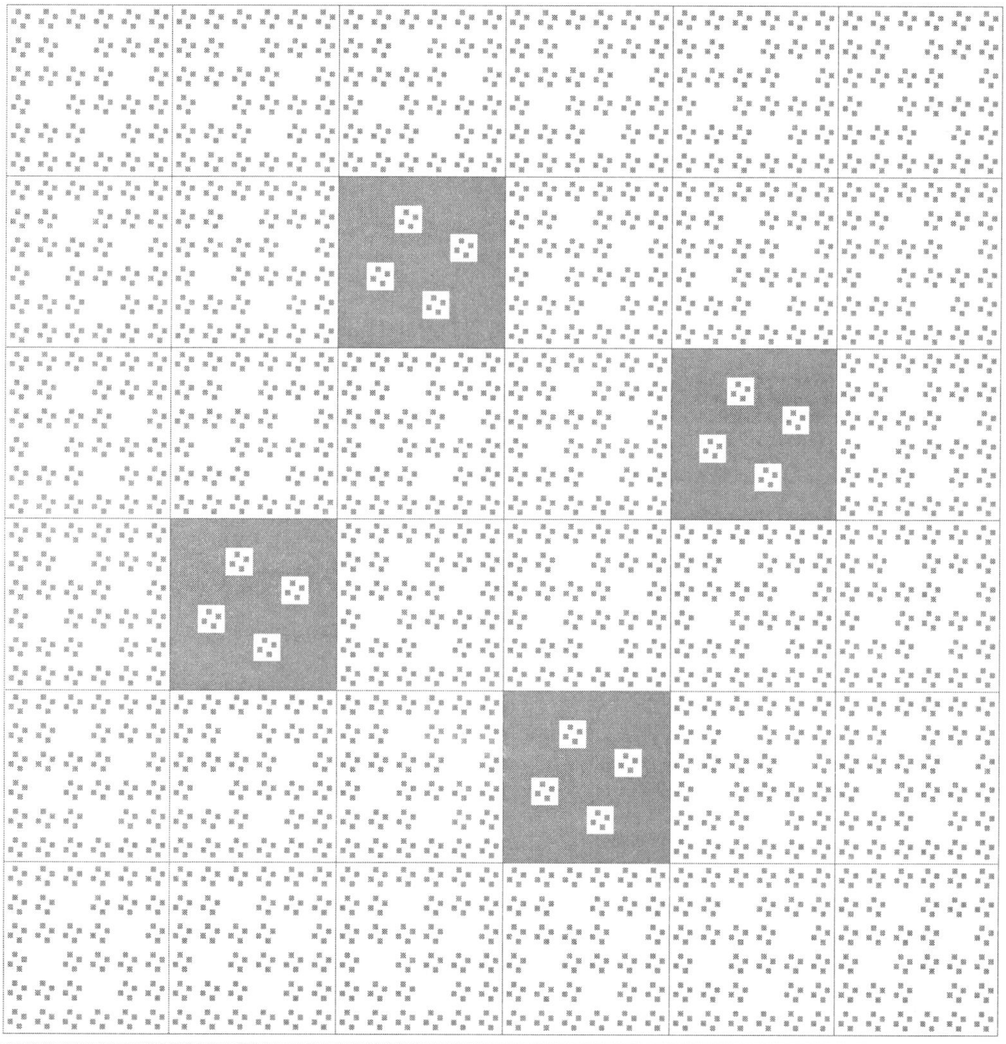

(3) 1단계 8개

| ① $\log_6 8 = 1.161$ | ② $\log_{36} 224 = 1.51$ |
| --- | --- |
| 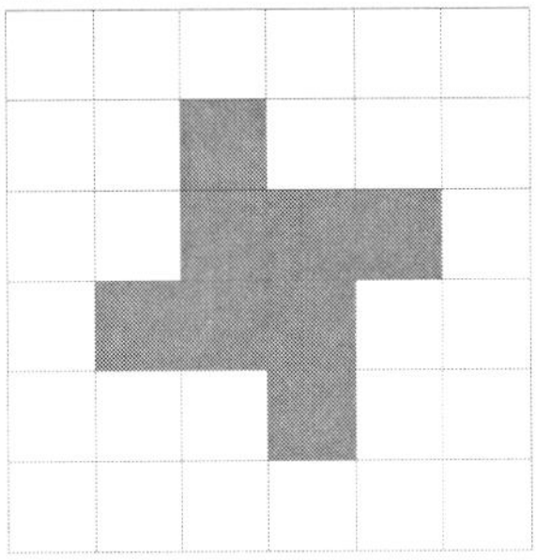 | 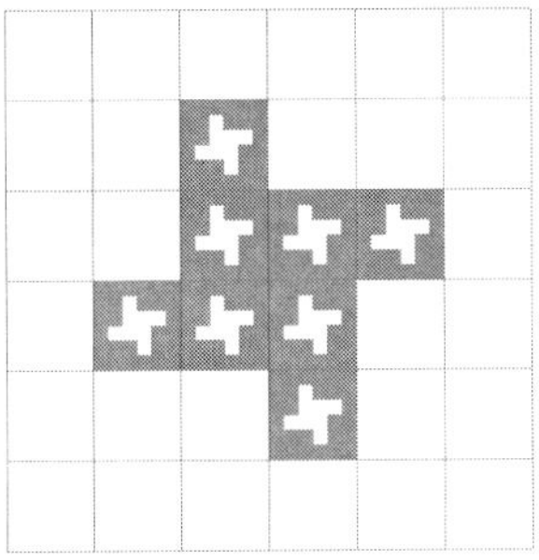 |

③ $\log_{216} 14848 = 1.787$

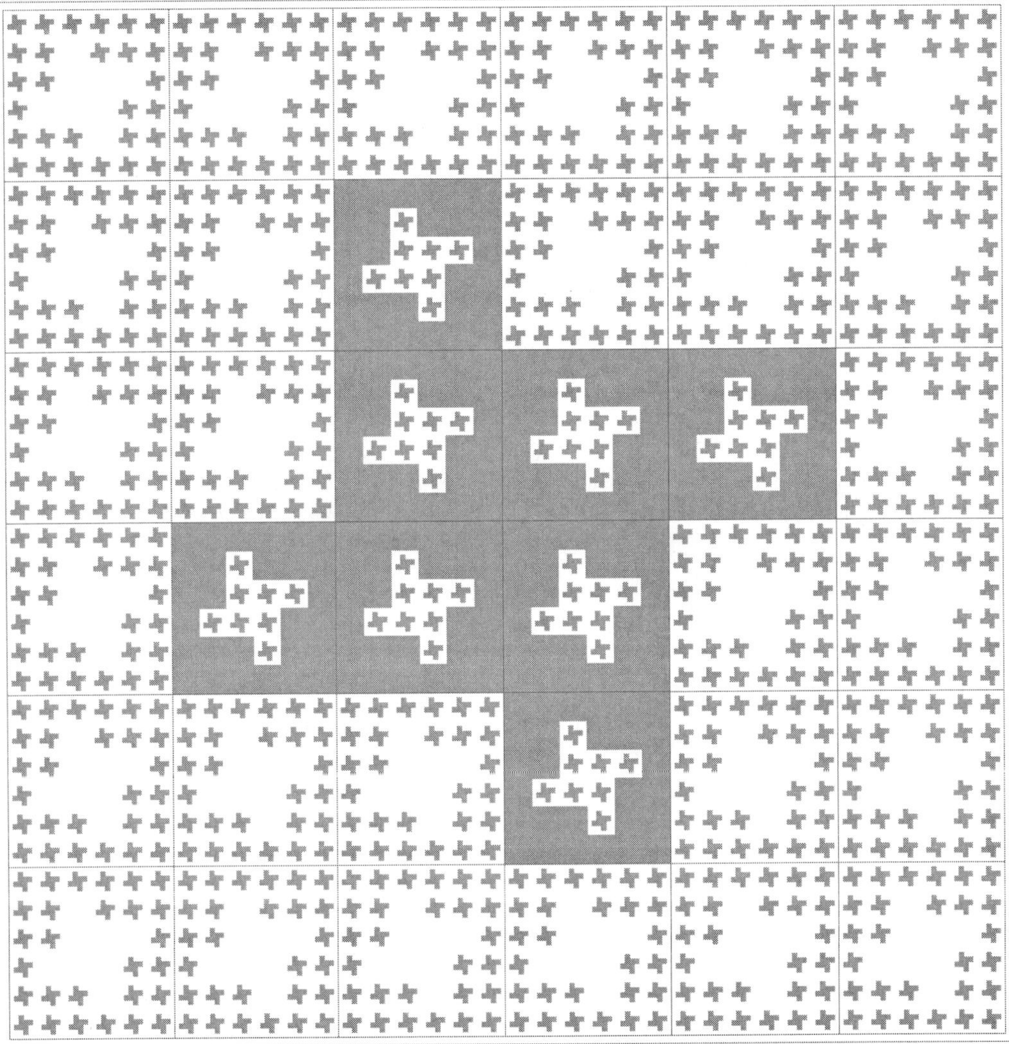

① $\log_6 8 = 1.161$

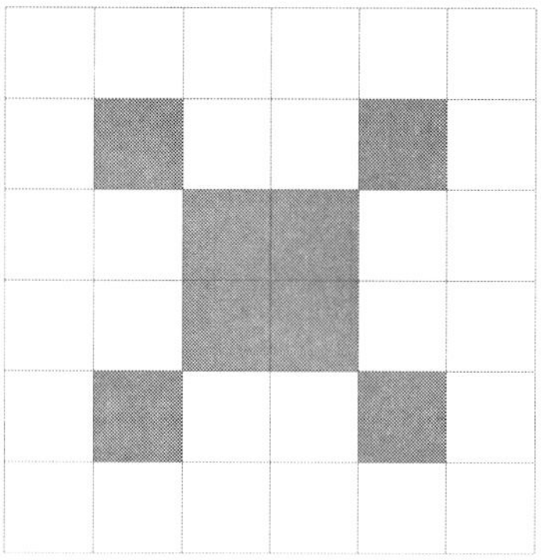

② $\log_{36} 224 = 1.51$

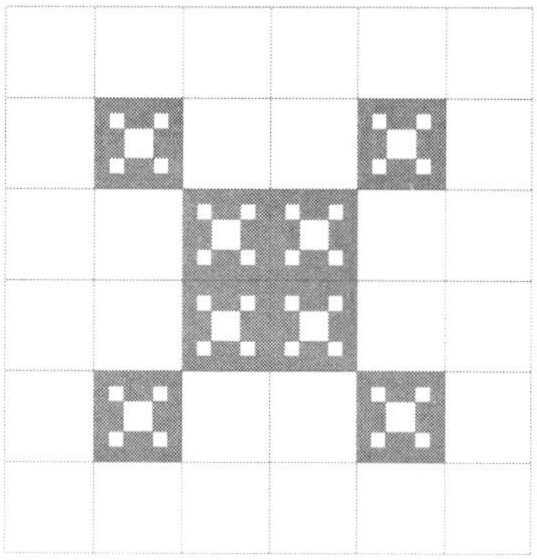

③ $\log_{216} 14848 = 1.787$

① $\log_6 8 = 1.161$

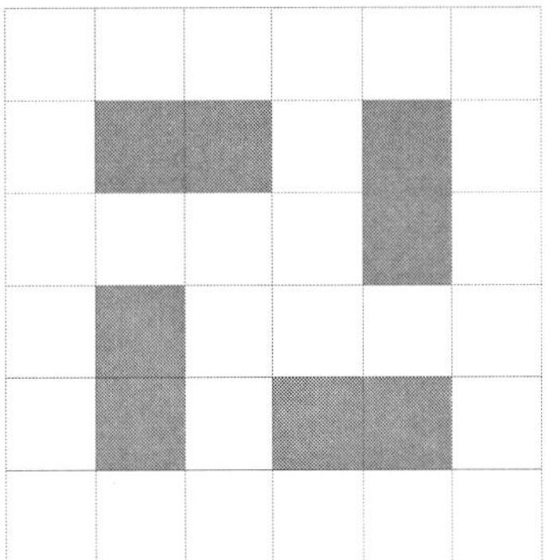

② $\log_{36} 224 = 1.51$

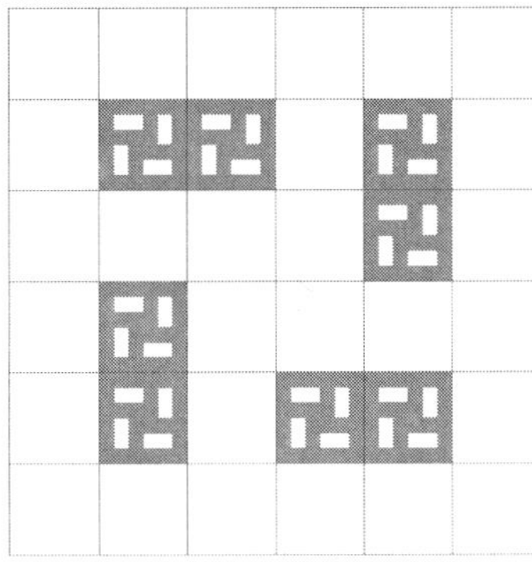

③ $\log_{216} 14848 = 1.787$

## (4) 1단계 12개

| ① $\log_6 12 = 1.387$ | ② $\log_{36} 288 = 1.58$ |
|---|---|
|  | 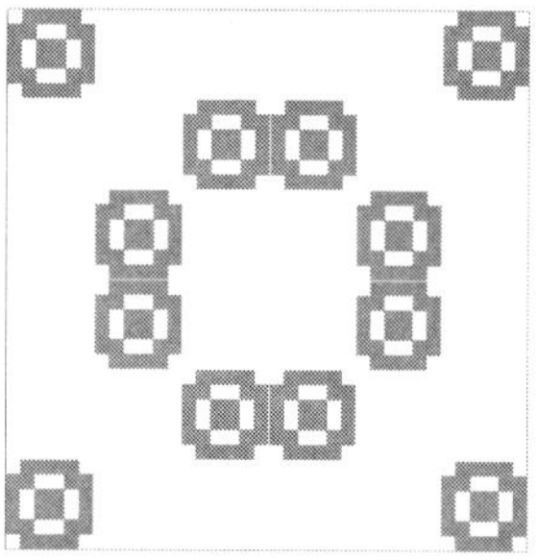 |

③ $\log_{216} 19008 = 1.833$

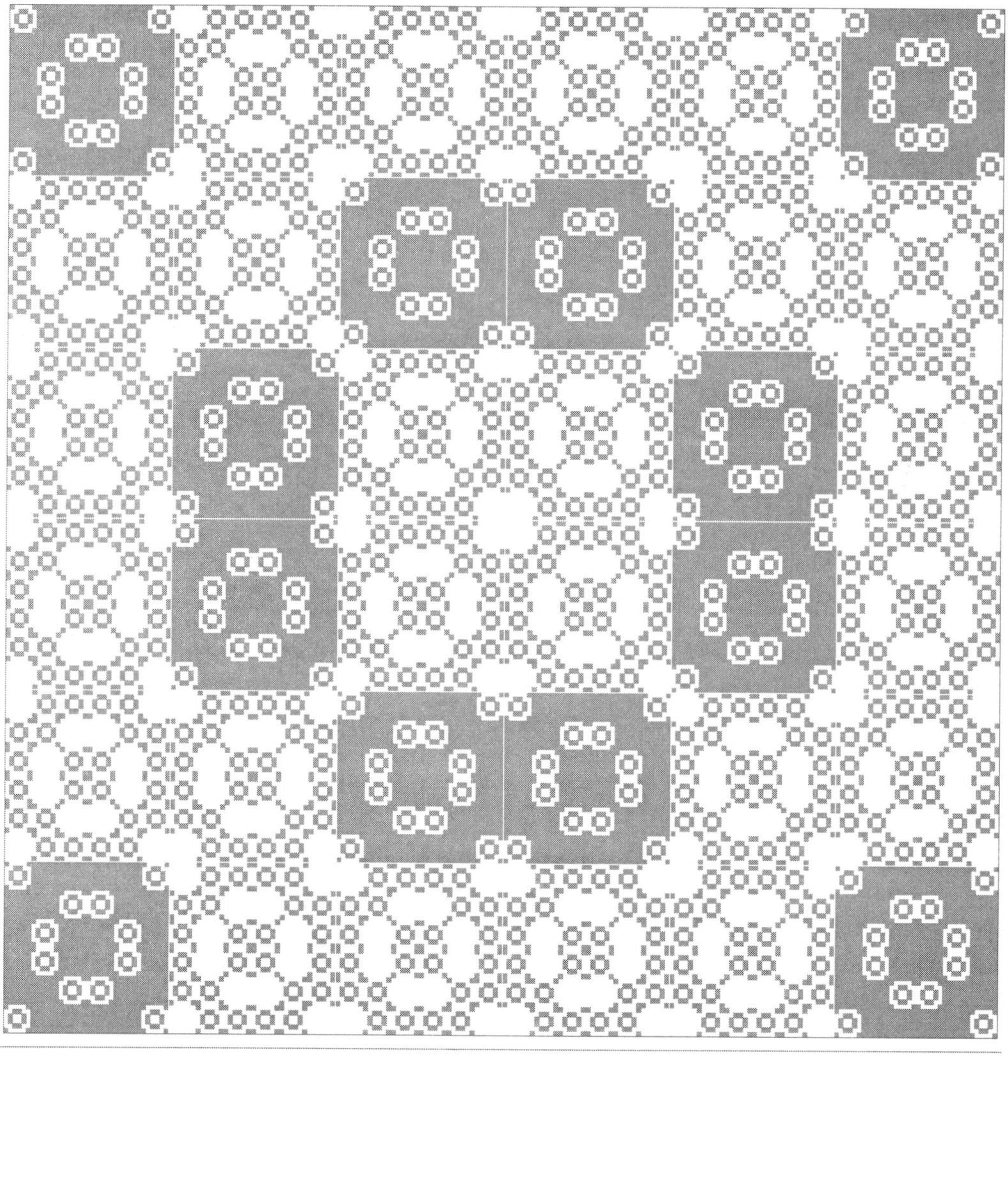

① $\log_6 12 = 1.387$

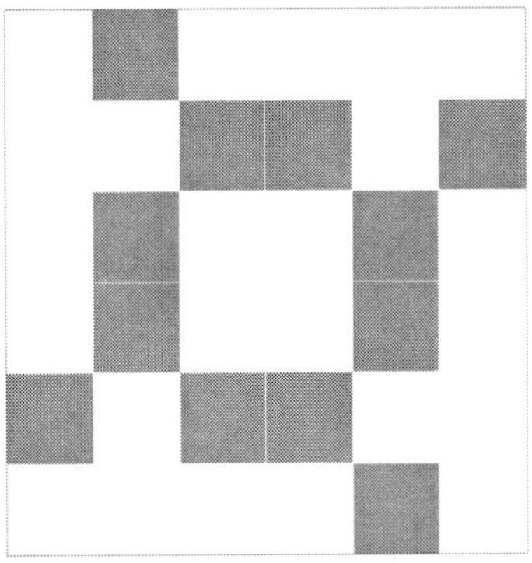

② $\log_{36} 288 = 1.58$

③ $\log_{216} 19008 = 1.833$

| ① $\log_6 12 = 1.387$ | ② $\log_{36} 288 = 1.58$ |
| --- | --- |
|  | 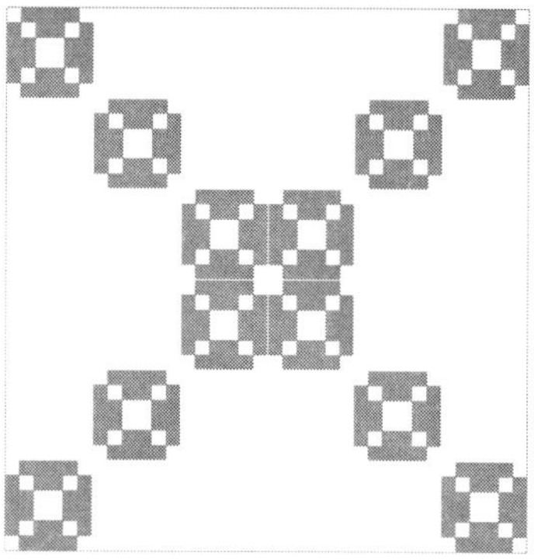 |

③ $\log_{216} 19008 = 1.833$

① $\log_6 12 = 1.387$

② $\log_{36} 288 = 1.58$

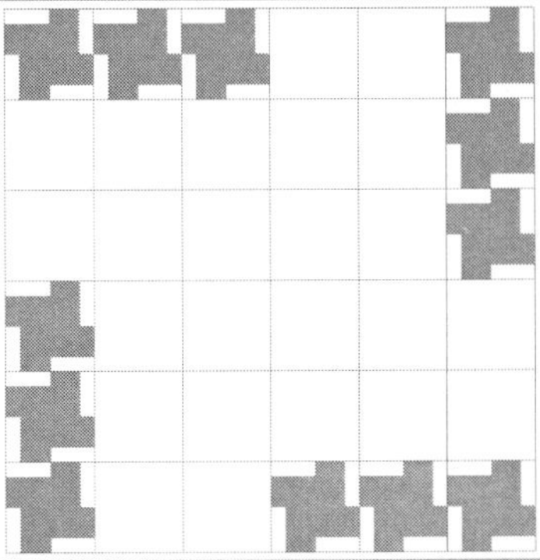

③ $\log_{216} 19008 = 1.833$

(5) 1단계 16개

① $\log_{6}16 = 1.547$

② $\log_{36}320 = 1.61$

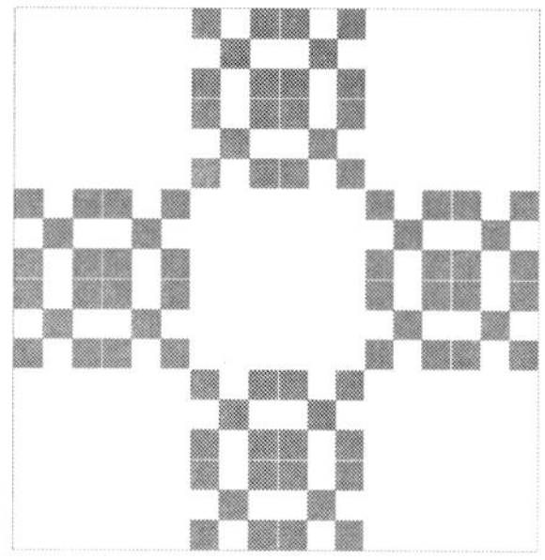

③ $\log_{216}22016 = 1.86$

① $\log_6 16 = 1.547$

② $\log_{36} 320 = 1.61$

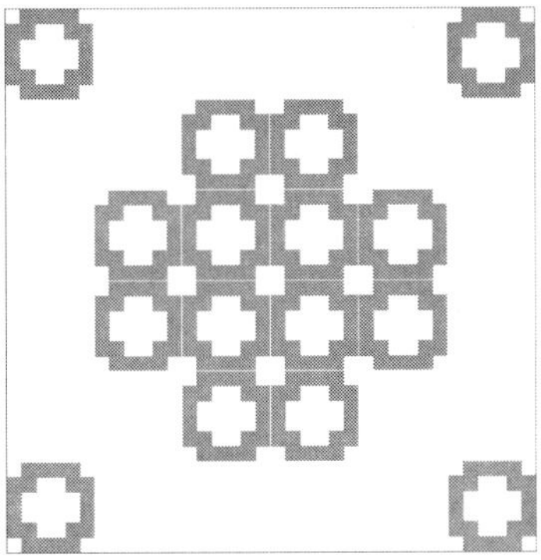

③ $\log_{216} 22016 = 1.86$

① $\log_6 16 = 1.547$

② $\log_{36} 320 = 1.61$

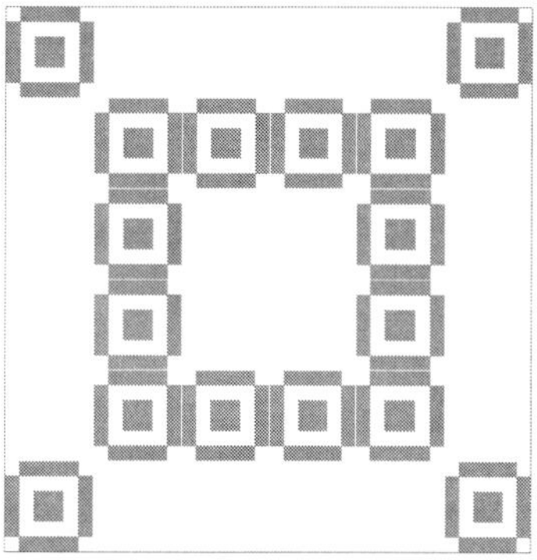

③ $\log_{216} 22016 = 1.86$

① $\log_{6}16 = 1.547$

② $\log_{36}320 = 1.61$

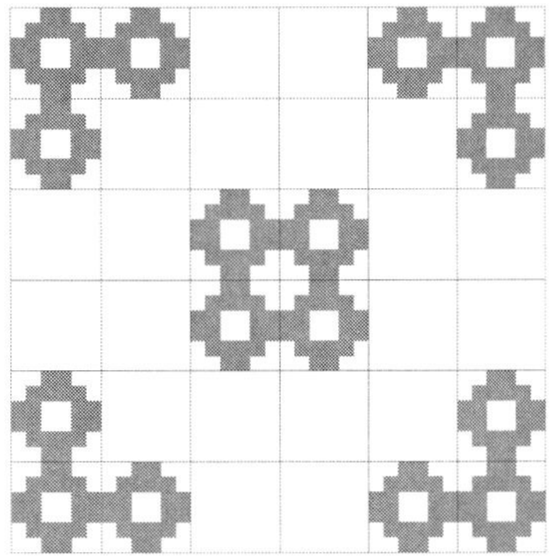

③ $\log_{216}22016 = 1.86$

① $\log_6 16 = 1.547$

② $\log_{36} 320 = 1.61$

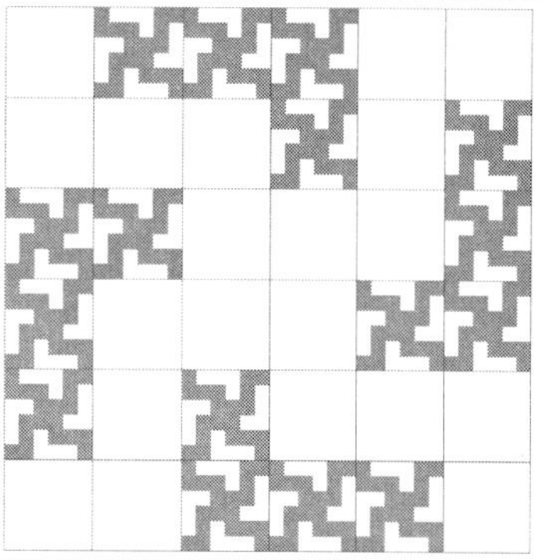

③ $\log_{216} 22016 = 1.86$

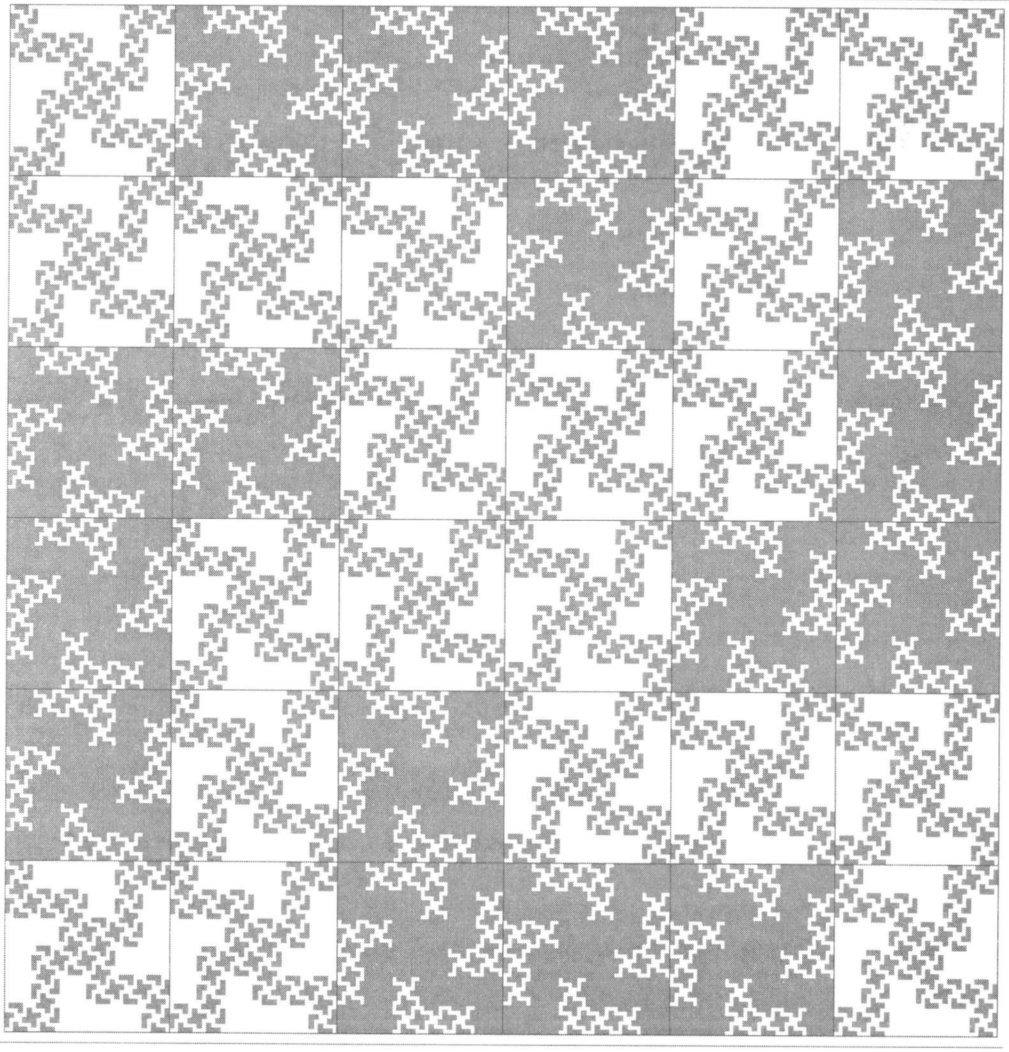

① $\log_6 16 = 1.547$

② $\log_{36} 320 = 1.61$

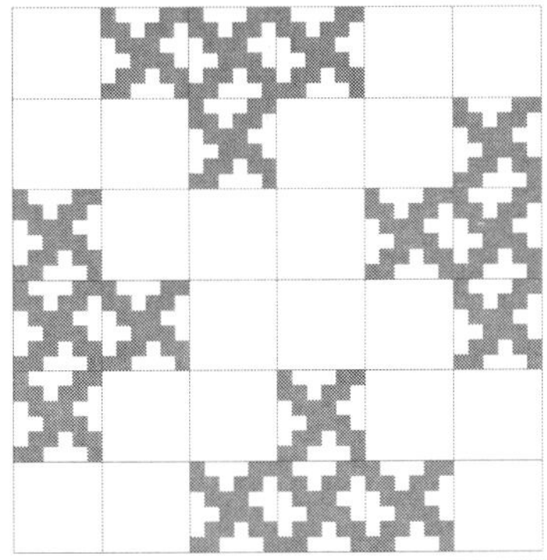

③ $\log_{216} 22016 = 1.86$

(6) 1단계 20개

① $\log_6 20 = 1.672$

② $\log_{36} 320 = 1.61$

③ $\log_{216} 24640 = 1.881$

| ① $\log_6 20 = 1.672$ | ② $\log_{36} 320 = 1.61$ |
|---|---|
|  | 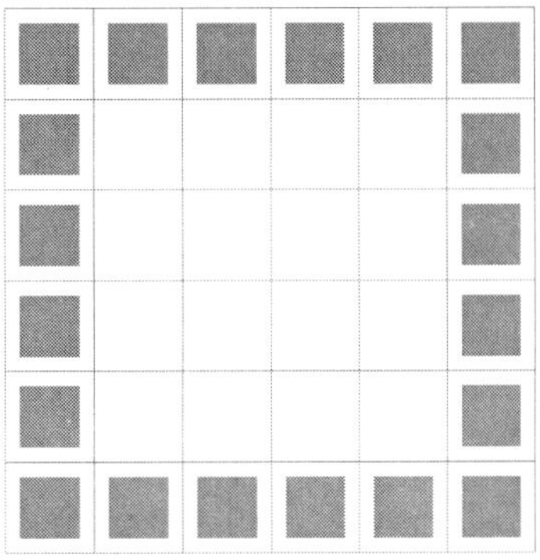 |

③ $\log_{216} 24640 = 1.881$

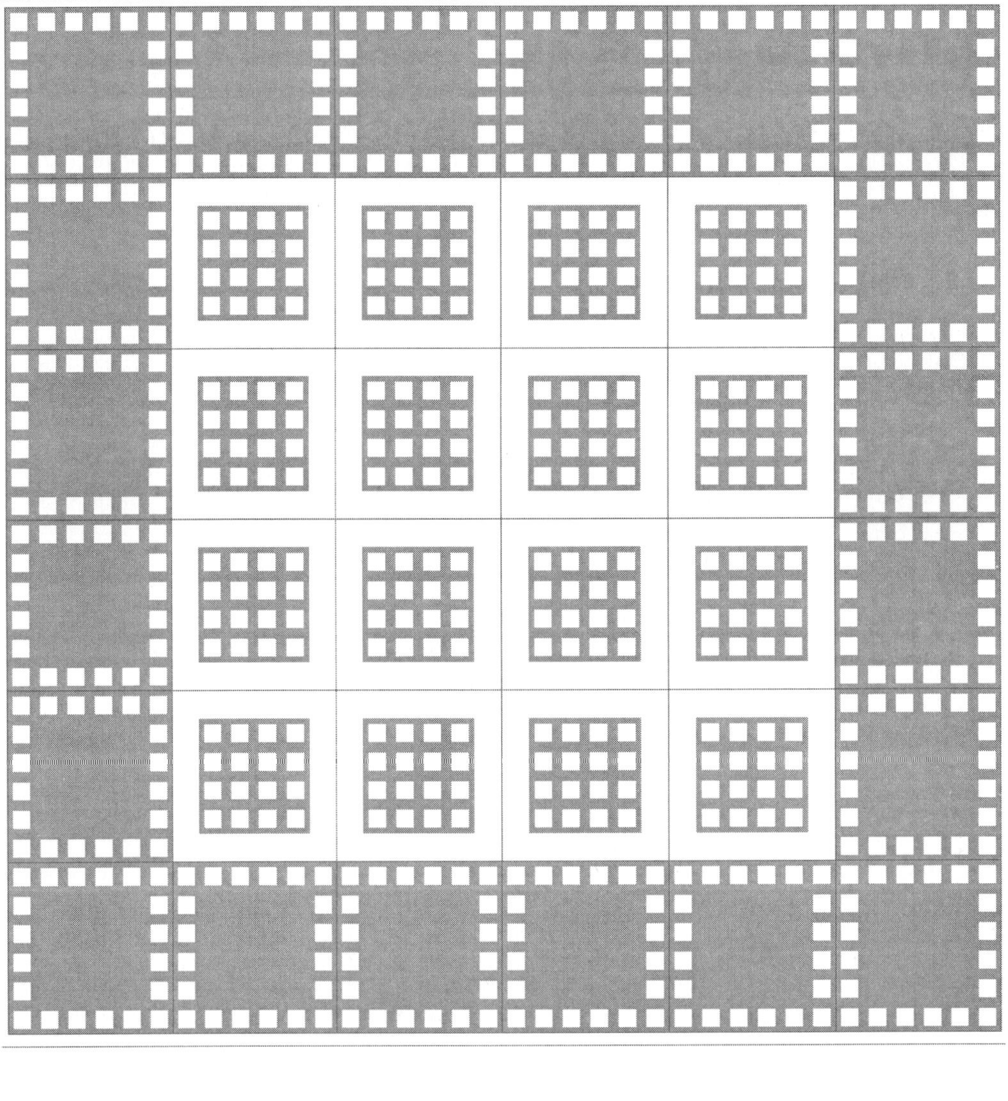

① $\log_6 20 = 1.672$

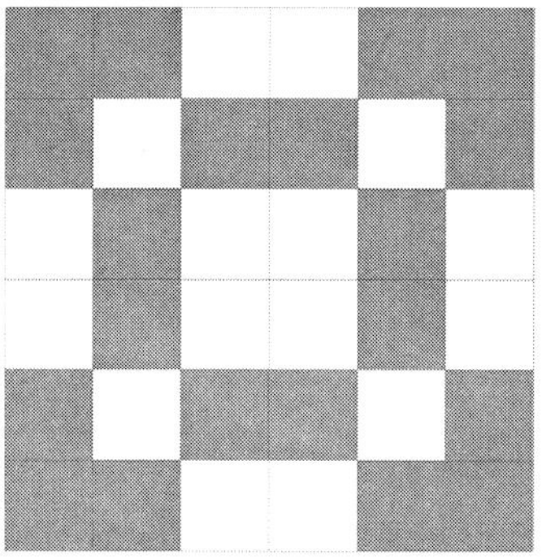

② $\log_{36} 320 = 1.61$

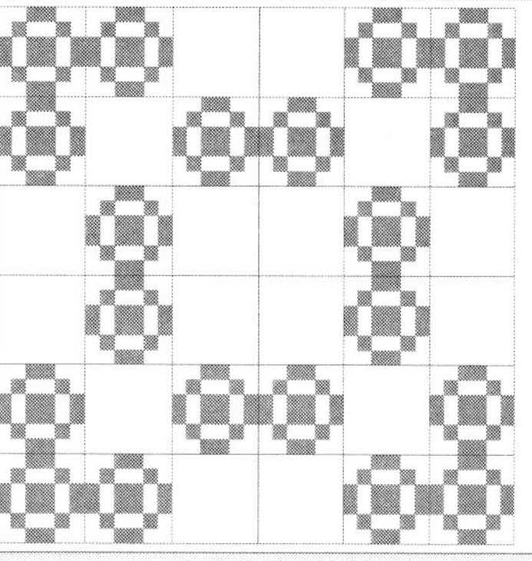

③ $\log_{216} 24640 = 1.881$

① $\log_{6}20 = 1.672$

② $\log_{36}320 = 1.61$

③ $\log_{216}24640 = 1.881$

① $\log_6 20 = 1.672$

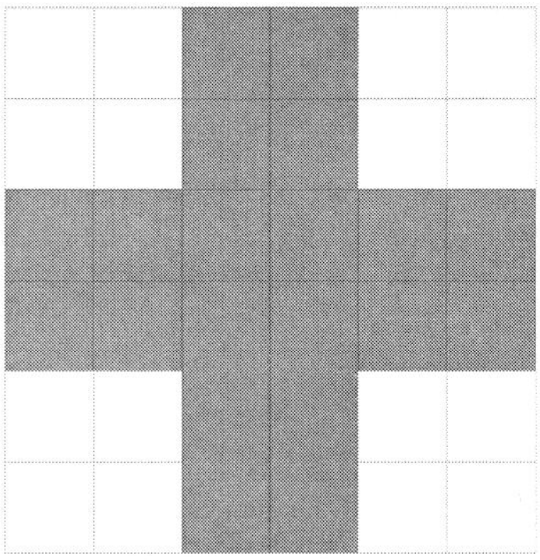

② $\log_{36} 320 = 1.61$

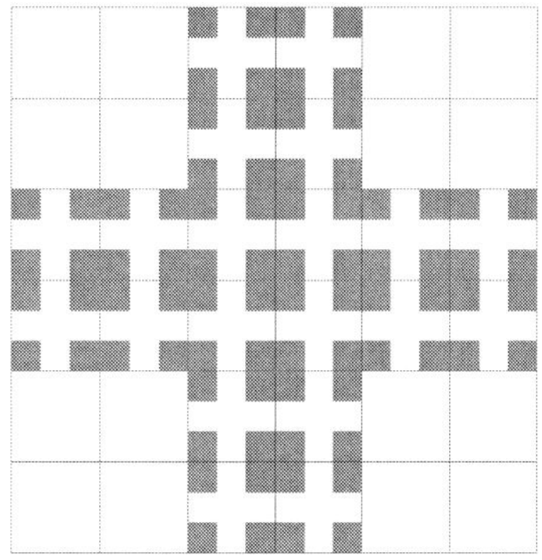

③ $\log_{216} 24640 = 1.881$

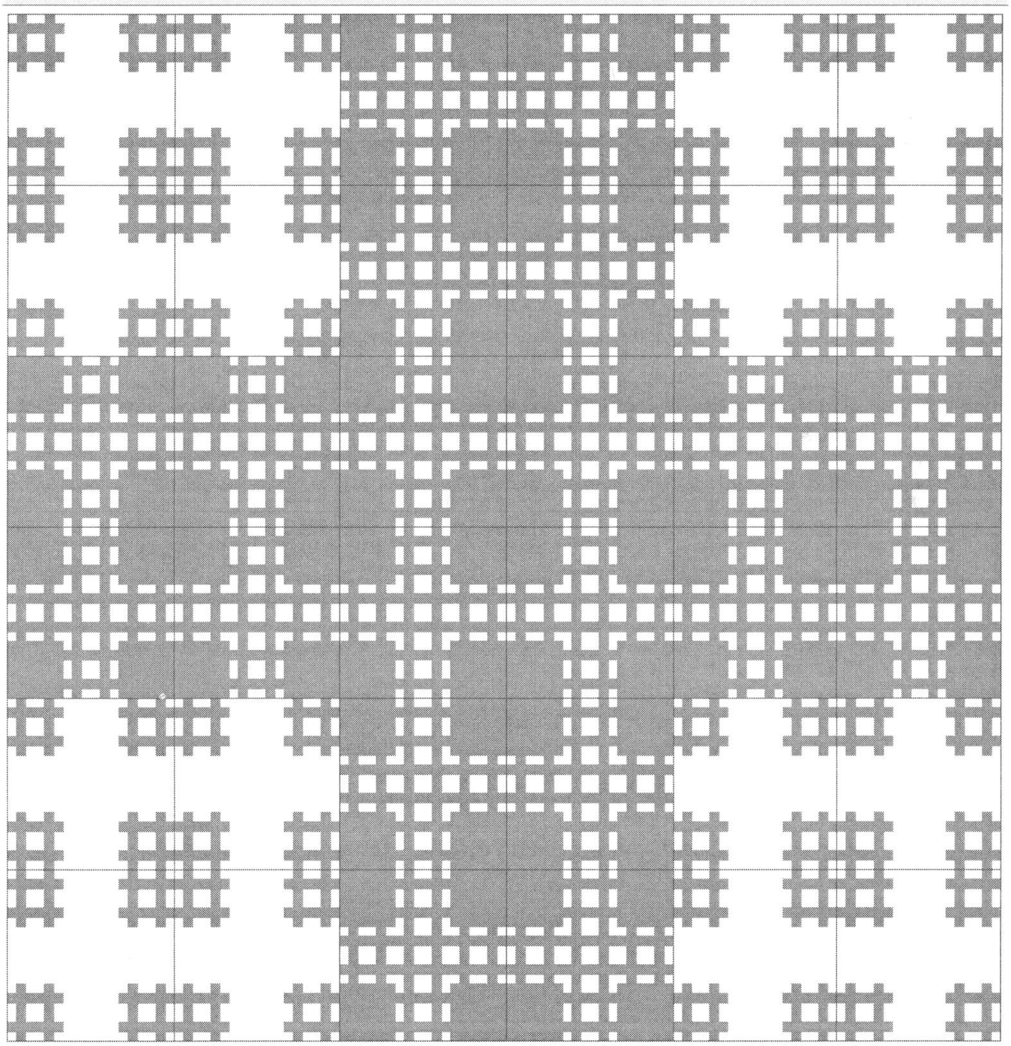

(7) 1단계 24개

| ① $\log_6 24 = 1.774$ | ② $\log_{36} 288 = 1.58$ |
|---|---|
|  |  |

| ③ $\log_{216} 27648 = 1.903$ |
|---|
| 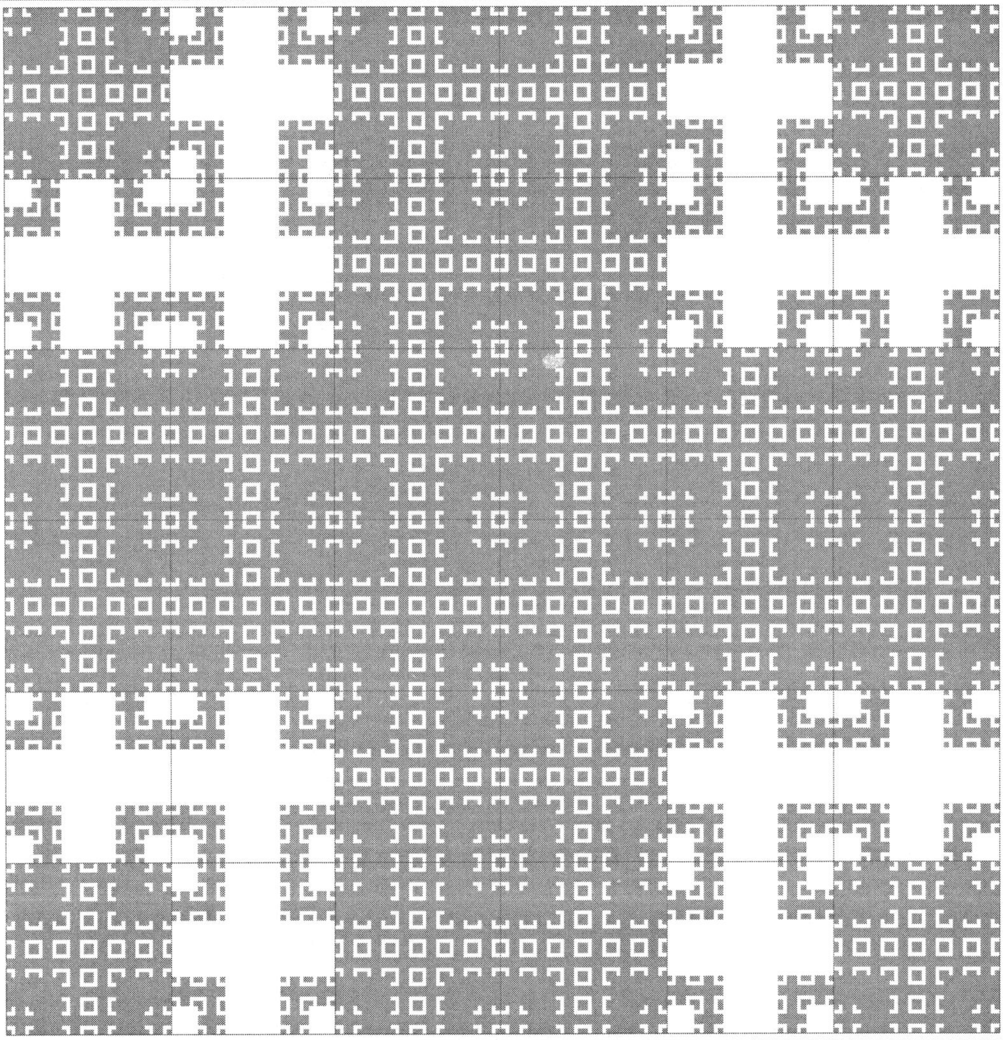 |

① $\log_6 24 = 1.774$

② $\log_{36} 288 = 1.58$

③ $\log_{216} 27648 = 1.903$

① $\log_{6}24 = 1.774$

② $\log_{36}288 = 1.58$

③ $\log_{216}27648 = 1.903$

### (8) 1단계 28개

| ① $\log_6 28 = 1.86$ | ② $\log_{36} 224 = 1.51$ |
|---|---|
|  |  |

③ $\log_{216} 31808 = 1.929$

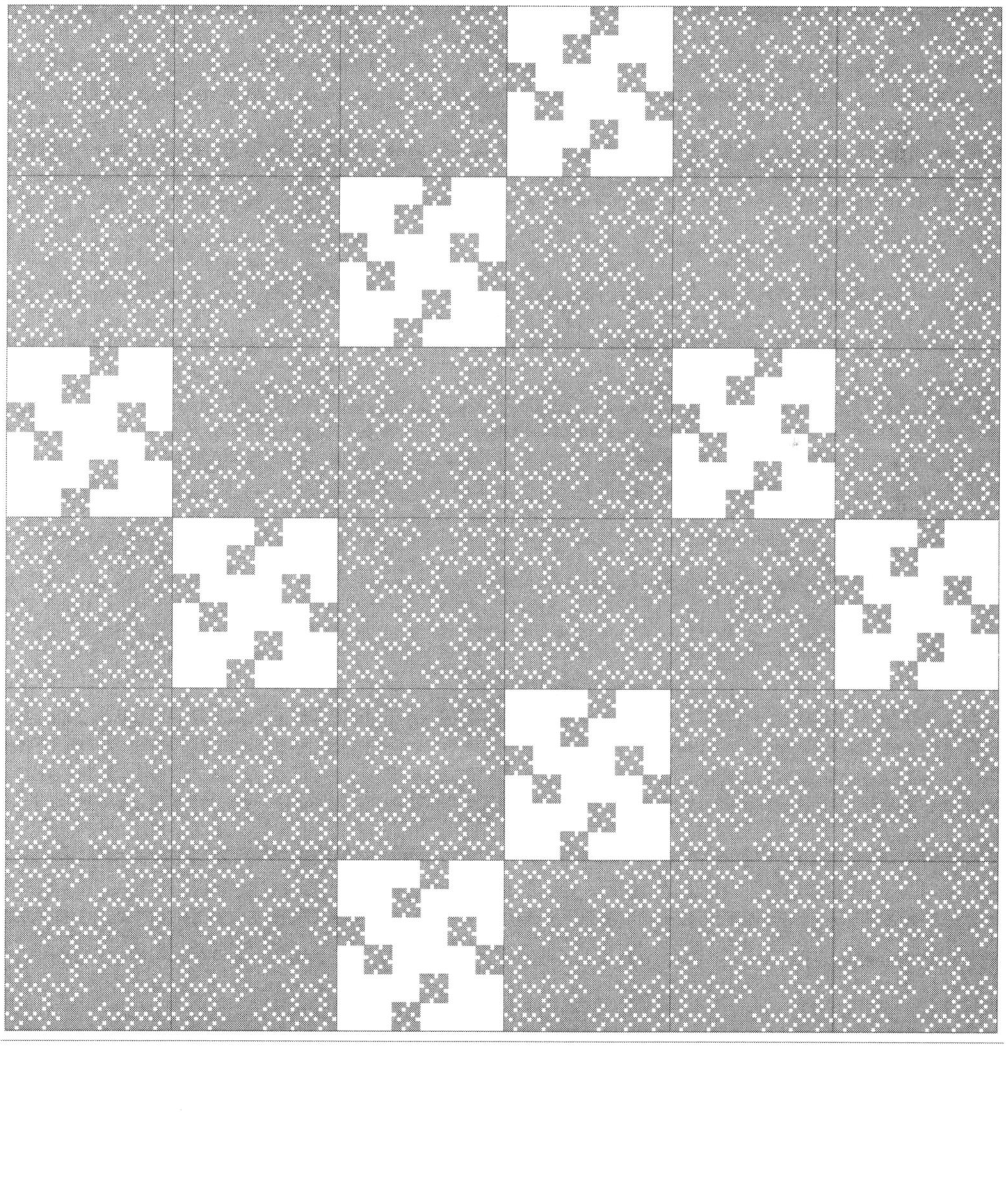

## 6 7×7 빽셈-빽셈 프랙탈

### (1) 1단계 5개

① $\log_7 5 = 0.827$

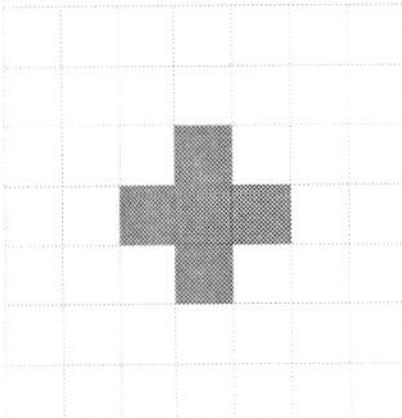

② $\log_{49} 220 = 1.386$

③ $\log_{343} 20585 = 1.701$

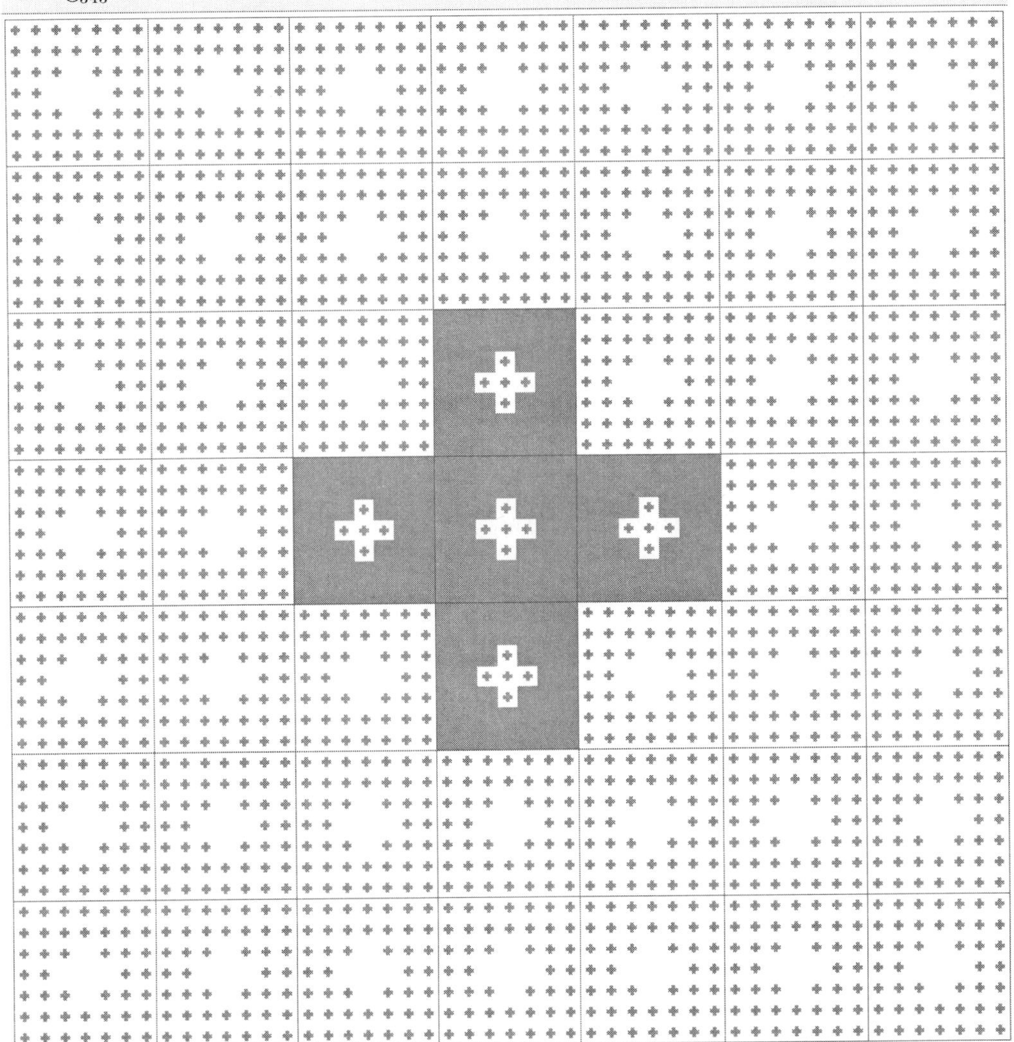

① $\log_{7}5 = 0.827$

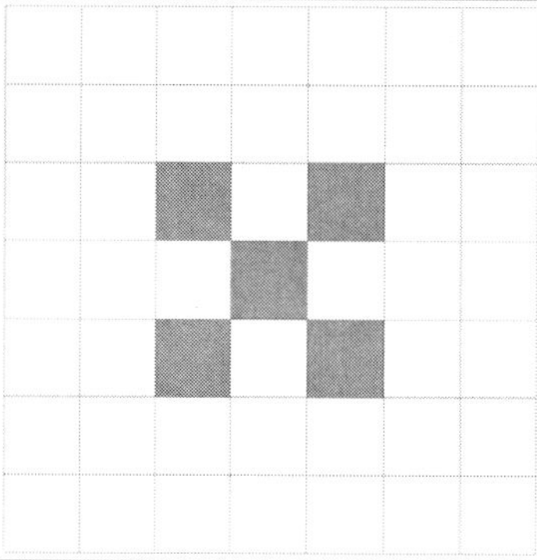

② $\log_{49}220 = 1.386$

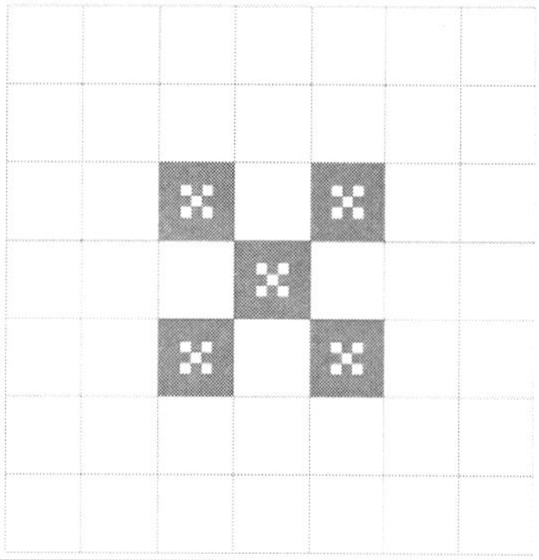

③ $\log_{343}20585 = 1.701$

(2) 1단계 8개

| ① $\log_7 8 = 1.069$ | ② $\log_{49} 328 = 1.489$ |
|---|---|
|  |  |

③ $\log_{343} 30032 = 1.766$

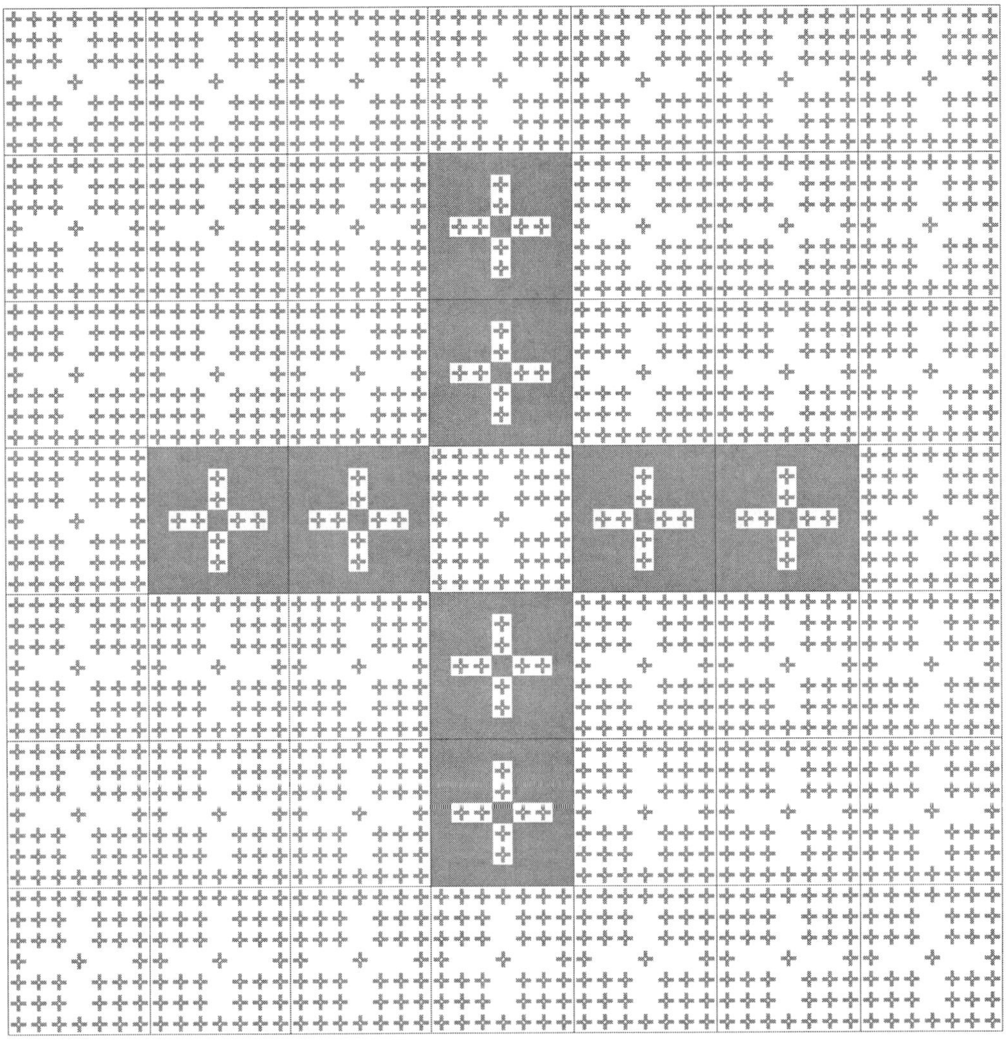

① $\log_7 8 = 1.069$

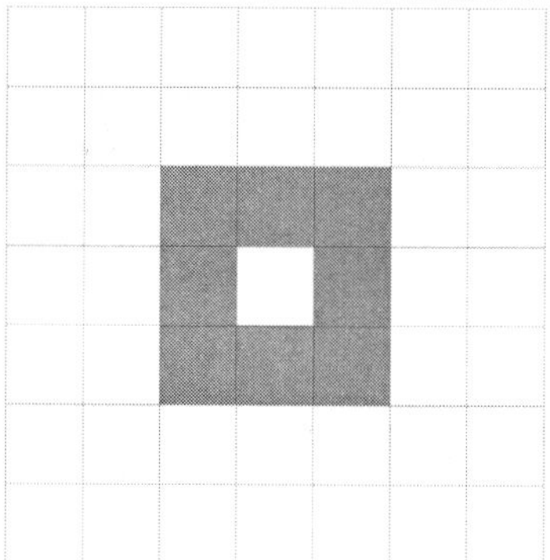

② $\log_{49} 328 = 1.489$

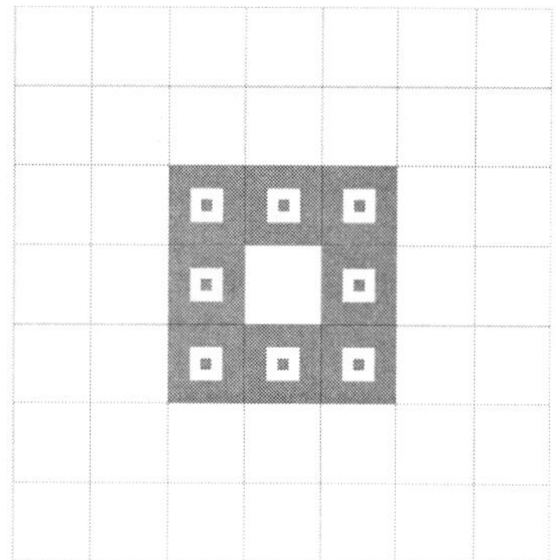

③ $\log_{343} 30032 = 1.766$

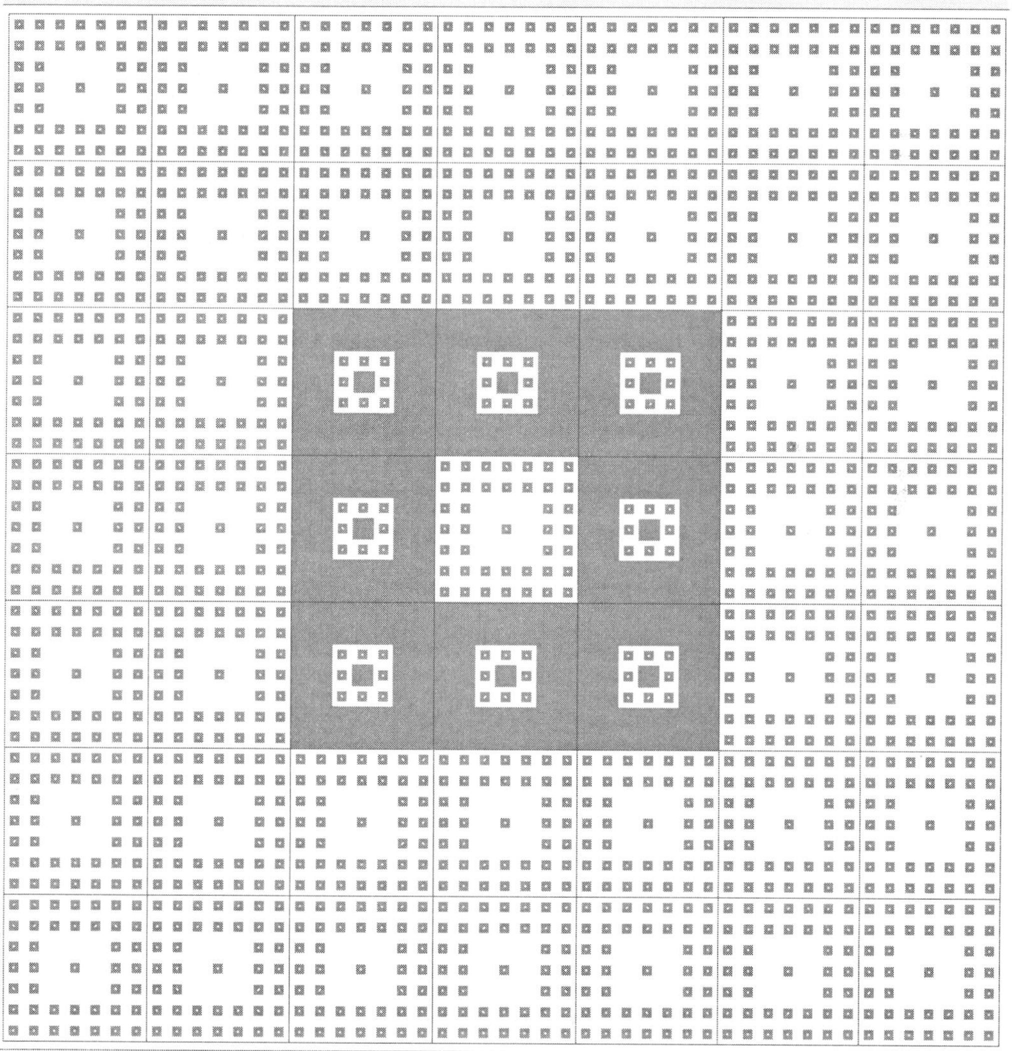

① $\log_7 8 = 1.069$

② $\log_{49} 328 = 1.489$

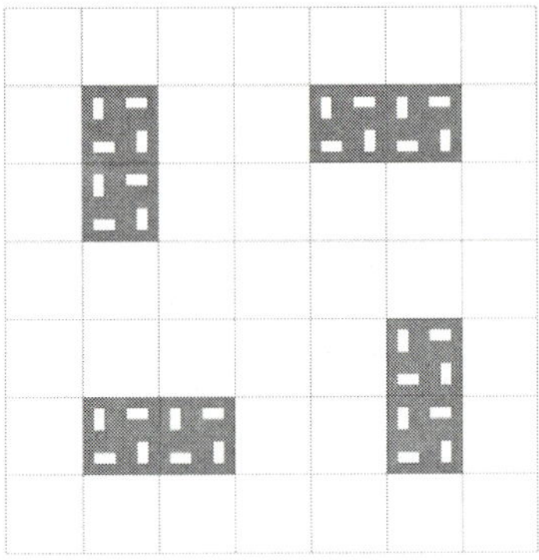

③ $\log_{343} 30032 = 1.766$

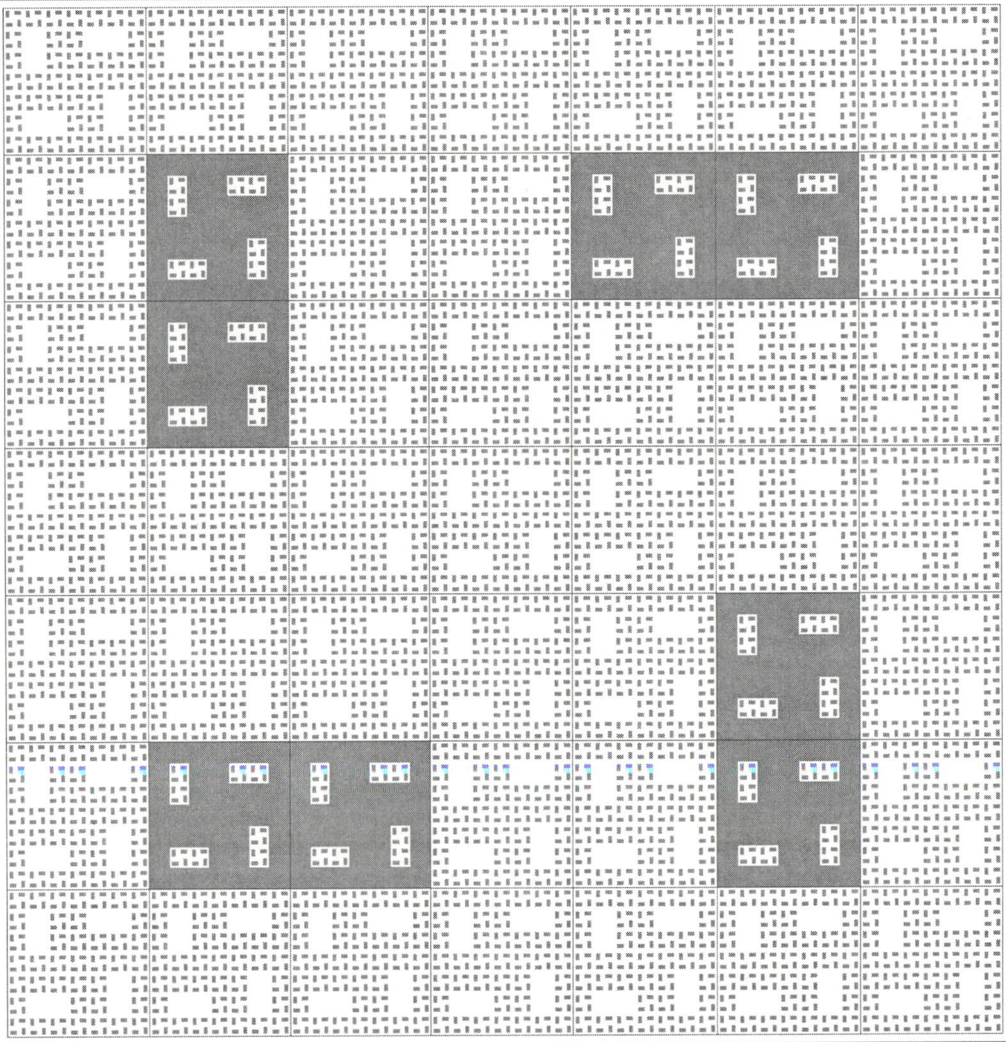

## (3) 1단계 9개

① $\log_{7}9 = 1.129$

② $\log_{49}360 = 1.512$

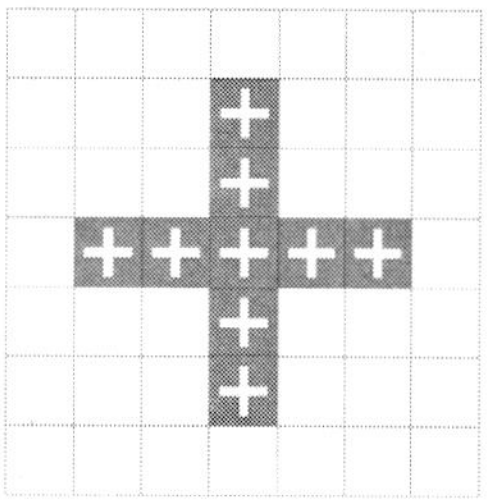

③ $\log_{343}32769 = 1.781$

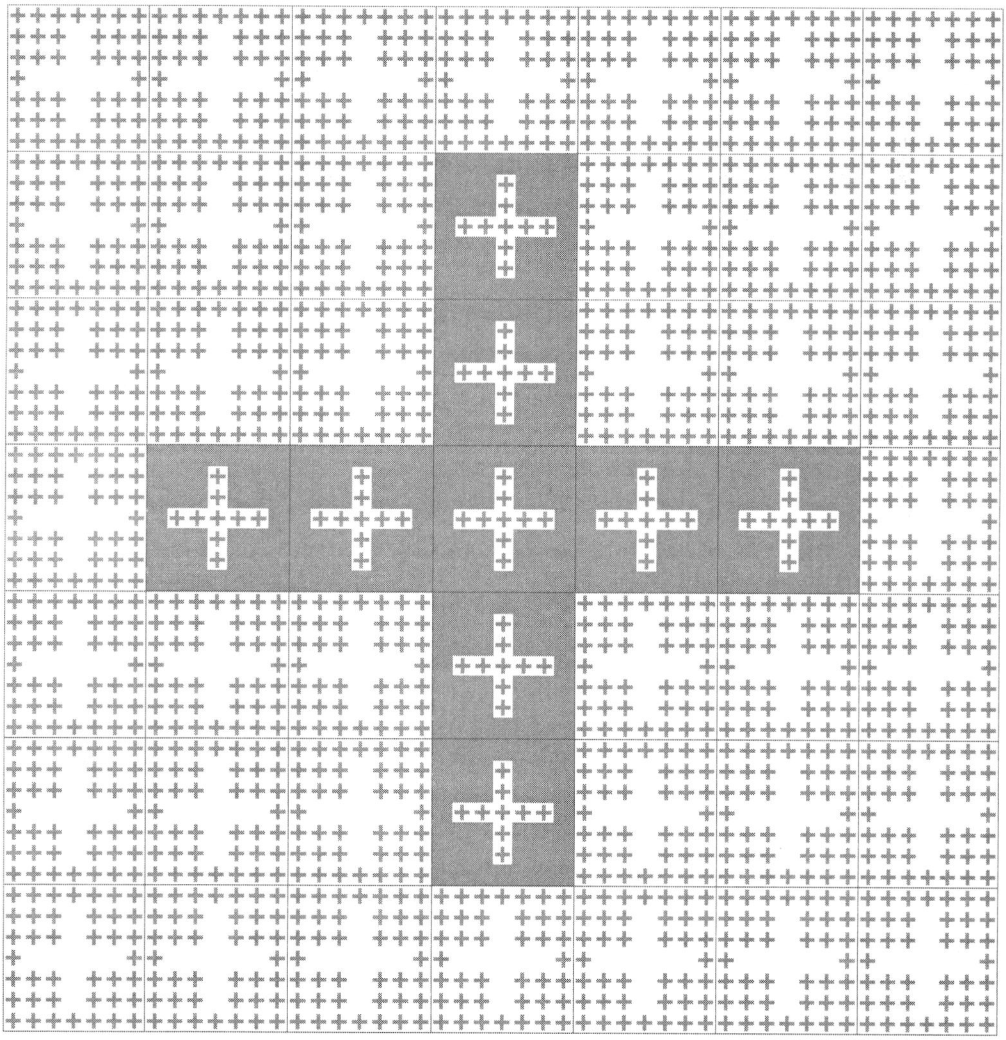

① $\log_7 9 = 1.129$

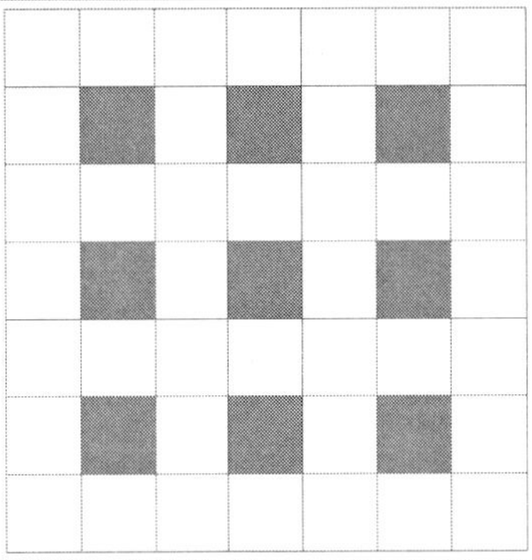

② $\log_{49} 360 = 1.512$

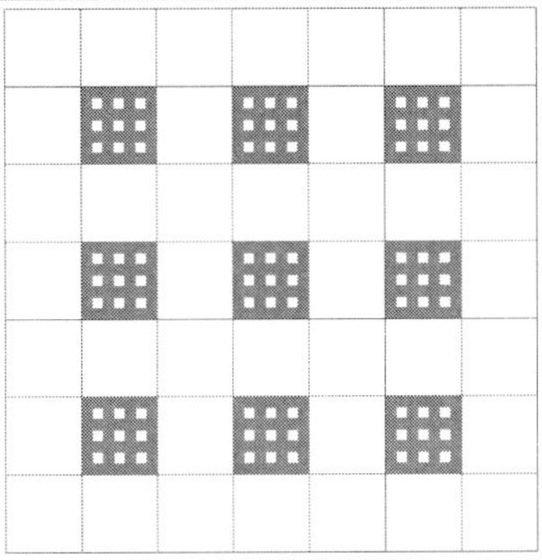

③ $\log_{343} 32769 = 1.781$

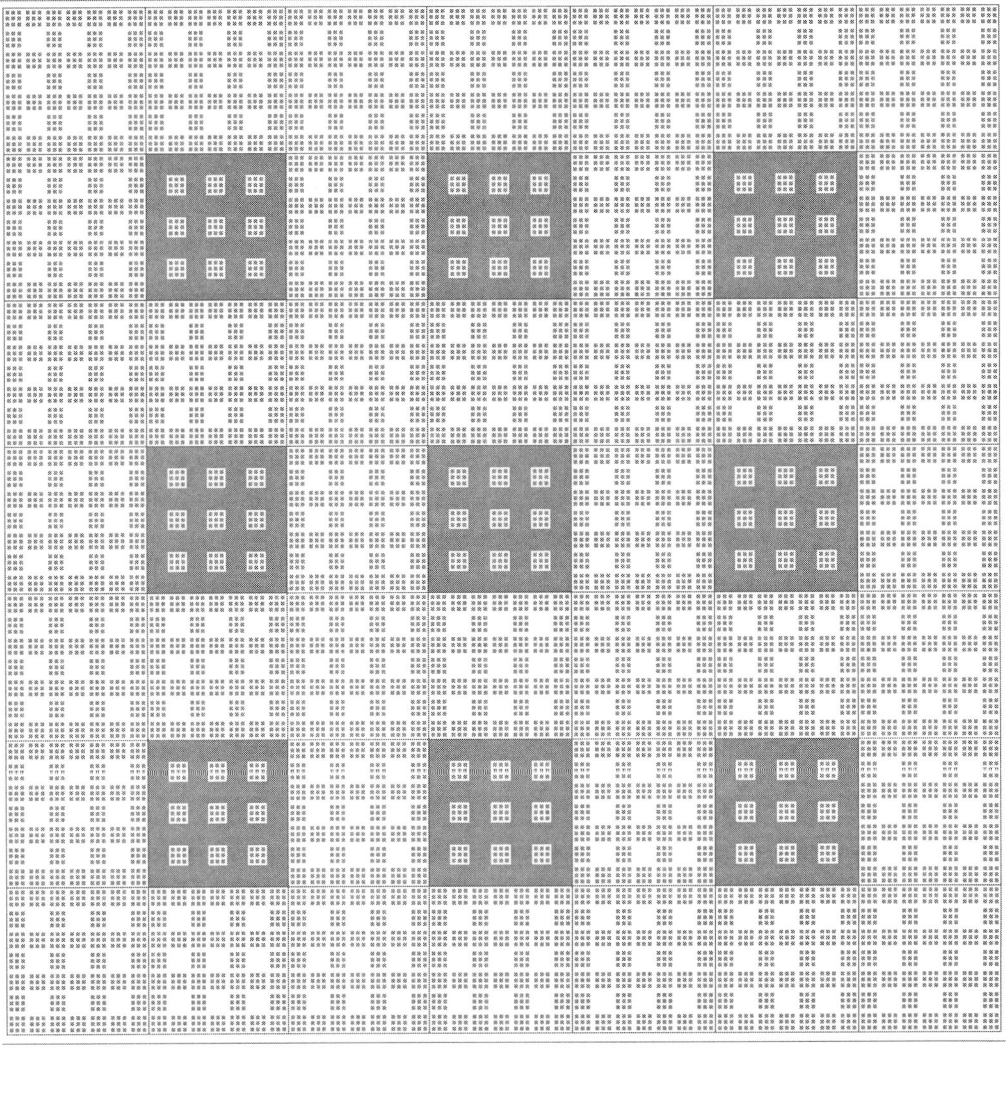

① $\log_7 9 = 1.129$

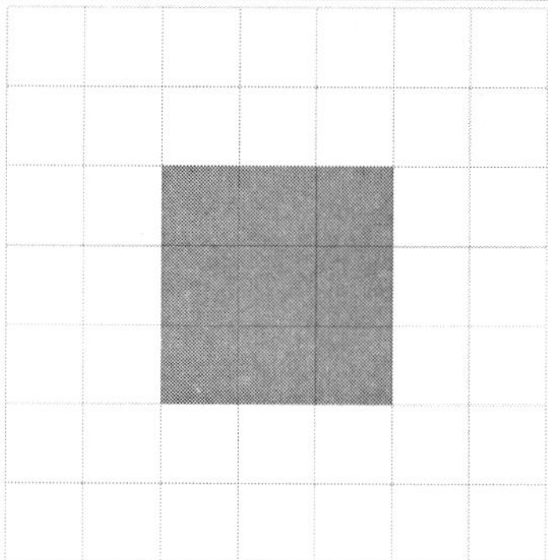

② $\log_{49} 360 = 1.512$

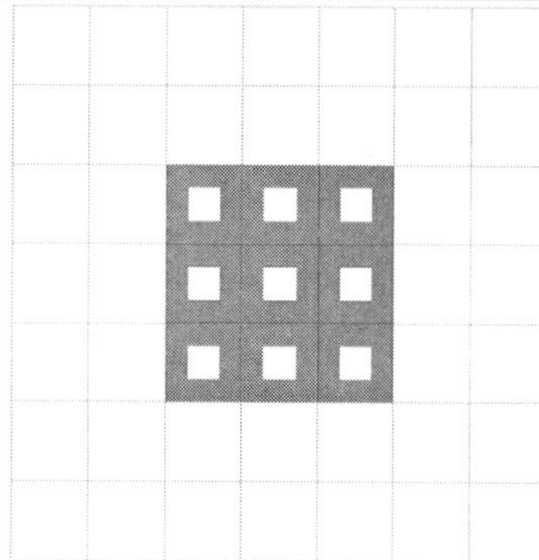

③ $\log_{343} 32769 = 1.781$

### (4) 1단계 12개

① $\log_{7}12 = 1.277$

② $\log_{49}444 = 1.566$

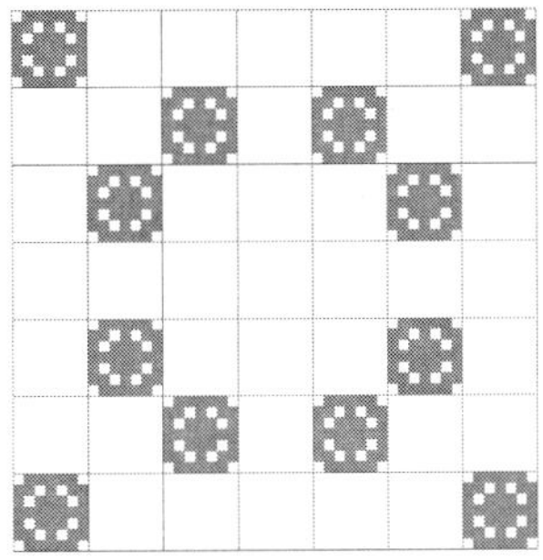

③ $\log_{343}39912 = 1.815$

① $\log_7 12 = 1.277$

② $\log_{49} 444 = 1.566$

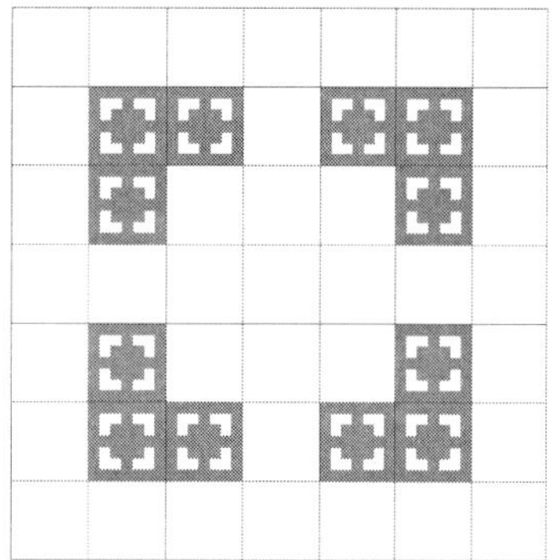

③ $\log_{343} 39912 = 1.815$

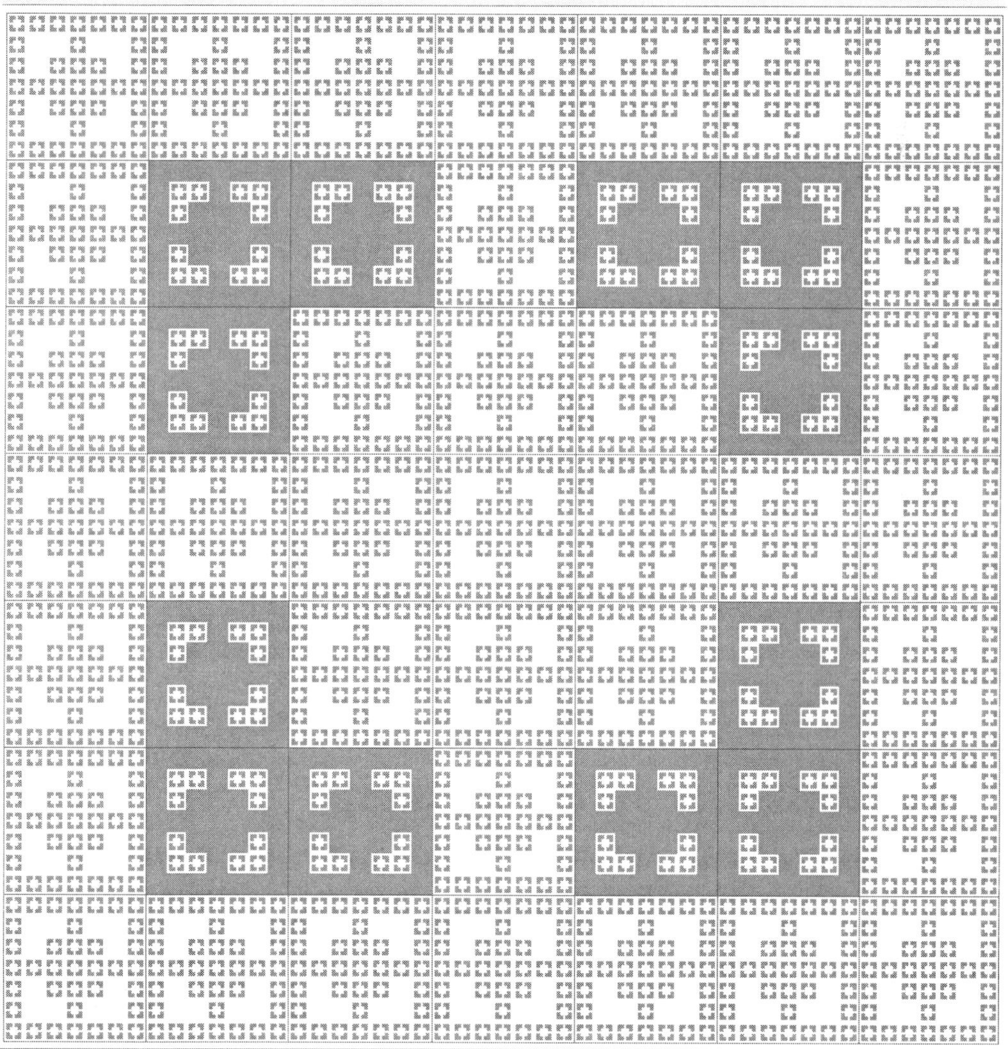

(5) 1단계 13개

| ① $\log_7 13 = 1.318$ | ② $\log_{49} 468 = 1.58$ |
|---|---|
|  | 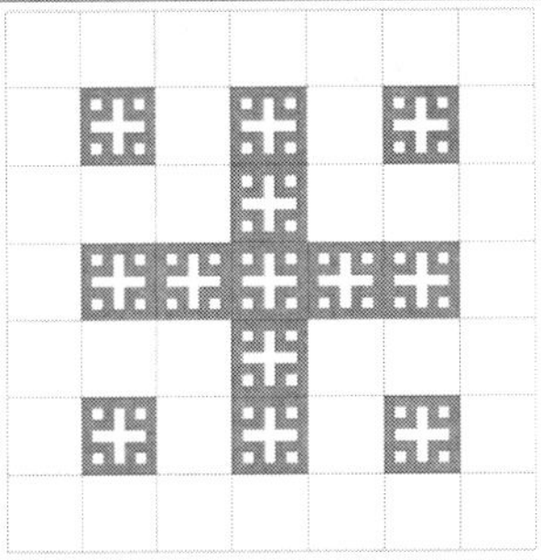 |

③ $\log_{343} 41977 = 1.823$

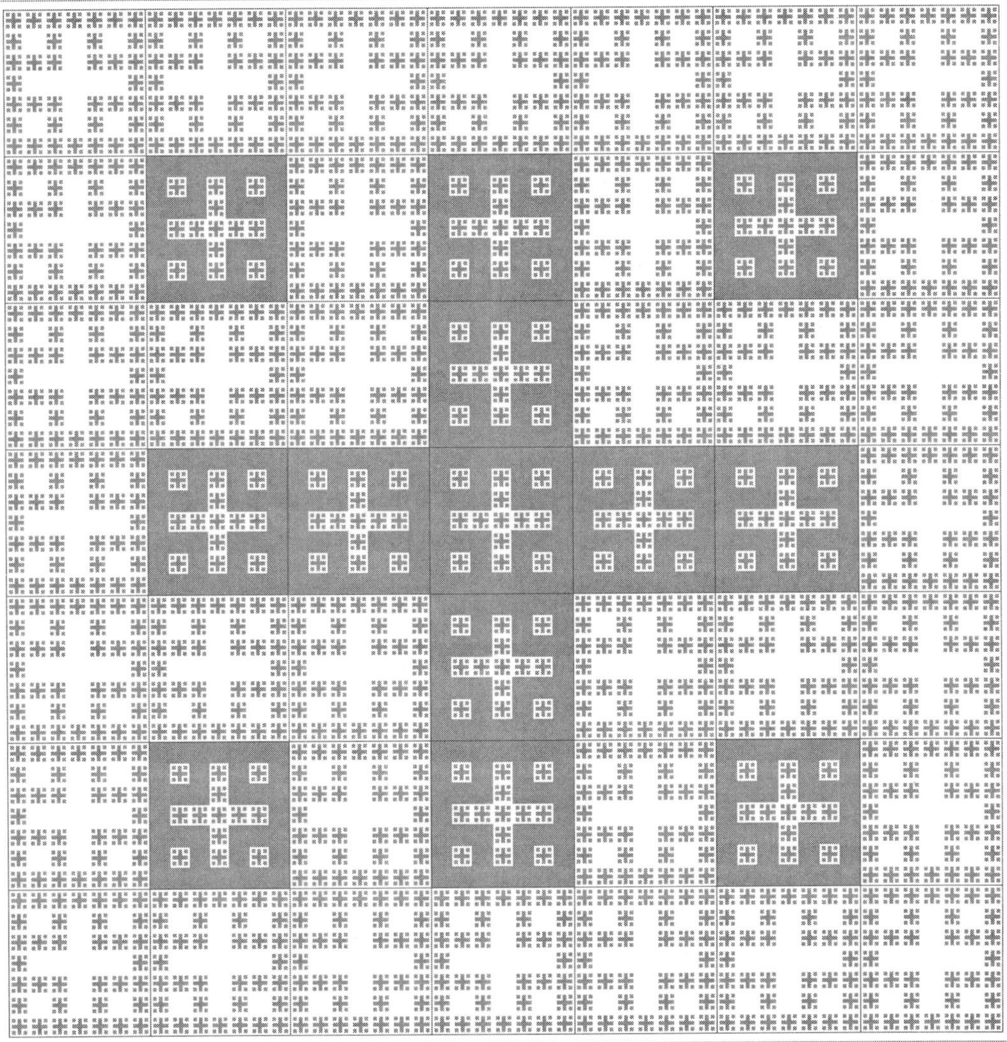

① $\log_7 13 = 1.318$

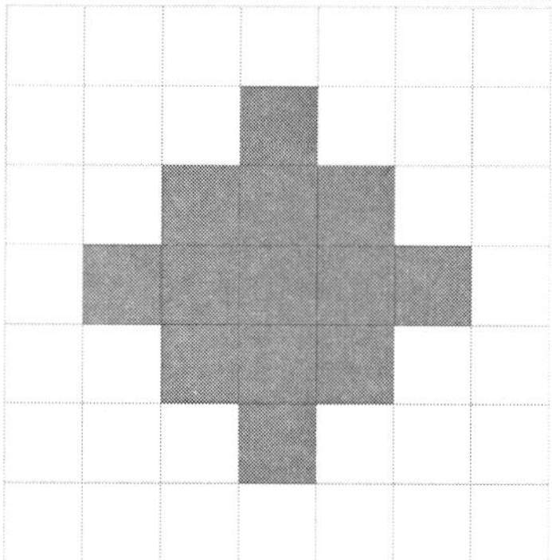

② $\log_{49} 468 = 1.58$

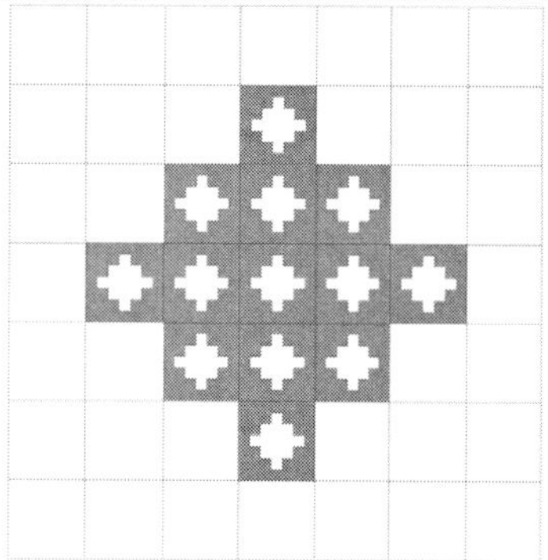

③ $\log_{343} 41977 = 1.823$

| ① $\log_7 13 = 1.318$ | ② $\log_{49} 468 = 1.58$ |
|---|---|
| 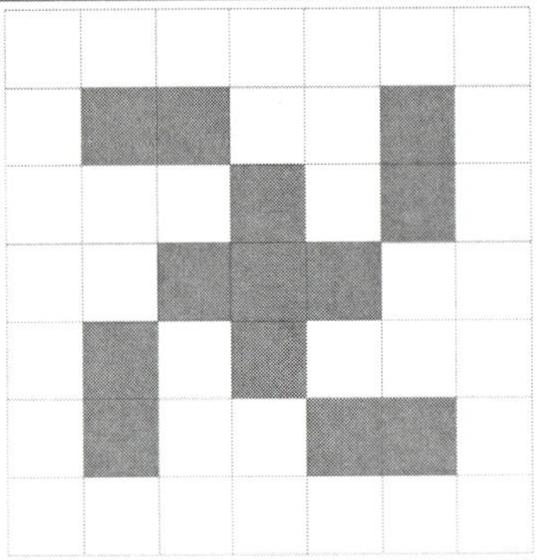 | 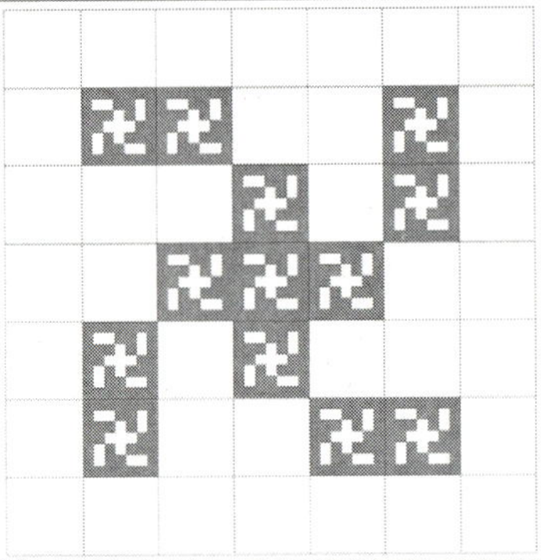 |

③ $\log_{343} 41977 = 1.823$

① $\log_{7}13 = 1.318$

② $\log_{49}468 = 1.58$

③ $\log_{343}41977 = 1.823$

## (6) 1단계 16개

① $\log_{7}16 = 1.425$

② $\log_{49}528 = 1.611$

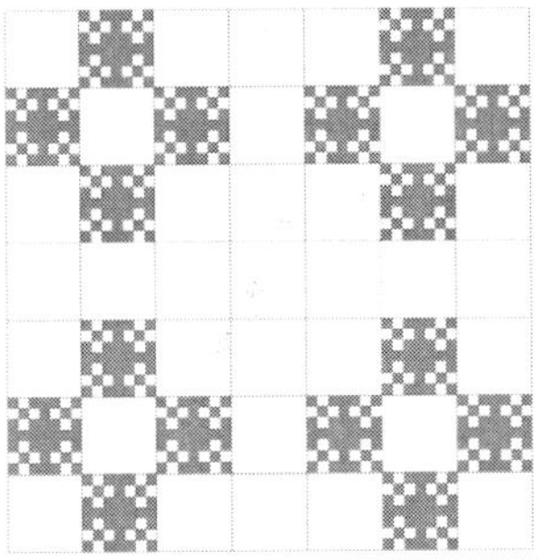

③ $\log_{343}47392 = 1.844$

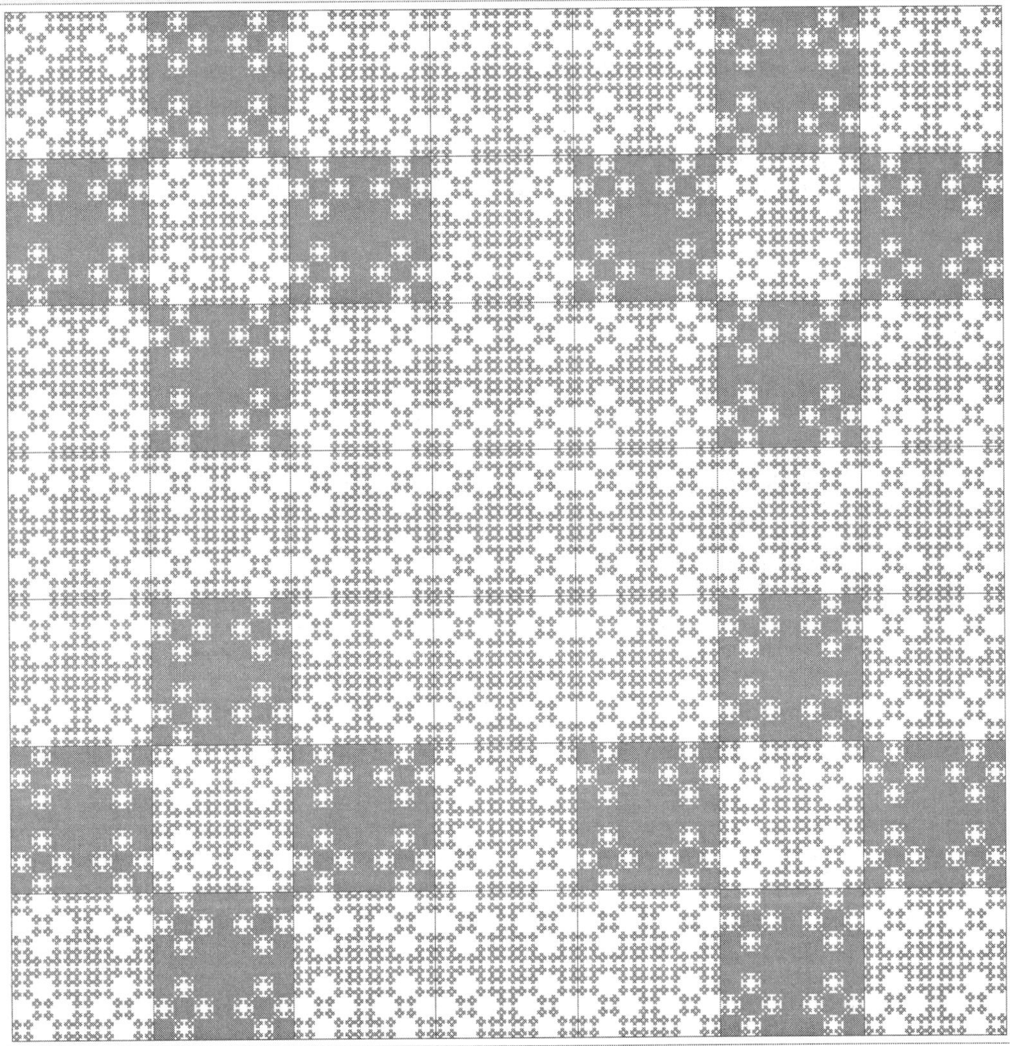

① $\log_7 16 = 1.425$

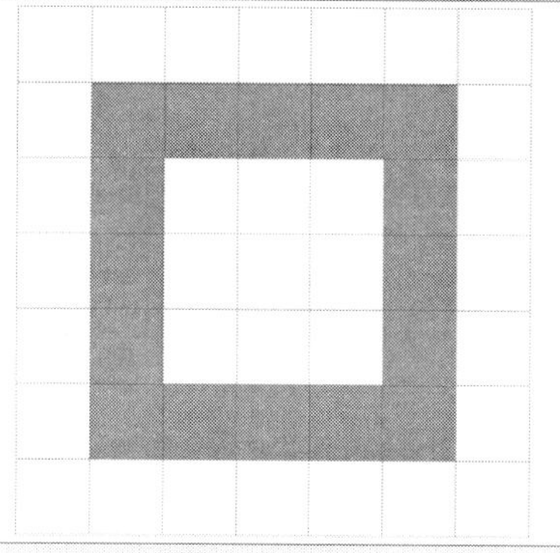

② $\log_{49} 528 = 1.611$

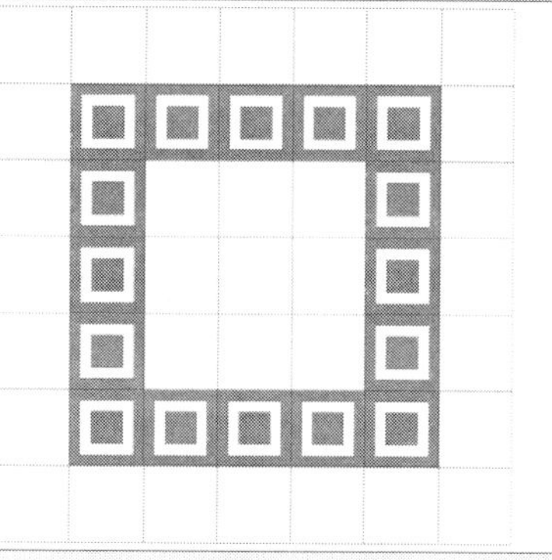

③ $\log_{343} 47392 = 1.844$

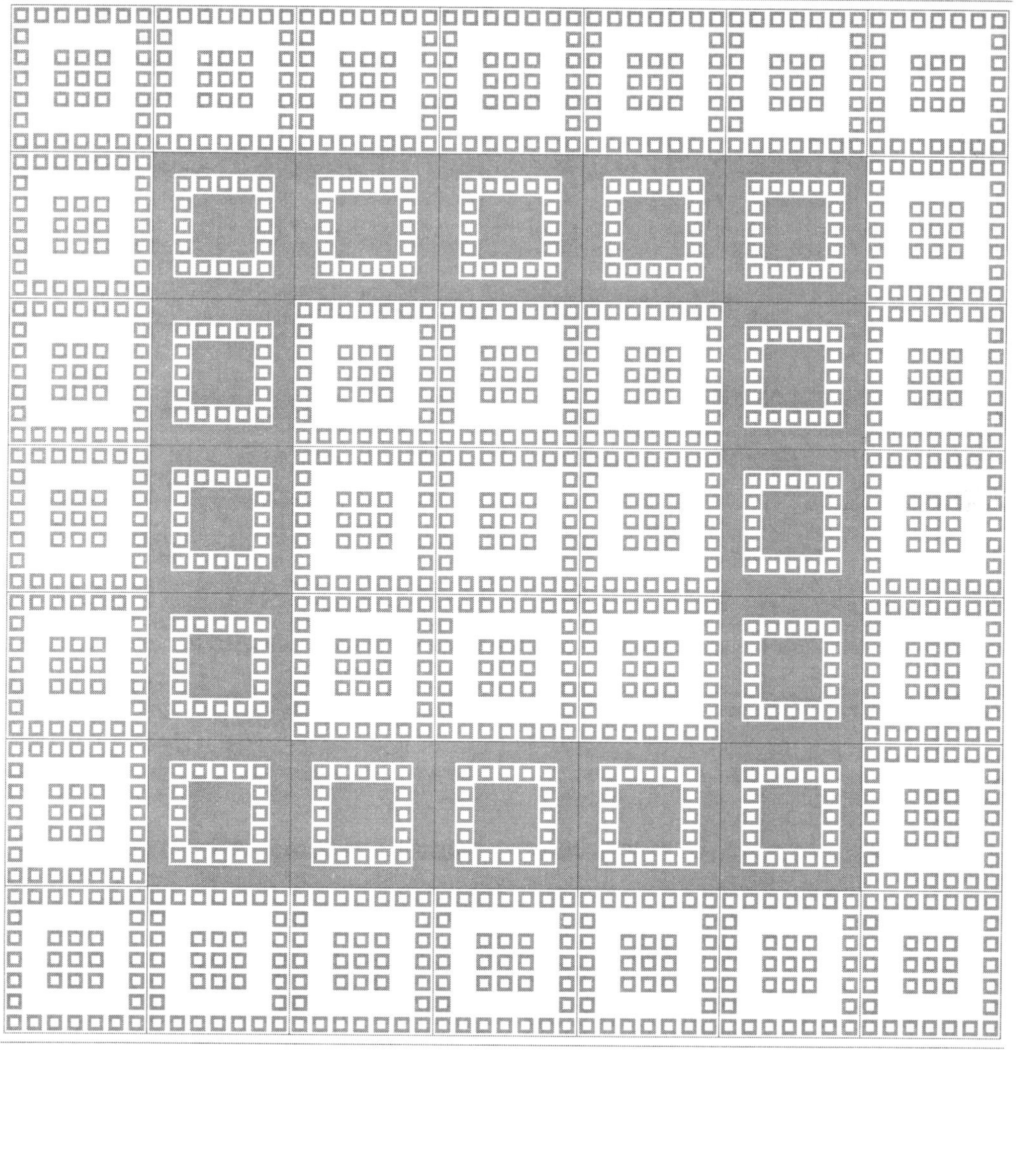

(7) 1단계 17개

① $\log_7 17 = 1.456$

② $\log_{49} 544 = 1.619$

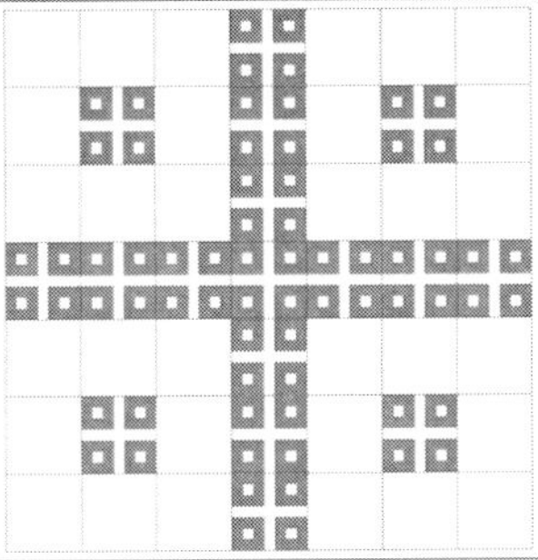

③ $\log_{343} 48977 = 1.85$

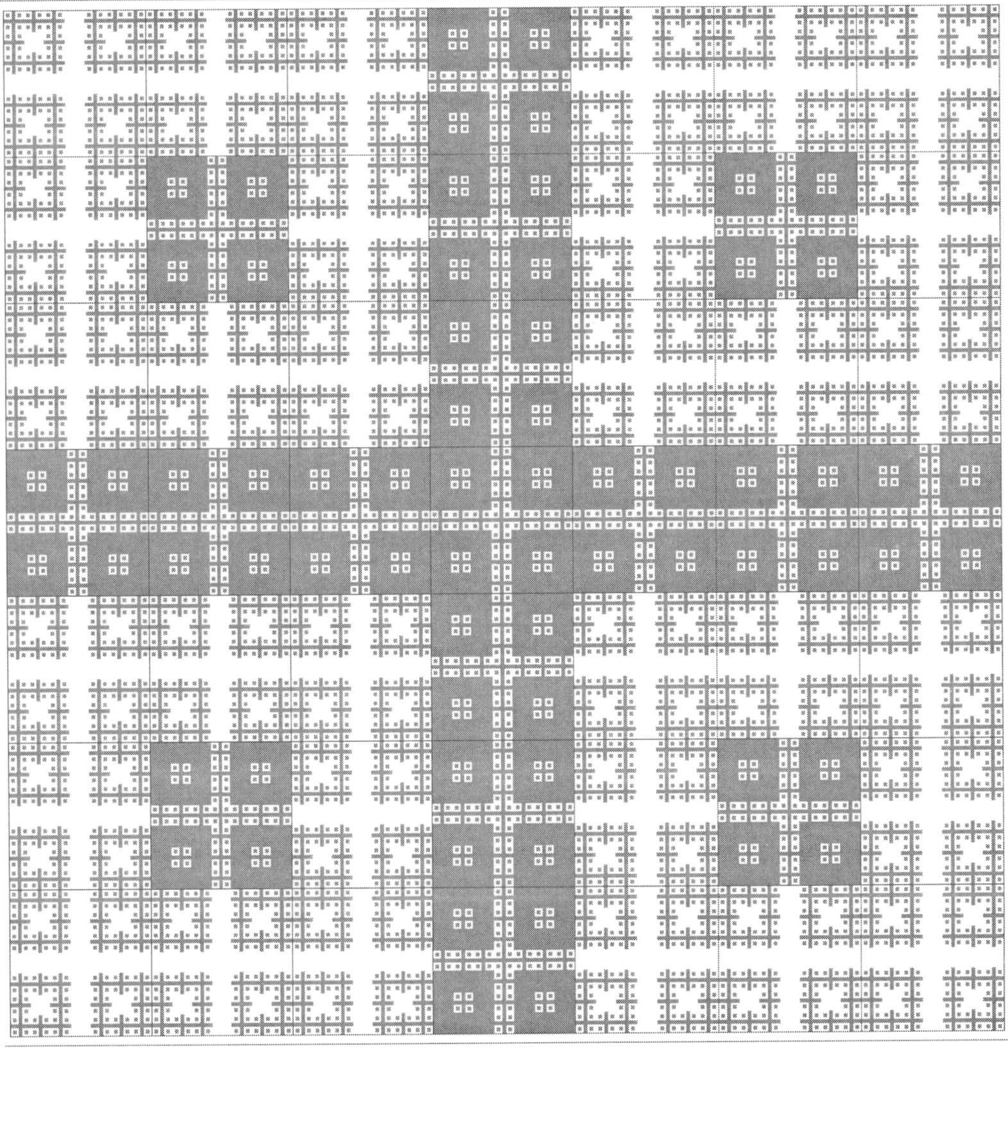

| ① $\log_{7}17 = 1.456$ | ② $\log_{49}544 = 1.619$ |
|---|---|
|  | 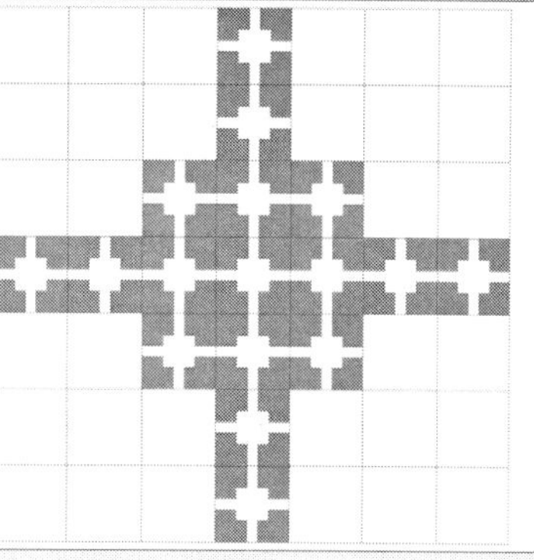 |

③ $\log_{343}48977 = 1.85$

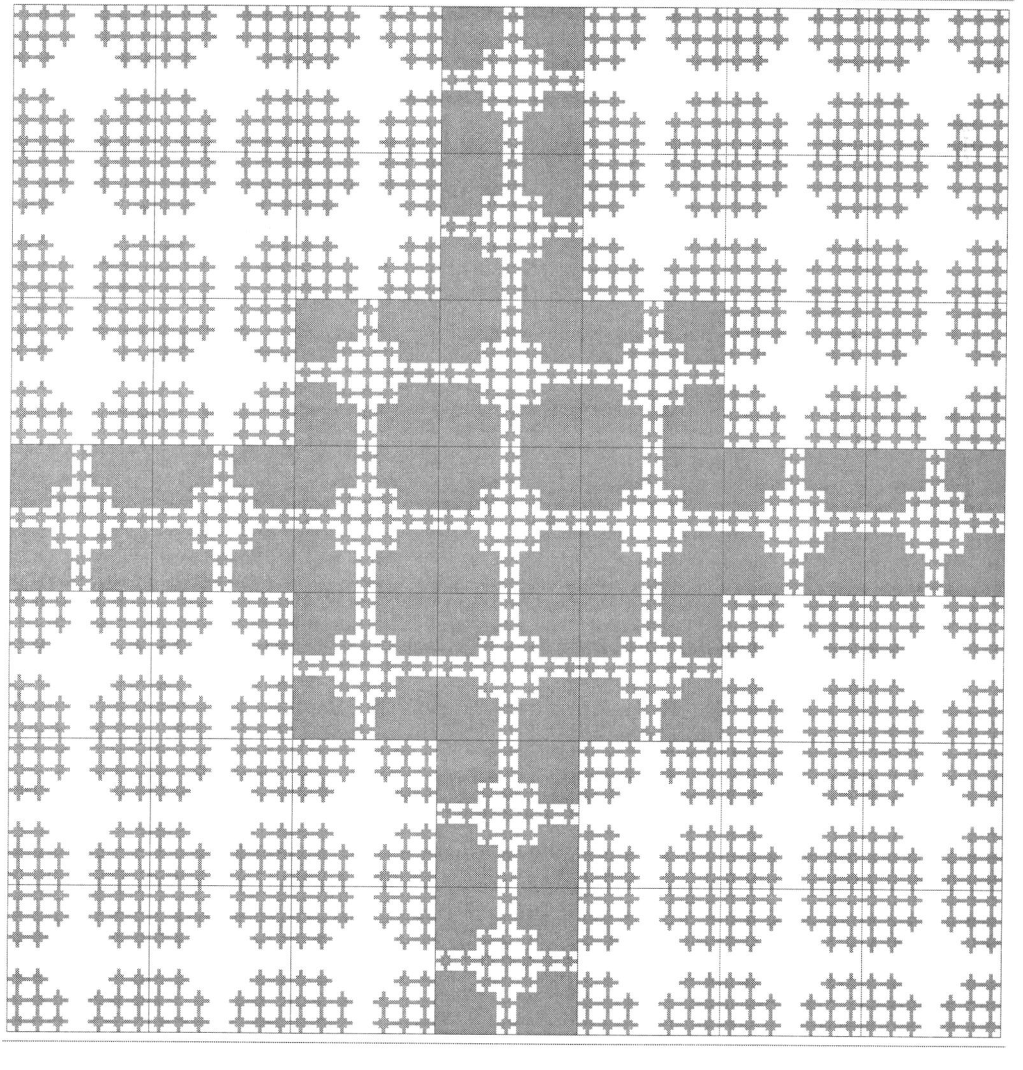

① $\log_7 17 = 1.456$

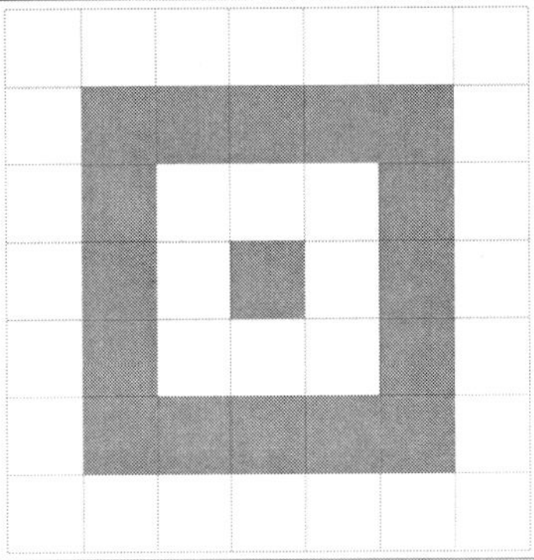

② $\log_{49} 544 = 1.619$

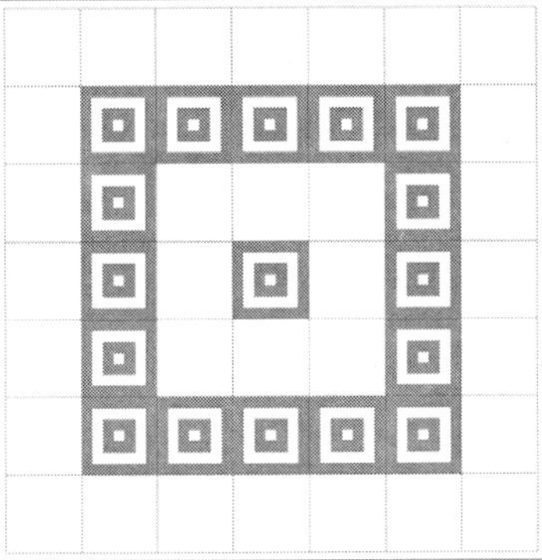

③ $\log_{343} 48977 = 1.85$

(8) 1단계 20개

| ① $\log_7 20 = 1.54$ | ② $\log_{49} 580 = 1.635$ |
|---|---|
|  | 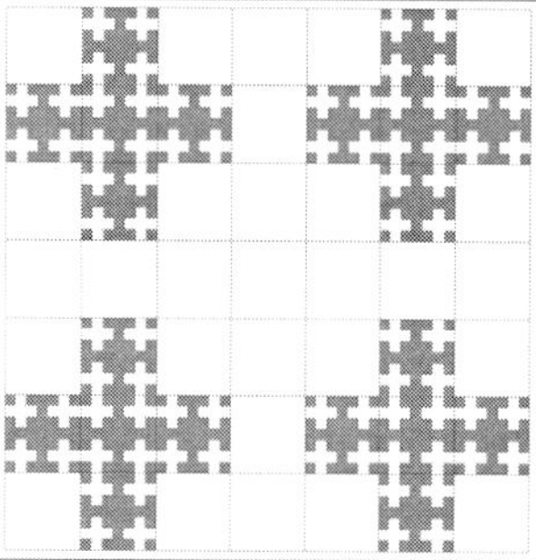 |

③ $\log_{343} 53240 = 1.864$

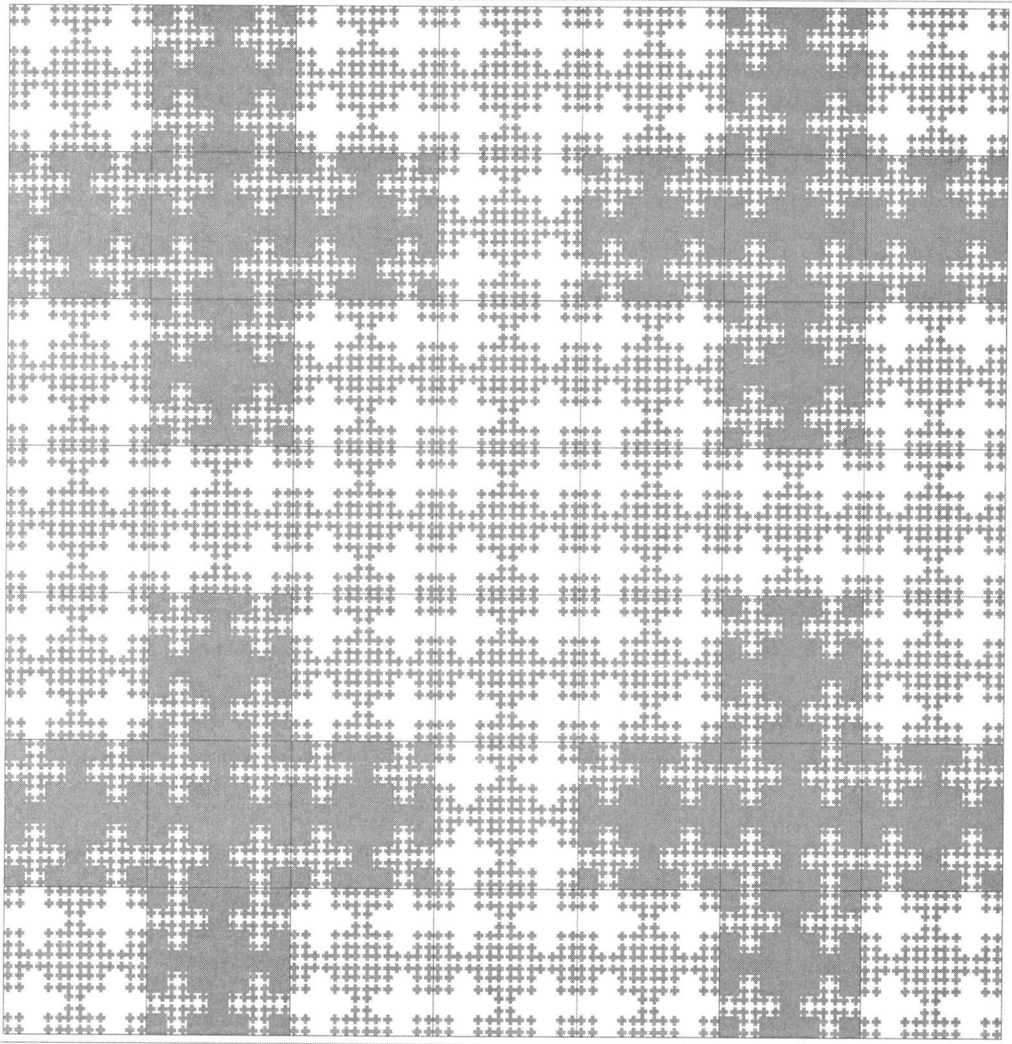

① $\log_7 20 = 1.54$

② $\log_{49} 580 = 1.635$

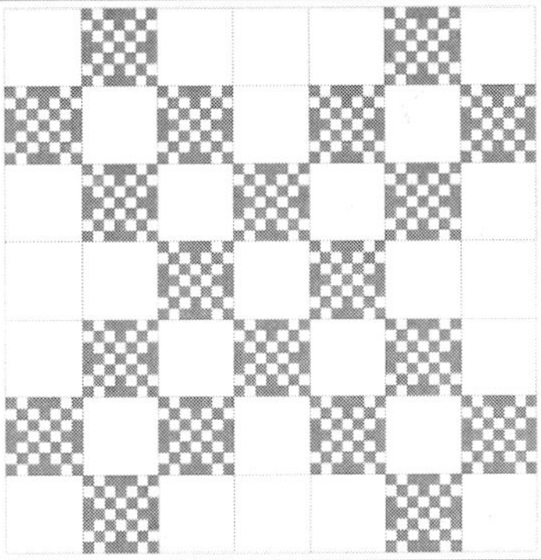

③ $\log_{343} 53240 = 1.864$

## (9) 1단계 21개

① $\log_7 21 = 1.565$

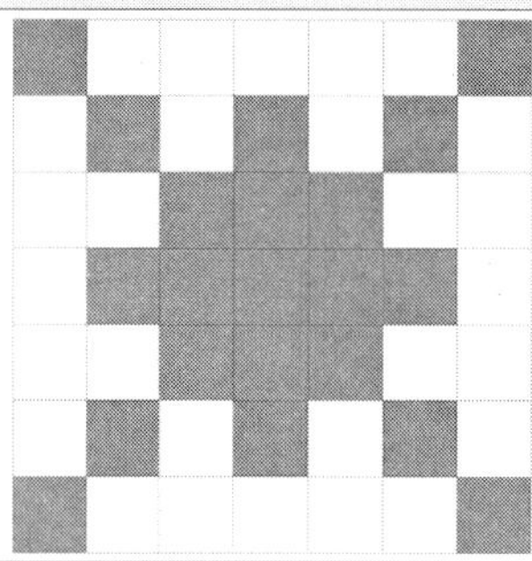

② $\log_{49} 588 = 1.638$

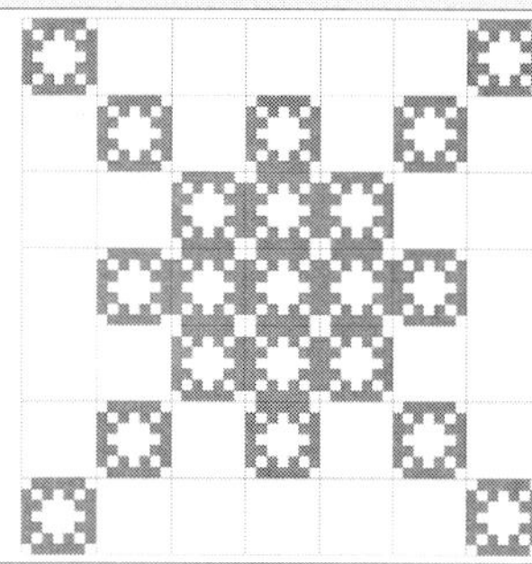

③ $\log_{343} 54537 = 1.868$

① $\log_7 21 = 1.565$

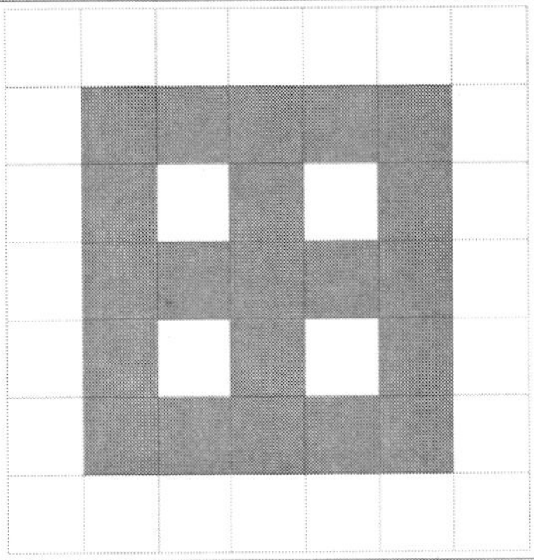

② $\log_{49} 588 = 1.638$

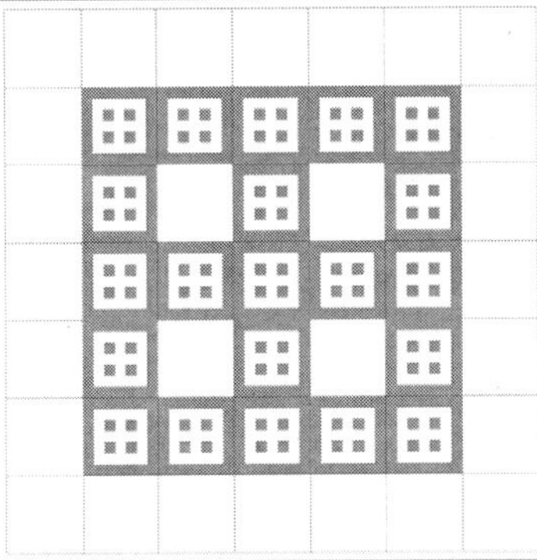

③ $\log_{343} 54537 = 1.868$

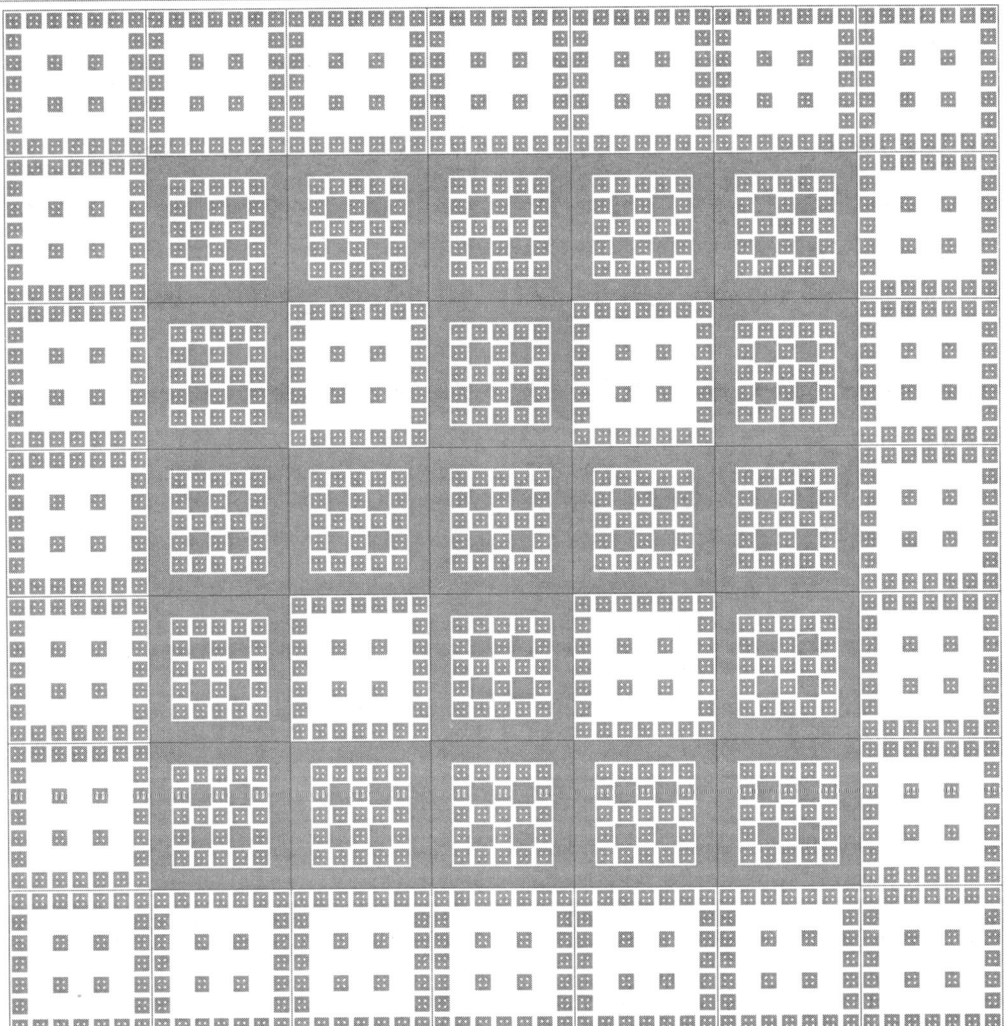

### (10) 1단계 24개

| ① $\log_7 24 = 1.633$ | ② $\log_{49} 600 = 1.644$ |
|---|---|
|  | 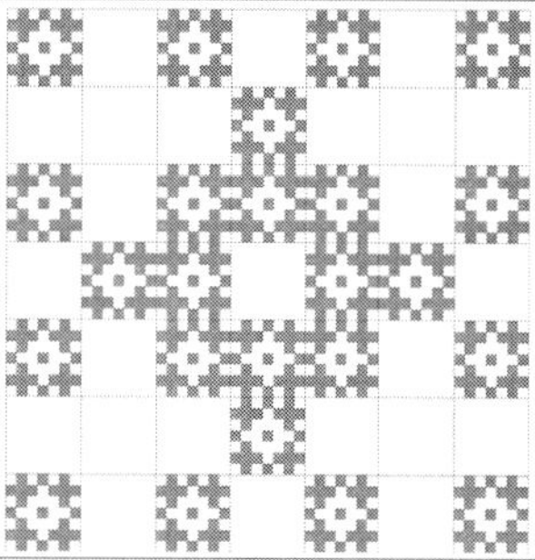 |

③ $\log_{343} 58224 = 1.88$

① $\log_7 24 = 1.633$

② $\log_{49} 600 = 1.644$

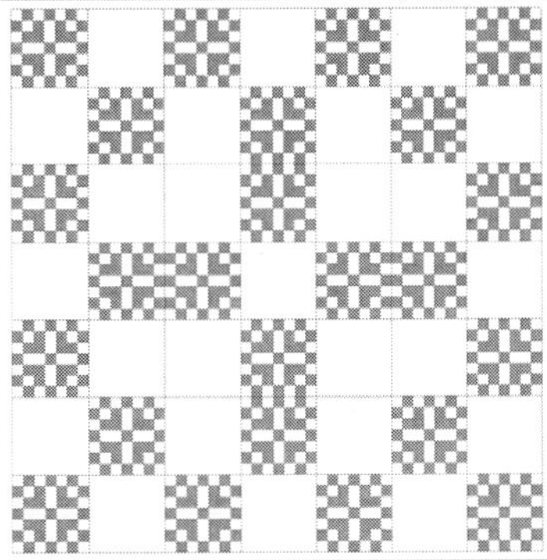

③ $\log_{343} 58224 = 1.88$

## (11) 1단계 25개

① $\log_7 25 = 1.654$

② $\log_{49} 600 = 1.644$

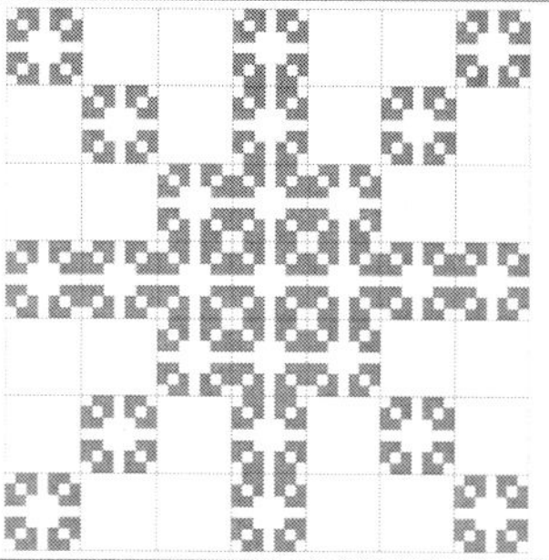

③ $\log_{343} 59425 = 1.883$

① $\log_{7}25 = 1.654$

② $\log_{49}600 = 1.644$

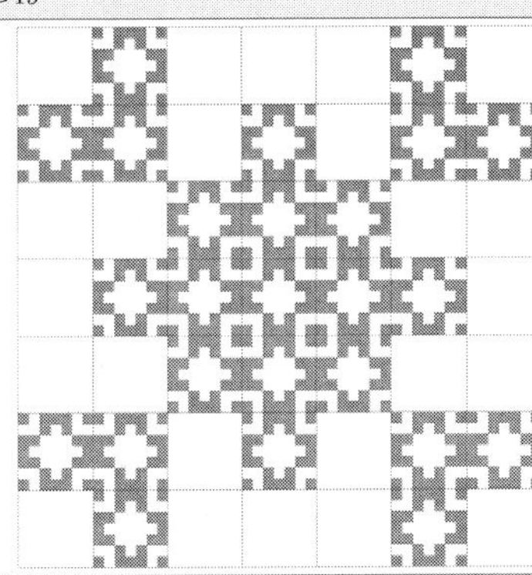

③ $\log_{343}59425 = 1.883$

## (12) 1단계 28개

| ① $\log_7 28 = 1.712$ | ② $\log_{49} 588 = 1.638$ |
|---|---|
|  | 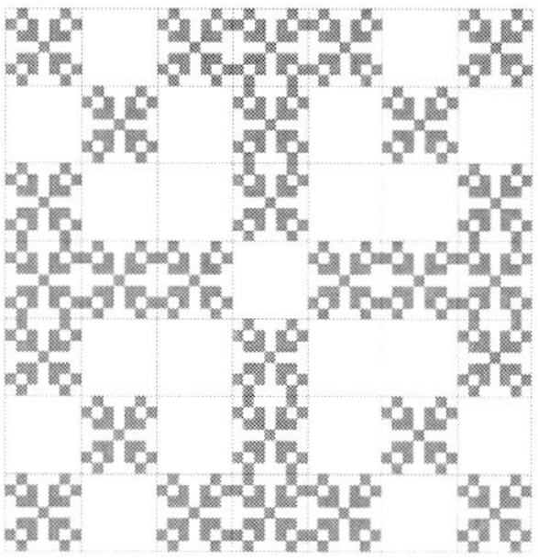 |

③ $\log_{343} 63112 = 1.893$

① $\log_{7}28 = 1.712$

② $\log_{49}588 = 1.638$

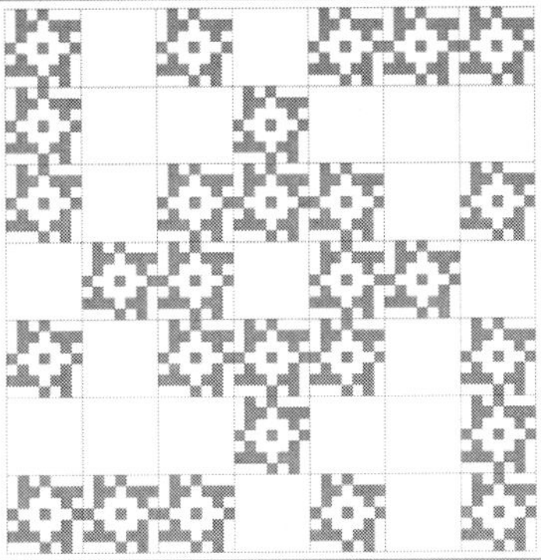

③ $\log_{343}63112 = 1.893$

## (13) 1단계 29개

| ① $\log_{7}29 = 1.73$ | ② $\log_{49}580 = 1.638$ |
|---|---|
|  | 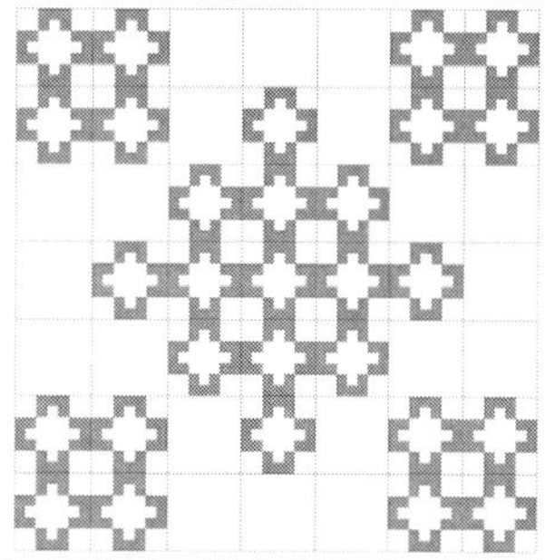 |

③ $\log_{343}64409 = 1.897$

① $\log_7 29 = 1.73$

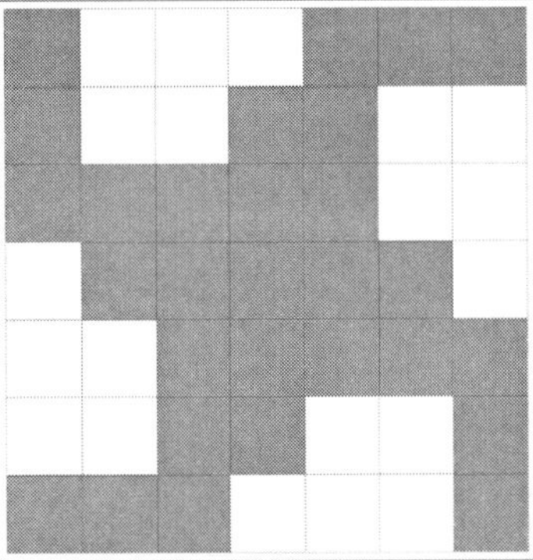

② $\log_{49} 580 = 1.638$

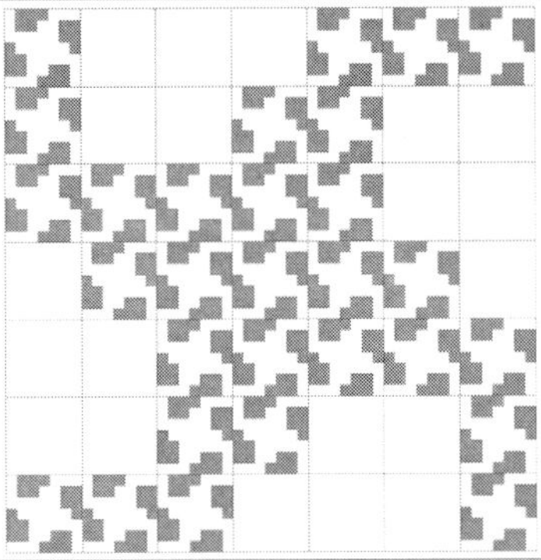

③ $\log_{343} 64409 = 1.897$

# 7 8×8 빼셈-빼셈 프랙탈

## (1) 1단계 8개

| ① $\log_8 8 = 1$ | ② $\log_{64} 448 = 1.468$ |
|---|---|
| 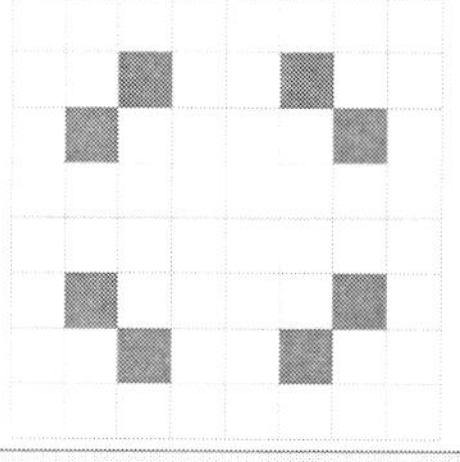 | 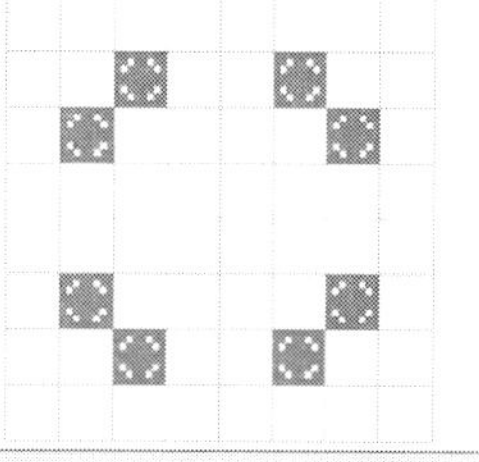 |

③ $\log_{512} 54272 = 1.748$

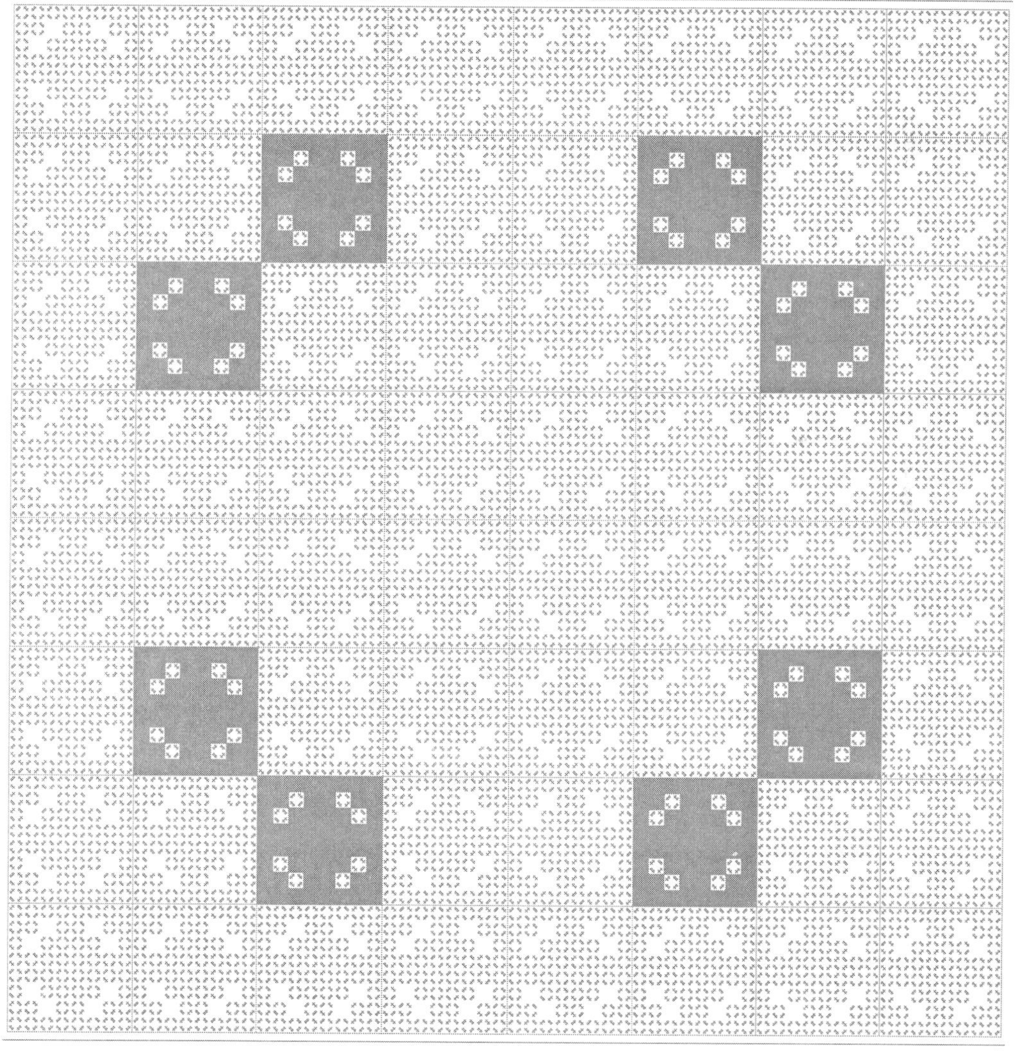

### (2) 1단계 12개

① $\log_{8}12 = 1.195$

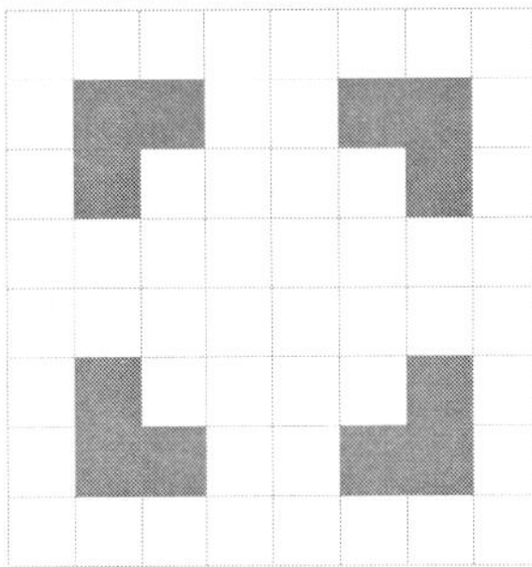

② $\log_{64}624 = 1.548$

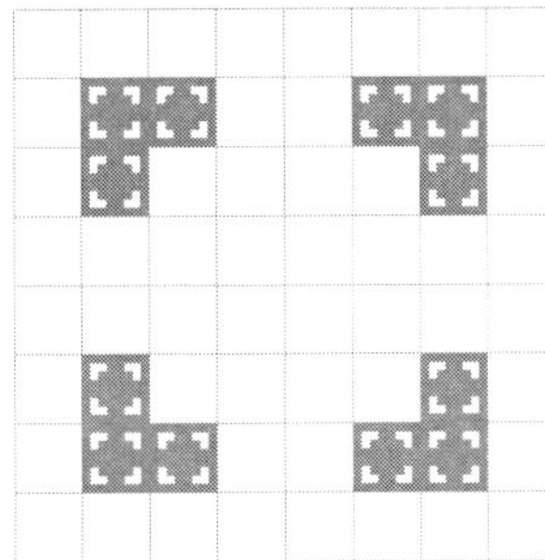

③ $\log_{512}74112 = 1.797$

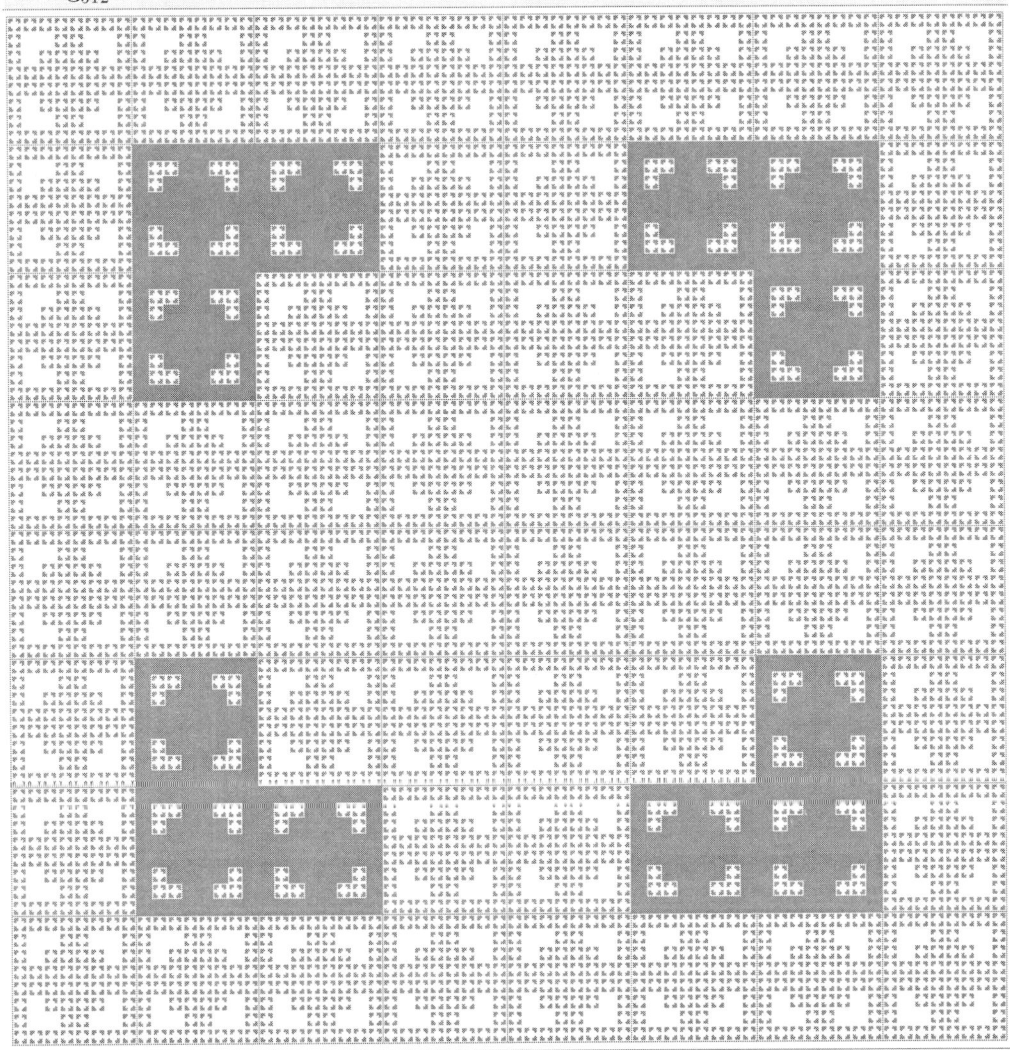

① $\log_8 12 = 1.195$

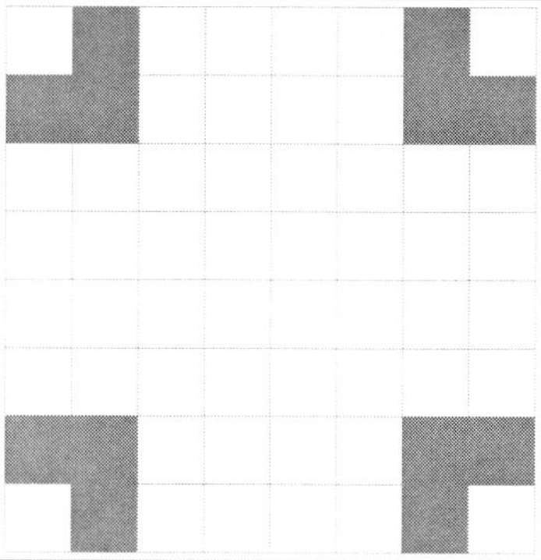

② $\log_{64} 624 = 1.548$

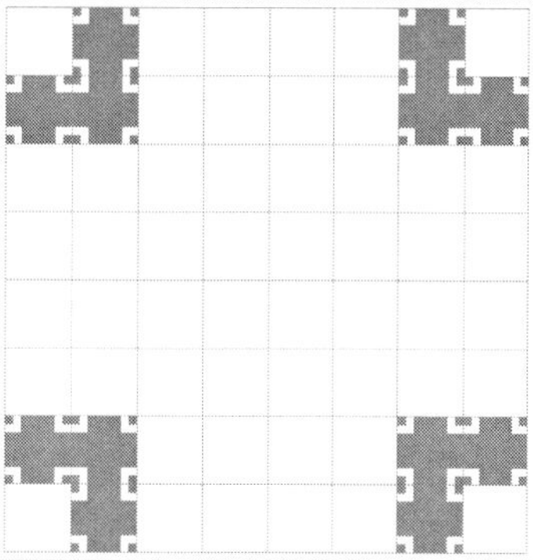

③ $\log_{512} 74112 = 1.797$

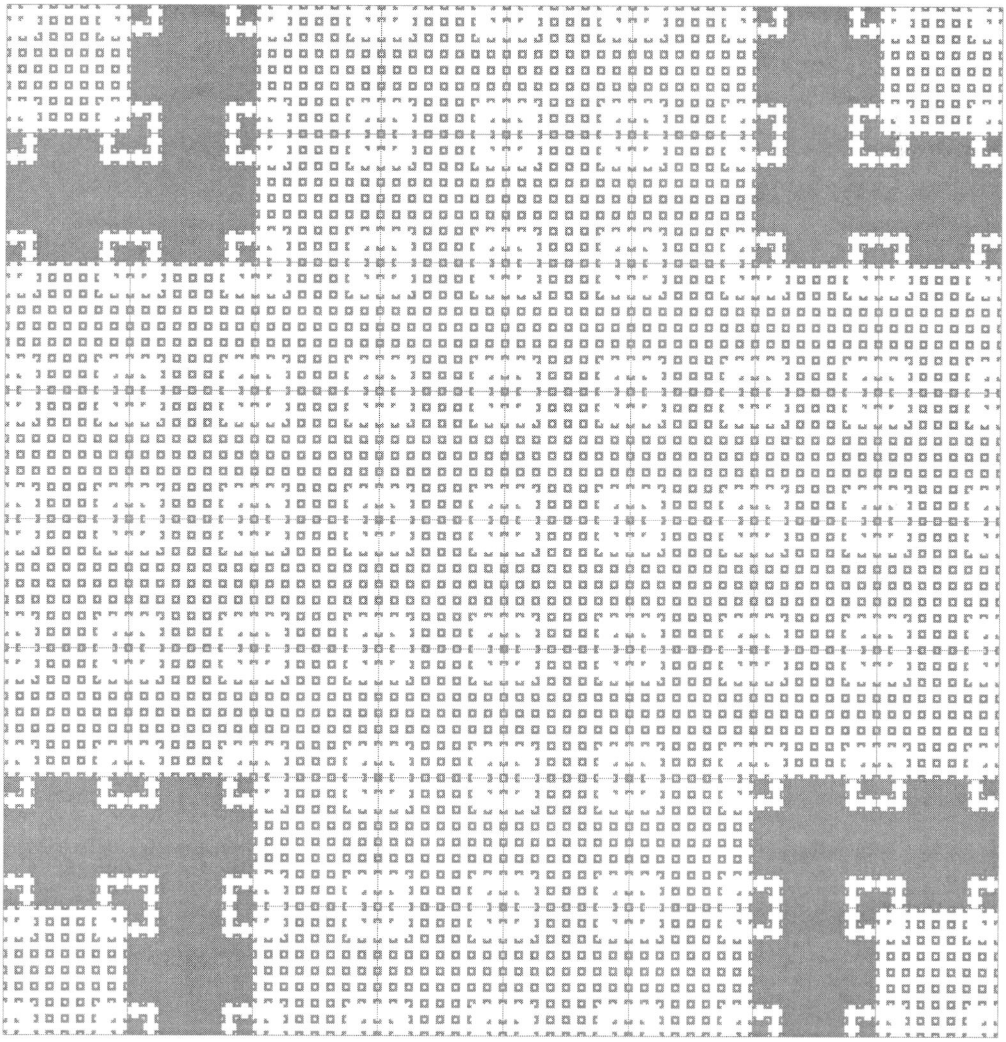

## (3) 1단계 16개

| ① $\log_{8}16 = 1.333$ | ② $\log_{64}768 = 1.597$ |
|---|---|
|  |  |

③ $\log_{512}90112 = 1.829$

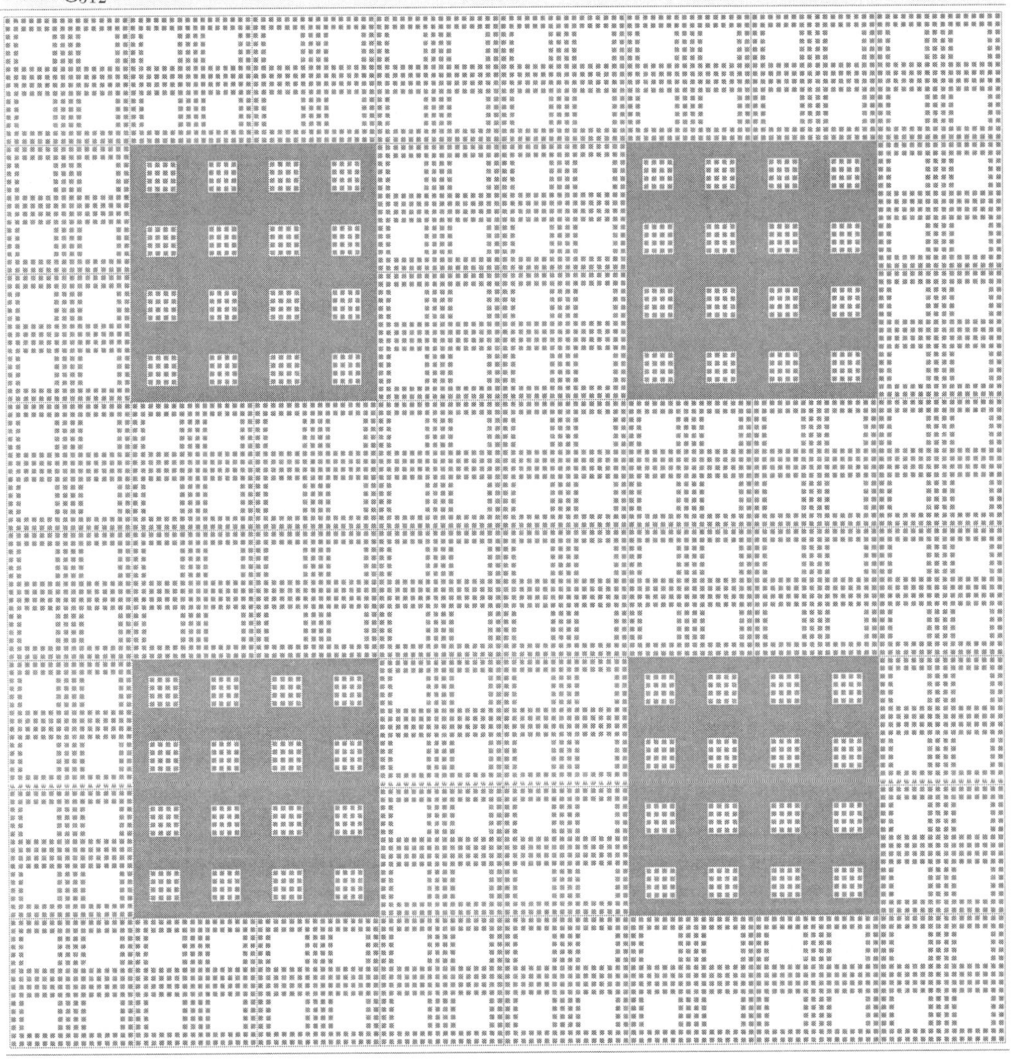

① $\log_8 16 = 1.333$

② $\log_{64} 768 = 1.597$

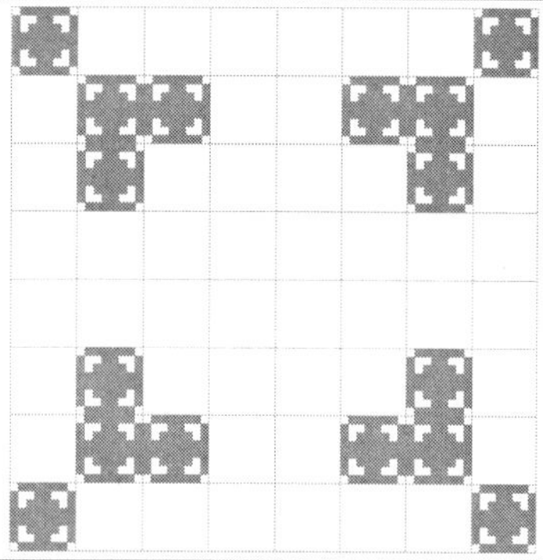

③ $\log_{512} 90112 = 1.829$

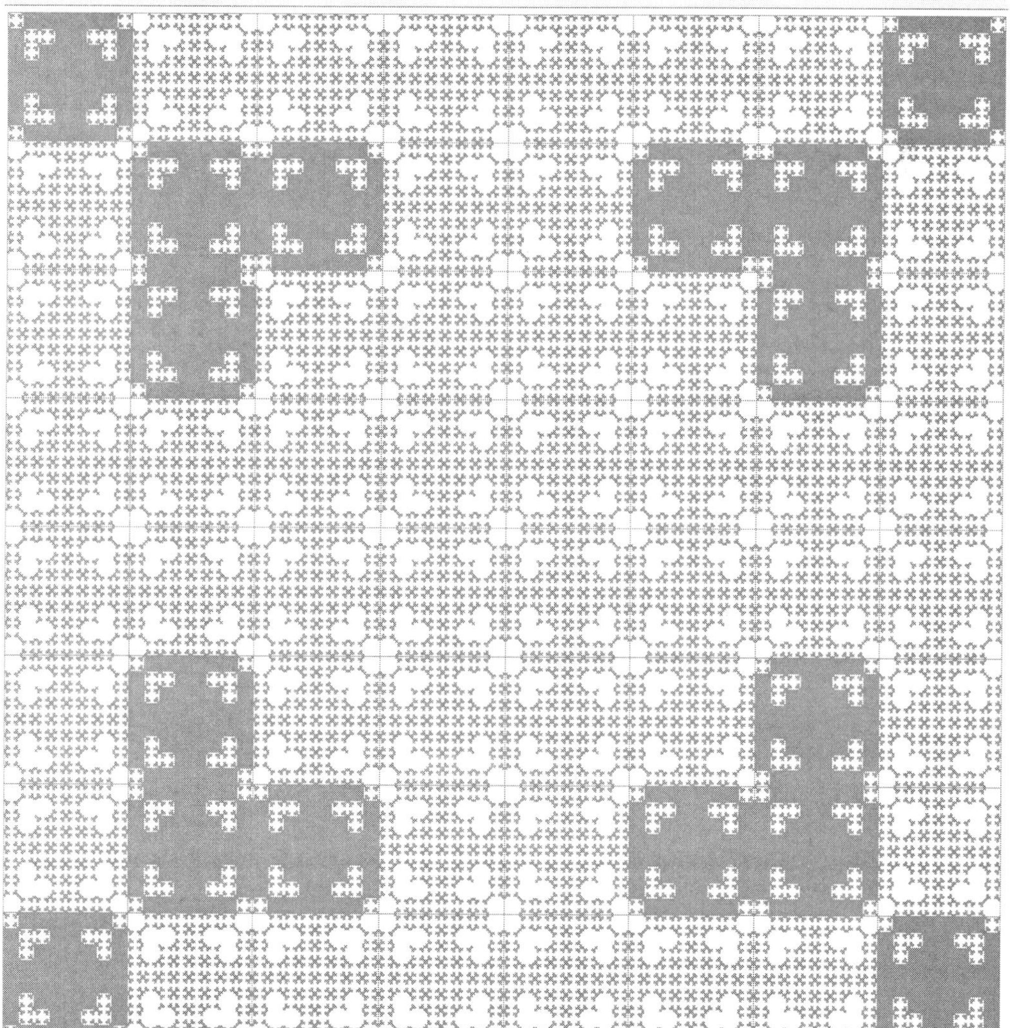

(4) 1단계 20개

| ① $\log_{8}20 = 1.441$ | ②$\log_{64}880 = 1.63$ |
|---|---|
|  | 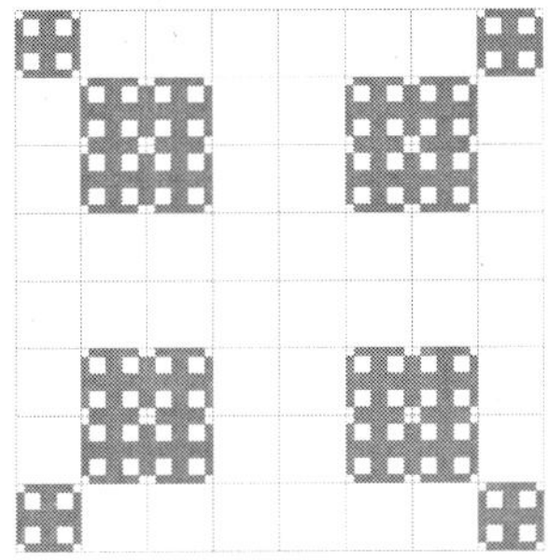 |

③ $\log_{512}90112 = 1.829$

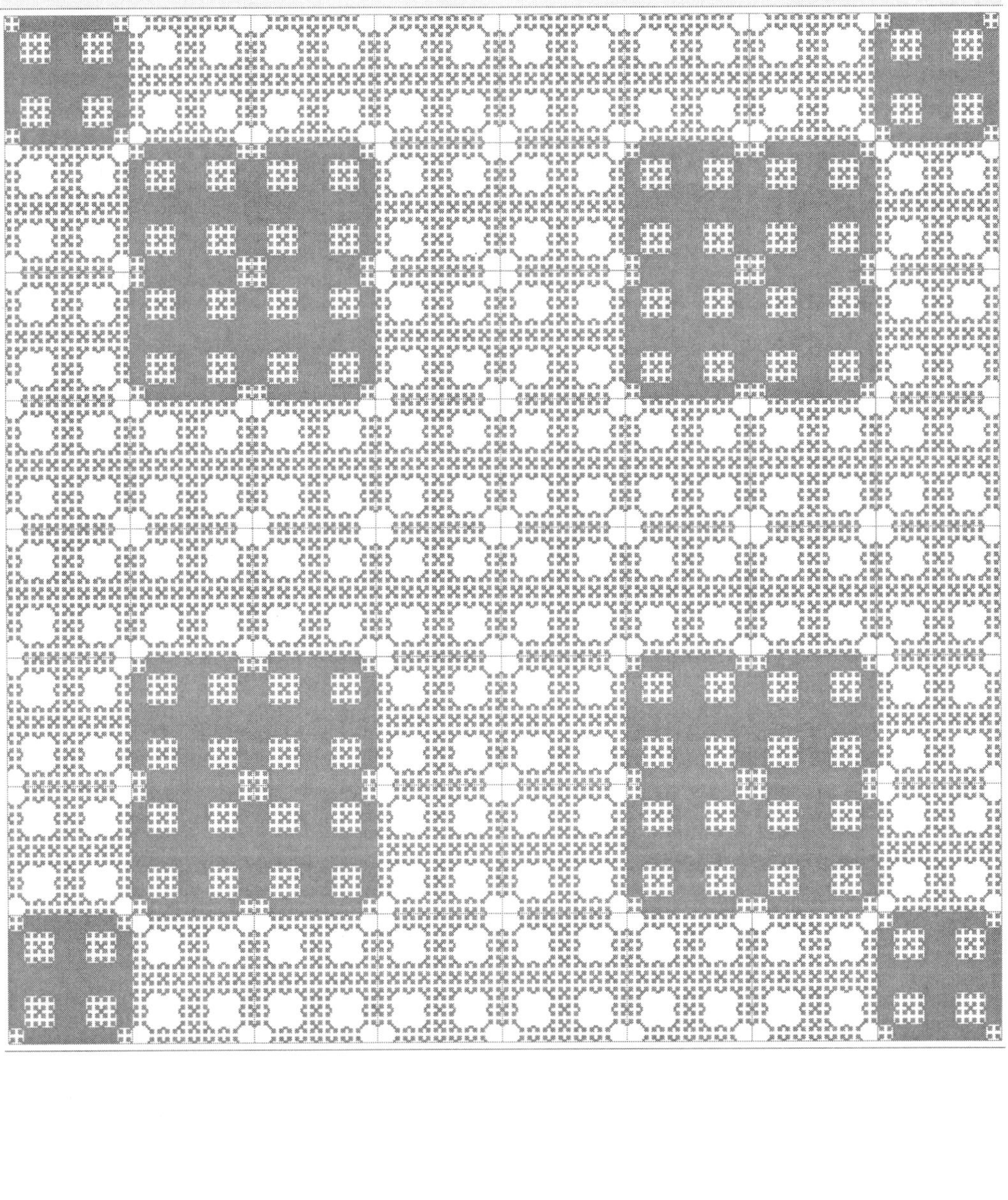

① $\log_8 20 = 1.441$

② $\log_{64} 880 = 1.63$

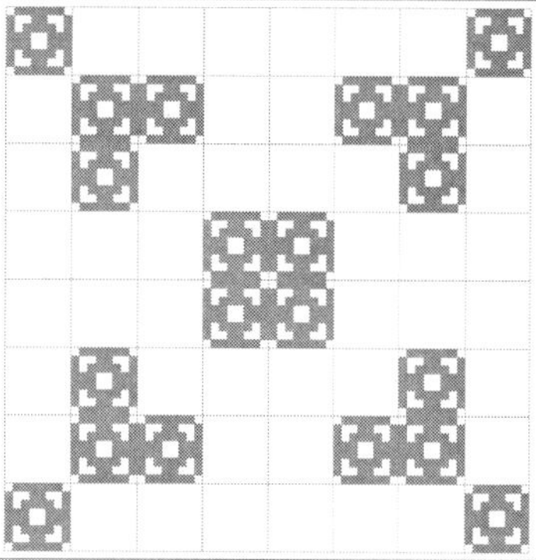

③ $\log_{512} 90112 = 1.829$

① $\log_8 20 = 1.441$

② $\log_{64} 880 = 1.63$

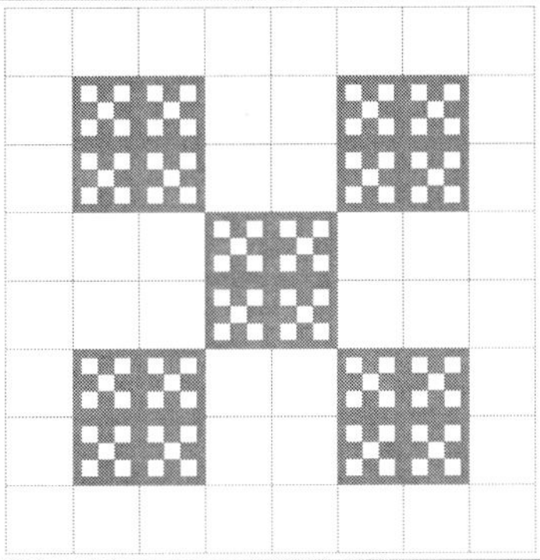

③ $\log_{512} 90112 = 1.829$

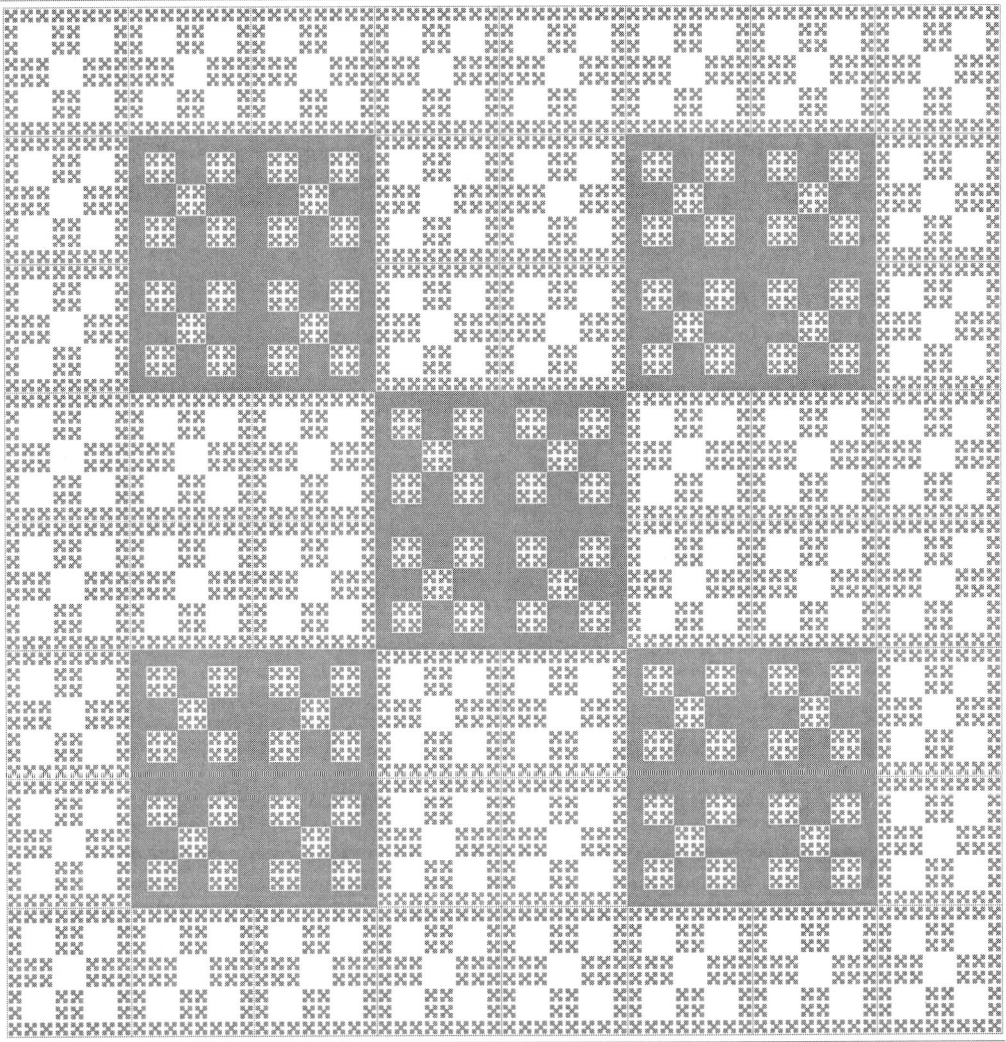

| ① $\log_8 20 = 1.441$ | ② $\log_{64} 880 = 1.63$ |
|---|---|
| 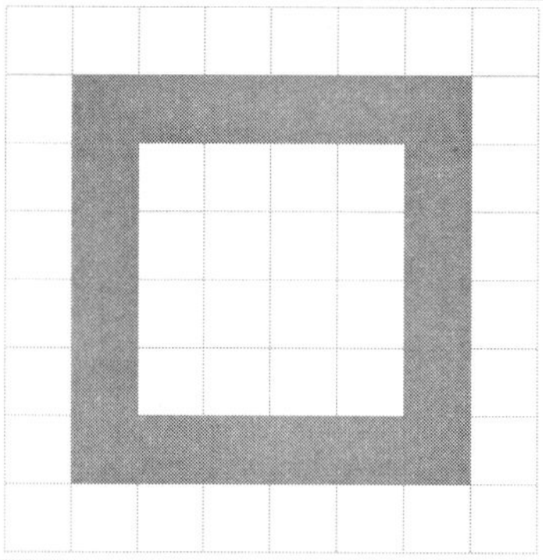 | 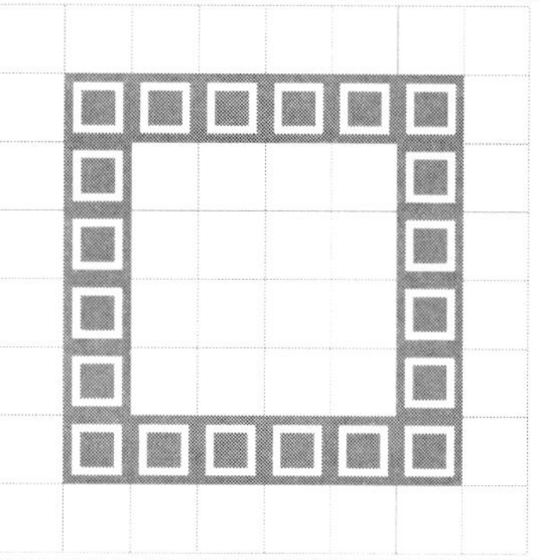 |

③ $\log_{512} 90112 = 1.829$

## (5) 1단계 24개

① $\log_{8}24 = 1.528$

② $\log_{64}960 = 1.651$

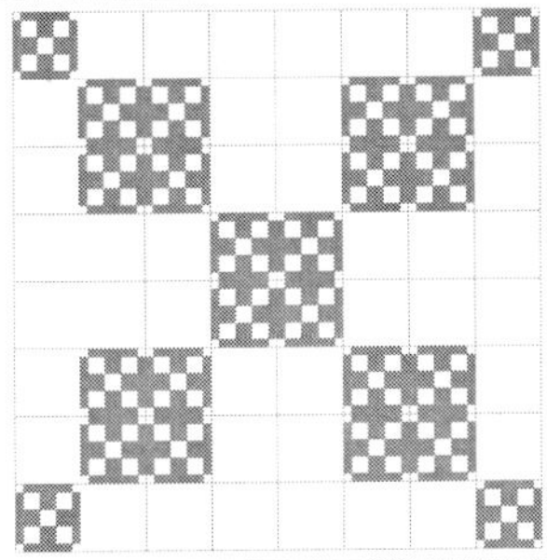

③ $\log_{512}113664 = 1.866$

① $\log_{8}24 = 1.528$

② $\log_{64}960 = 1.651$

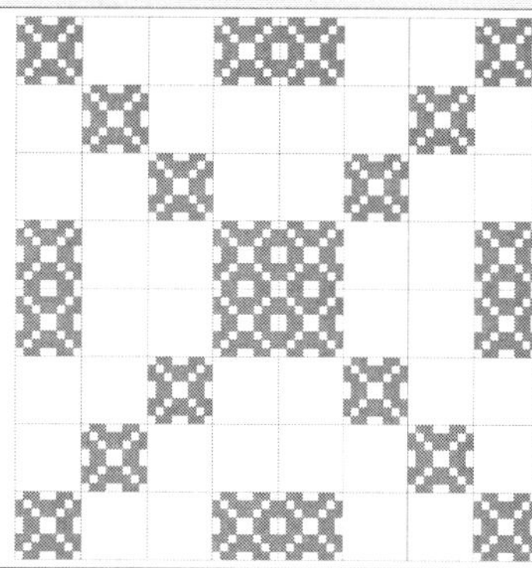

③ $\log_{512}113664 = 1.866$

① $\log_8 24 = 1.528$

② $\log_{64} 960 = 1.651$

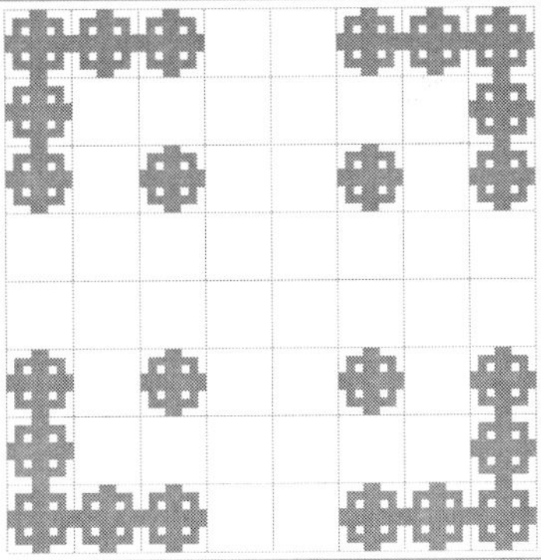

③ $\log_{512} 113664 = 1.866$

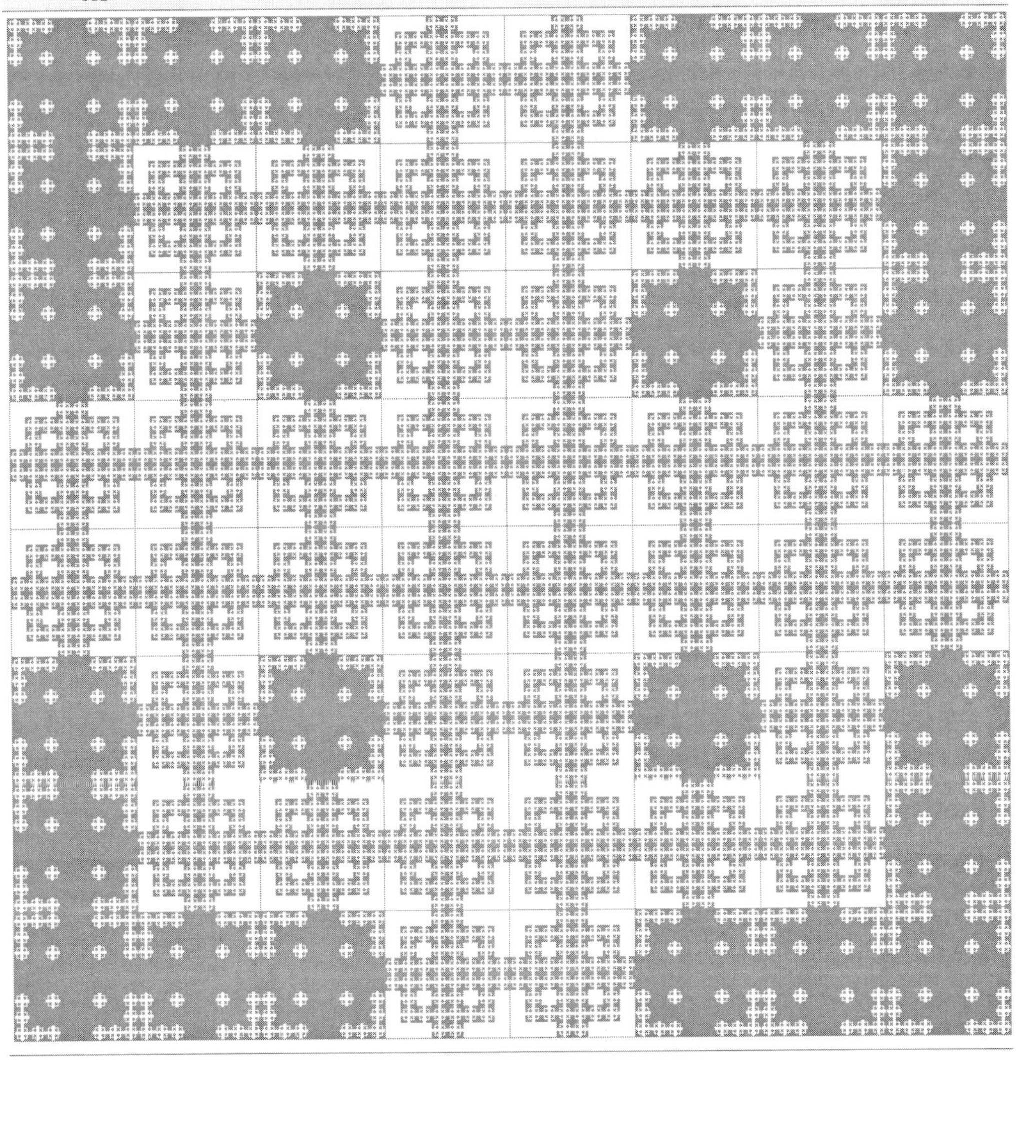

① $\log_8 24 = 1.528$

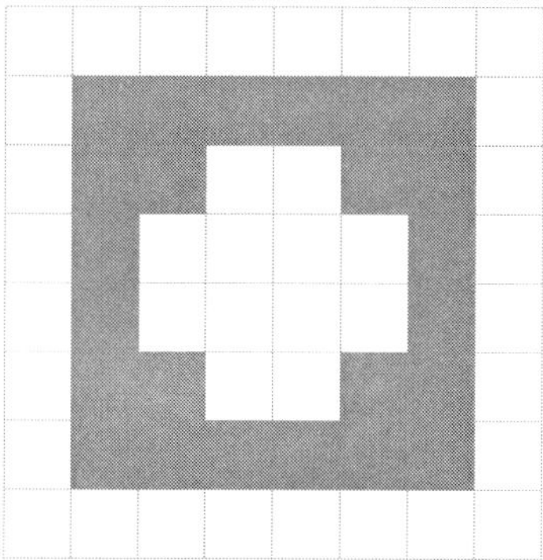

② $\log_{64} 960 = 1.651$

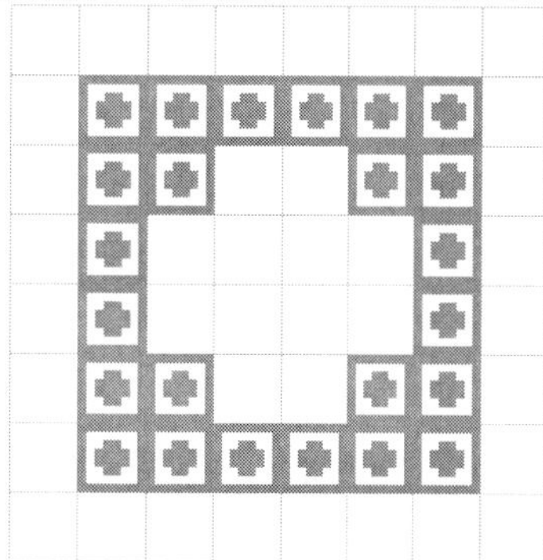

③ $\log_{512} 113664 = 1.866$

① $\log_8 24 = 1.528$

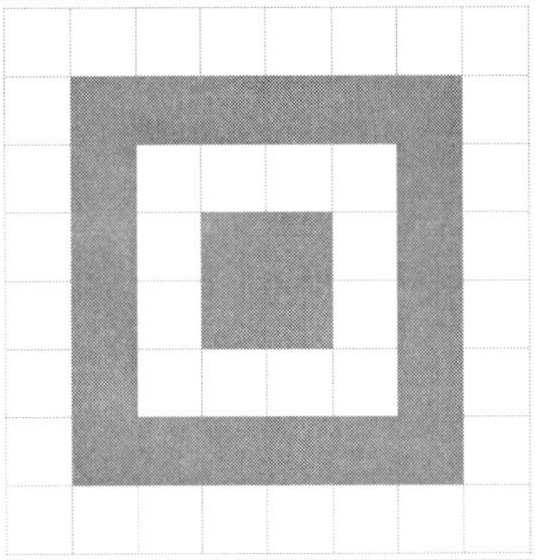

② $\log_{64} 960 = 1.651$

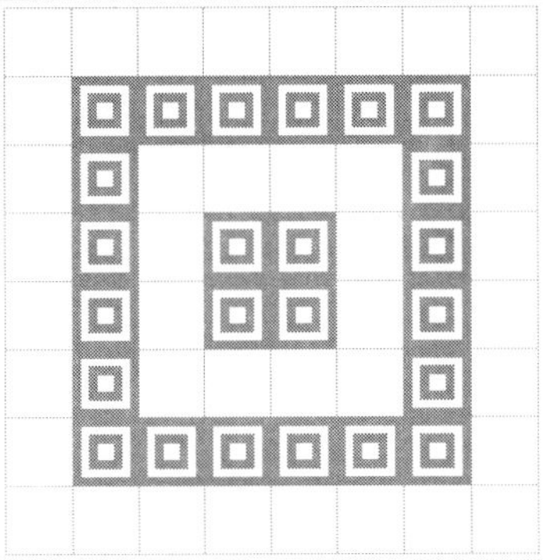

③ $\log_{512} 113664 = 1.866$

## (6) 1단계 28개

① $\log_8 28 = 1.602$

② $\log_{64} 1008 = 1.663$

③ $\log_{512} 113664 = 1.866$

① $\log_{8}28 = 1.602$

② $\log_{64}1008 = 1.663$

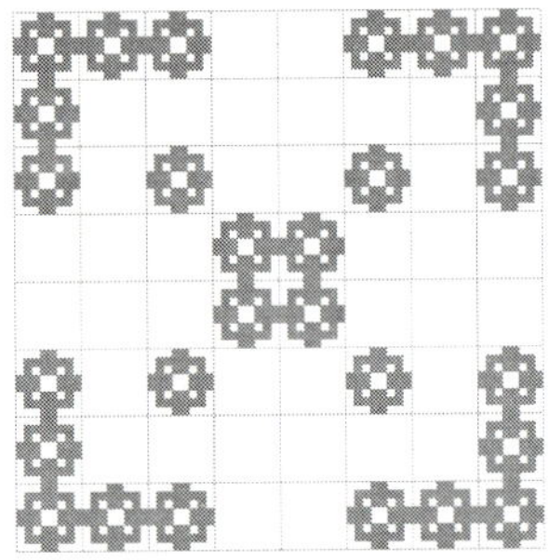

③ $\log_{512}113664 = 1.866$

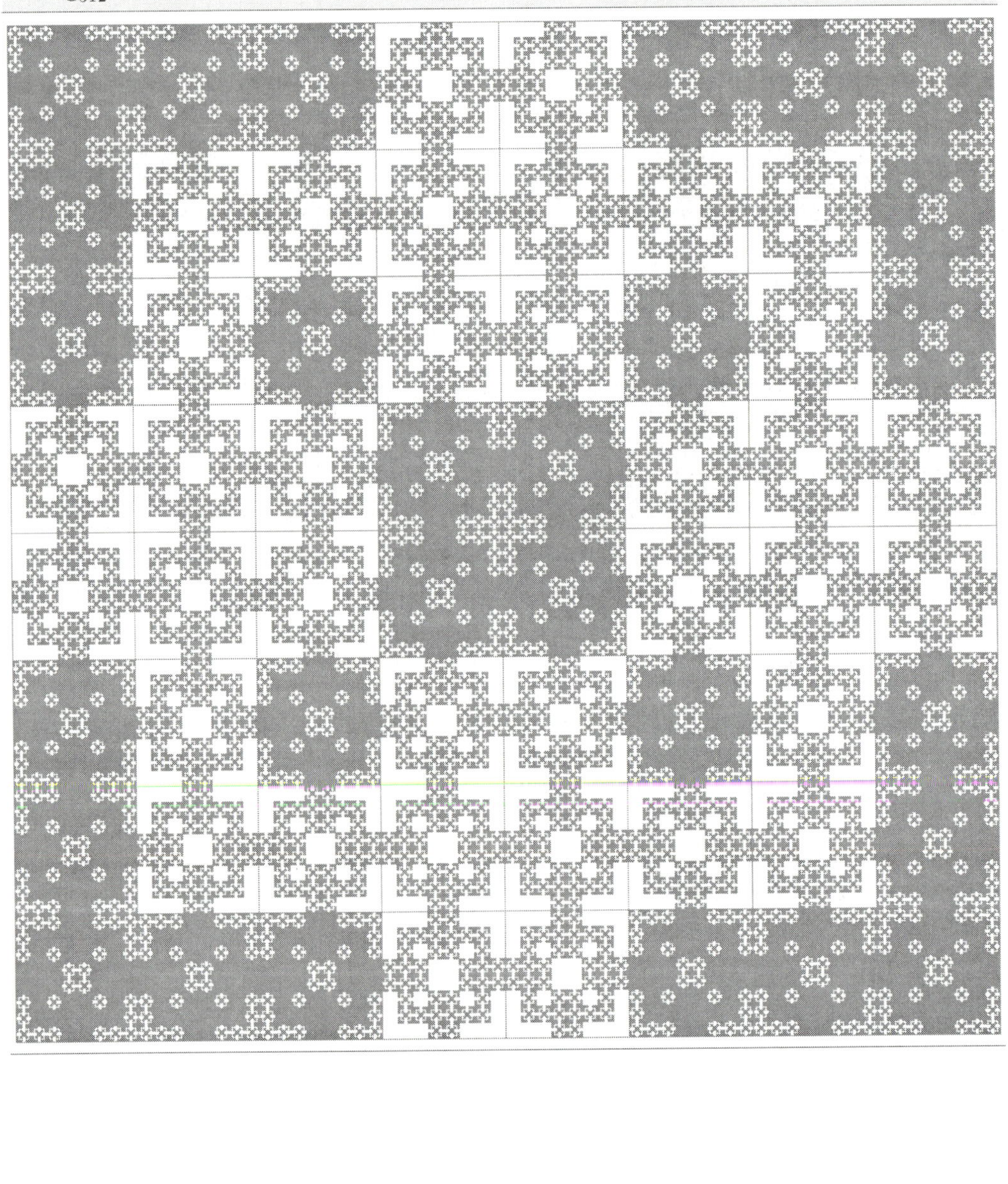

### (7) 1단계 32개

| ① $\log_{8}32 = 1.667$ | ② $\log_{64}1024 = 1.667$ |
|---|---|
|  | 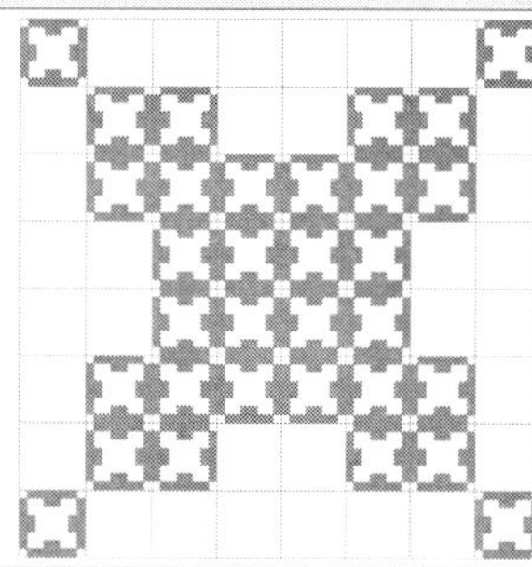 |

③ $\log_{512}131072 = 1.889$

① $\log_8 32 = 1.667$

② $\log_{64} 1024 = 1.667$

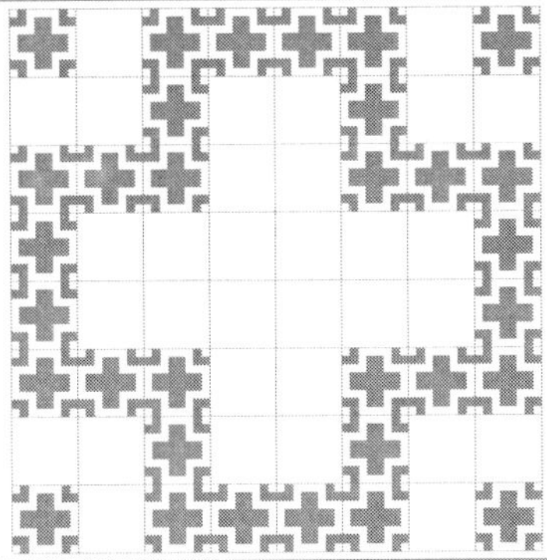

③ $\log_{512} 131072 = 1.889$

① $\log_8 32 = 1.667$

② $\log_{64} 1024 = 1.667$

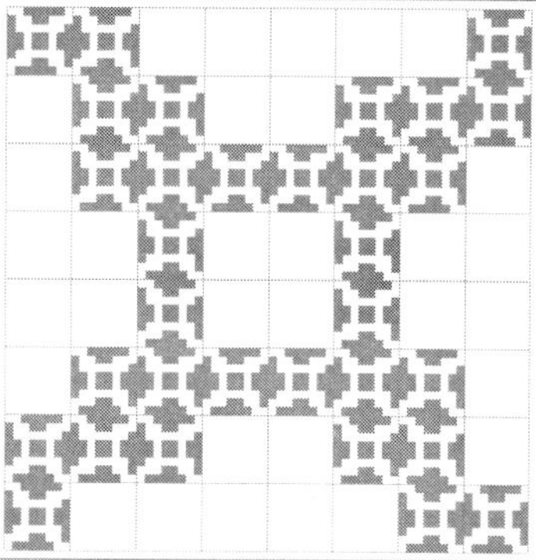

③ $\log_{512} 131072 = 1.889$

① $\log_{8}32 = 1.667$

② $\log_{64}1024 = 1.667$

③ $\log_{512}131072 = 1.889$

### (8) 1단계 36개

① $\log_{8}36 = 1.723$

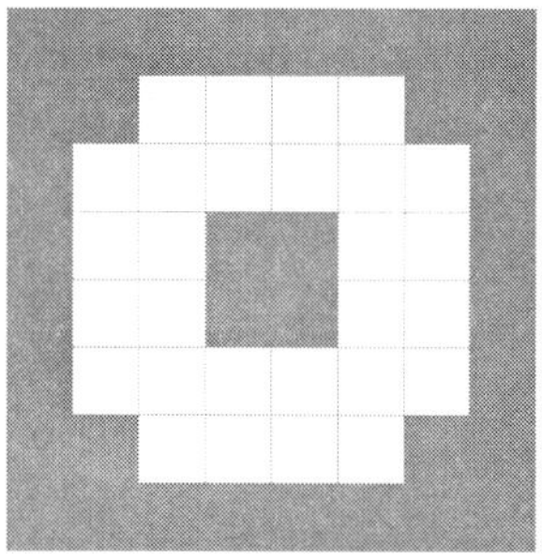

② $\log_{64}1008 = 1.663$

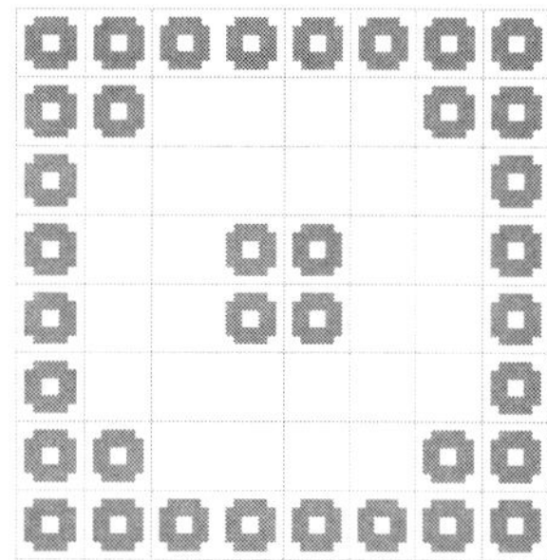

③ $\log_{512}1319392 = 1.899$

① $\log_8 36 = 1.723$

② $\log_{64} 1008 = 1.663$

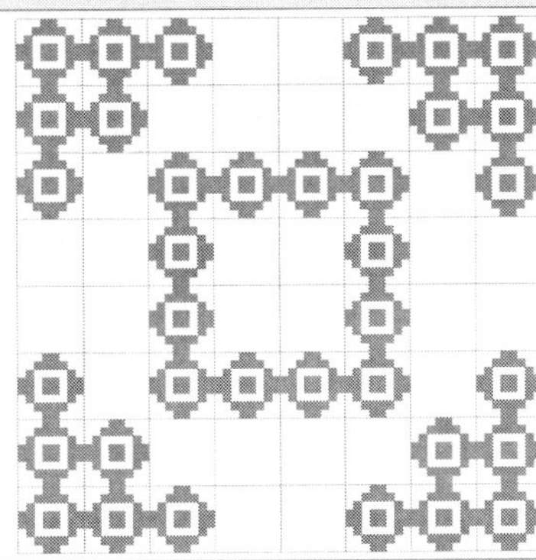

③ $\log_{512} 1319392 = 1.899$

① $\log_8 36 = 1.723$

② $\log_{64} 1008 = 1.663$

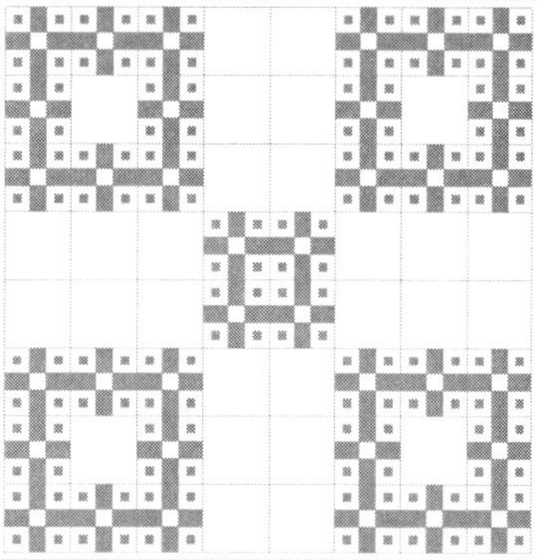

③ $\log_{512} 1319392 = 1.899$

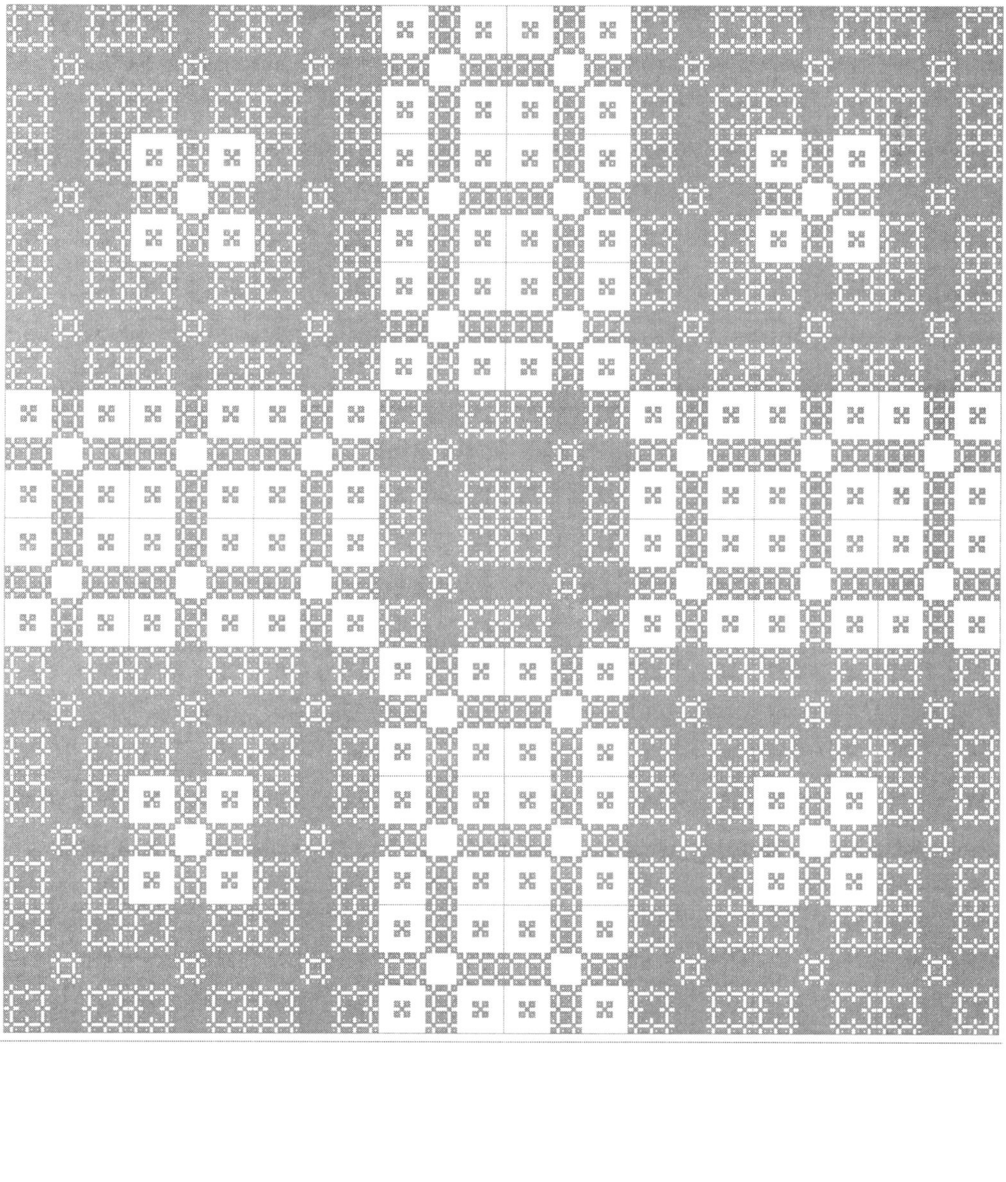

| ① $\log_8 36 = 1.723$ | ② $\log_{64} 1008 = 1.663$ |
|---|---|
|  | 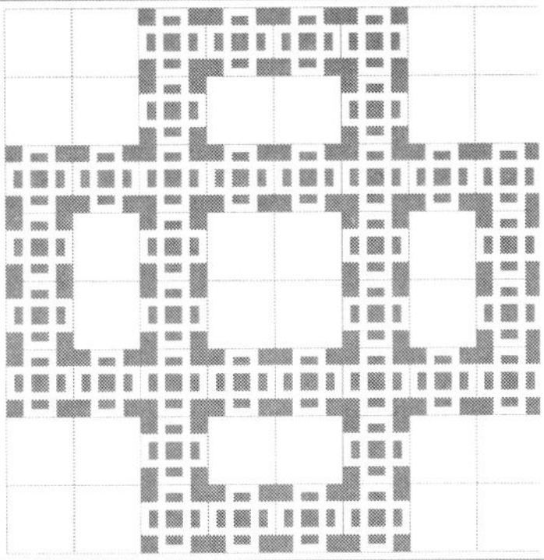 |

③ $\log_{512} 1319392 = 1.899$

| ① $\log_8 36 = 1.723$ | ② $\log_{64} 1008 = 1.663$ |
|---|---|
| 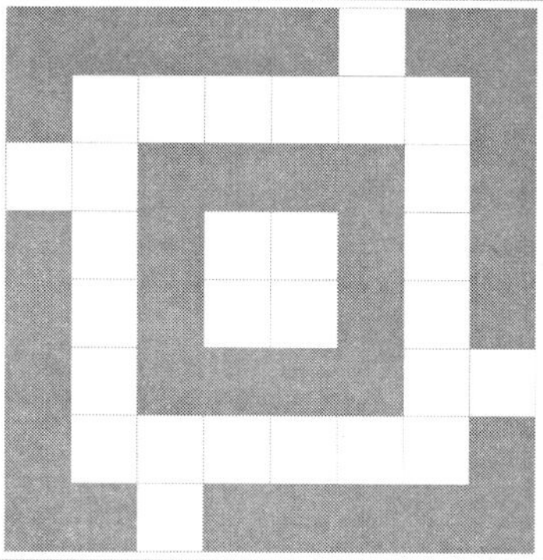 |  |

③ $\log_{512} 1319392 = 1.899$

(9) 1단계 40개

① $\log_{8}40 = 1.774$

② $\log_{64}960 = 1.651$

③ $\log_{512}148480 = 1.909$

① $\log_8 40 = 1.774$

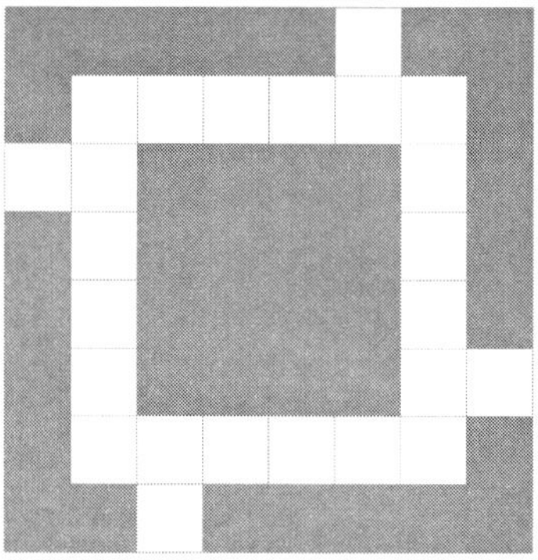

② $\log_{64} 960 = 1.651$

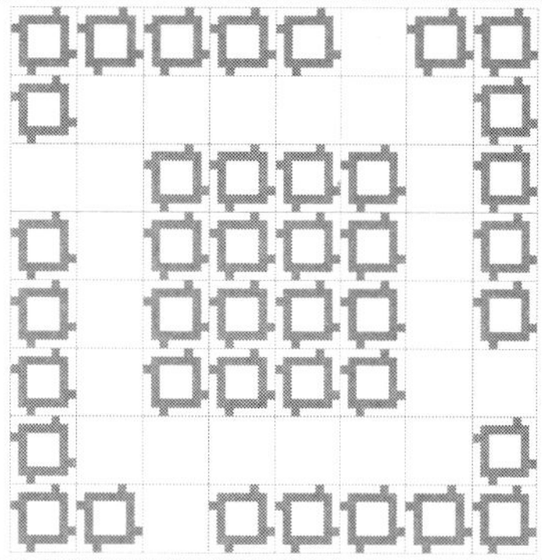

③ $\log_{512} 148480 = 1.909$

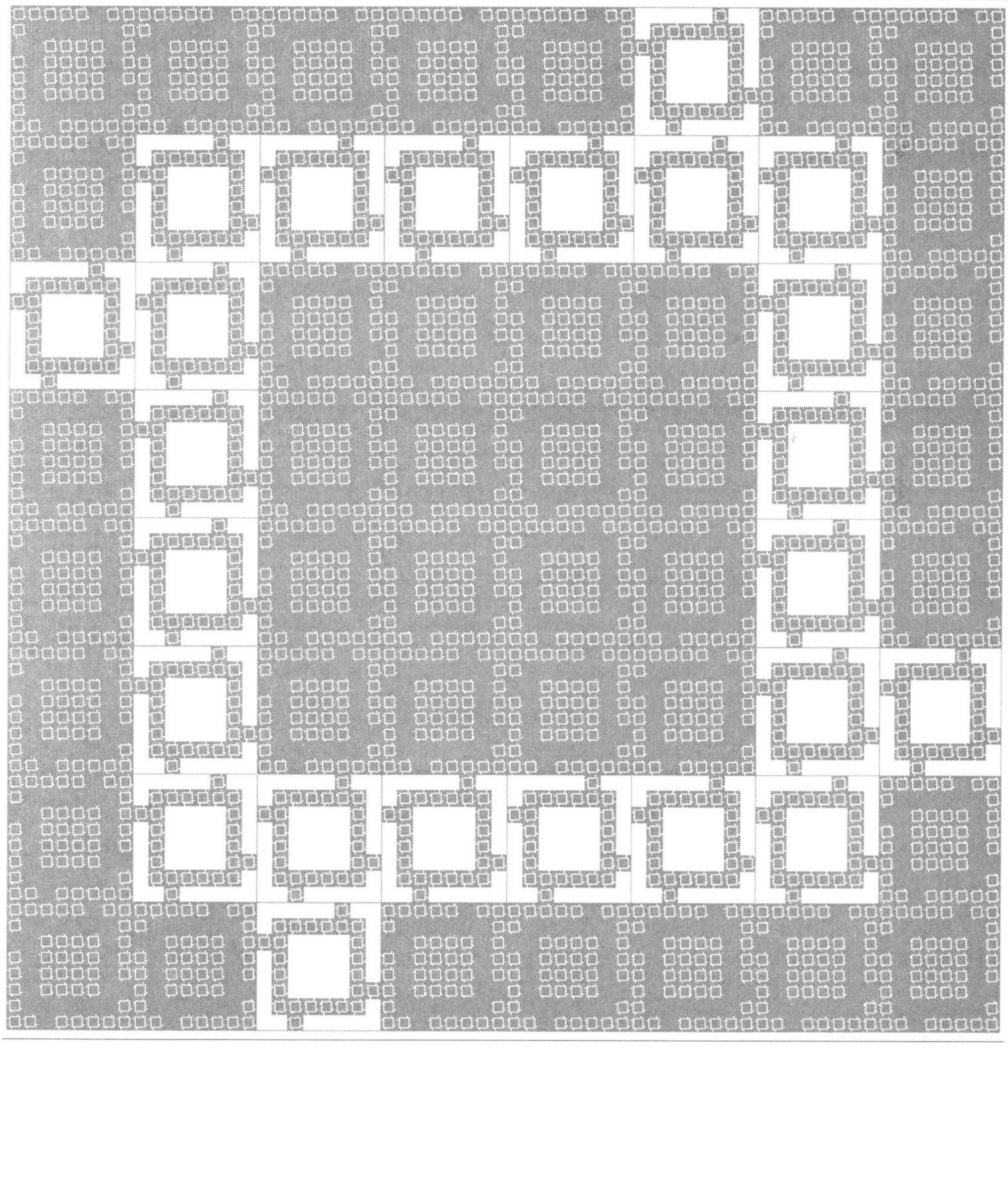

① $\log_8 40 = 1.774$

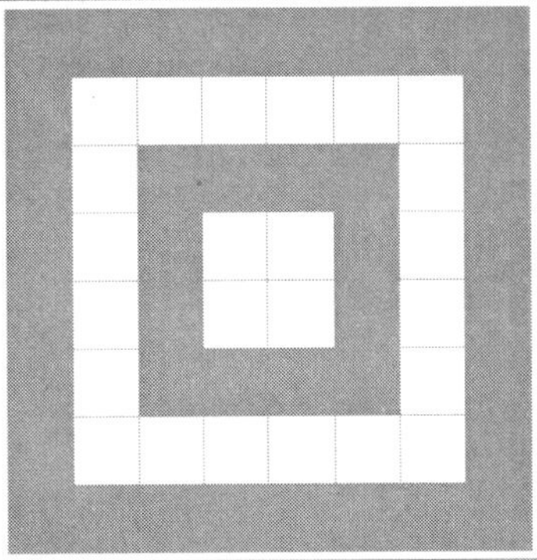

② $\log_{64} 960 = 1.651$

③ $\log_{512} 148480 = 1.909$

제 2 장

# 뺄셈-곱셈 프랙탈 디자인

## 1 3×3 빼셈-곱셈 프랙탈

### (1) 1단계 1개

| ① $\log_3 1 = 0$ | ② $\log_9 8 = 0.946$ | ③ $\log_{27} 8 = 0.631$ |
|---|---|---|
|  | 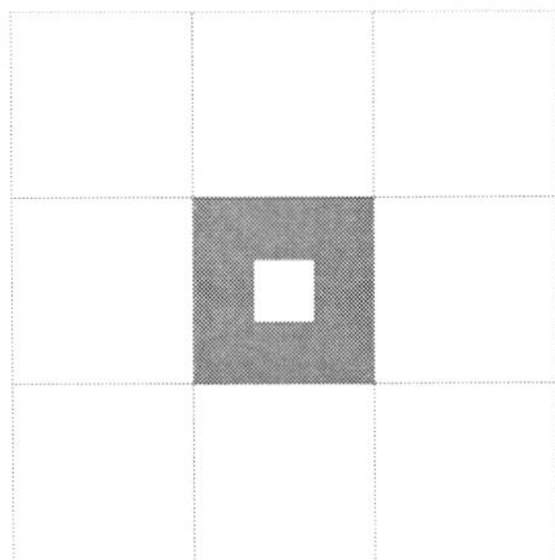 | 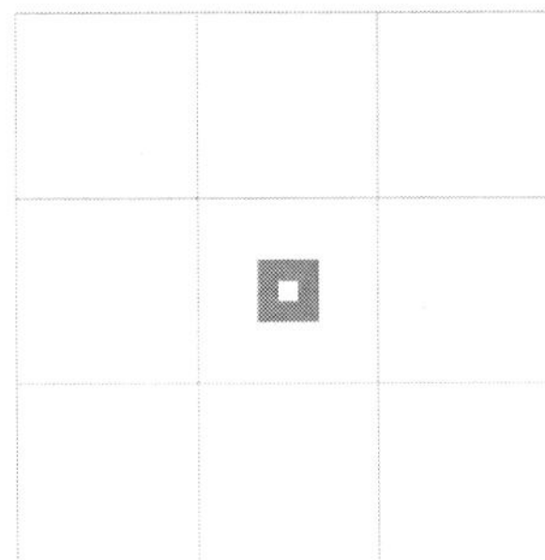 |

### (2) 1단계 2개

| ① $\log_3 2 = 0.631$ | ② $\log_9 14 = 1.201$ | ③ $\log_{27} 28 = 1.011$ |
|---|---|---|
|  | 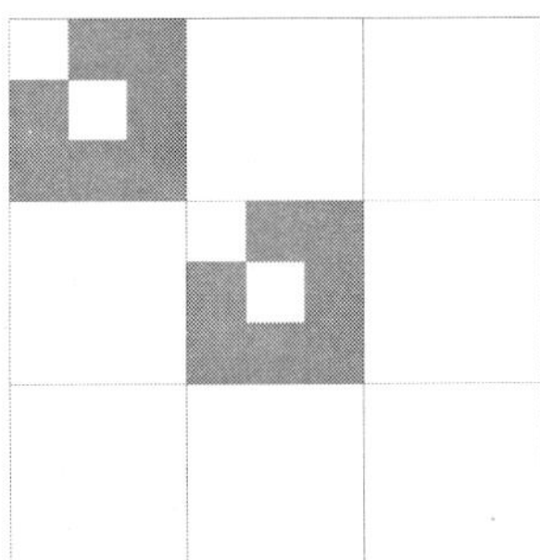 | 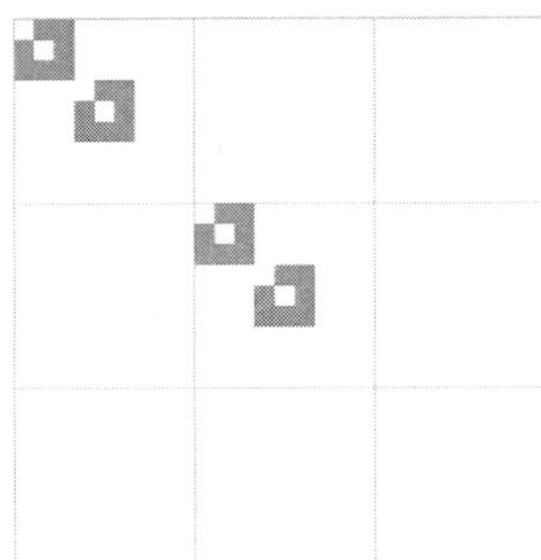 |
|  | 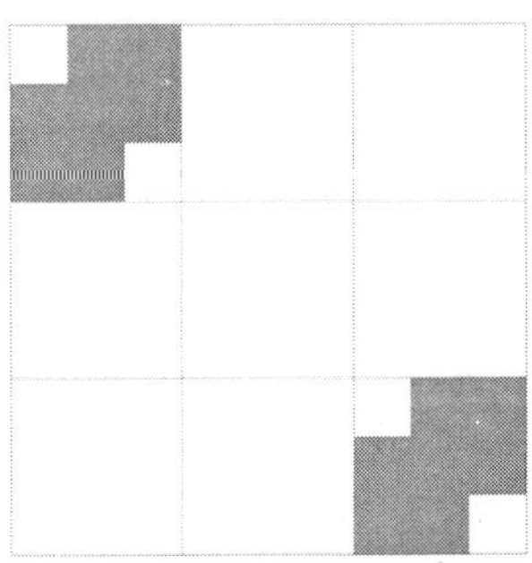 | 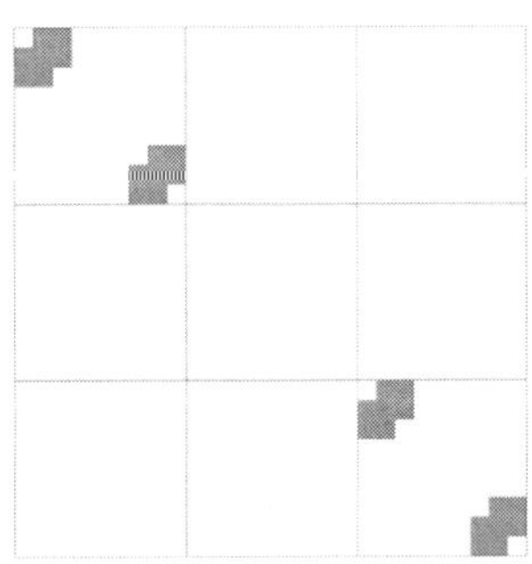 |

(3) 1단계 3개

| ① $\log_3 3 = 1$ | ② $\log_9 18 = 1.315$ | ③ $\log_{27} 135 = 1.488$ |
|---|---|---|
|  | 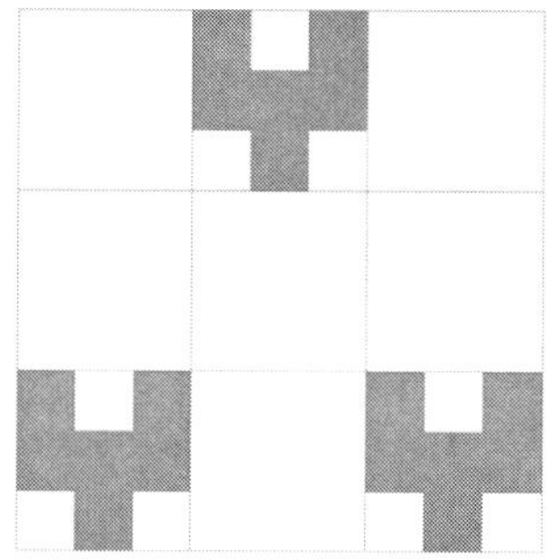 | 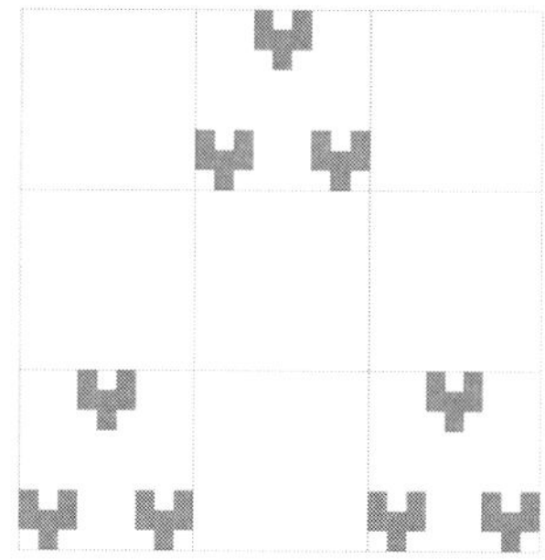 |
|  | 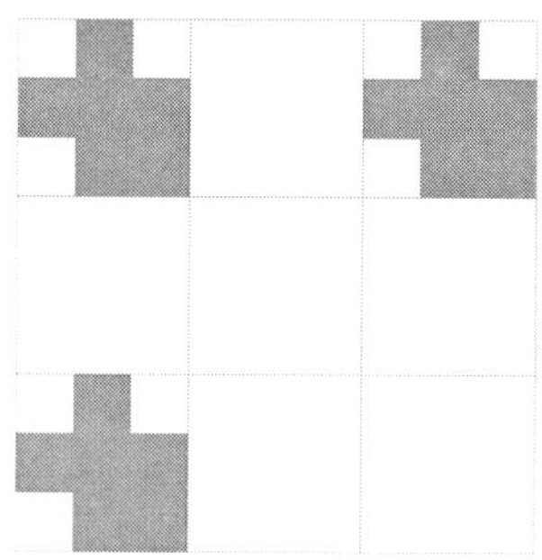 | 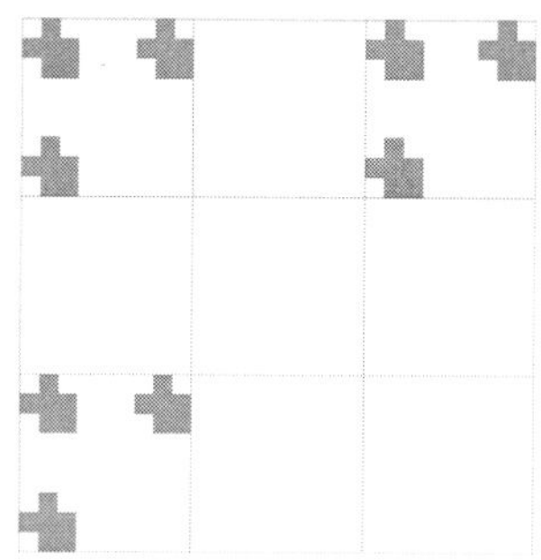 |
|  |  | 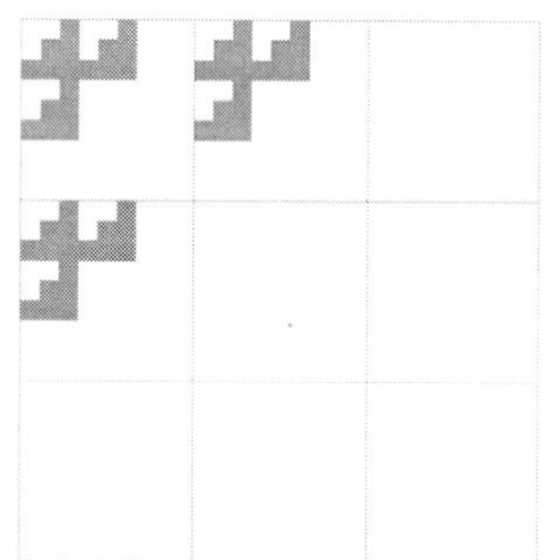 |
|  |  | 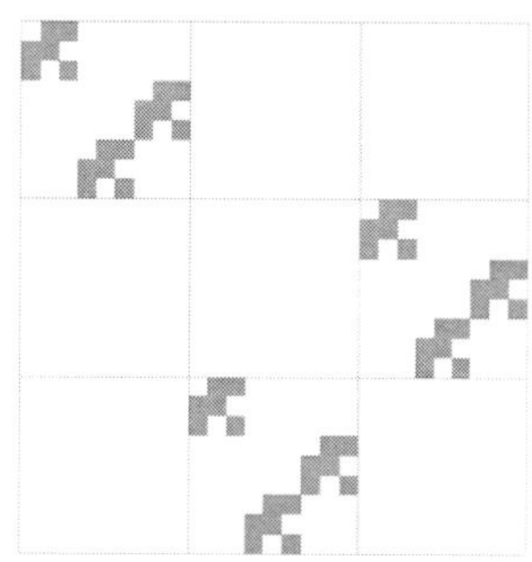 |

(4) 1단계 4개

| ① $\log_3 4 = 1.262$ | ② $\log_9 20 = 1.363$ | ③ $\log_{27} 80 = 1.33$ |
|---|---|---|
|  |  | 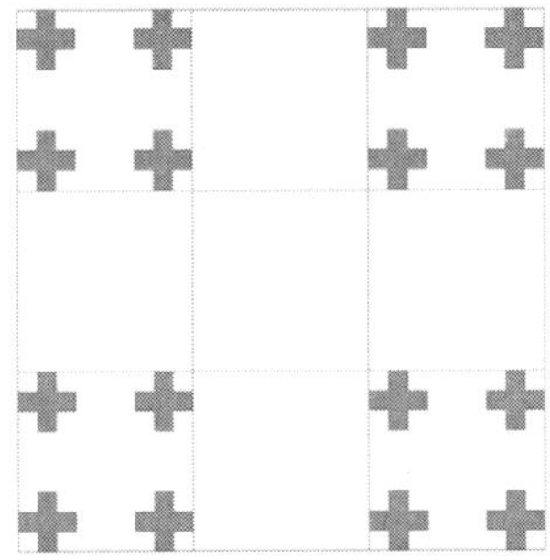 |
|  | 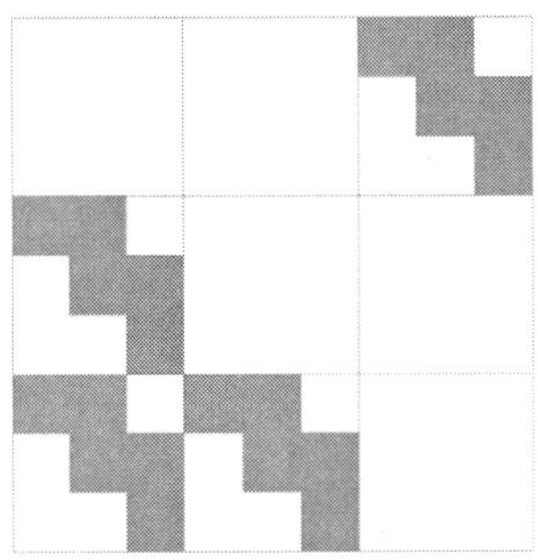 | 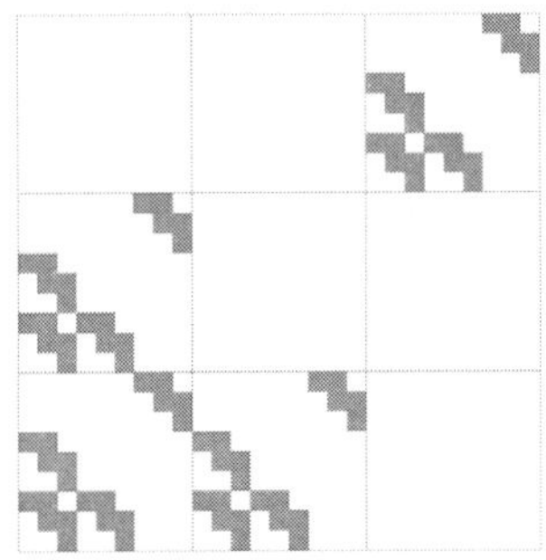 |
|  | 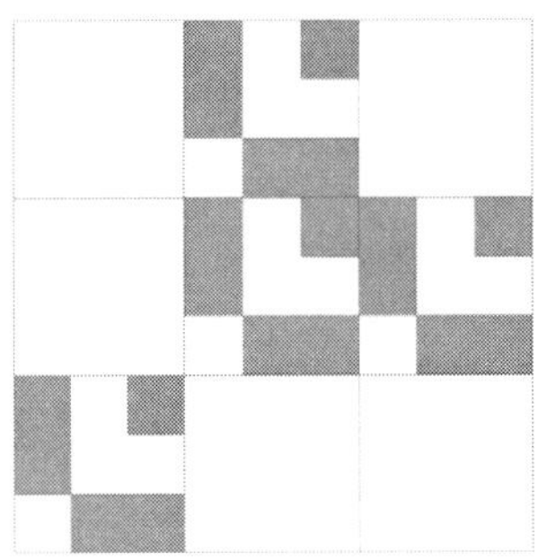 | 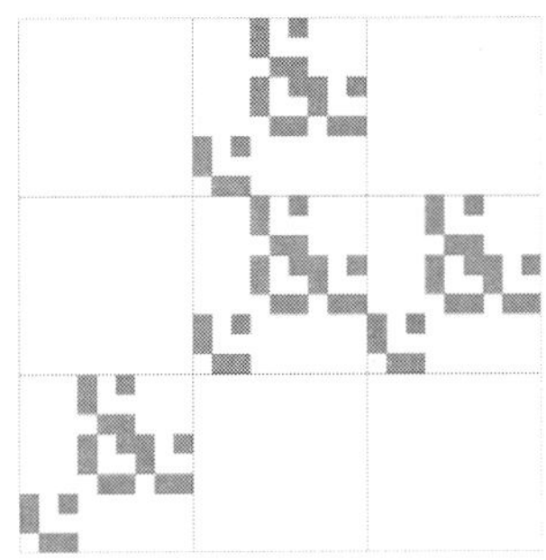 |
|  | 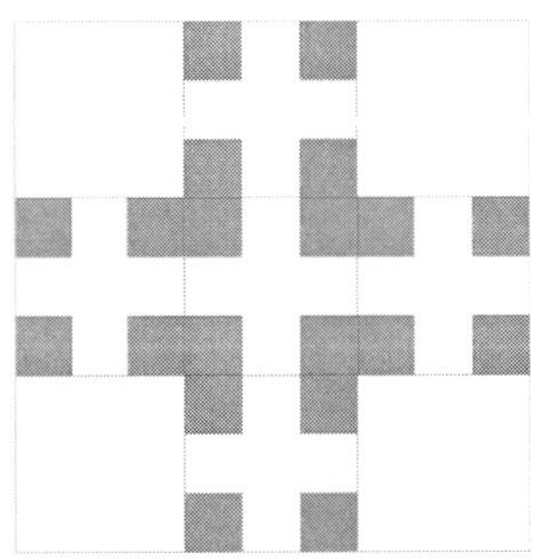 |  |

(5) 1단계 5개

| ① $\log_3 5 = 1.465$ | ② $\log_9 20 = 1.363$ | ③ $\log_{27} 100 = 1.397$ |
| --- | --- | --- |
|  | 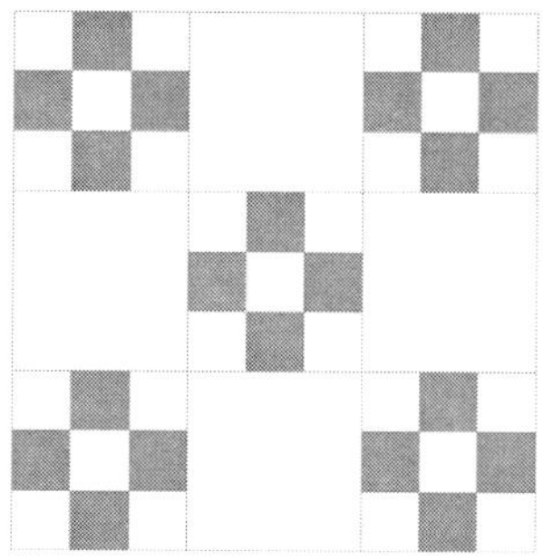 | 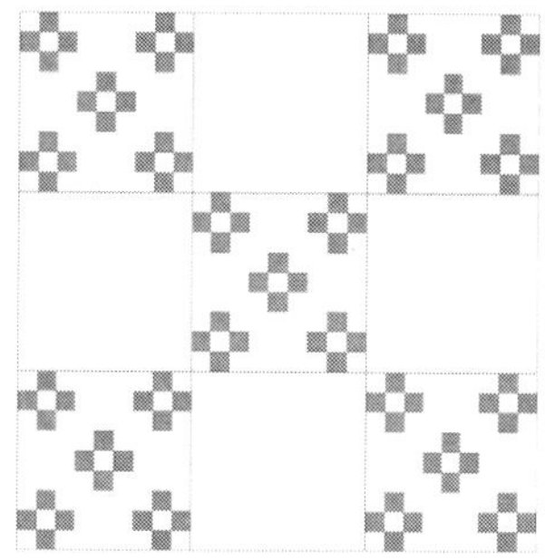 |
|  | 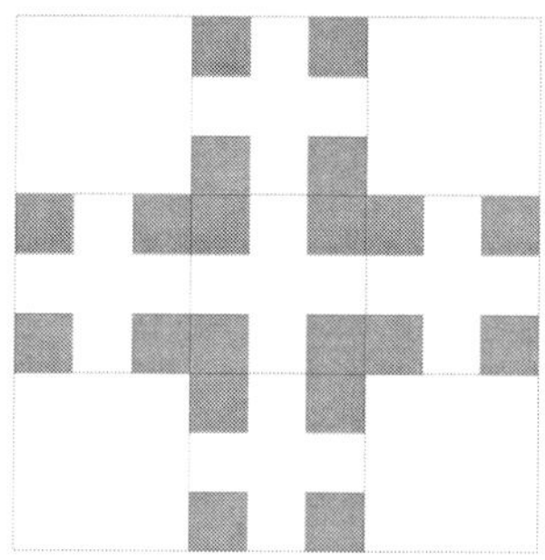 |  |
|  | 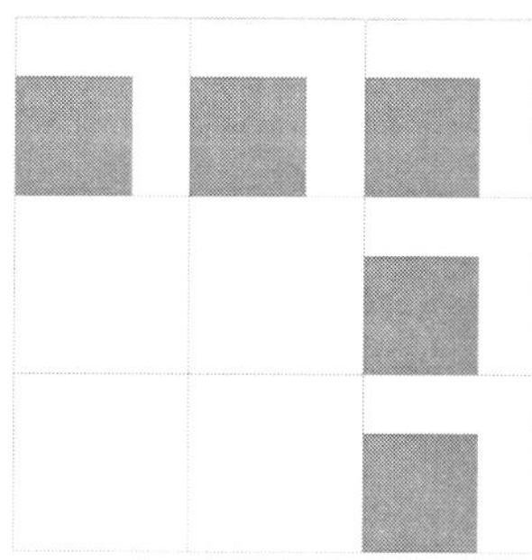 | 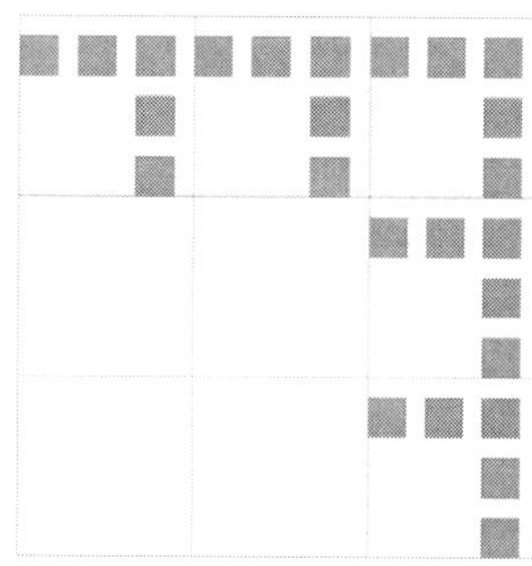 |
|  |  | 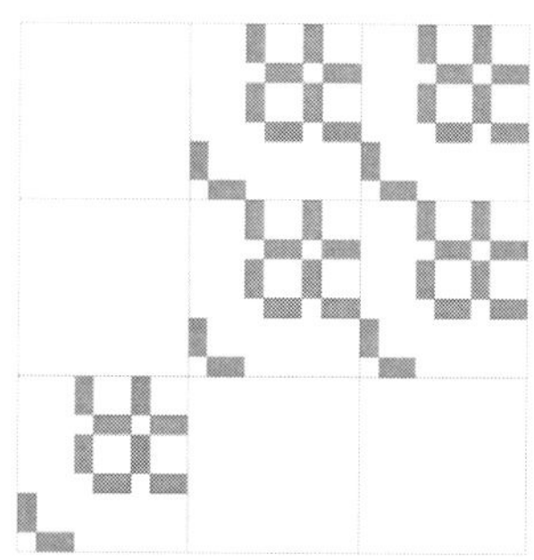 |

## (6) 1단계 6개

| ① $\log_3 6 = 1.631$ | ② $\log_9 18 = 1.315$ | ③ $\log_{27} 108 = 1.421$ |
|---|---|---|
|  | 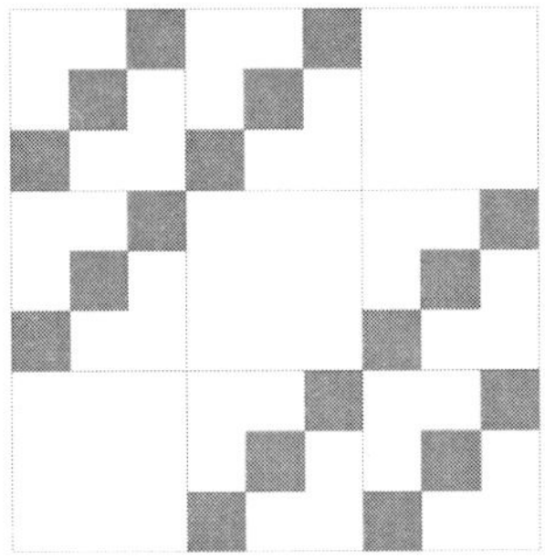 | 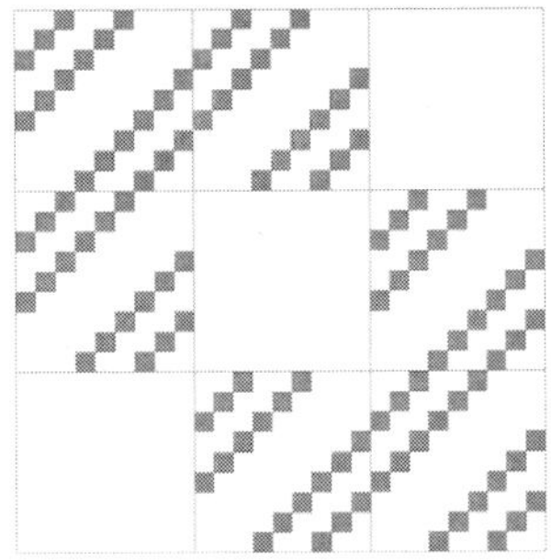 |
|  | 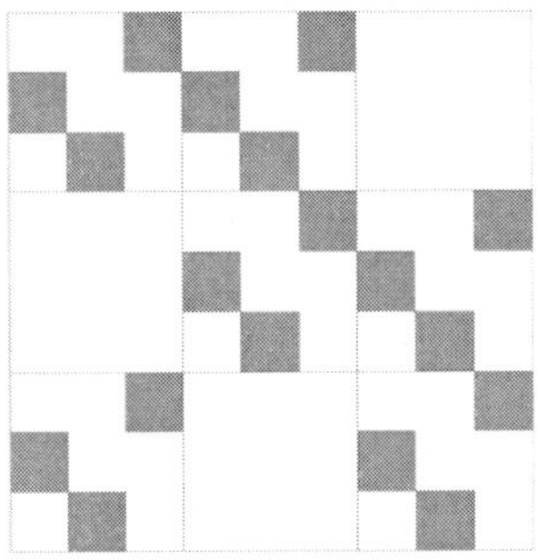 | 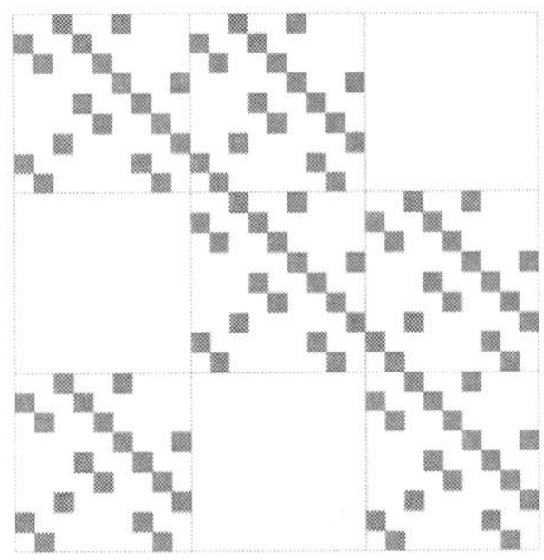 |
|  |  | 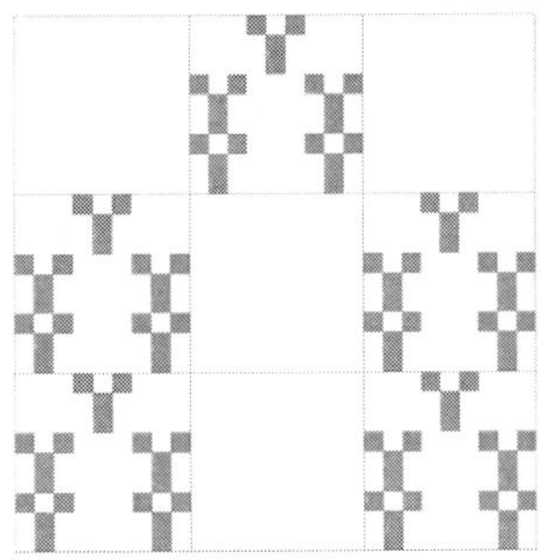 |
|  | 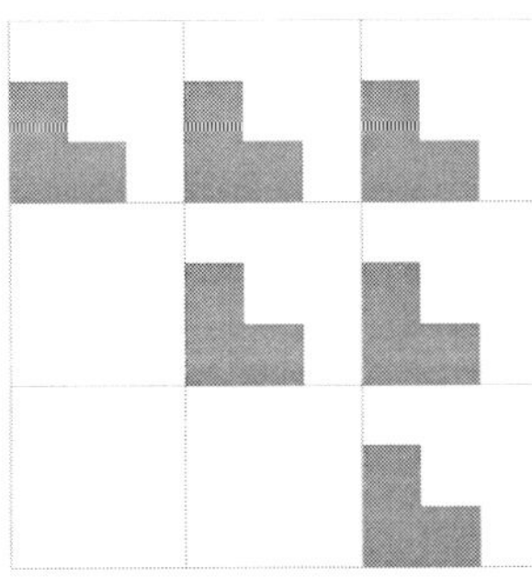 | 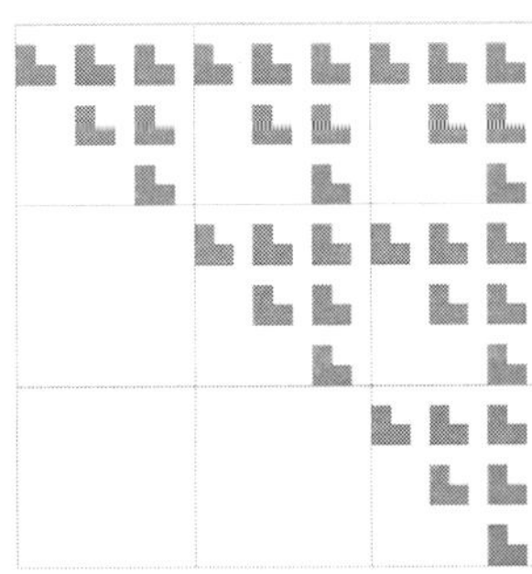 |

## (7) 1단계 7개

| ① $\log_3 7 = 1.771$ | ② $\log_9 14 = 1.201$ | ③ $\log_{27} 98 = 1.391$ |
|---|---|---|
|  | 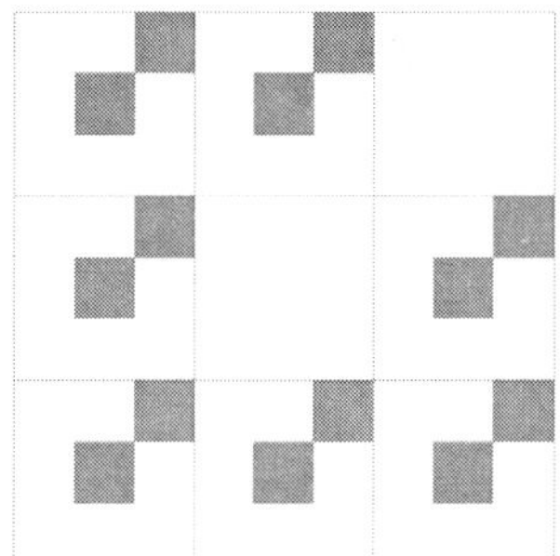 | 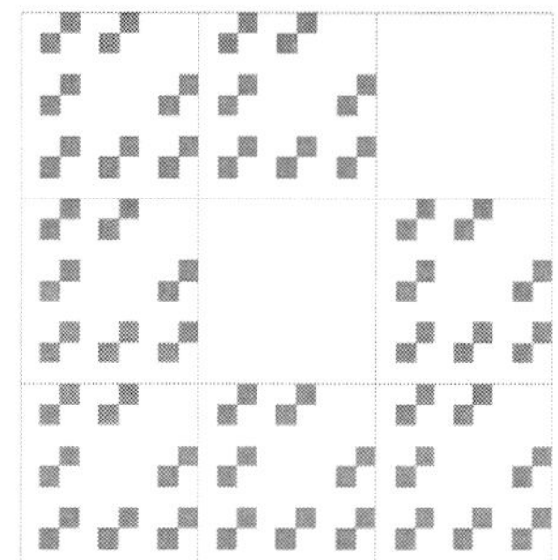 |
|  | 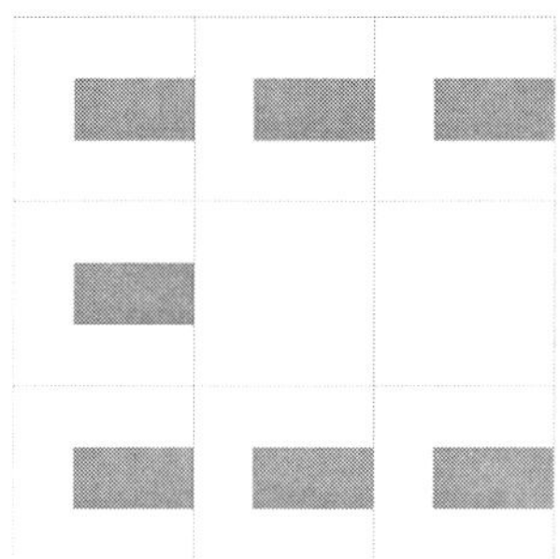 | 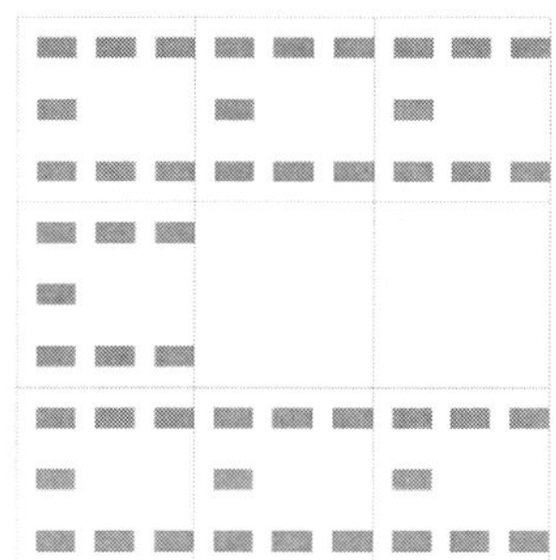 |
|  |  | 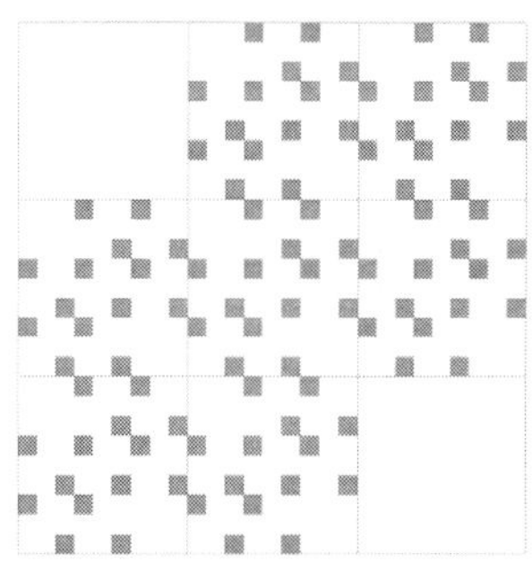 |
|  | 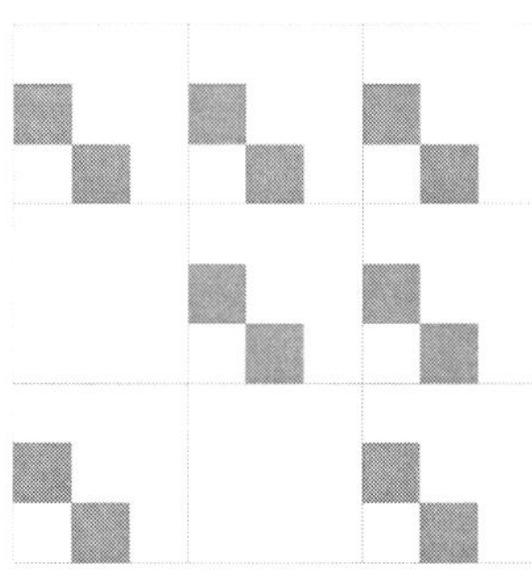 | 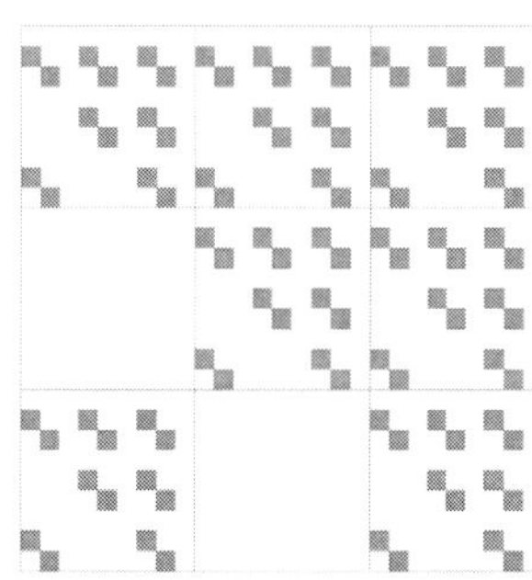 |

| ① $\log_3 7 = 1.771$ | ② $\log_9 14 = 1.201$ | ③ $\log_{27} 98 = 1.391$ |
|---|---|---|
|  | 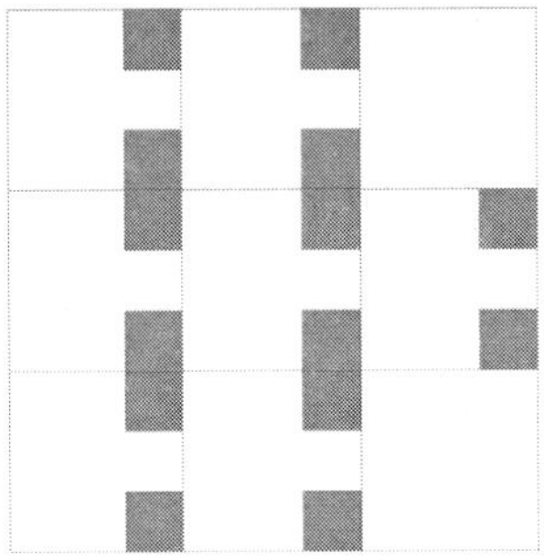 | 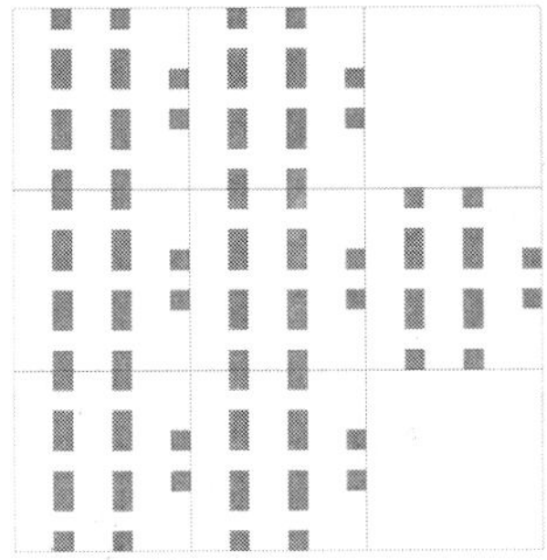 |
| 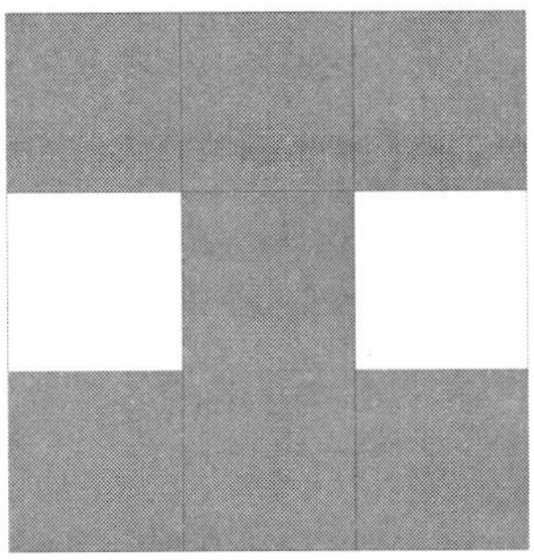 | 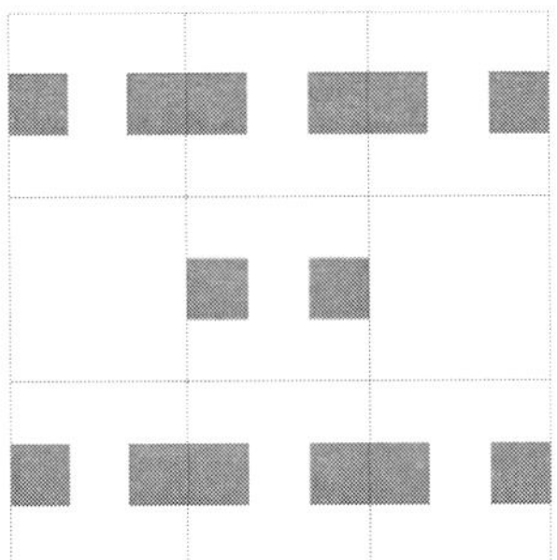 | 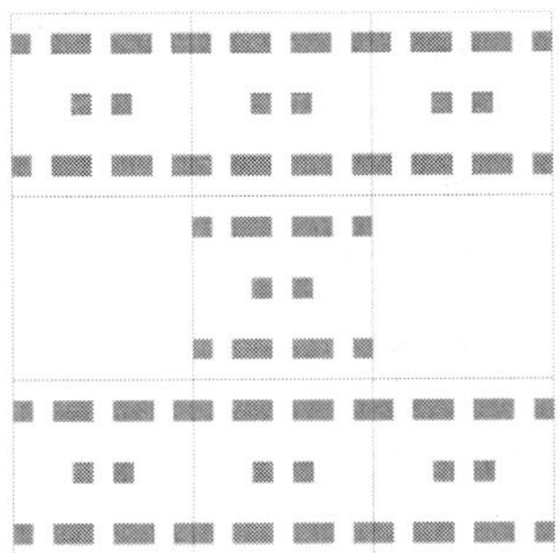 |

(8) 1단계 8개

| ① $\log_3 8 = 1.893$ | ② $\log_9 8 = 0.946$ | ③ $\log_{27} 64 = 1.262$ |
|---|---|---|
|  | 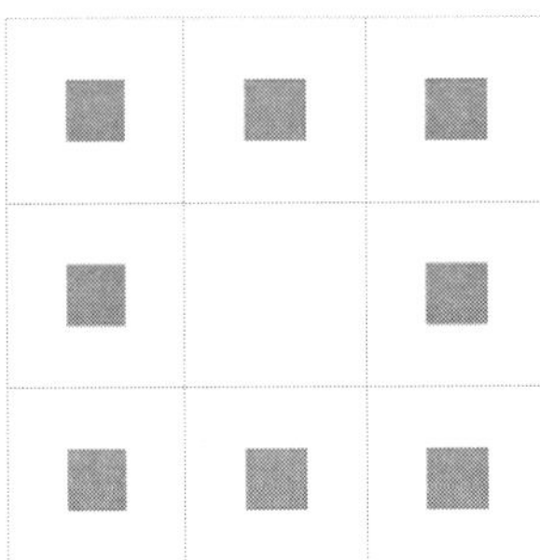 | 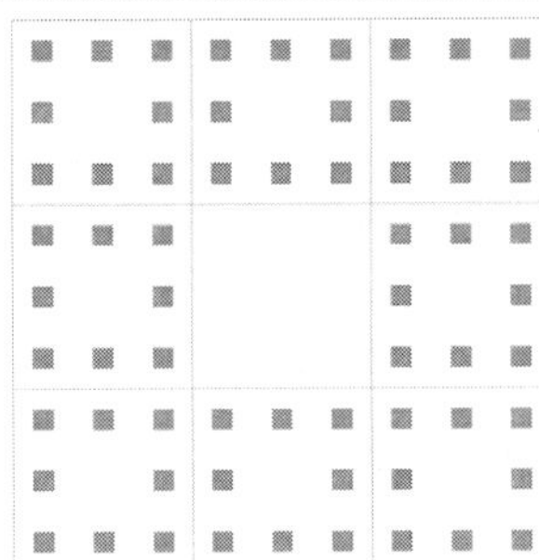 |
|  | 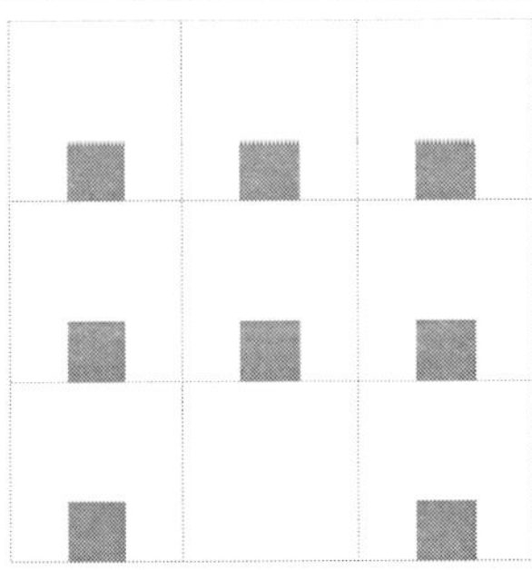 | 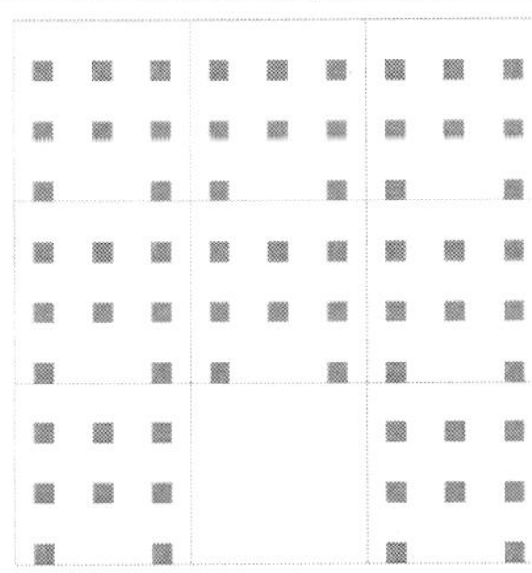 |

## 2 4×4 빼셈-곱셈 프랙탈

### (1) 1단계 1개

| ① $\log_4 1 = 0$ | ② $\log_{16} 15 = 0.977$ | ③ $\log_{64} 15 = 0.651$ |
|---|---|---|
| 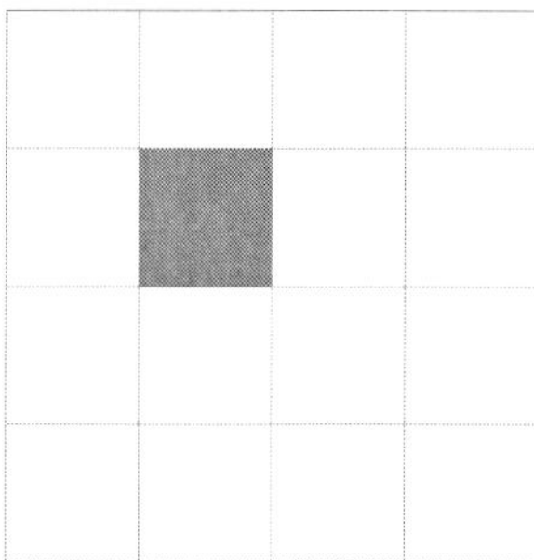 | 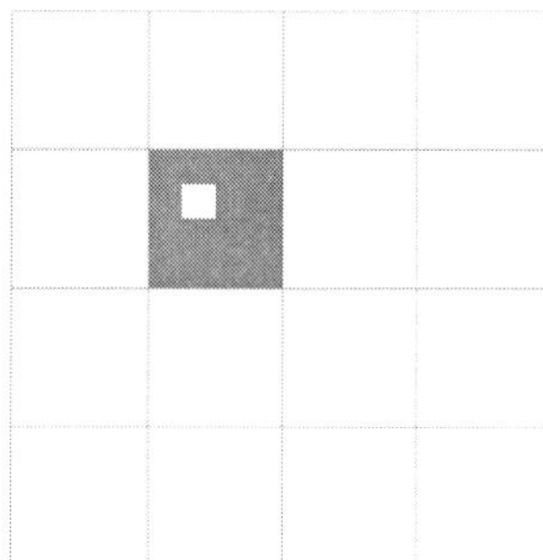 | 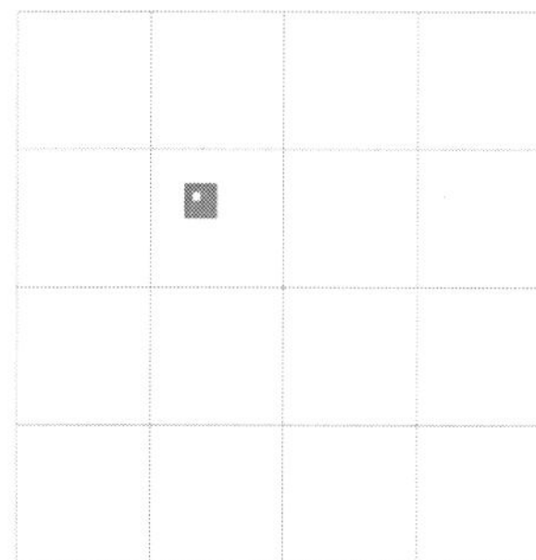 |

### (2) 1단계 2개

| ① $\log_4 2 = 0.5$ | ② $\log_{16} 28 = 1.202$ | ③ $\log_{64} 56 = 0.968$ |
|---|---|---|
|  | 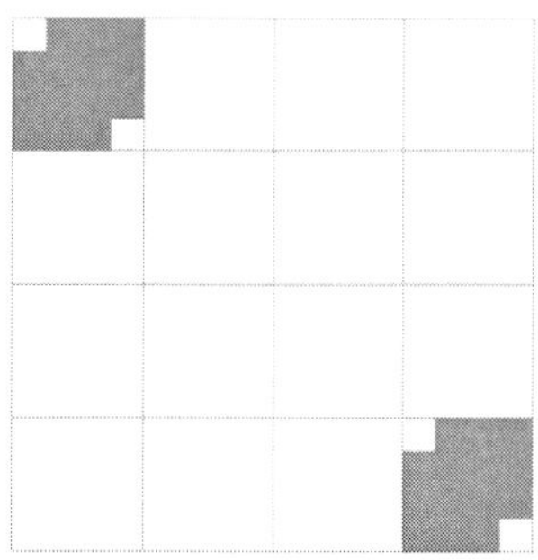 | 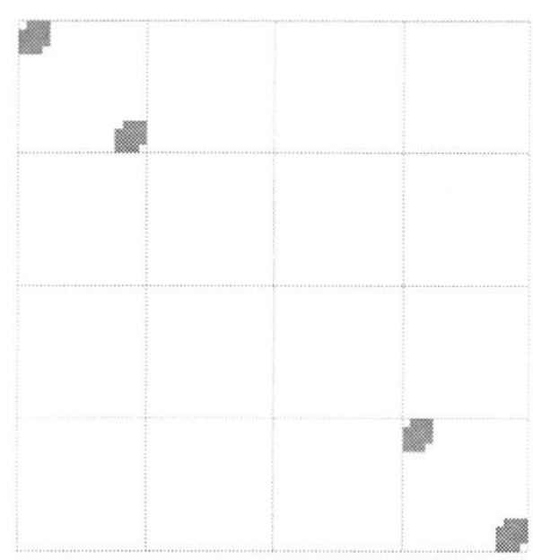 |
|  | 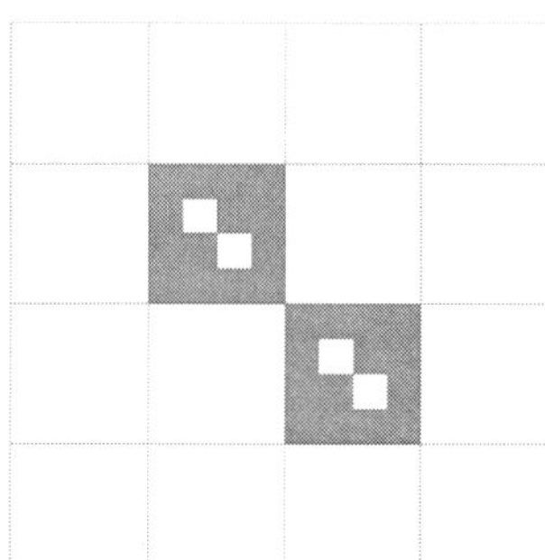 | 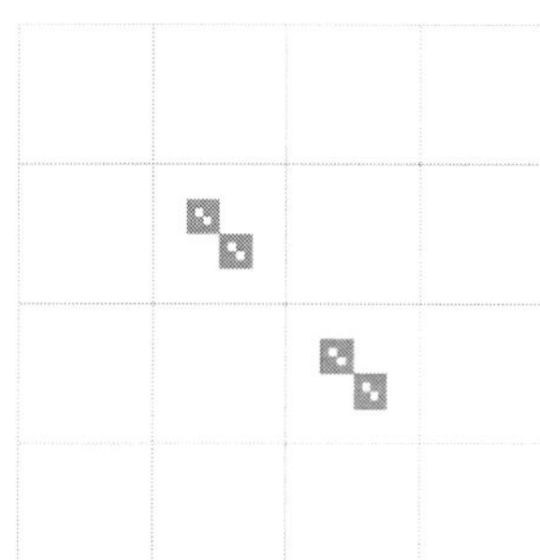 |

(3) 1단계 3개

| ① $\log_4 3 = 0.792$ | ② $\log_{16} 39 = 1.321$ | ③ $\log_{64} 117 = 1.145$ |
| --- | --- | --- |
|  | 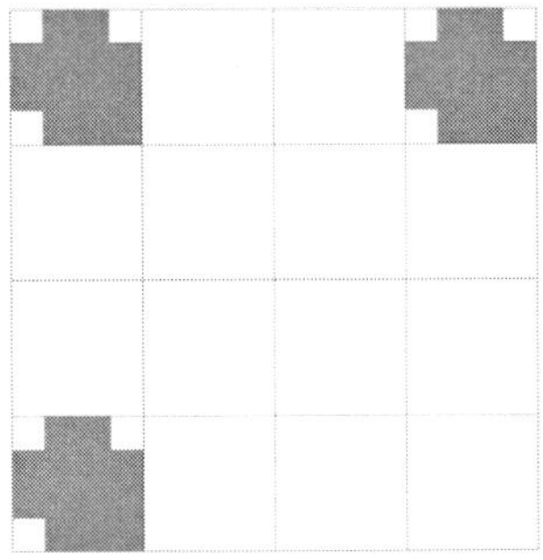 | 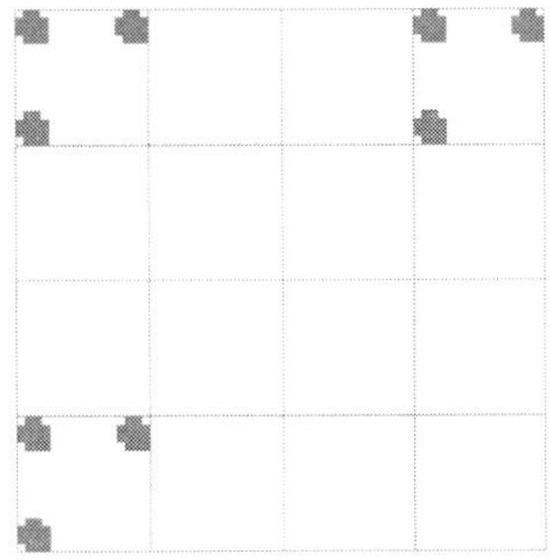 |
|  | 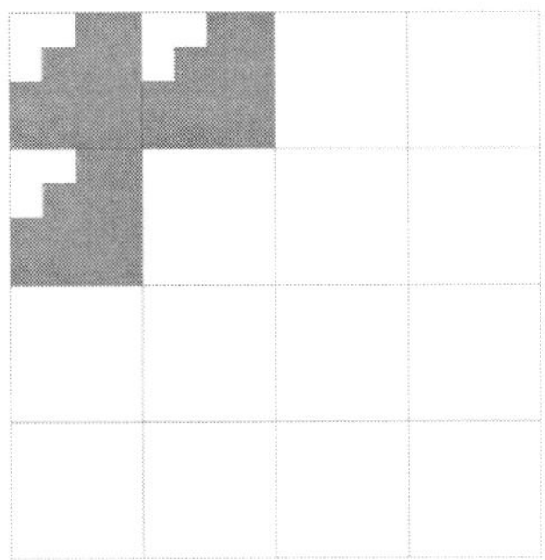 | 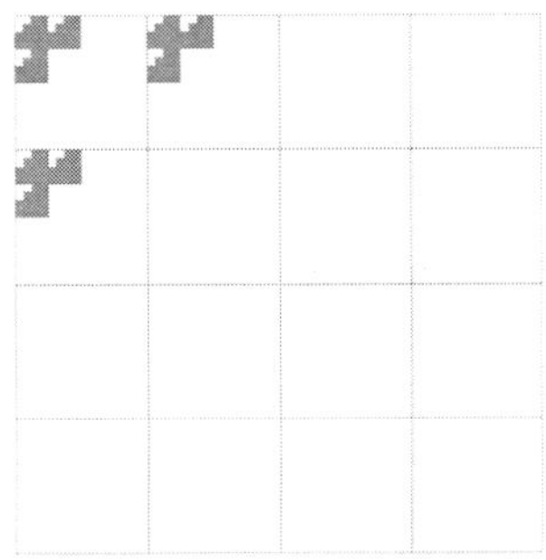 |
| 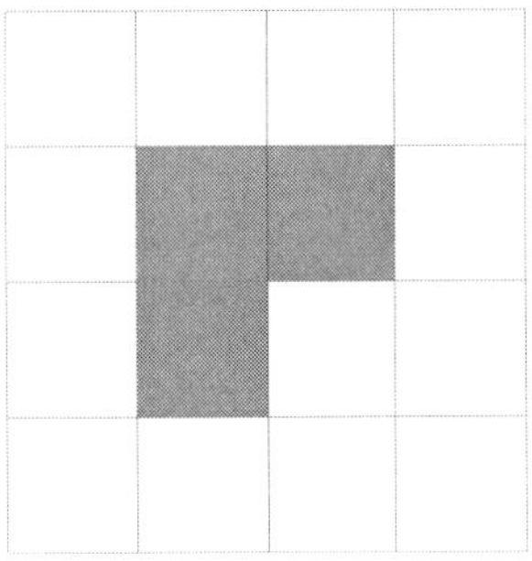 | 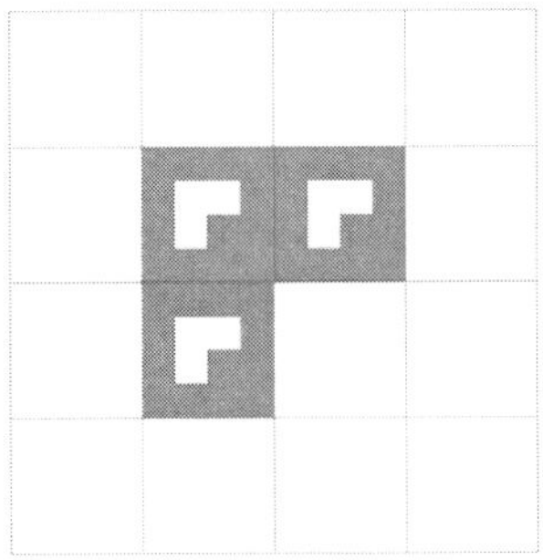 | 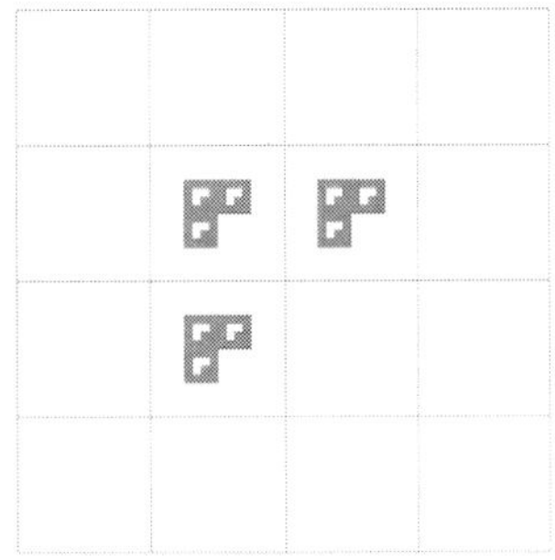 |
|  | 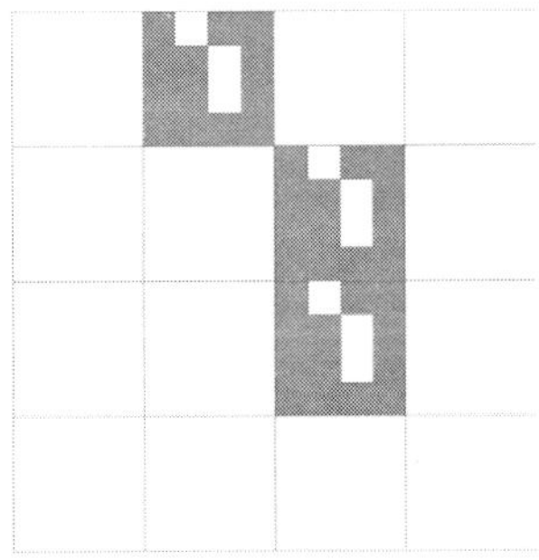 | 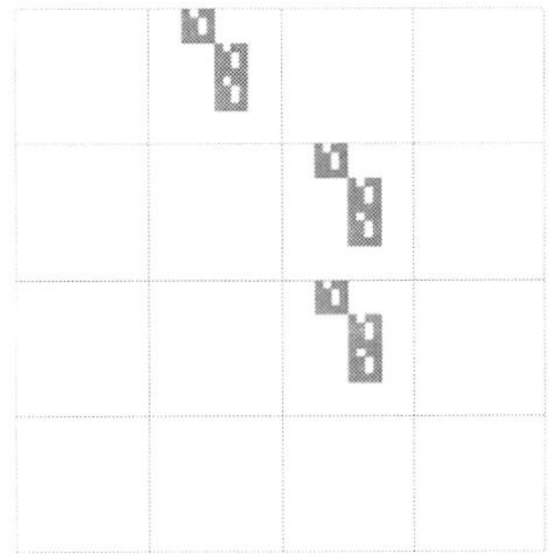 |

## (4) 1단계 4개

| ① $\log_4 4 = 1$ | ② $\log_{16} 48 = 1.396$ | ③ $\log_{64} 192 = 1.264$ |
|---|---|---|
|  | 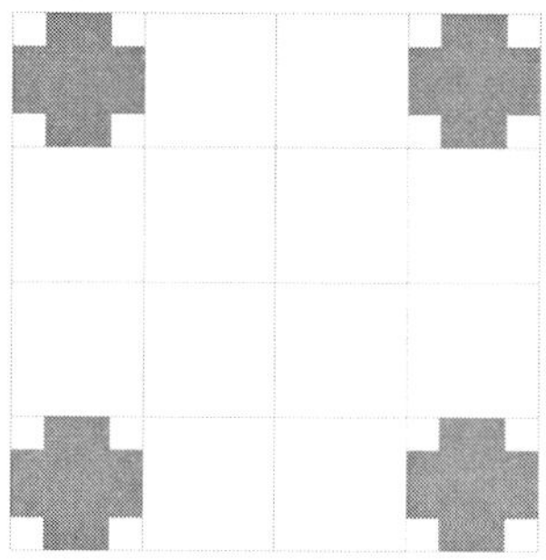 | 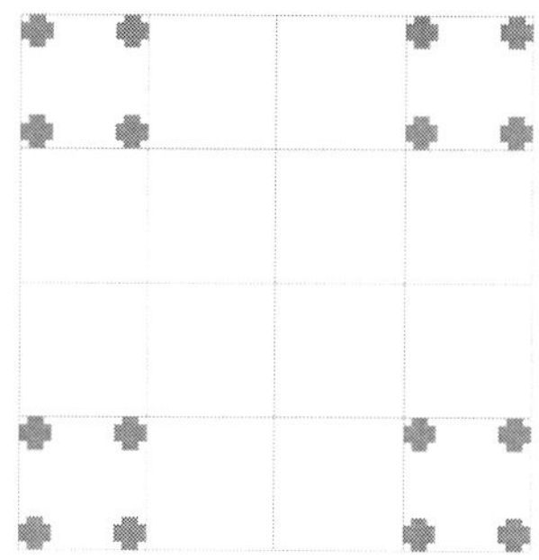 |
| 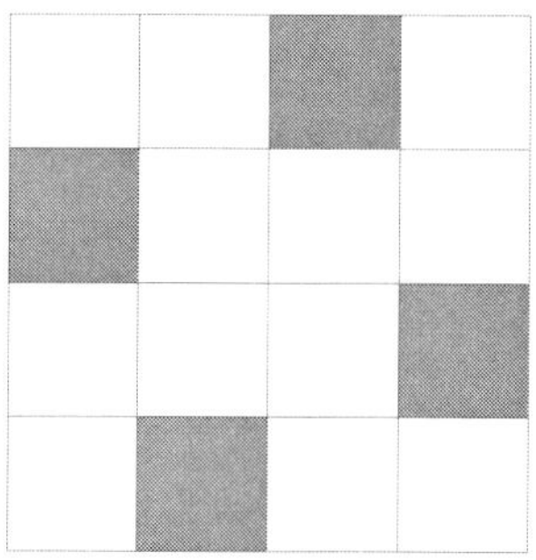 | 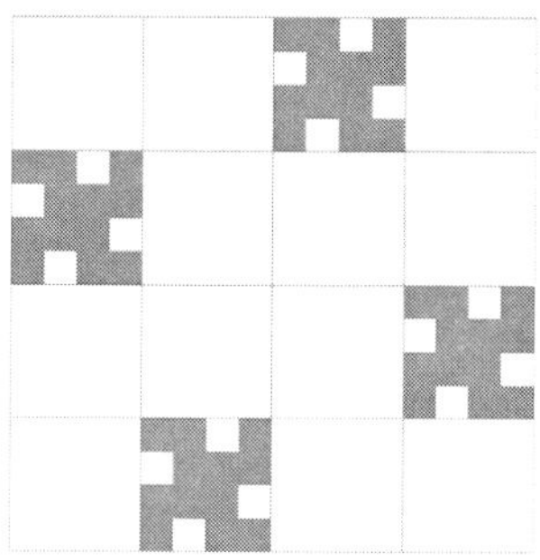 | 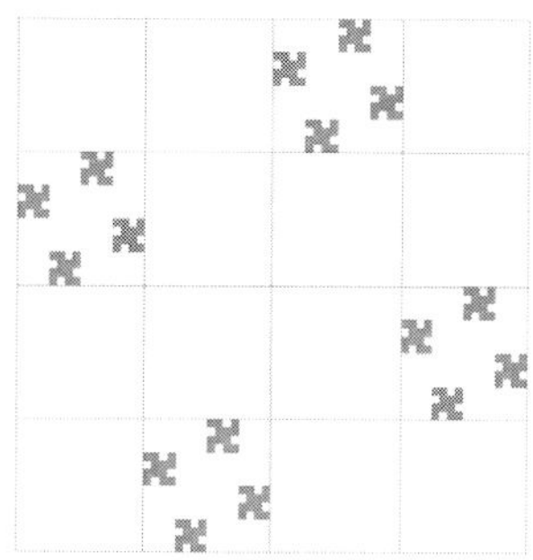 |
|  | 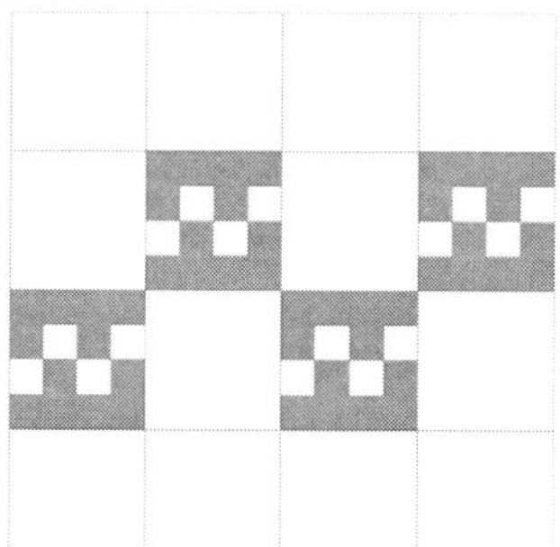 | 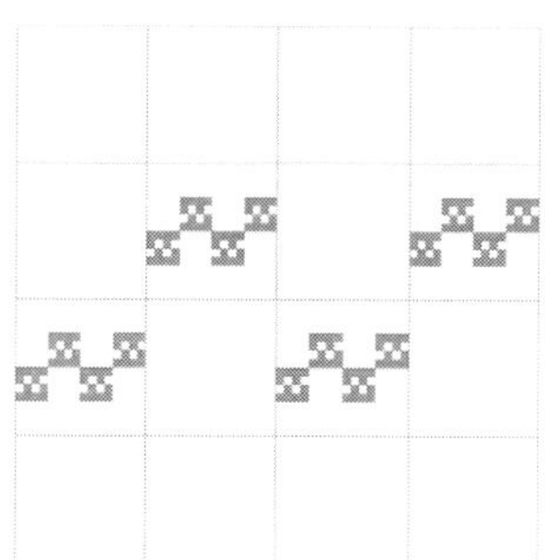 |
| 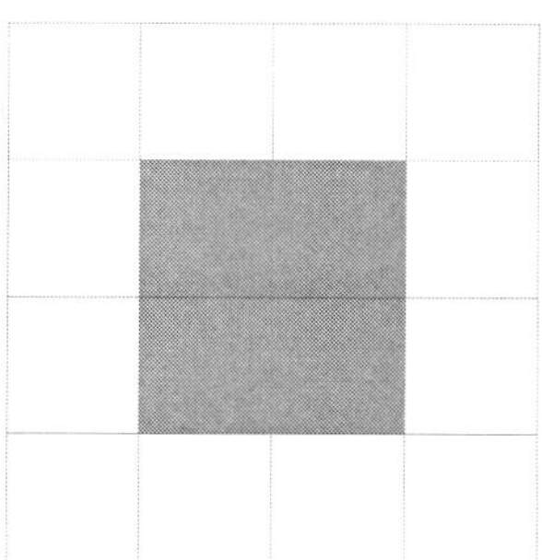 | 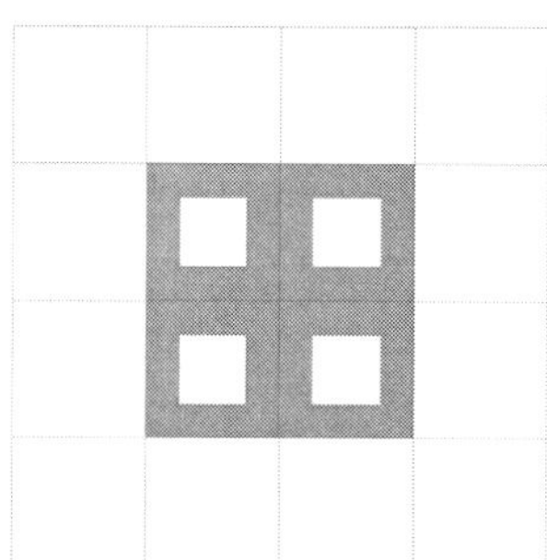 |  |

| ① $\log_4 4 = 1$ | ② $\log_{16} 48 = 1.396$ | ③ $\log_{64} 192 = 1.264$ |
|---|---|---|
|  | 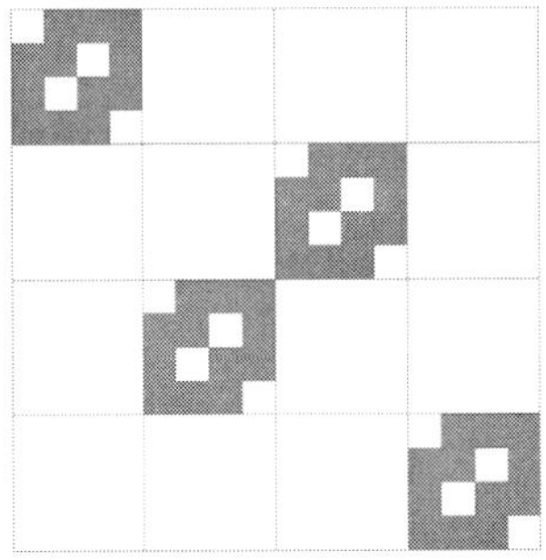 | 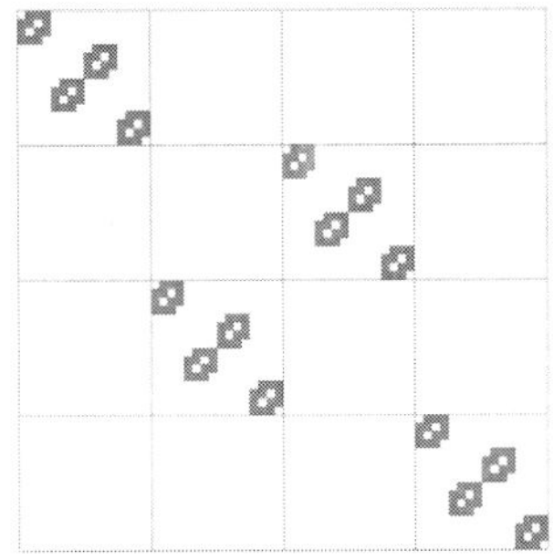 |
|  | 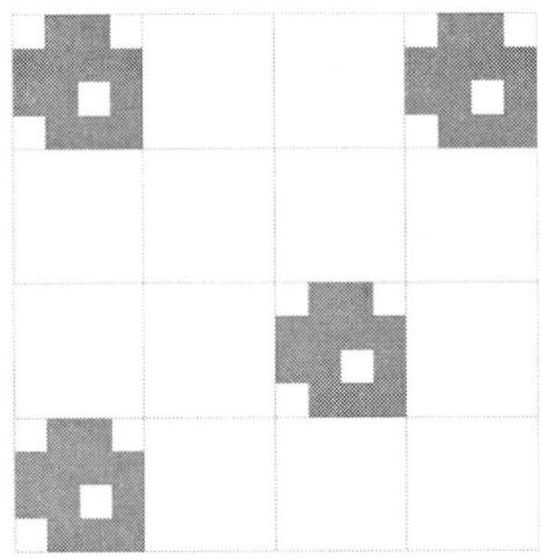 | 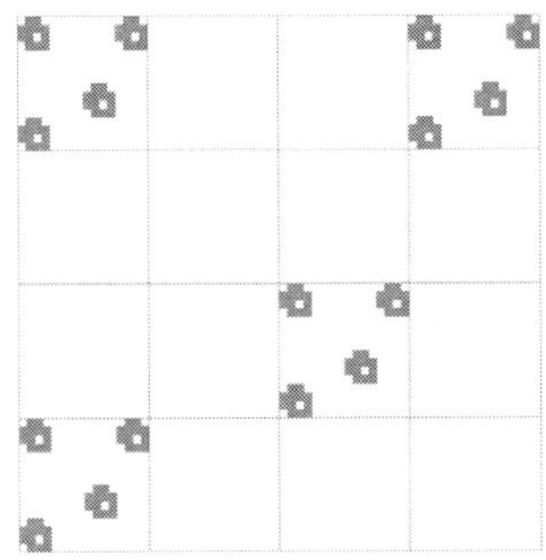 |
|  | 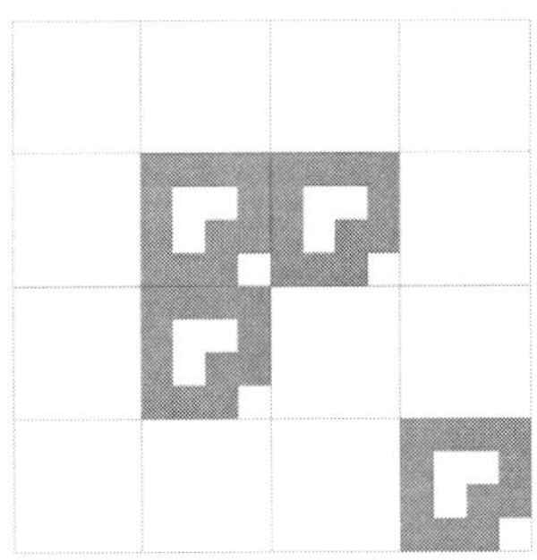 | 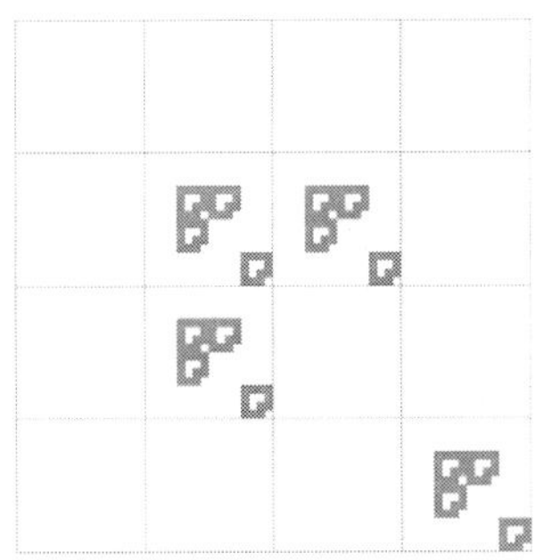 |
|  | 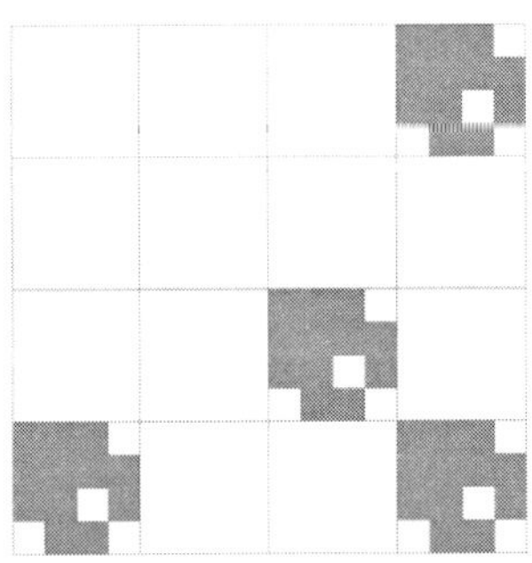 | 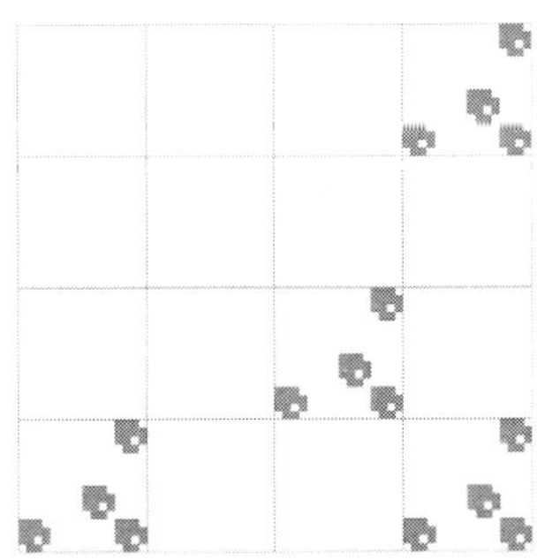 |

## (5) 1단계 5개

| ① $\log_4 5 = 0.161$ | ② $\log_{16} 55 = 1.445$ | ③ $\log_{64} 275 = 1.351$ |
|---|---|---|
| 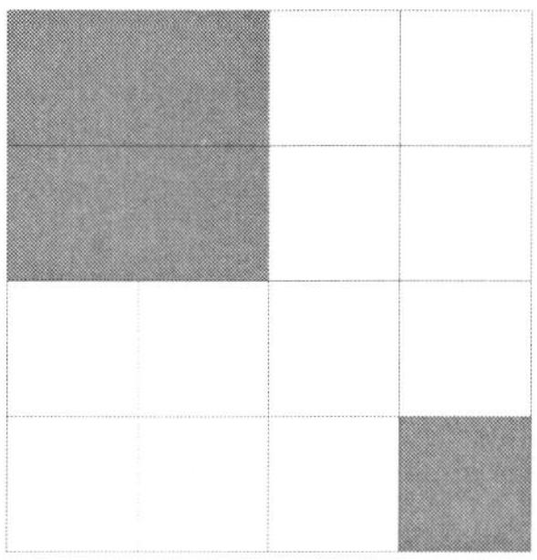 | 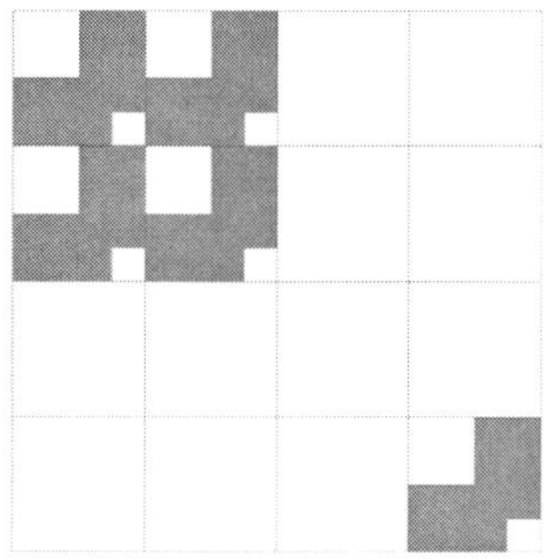 | 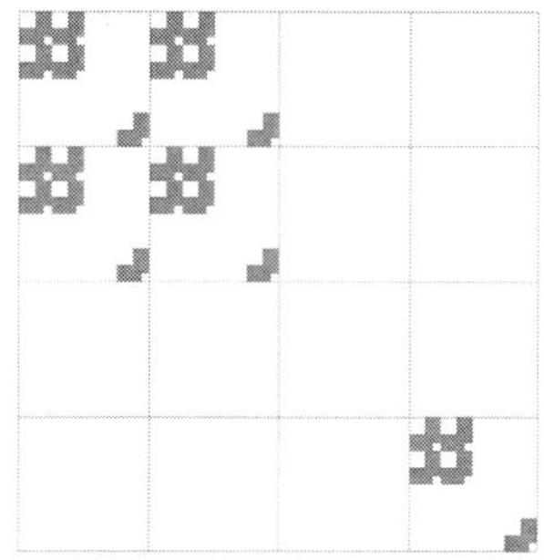 |
|  | 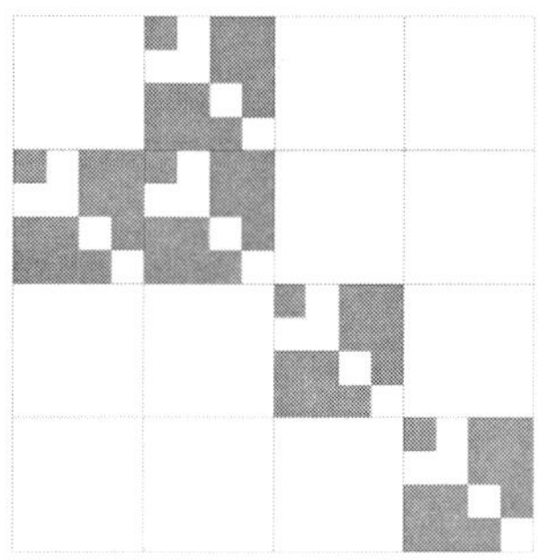 | 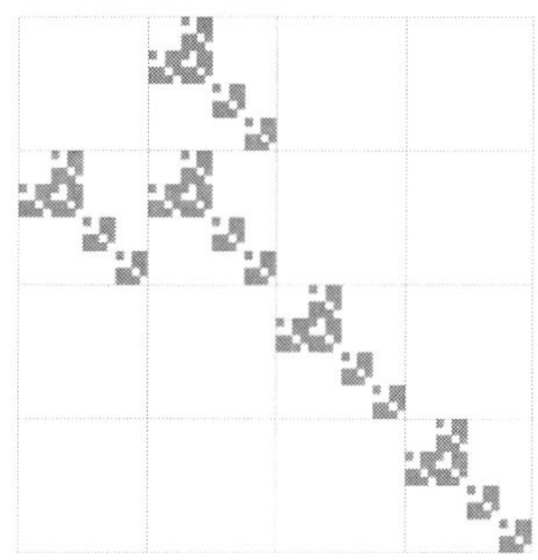 |
|  | 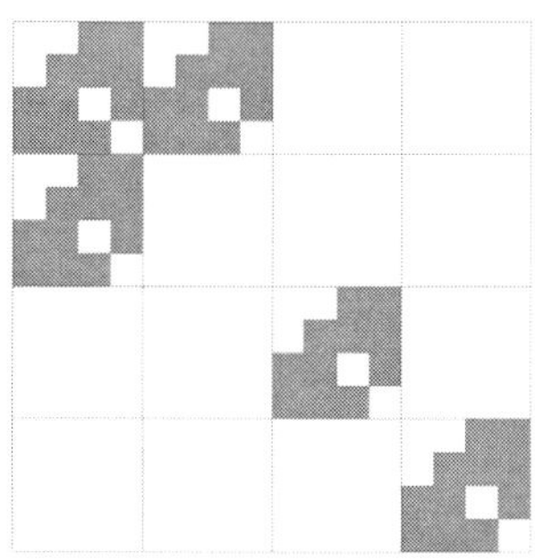 | 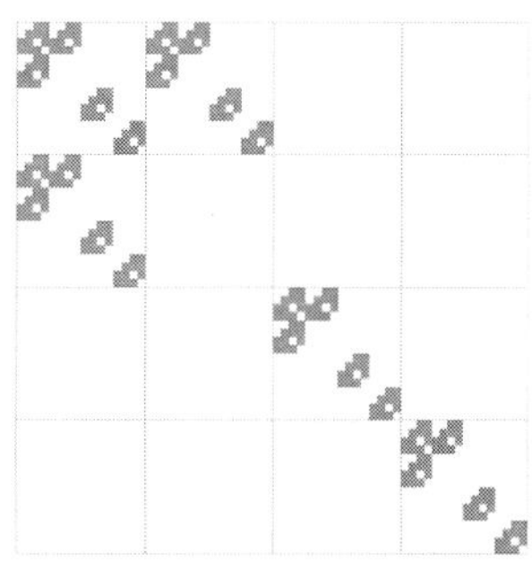 |
|  | 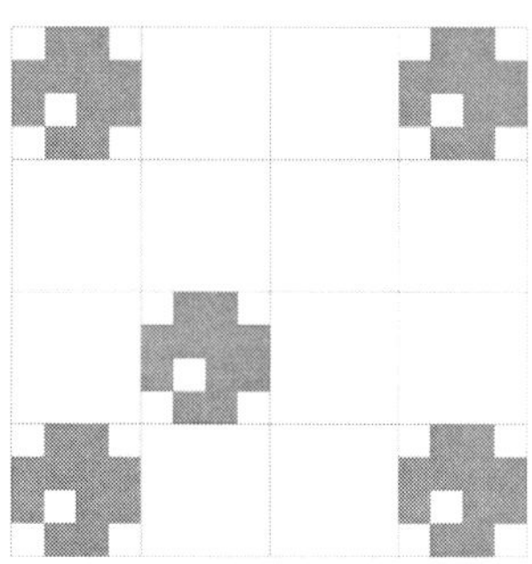 | 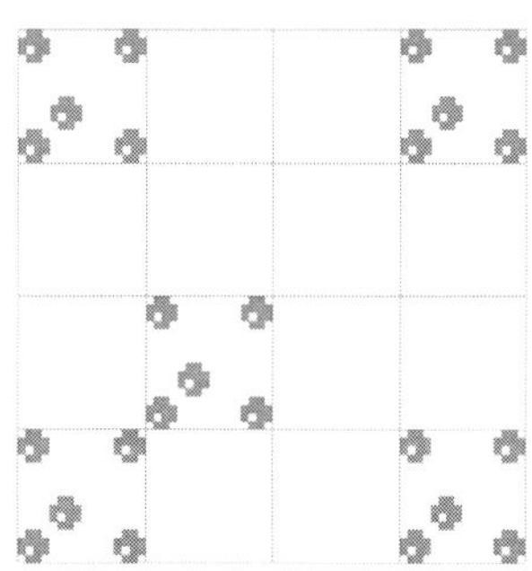 |

## (6) 1단계 6개

| ① $\log_4 6 = 1.292$ | ② $\log_{16} 60 = 1.477$ | ③ $\log_{64} 360 = 1.415$ |
| --- | --- | --- |
|  | 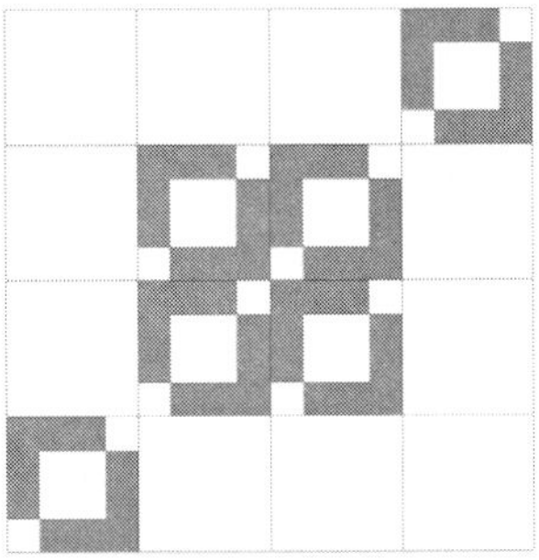 | 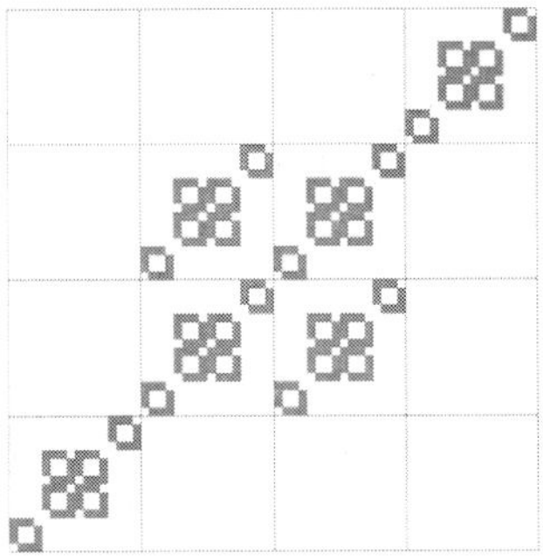 |
|  | 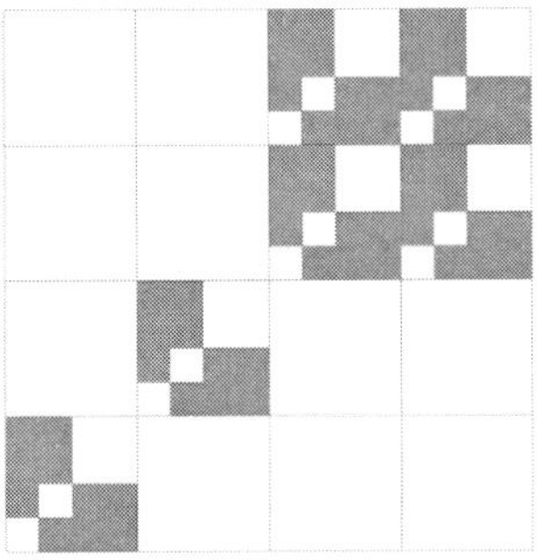 | 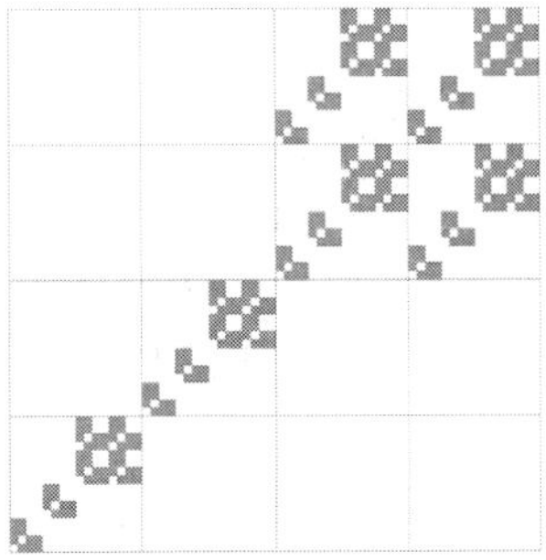 |
|  | 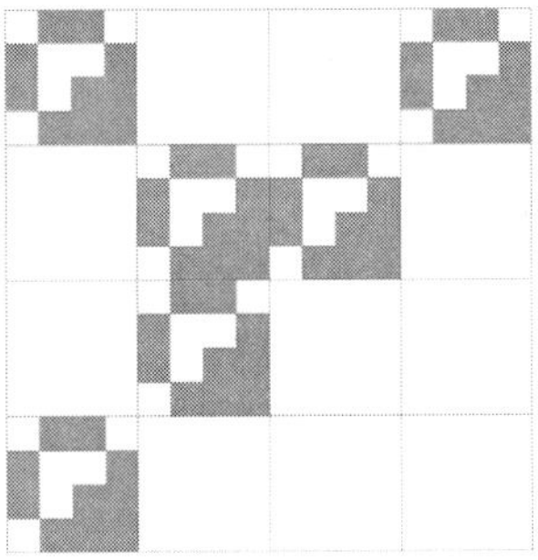 | 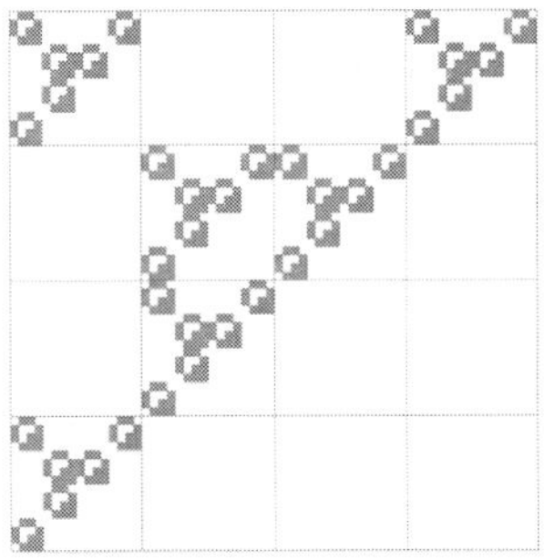 |
|  |  | 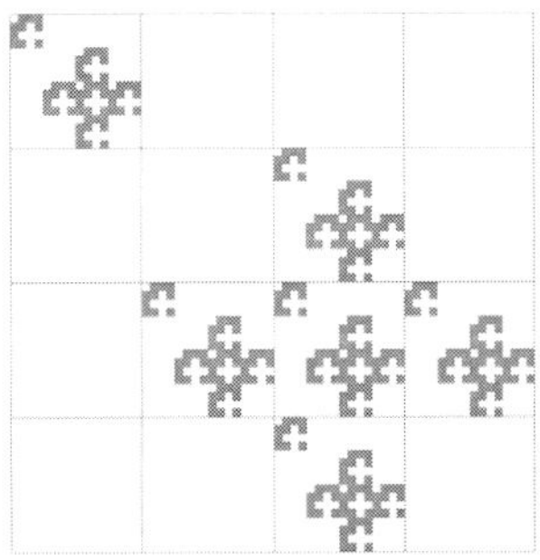 |

### (7) 1단계 7개

| ① $\log_4 7 = 1.404$ | ② $\log_{16} 63 = 1.494$ | ③ $\log_{64} 441 = 1.464$ |
|---|---|---|

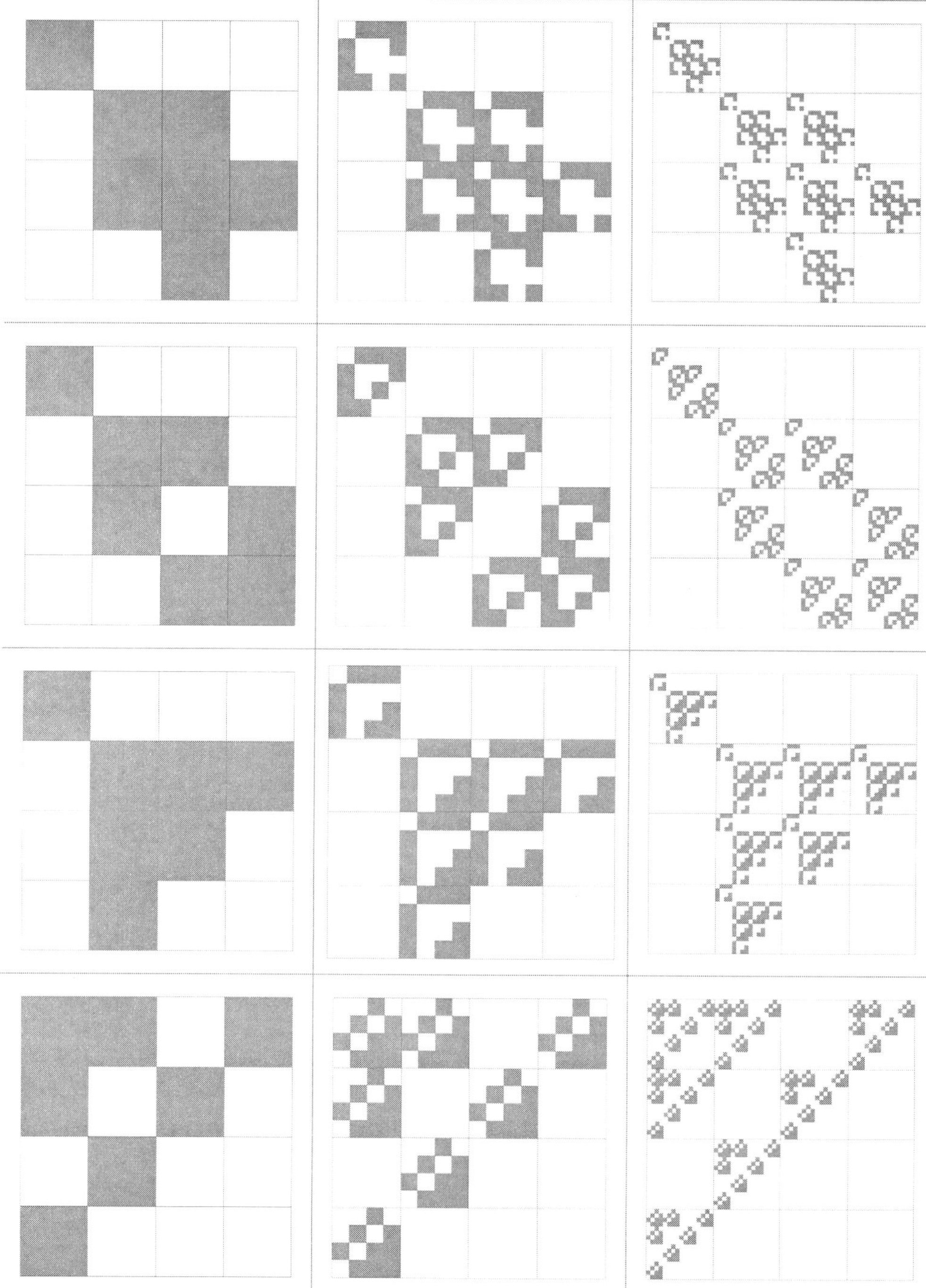

| ① $\log_4 7 = 1.404$ | ② $\log_{16} 63 = 1.494$ | ③ $\log_{64} 441 = 1.464$ |
|---|---|---|
|  | 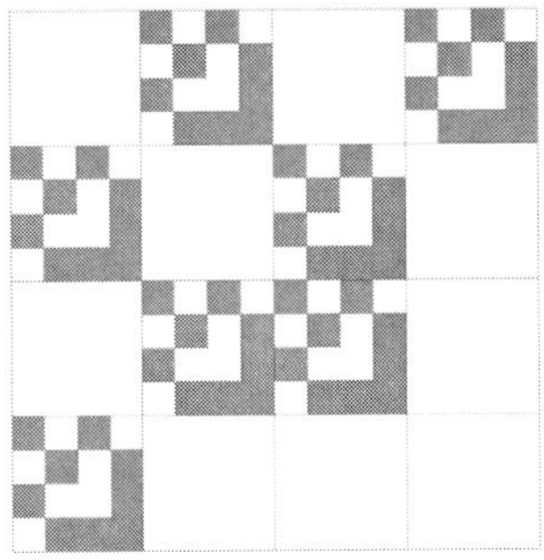 | 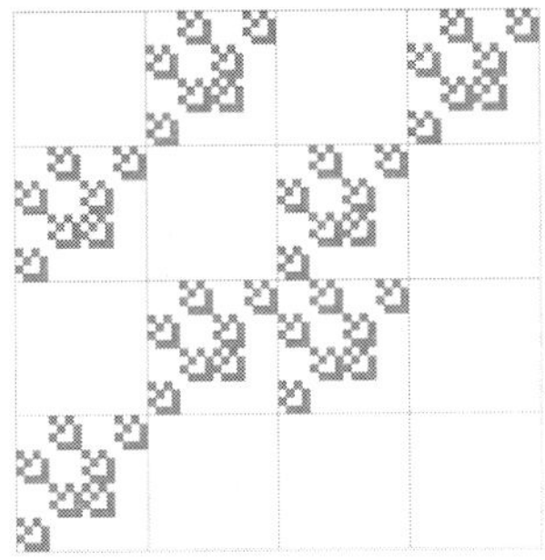 |
|  | 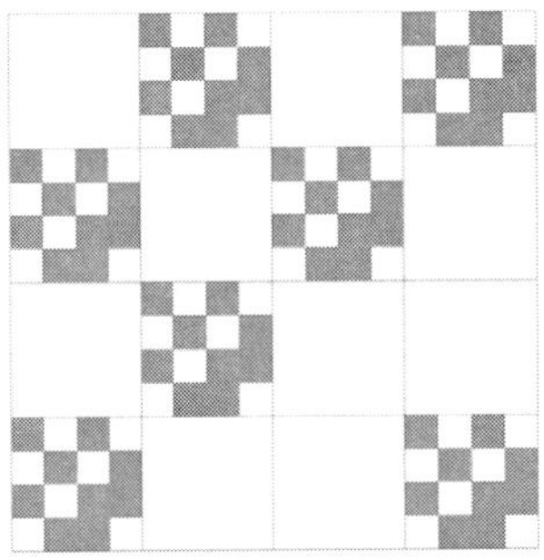 | 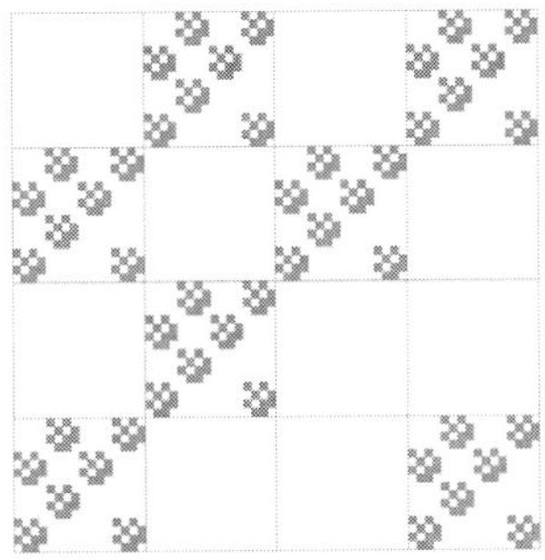 |
|  | 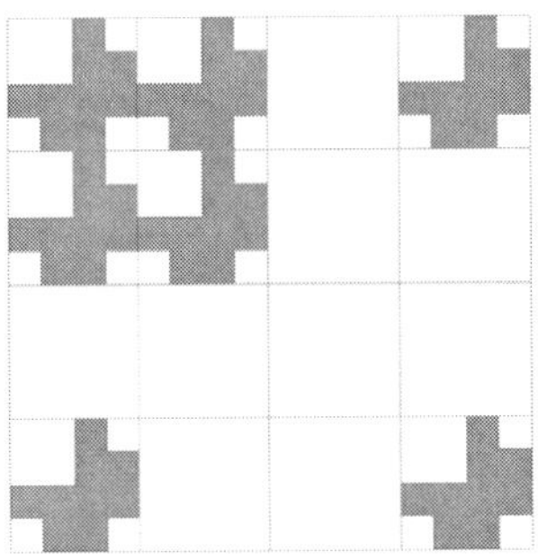 | 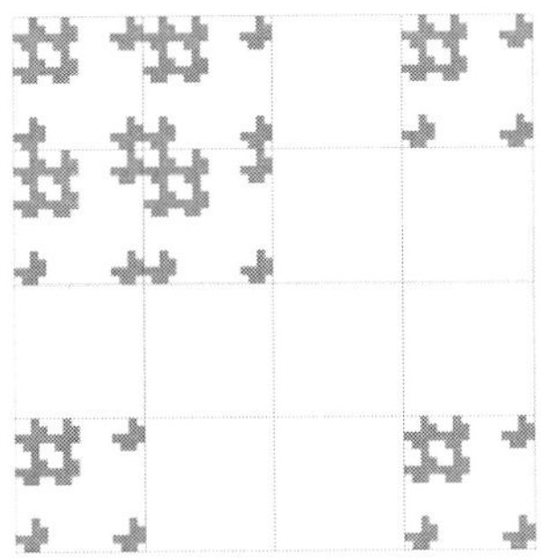 |
|  |  |  |

## (8) 1단계 8개

| ① $\log_4 8 = 1.5$ | ② $\log_{16} 64 = 1.5$ | ③ $\log_{64} 512 = 1.5$ |
|---|---|---|
|  | 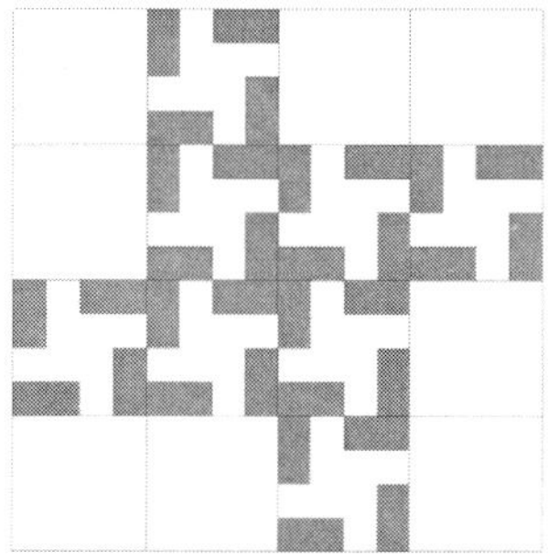 | 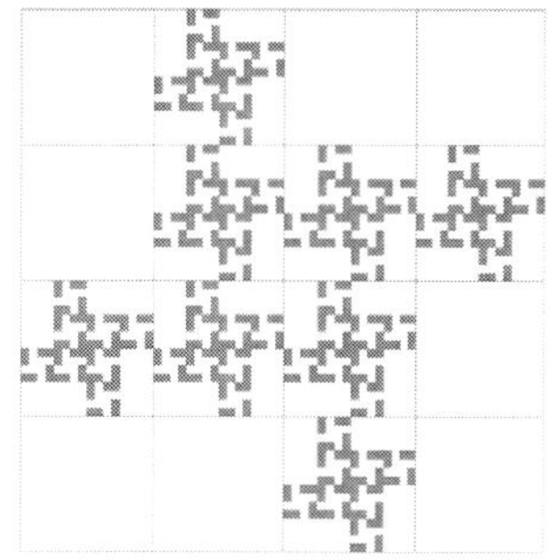 |
|  | 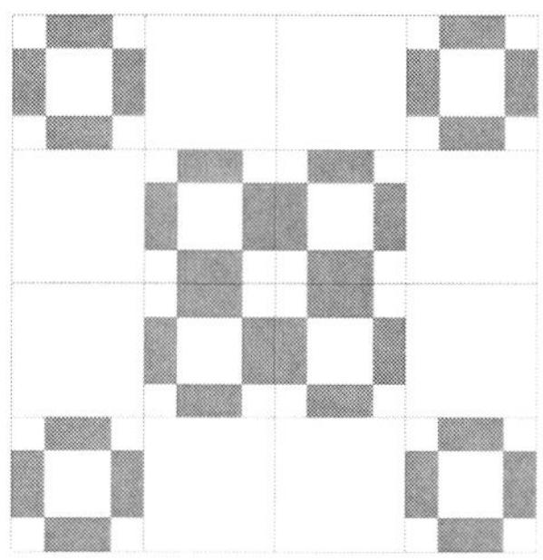 | 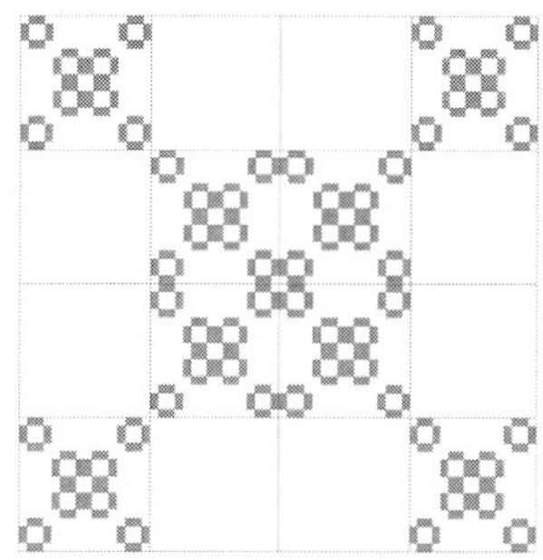 |
|  | 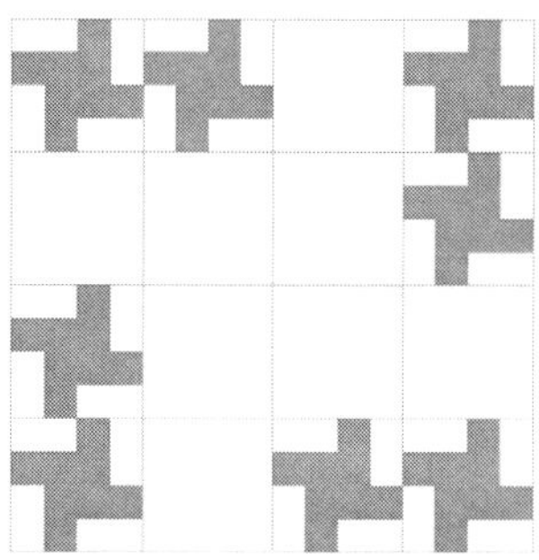 | 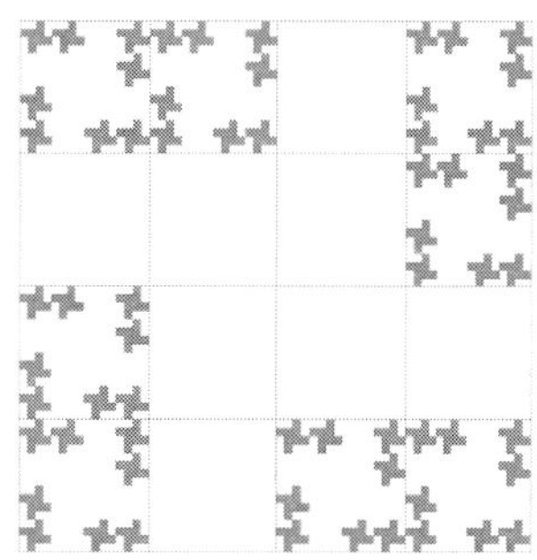 |
|  | 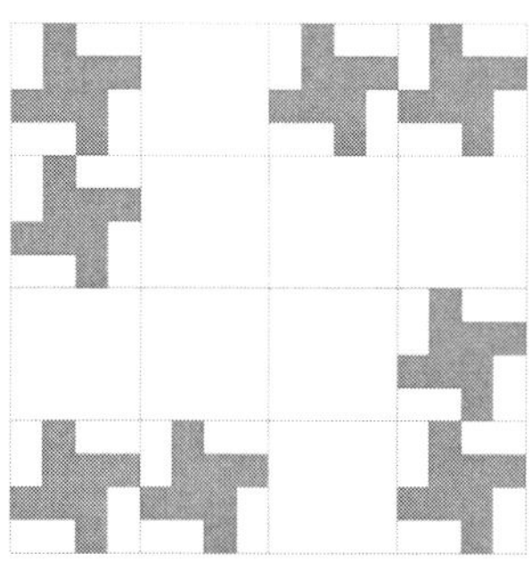 | 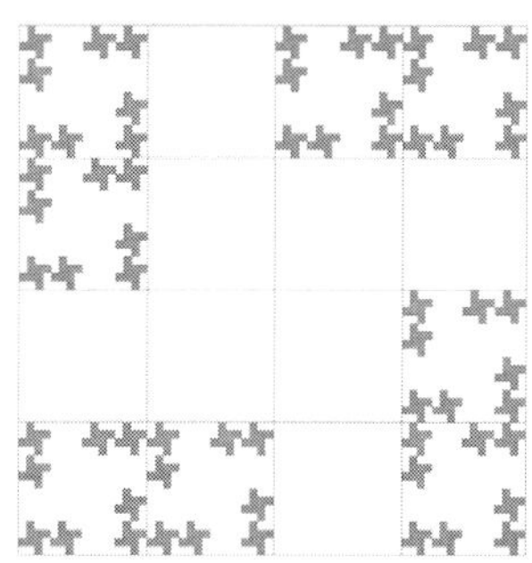 |

| ① $\log_4 8 = 1.5$ | ② $\log_{16} 64 = 1.5$ | ③ $\log_{64} 512 = 1.5$ |
|---|---|---|
|  | 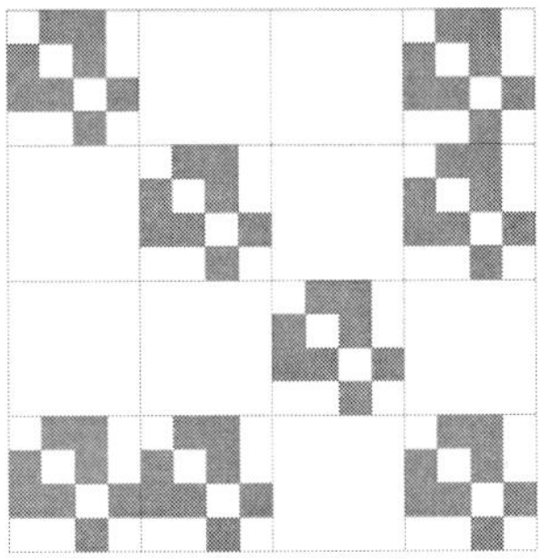 | 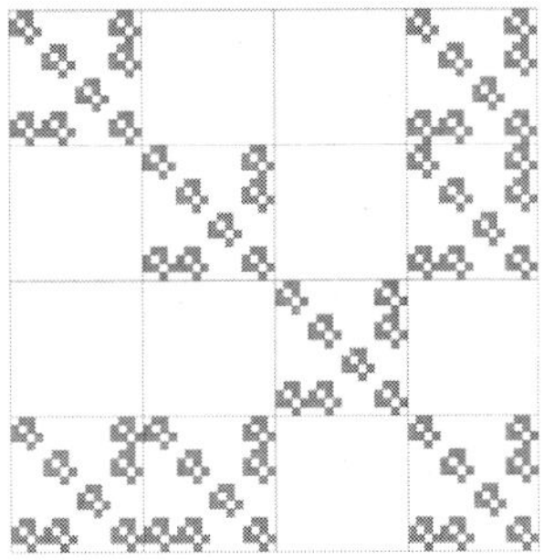 |
|  | 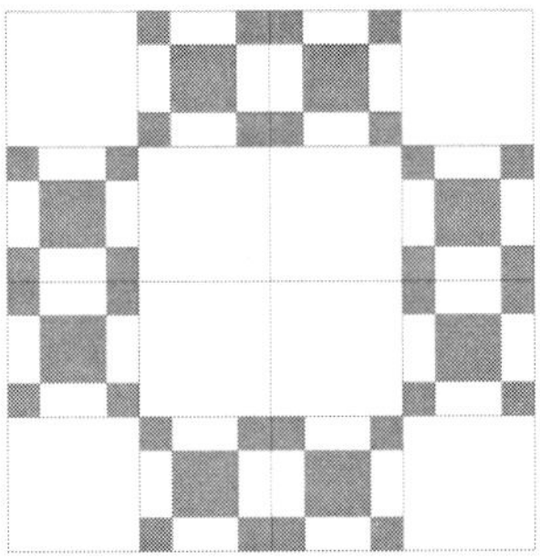 | 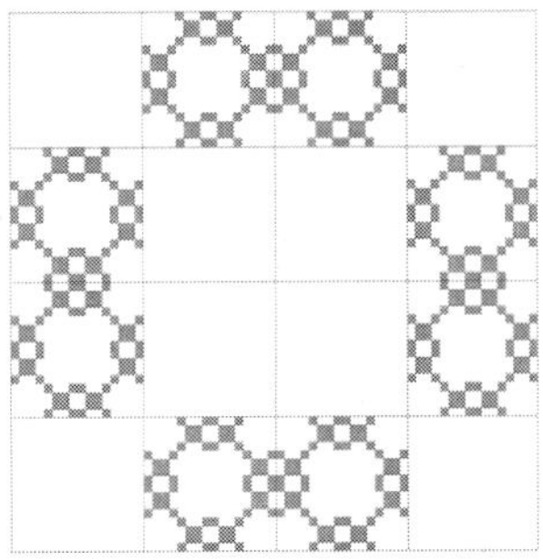 |
|  |  |  |
|  | 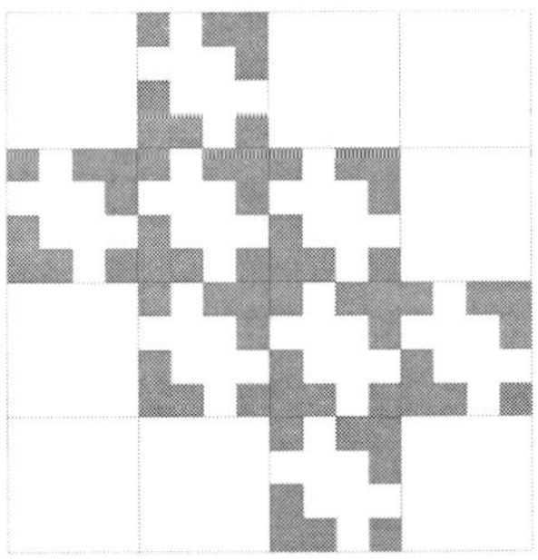 | 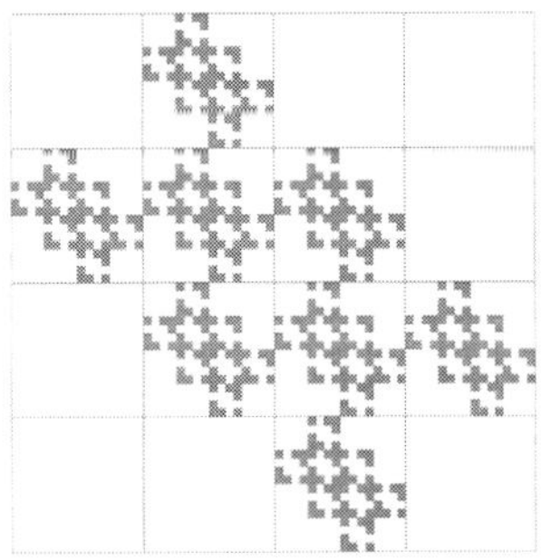 |

## (9) 1단계 12개

| ① $\log_4 12 = 1.792$ | ② $\log_{16} 48 = 1.396$ | ③ $\log_{64} 576 = 1.528$ |
|---|---|---|
|  | 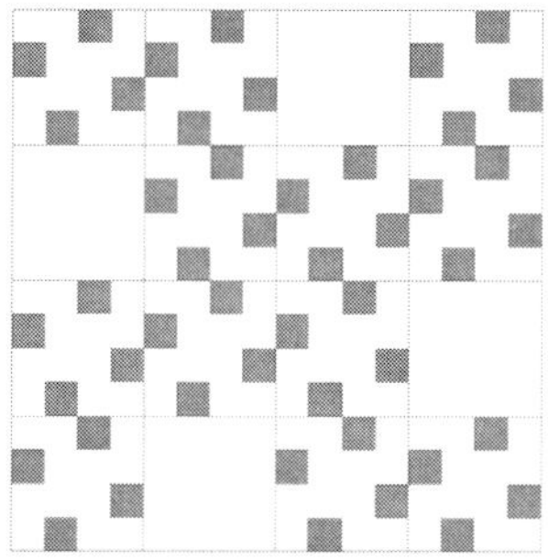 | 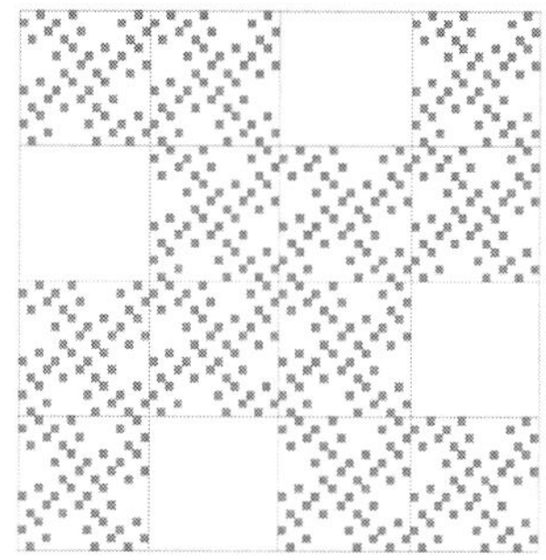 |
| 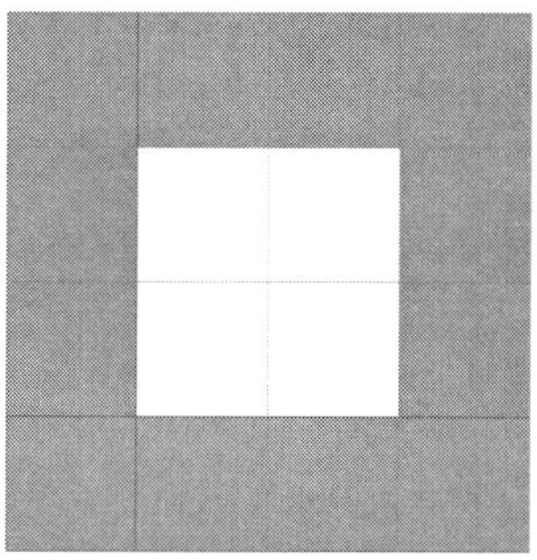 | 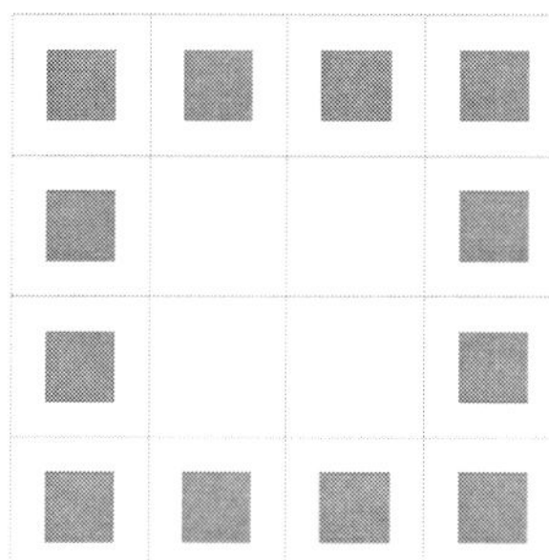 | 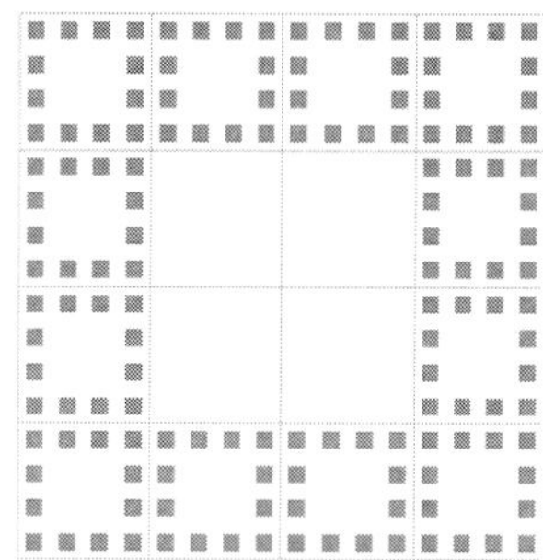 |
| 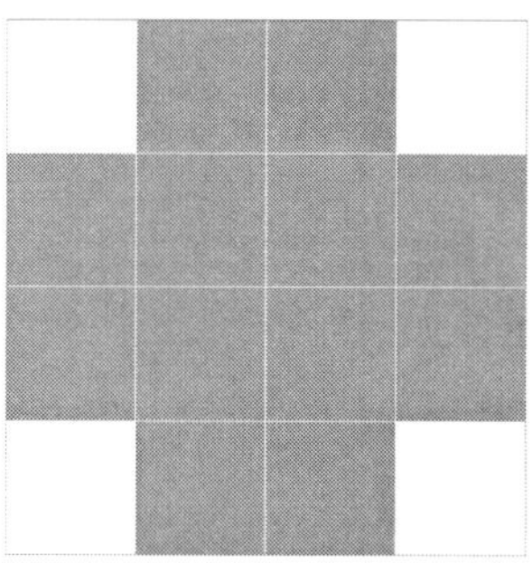 | 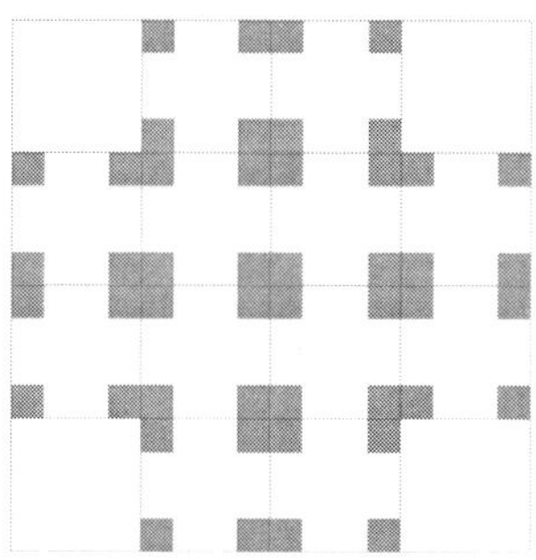 | 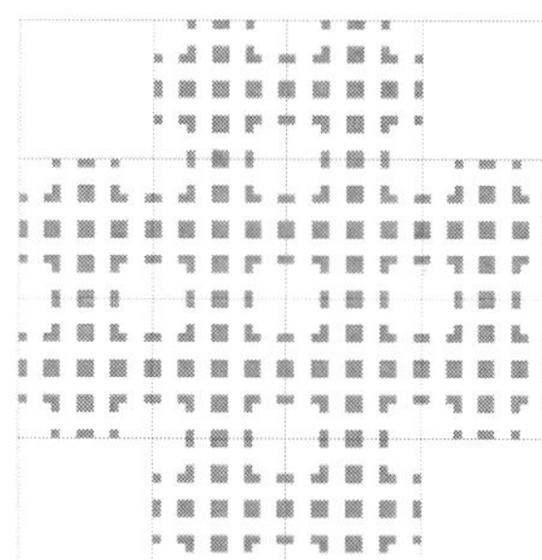 |
|  | 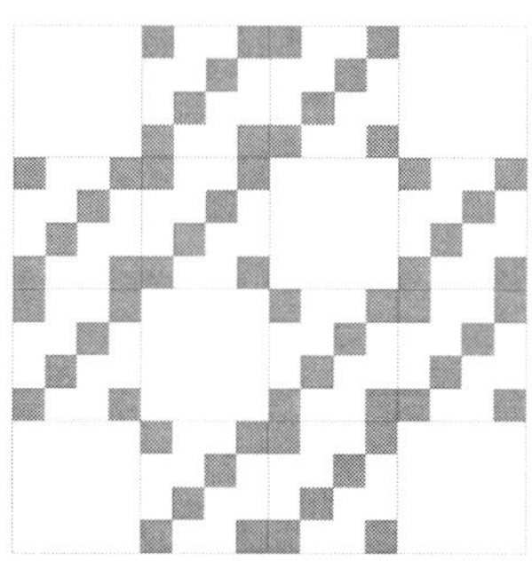 | 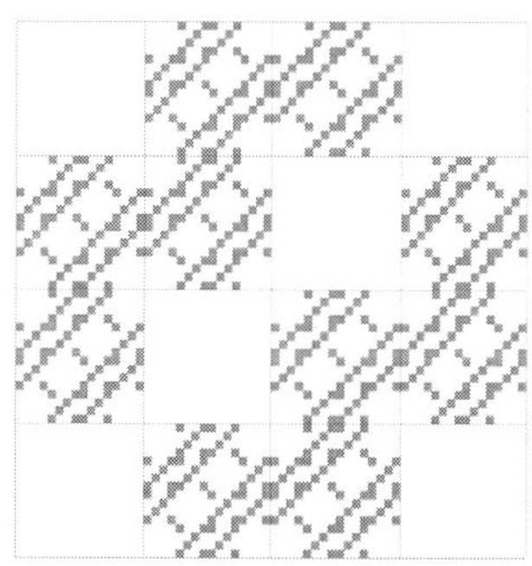 |

## 3 5×5 빨셈-곱셈 프랙탈

### (1) 1단계 5개

① $\log_5 5 = 1$

② $\log_{25} 100 = 1.43$

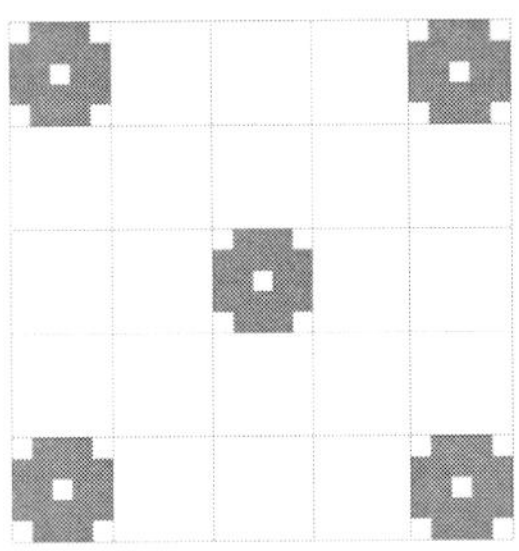

③ $\log_{125} 500 = 1.287$

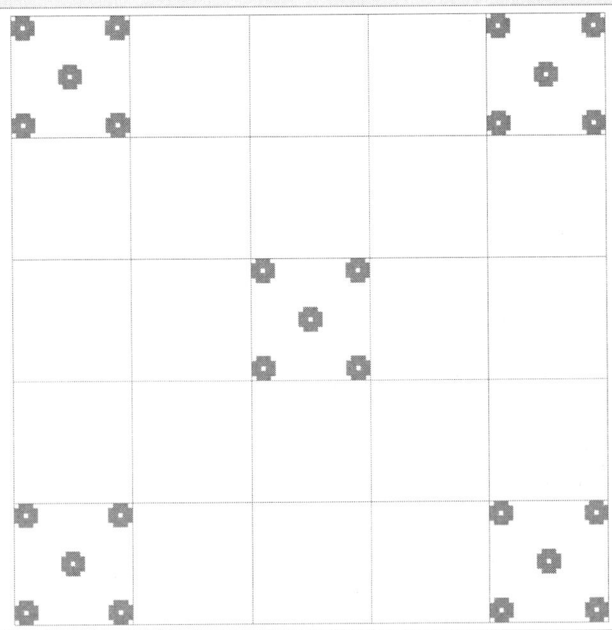

① $\log_5 5 = 1$

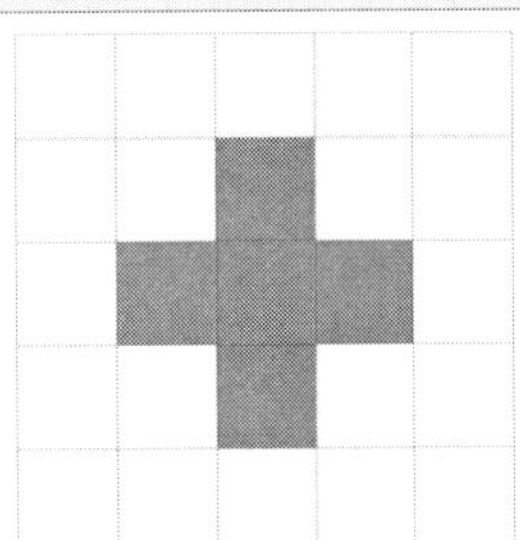

② $\log_{25} 100 = 1.43$

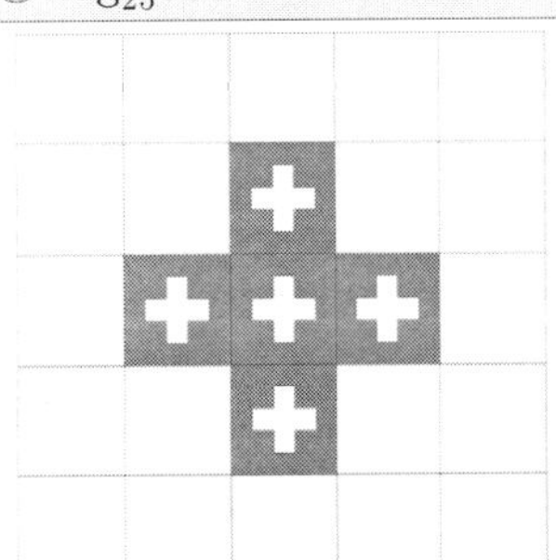

③ $\log_{125} 500 = 1.287$

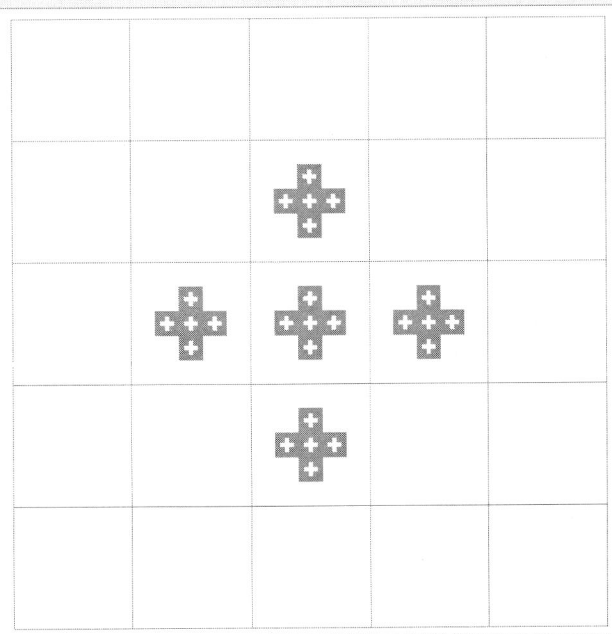

① $\log_5 5 = 1$

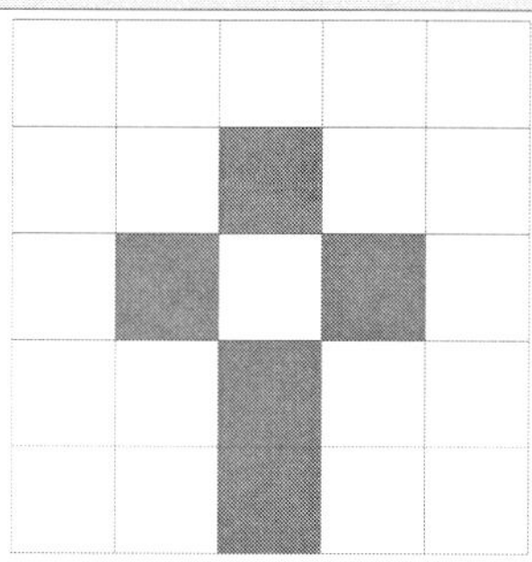

② $\log_{25} 100 = 1.43$

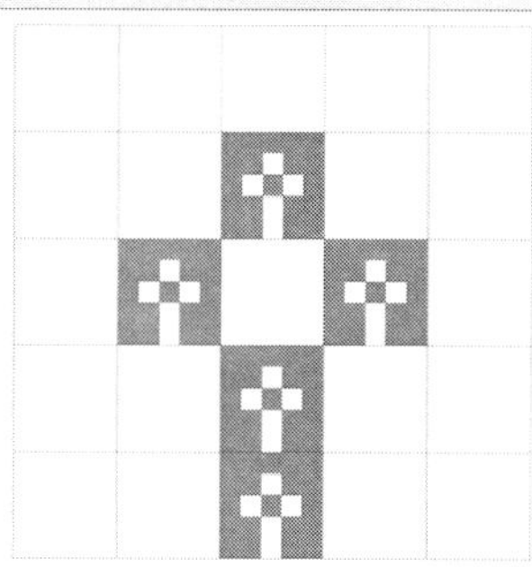

③ $\log_{125} 500 = 1.287$

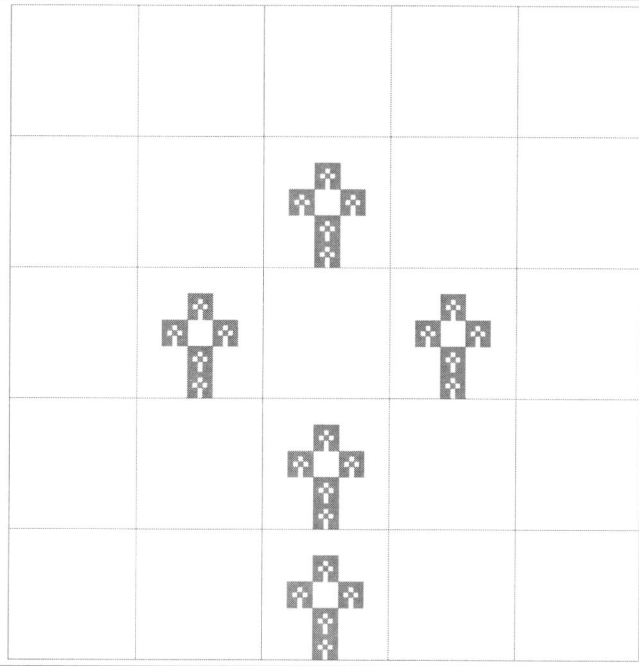

① $\log_5 5 = 1$

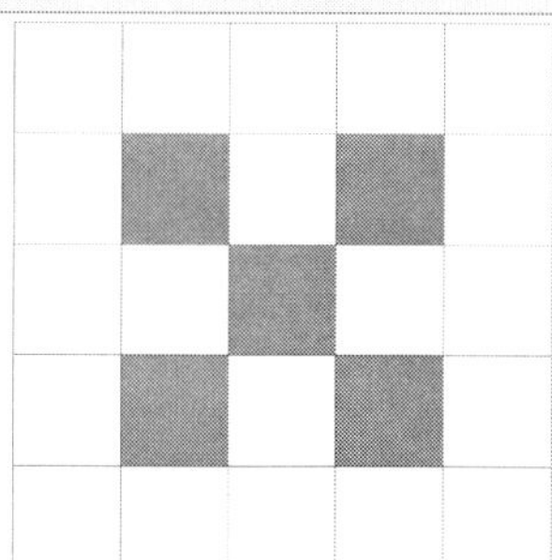

② $\log_{25} 225 = 1.683$

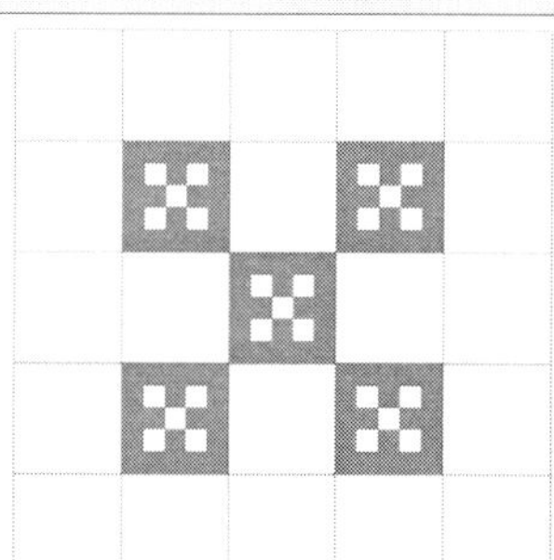

③ $\log_{125} 500 = 1.287$

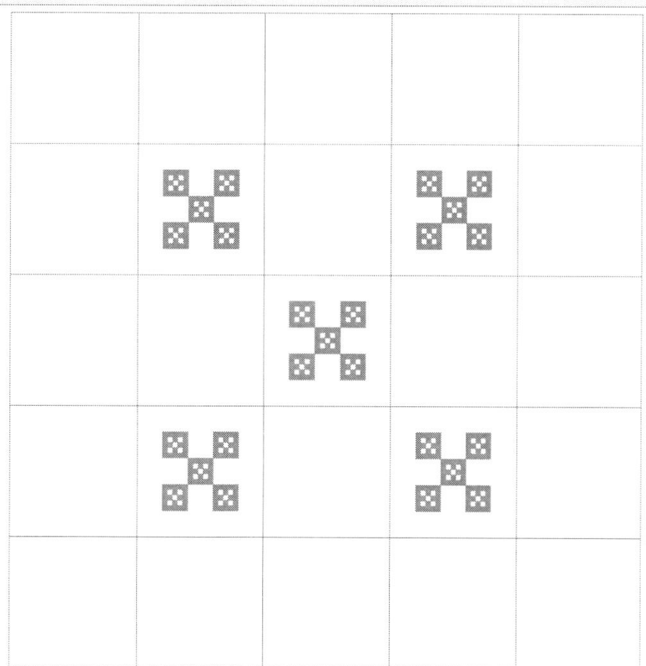

## (2) 1단계 7개

① $\log_5 7 = 1.209$

② $\log_{25} 126 = 1.5$

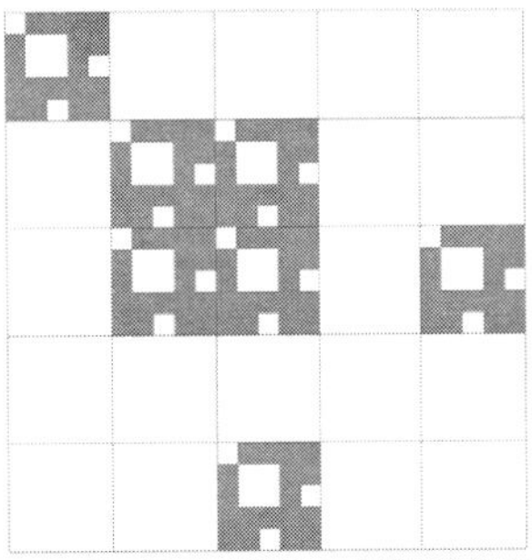

③ $\log_{125} 882 = 1.405$

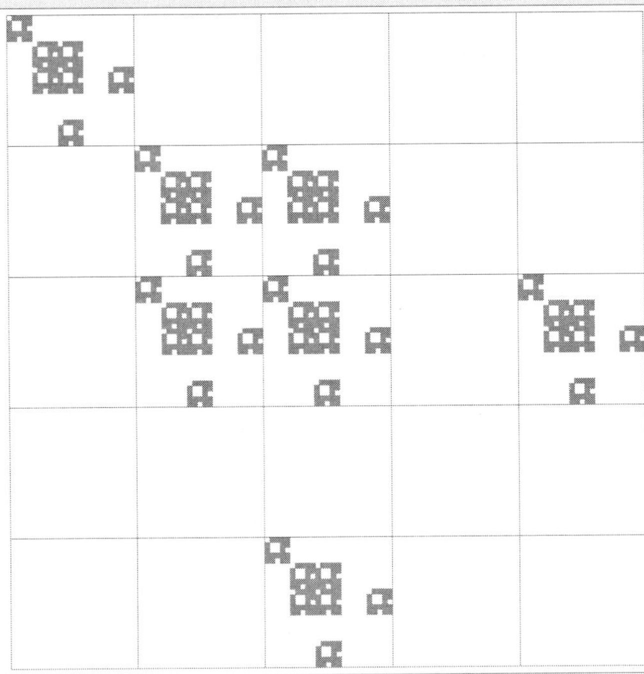

① $\log_5 7 = 1.209$

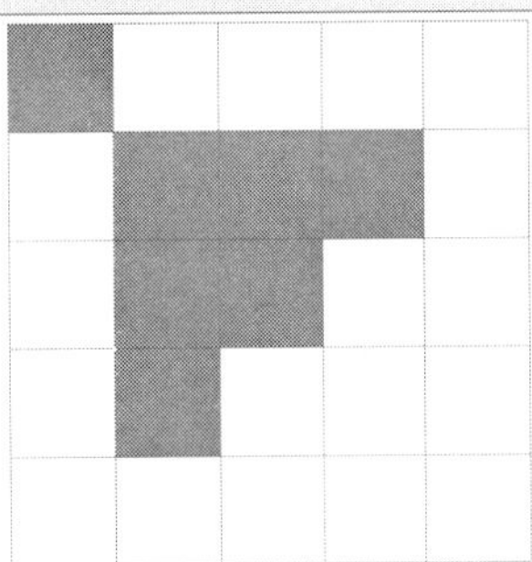

② $\log_{25} 126 = 1.5$

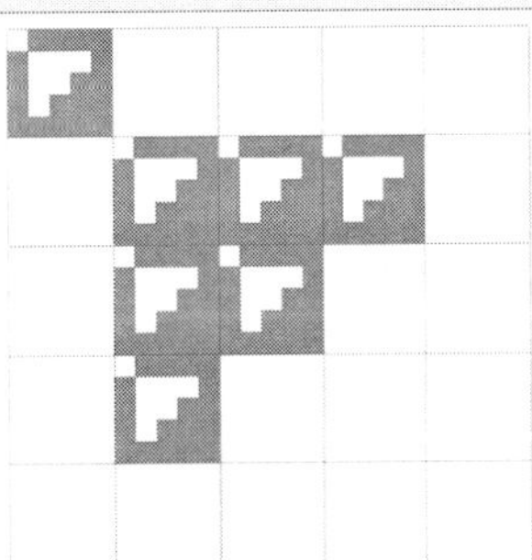

③ $\log_{125} 882 = 1.405$

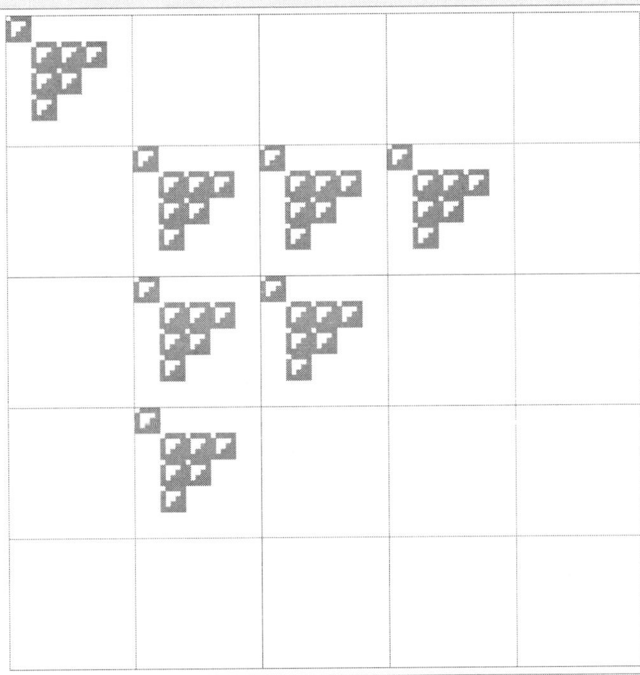

### (3) 1단계 8개

① $\log_5 8 = 1.292$

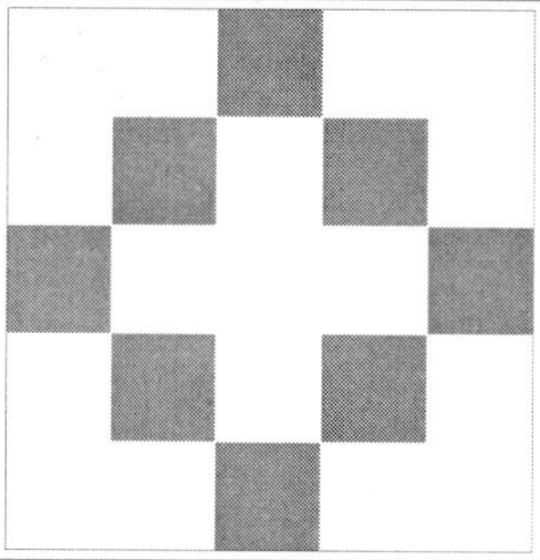

② $\log_{25} 136 = 1.53$

③ $\log_{125} 1088 = 1.448$

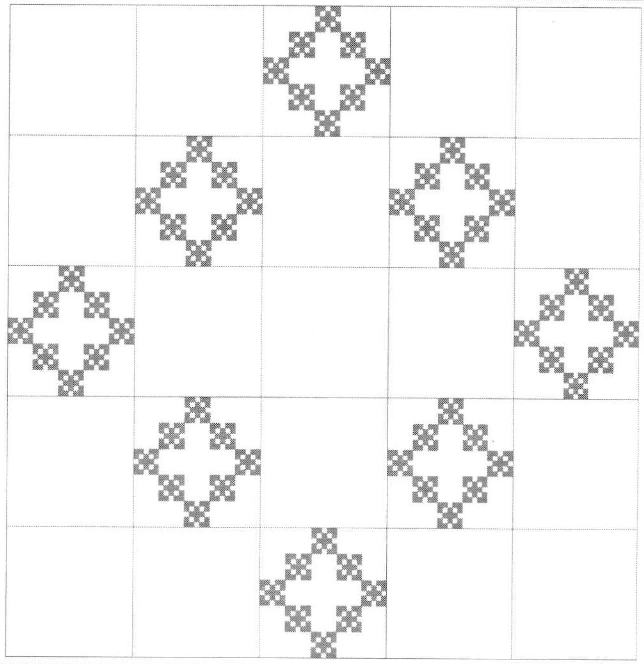

① $\log_5 8 = 1.292$

② $\log_{25} 136 = 1.53$

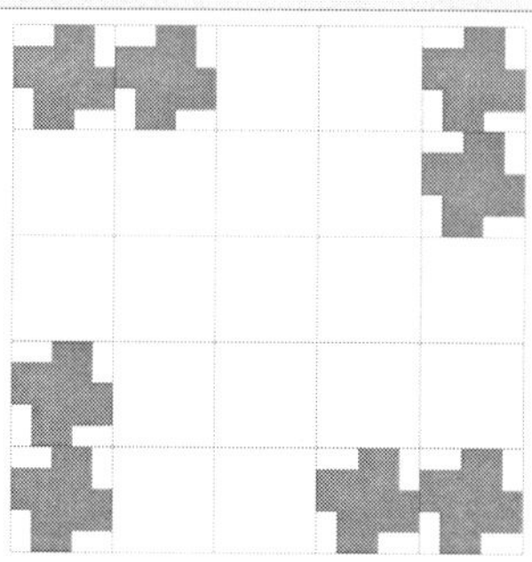

③ $\log_{125} 1088 = 1.448$

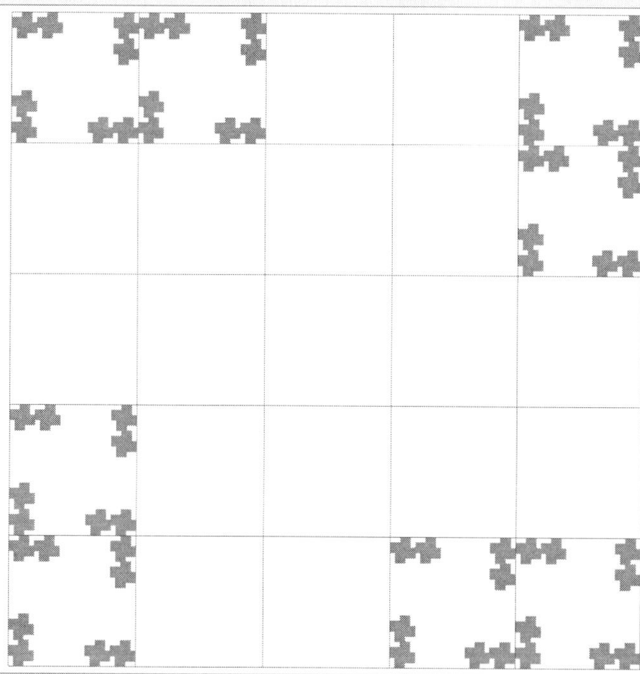

① $\log_5 8 = 1.292$

② $\log_{25} 136 = 1.53$

③ $\log_{125} 1088 = 1.448$

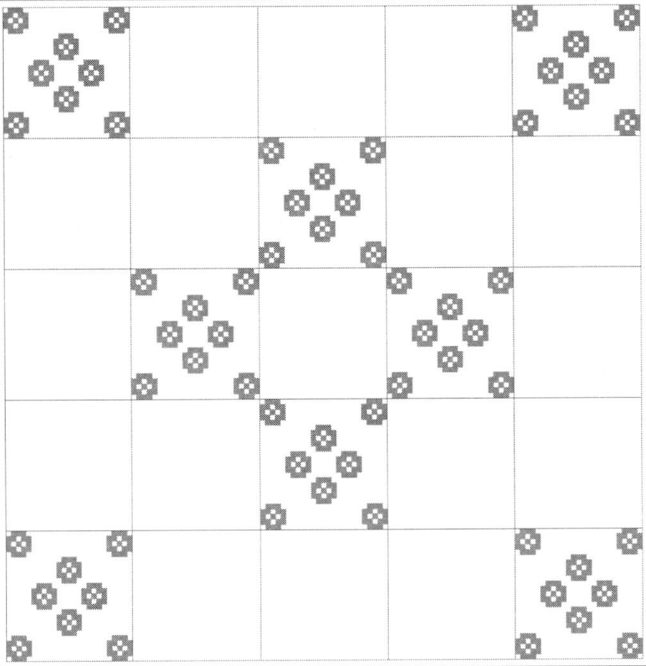

① $\log_5 8 = 1.292$

② $\log_{25} 136 = 1.53$

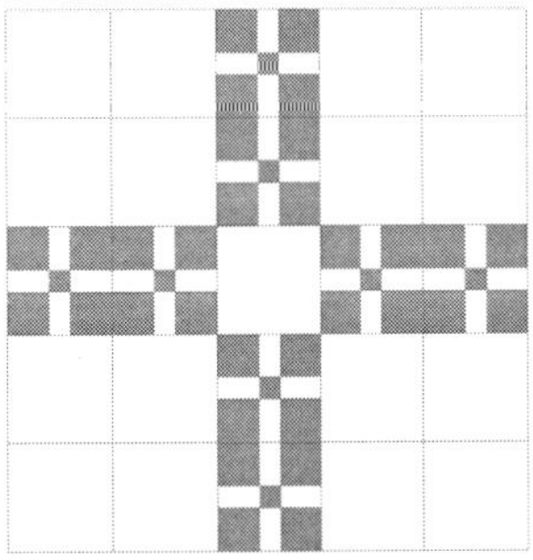

③ $\log_{125} 1088 = 1.448$

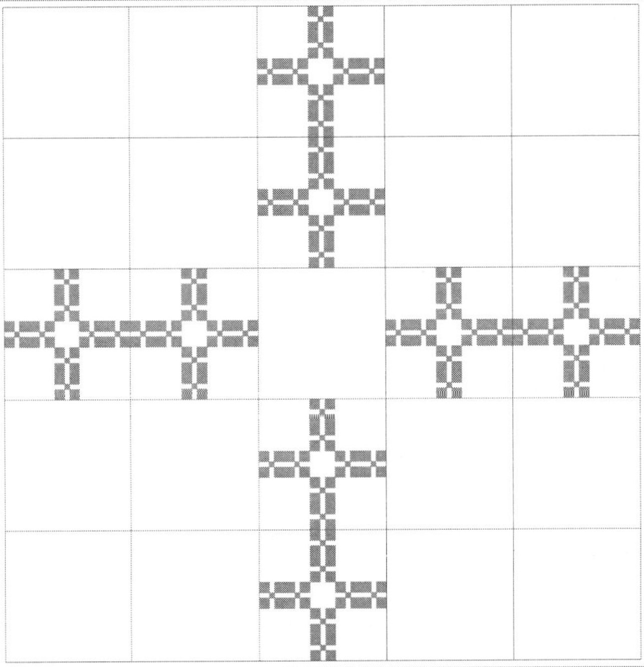

### (4) 1단계 9개

① $\log_5 9 = 1.365$

② $\log_{25} 144 = 1.54$

③ $\log_{125} 1296 = 1.484$

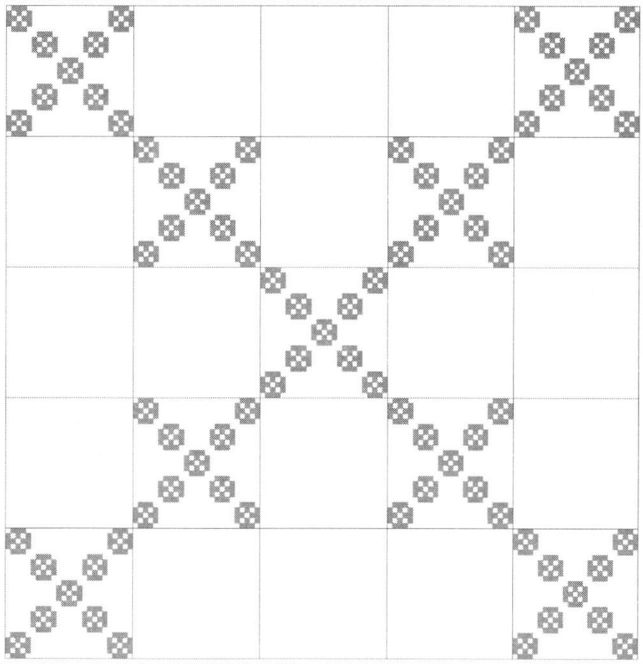

① $\log_5 9 = 1.365$

② $\log_{25} 144 = 1.54$

③ $\log_{125} 1296 = 1.484$

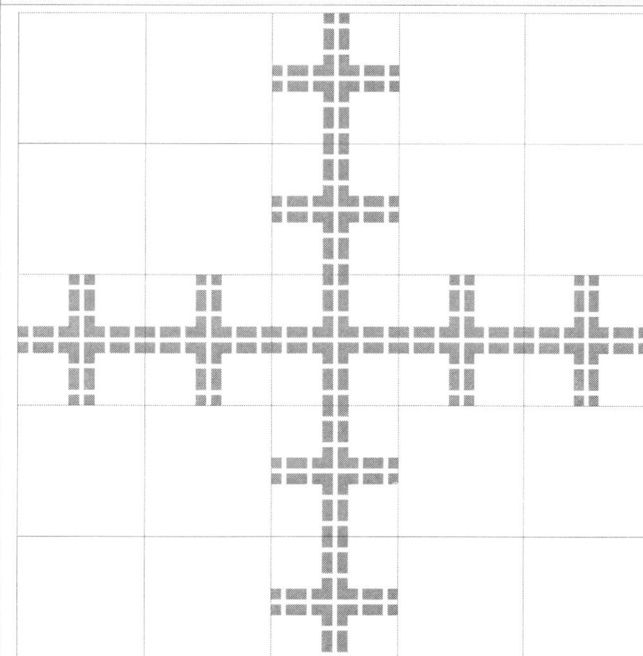

① $\log_5 9 = 1.365$

② $\log_{25} 144 = 1.54$

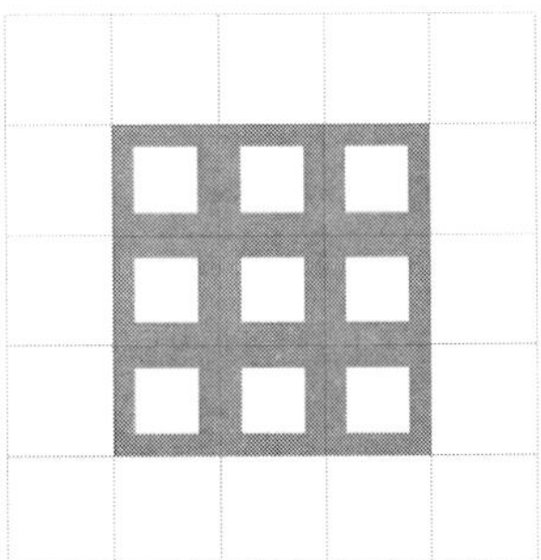

③ $\log_{125} 1296 = 1.484$

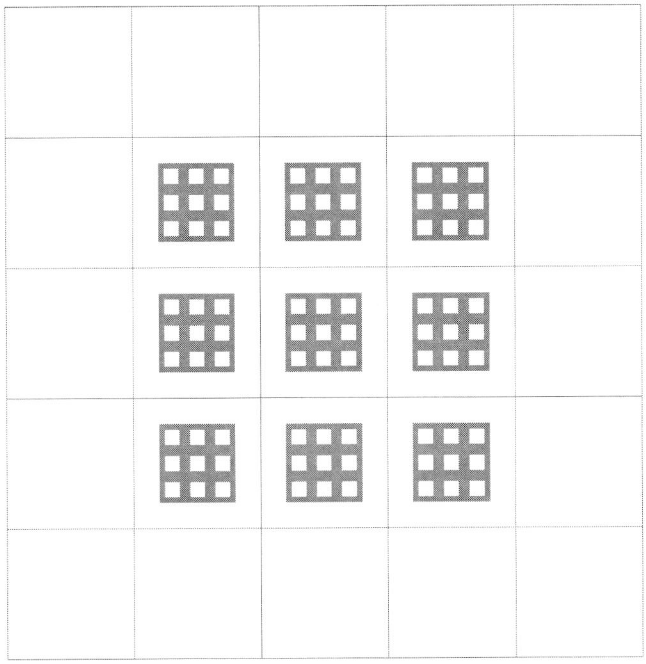

① $\log_5 9 = 1.365$

② $\log_{25} 144 = 1.54$

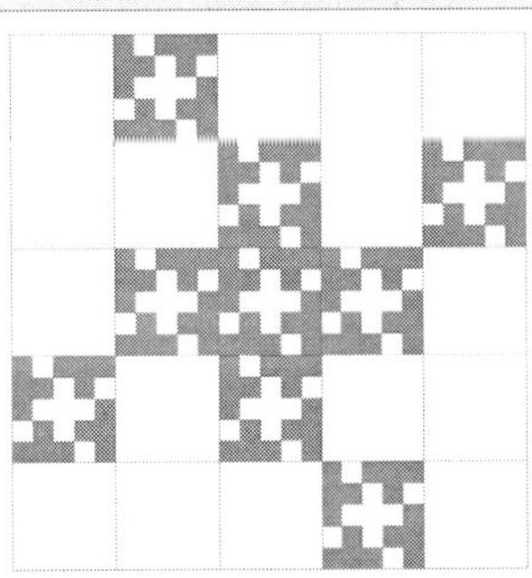

③ $\log_{125} 3321 = 1.679$

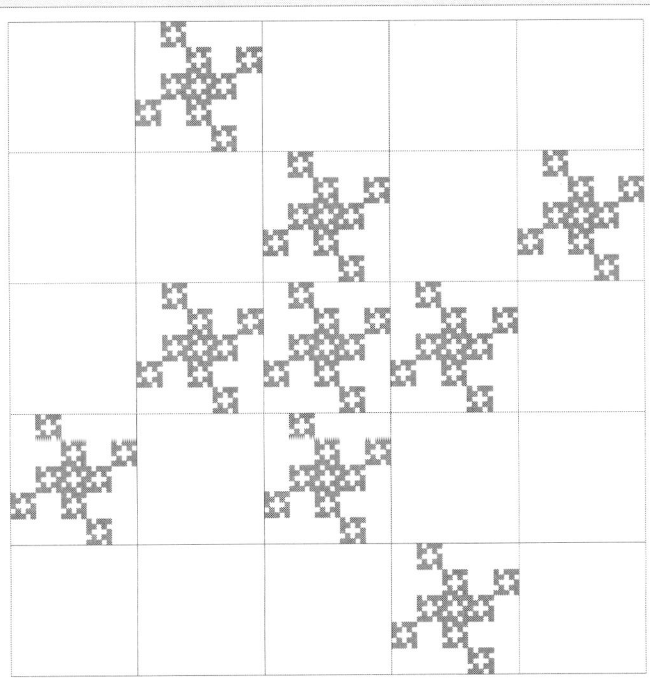

## (5) 1단계 10개

① $\log_5 10 = 1.431$

② $\log_{25} 144 = 1.54$

③ $\log_{125} 1500 = 1.515$

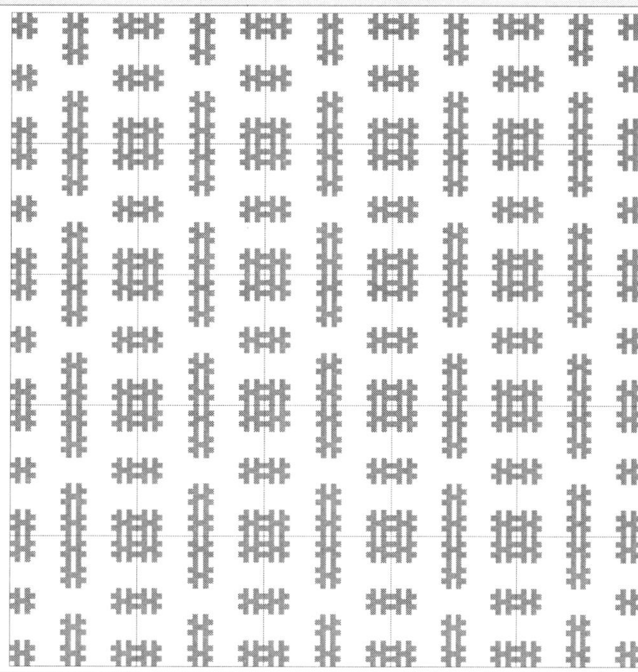

① $\log_5 10 = 1.431$

② $\log_{25} 144 = 1.54$

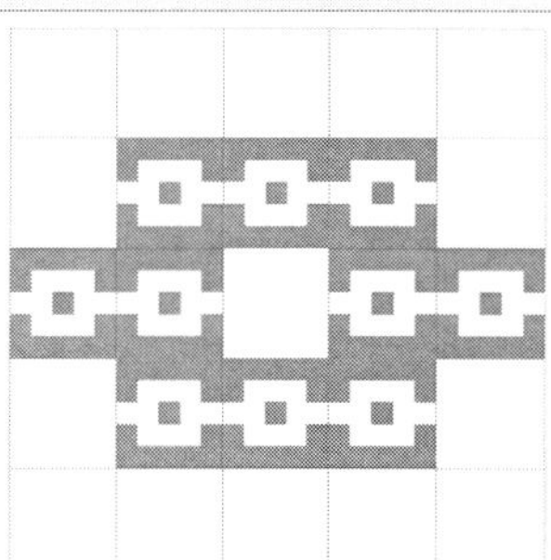

③ $\log_{125} 1500 = 1.515$

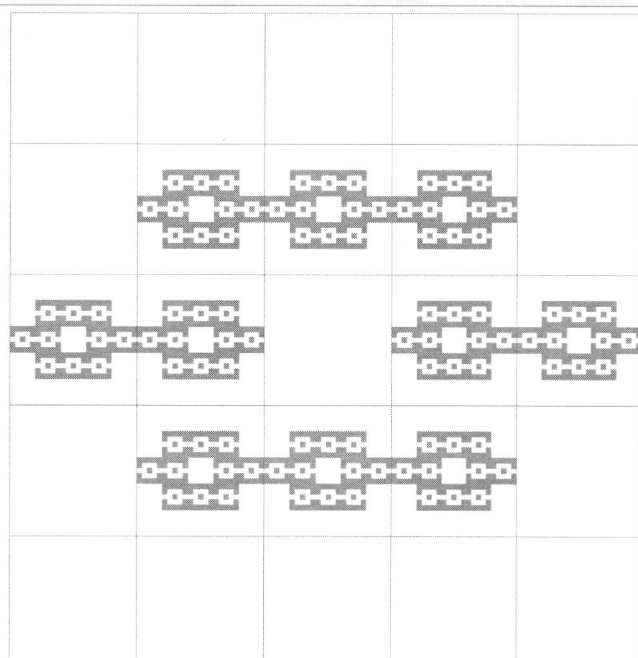

## (6) 1단계 11개

① $\log_5 11 = 1.49$

② $\log_{25} 154 = 1.56$

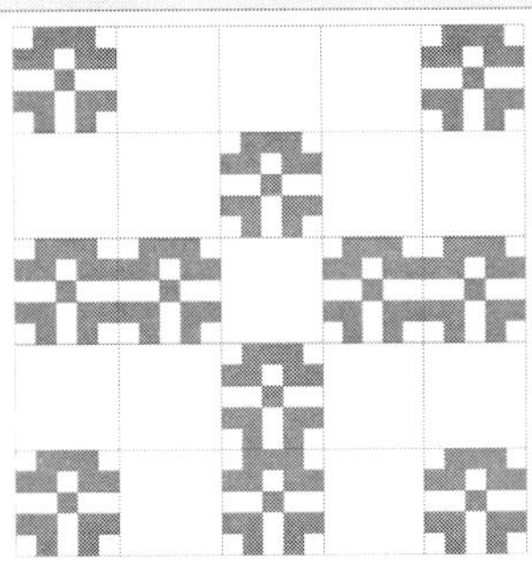

③ $\log_{125} 1694 = 1.54$

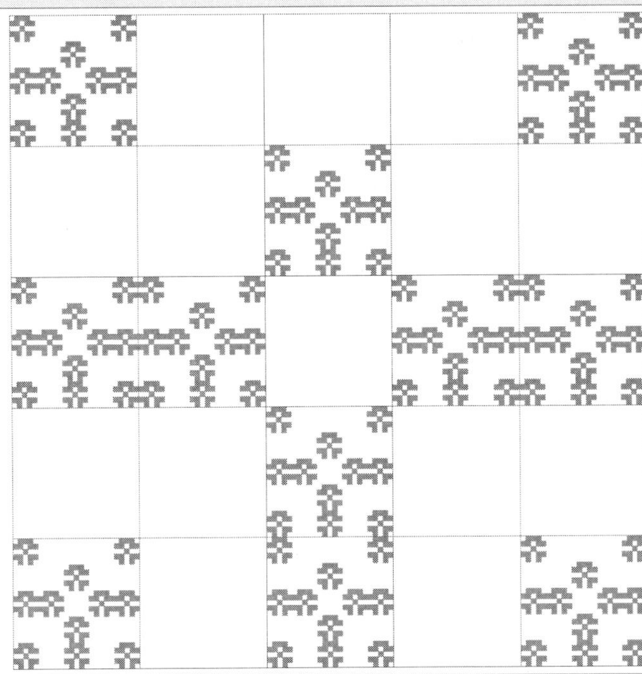

① $\log_5 11 = 1.49$

② $\log_{25} 154 = 1.56$

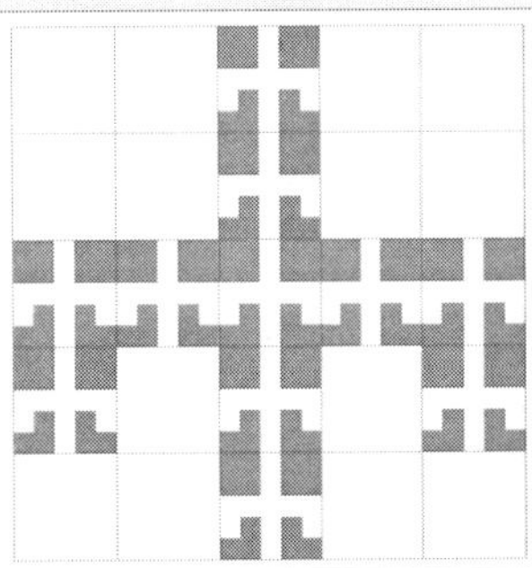

③ $\log_{125} 1694 = 1.54$

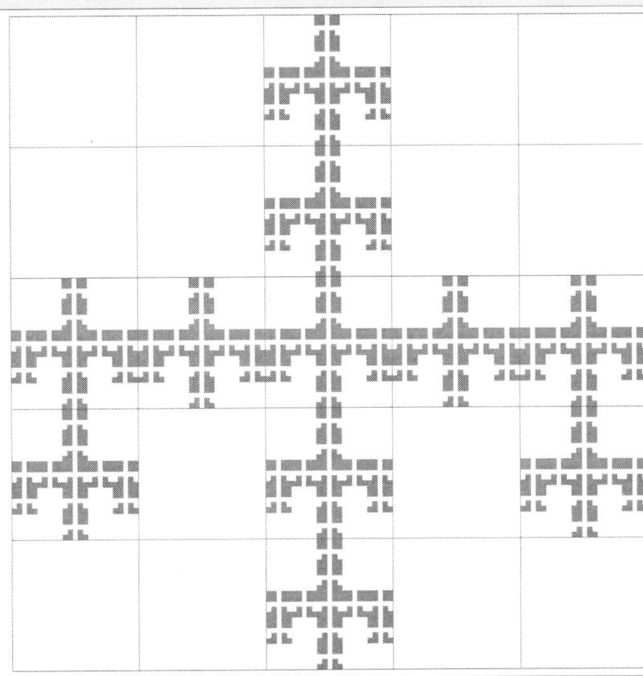

## (7) 1단계 12개

① $\log_5 12 = 1.544$

② $\log_{25} 156 = 1.57$

③ $\log_{125} 1872 = 1.561$

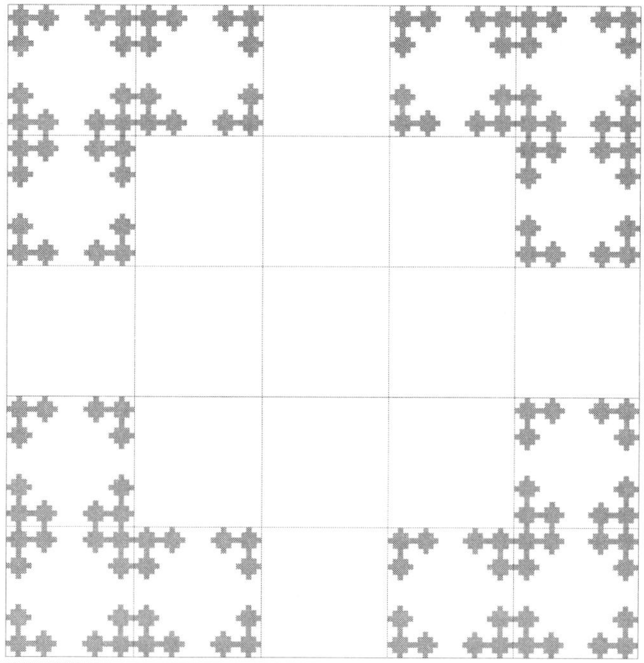

① $\log_5 12 = 1.544$

② $\log_{25} 156 = 1.57$

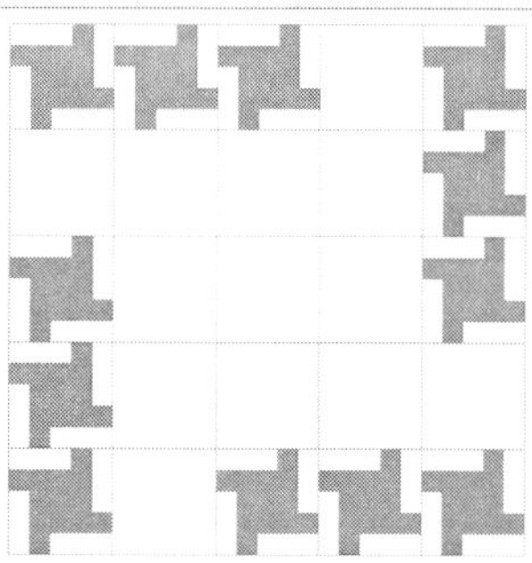

③ $\log_{125} 1872 = 1.561$

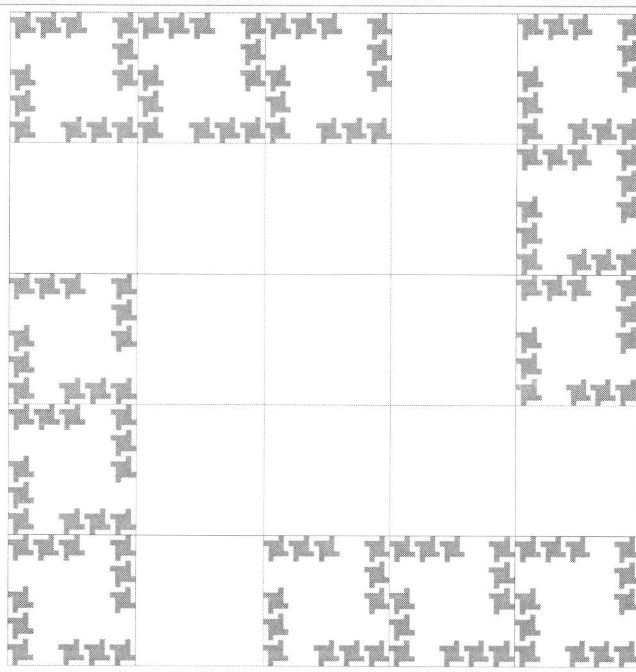

① $\log_5 12 = 1.544$

② $\log_{25} 156 = 1.57$

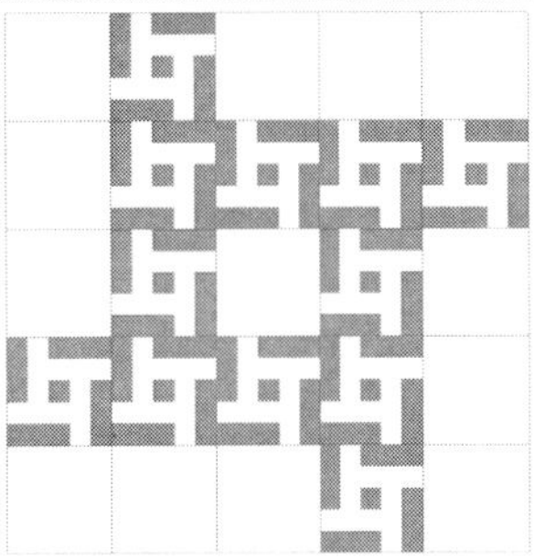

③ $\log_{125} 1872 = 1.561$

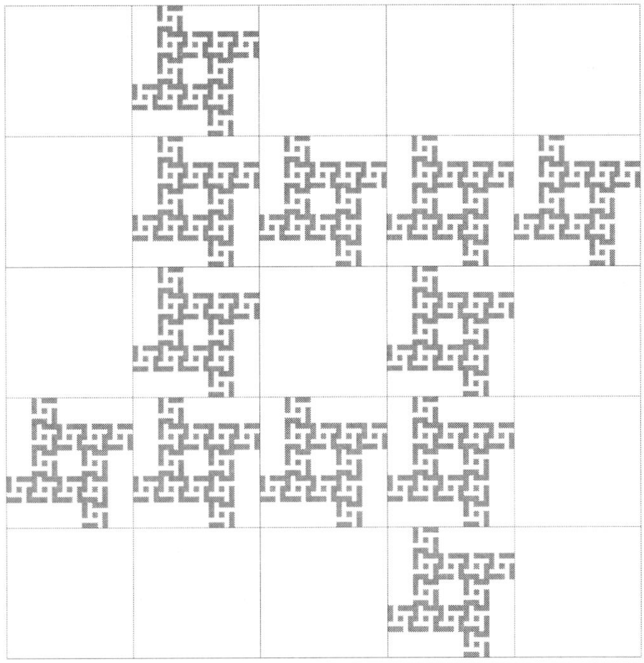

① $\log_5 12 = 1.544$

② $\log_{25} 156 = 1.57$

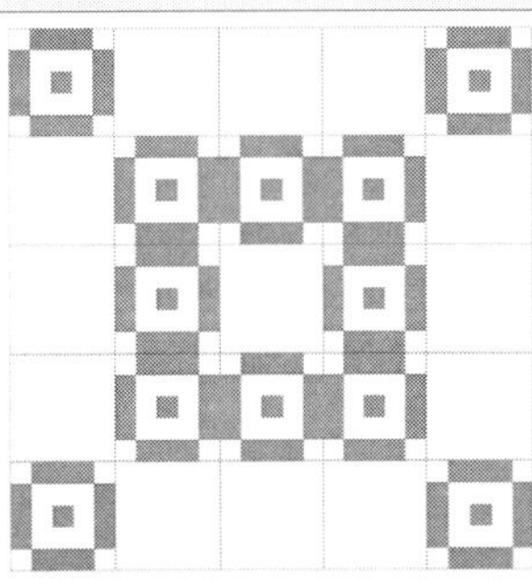

③ $\log_{125} 1872 = 1.561$

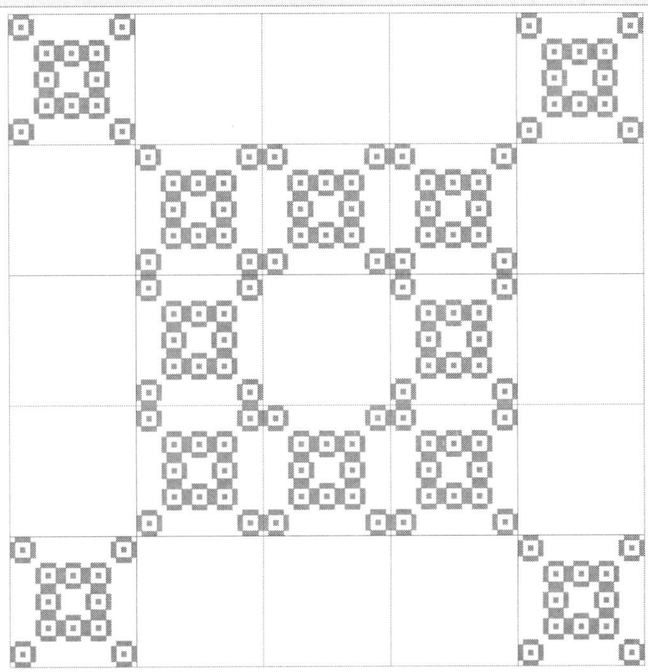

① $\log_5 12 = 1.544$

② $\log_{25} 156 = 1.57$

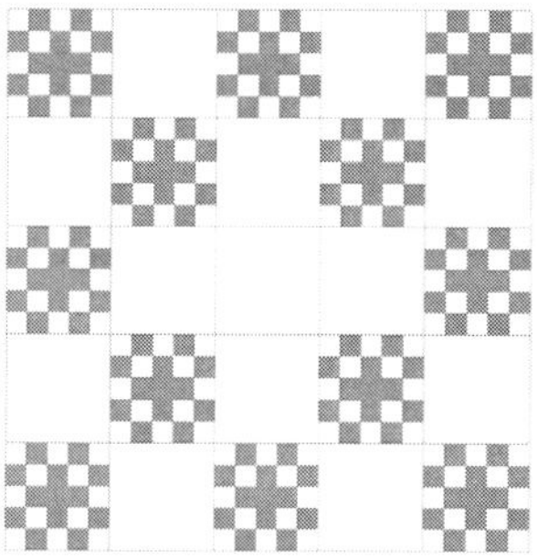

③ $\log_{125} 1872 = 1.561$

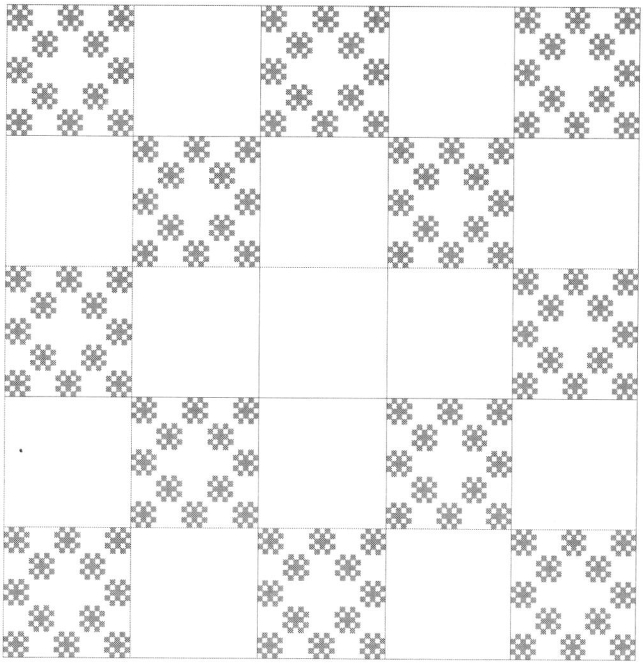

① $\log_5 12 = 1.544$

② $\log_{25} 156 = 1.57$

③ $\log_{125} 1872 = 1.561$

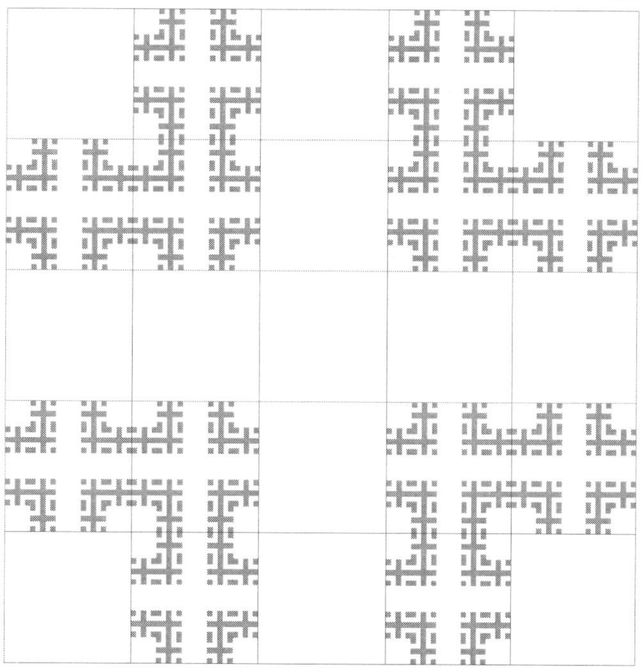

## (8) 1단계 13개

① $\log_5 13 = 1.594$

② $\log_{25} 156 = 1.57$

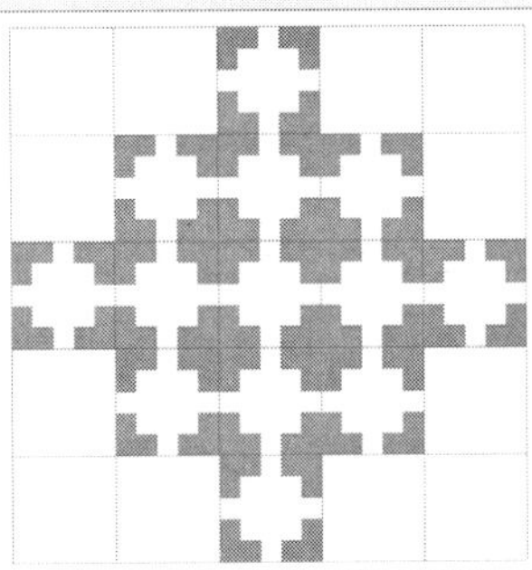

③ $\log_{125} 2028 = 1.577$

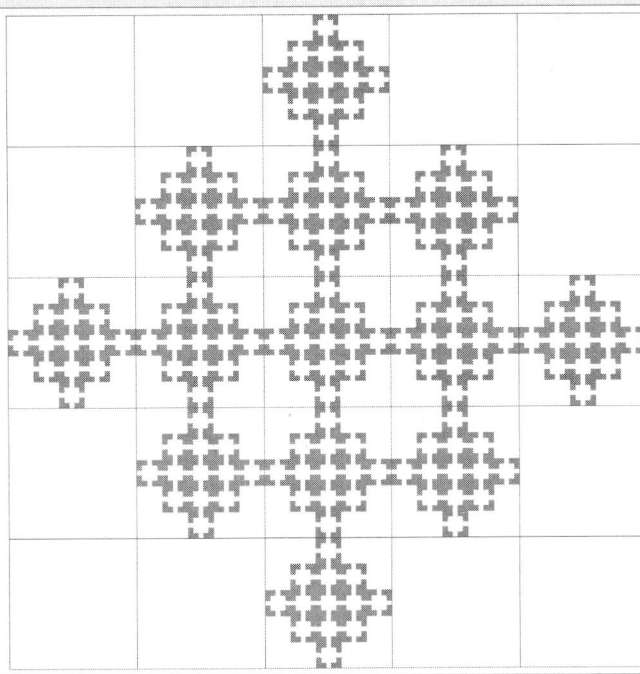

① $\log_5 13 = 1.594$

② $\log_{25} 156 = 1.57$

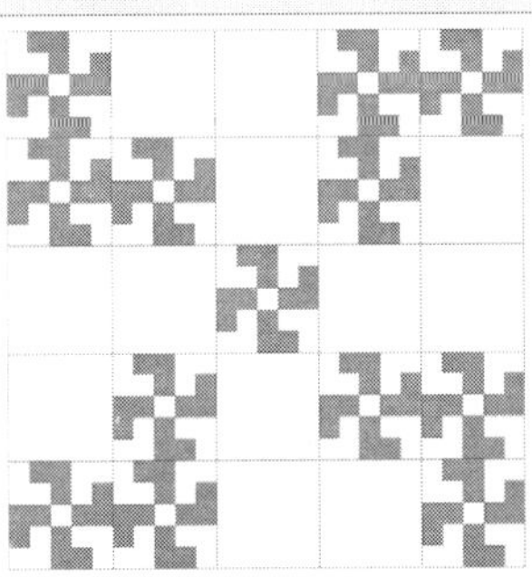

③ $\log_{125} 2028 = 1.577$

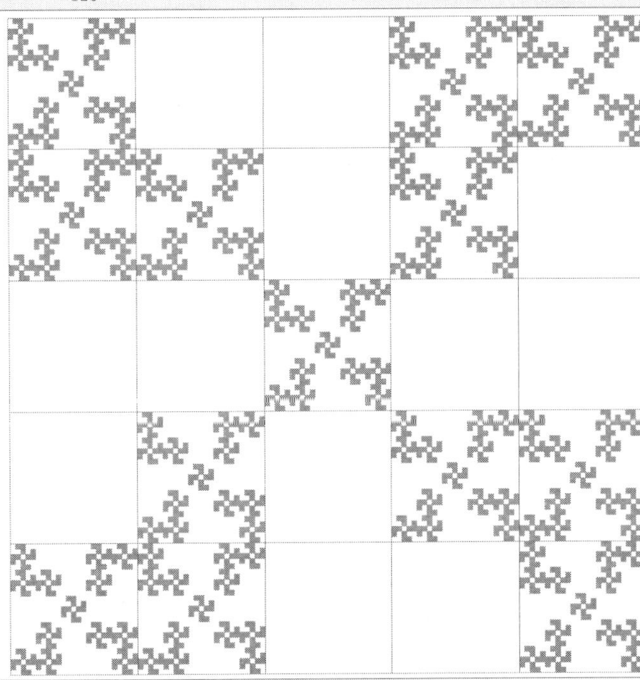

① $\log_5 13 = 1.594$

② $\log_{25} 156 = 1.57$

③ $\log_{125} 2028 = 1.577$

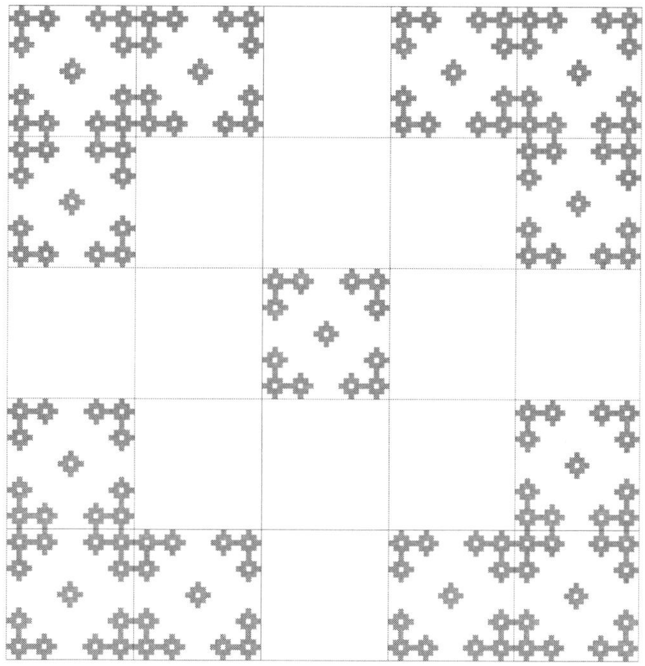

① $\log_5 13 = 1.594$

② $\log_{25} 156 = 1.57$

③ $\log_{125} 2028 = 1.577$

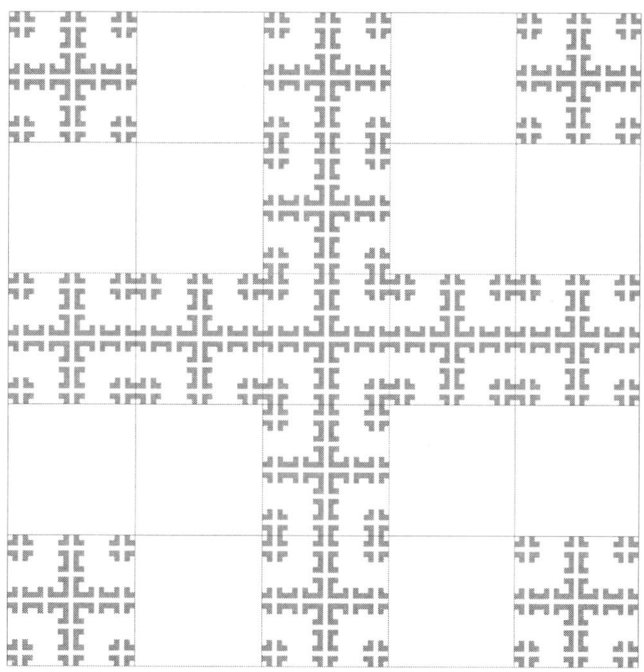

## (9) 1단계 16개

① $\log_5 16 = 1.723$

② $\log_{25} 144 = 1.54$

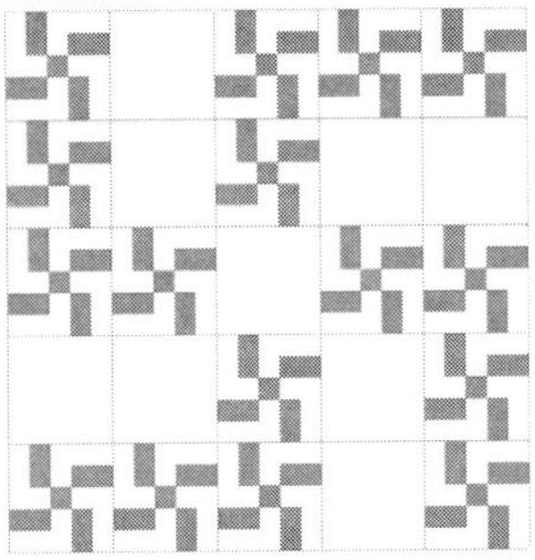

③ $\log_{125} 2304 = 1.604$

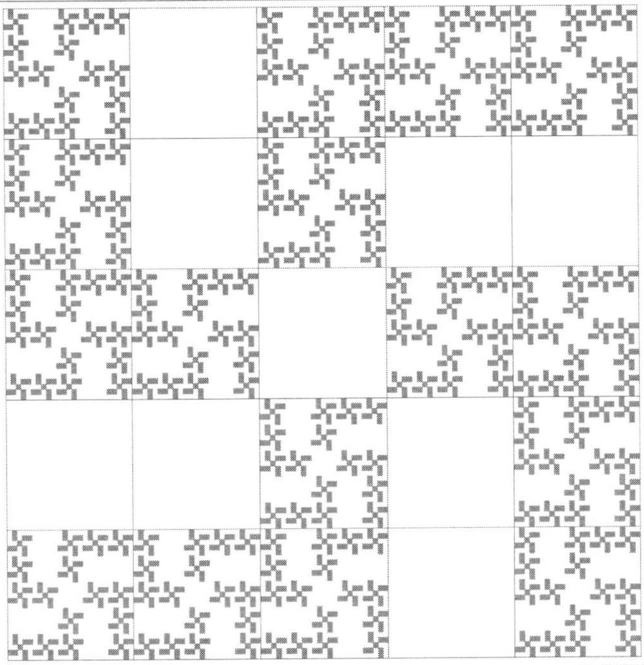

① $\log_5 16 = 1.723$

② $\log_{25} 144 = 1.54$

③ $\log_{125} 2304 = 1.604$

① $\log_5 16 = 1.723$

② $\log_{25} 144 = 1.54$

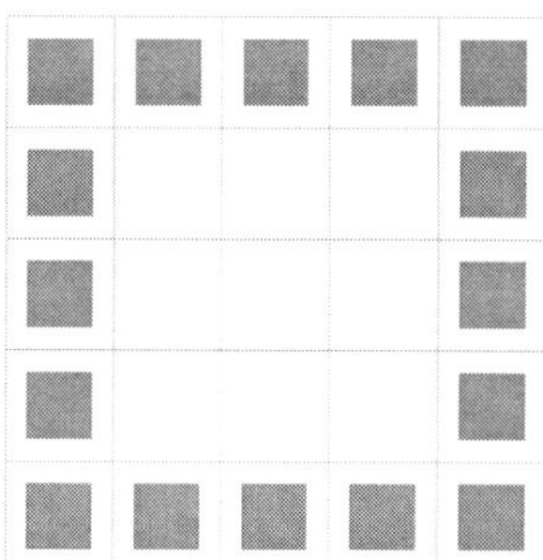

③ $\log_{125} 2304 = 1.604$

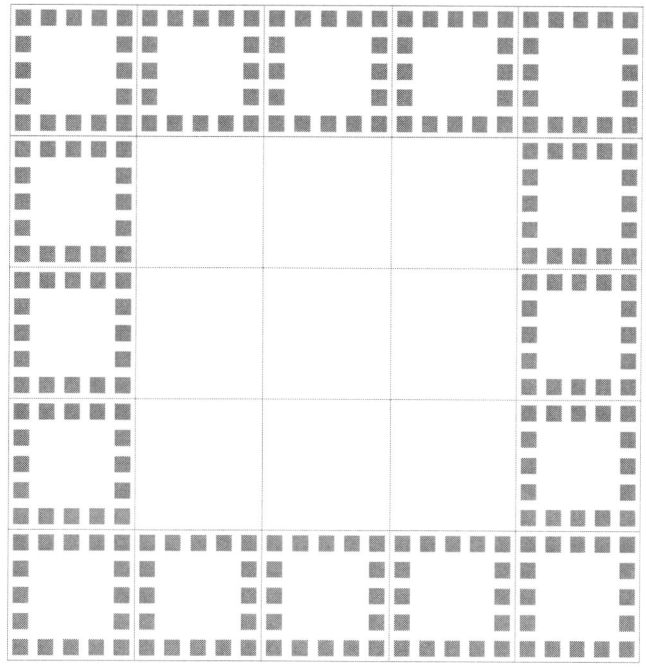

① $\log_5 16 = 1.723$

② $\log_{25} 144 = 1.54$

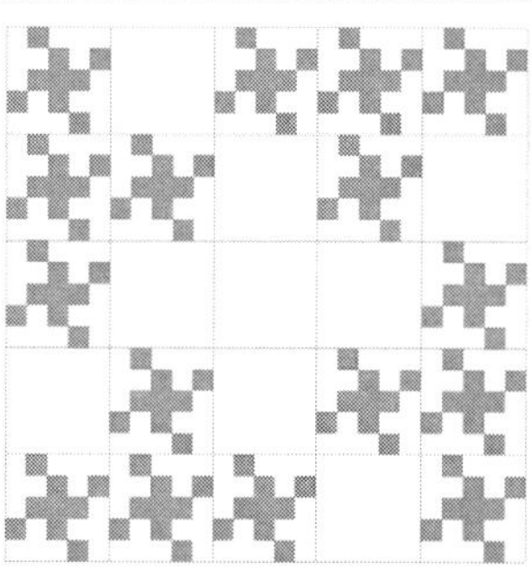

③ $\log_{125} 2304 = 1.604$

## 4 6×6 뺄셈-곱셈 프랙탈

### (1) 1단계 2개

① $\log_6 2 = 0.387$

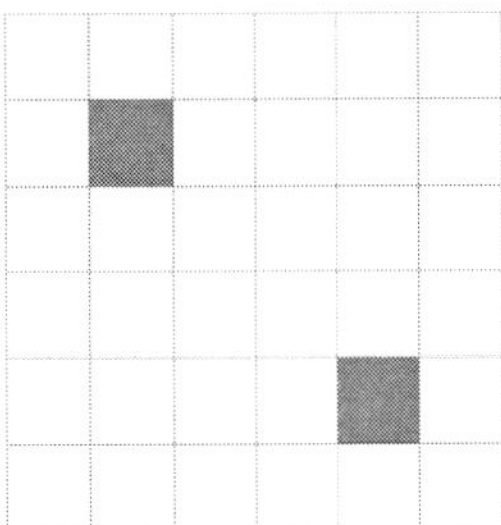

② $\log_{36} 68 = 1.177$

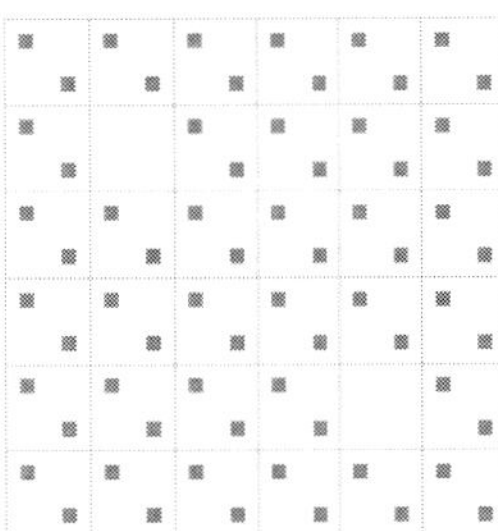

③ $\log_{216} 136 = 0.914$

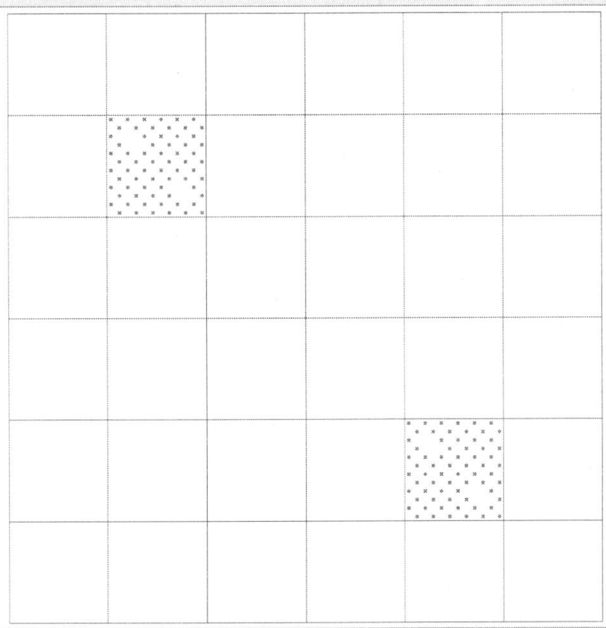

① $\log_6 2 = 0.387$

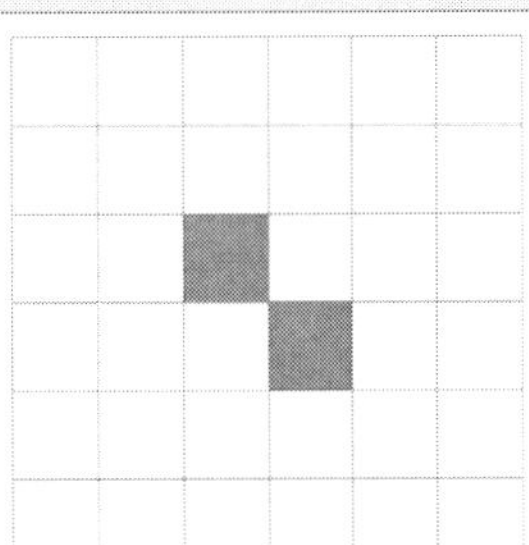

② $\log_{36} 68 = 1.177$

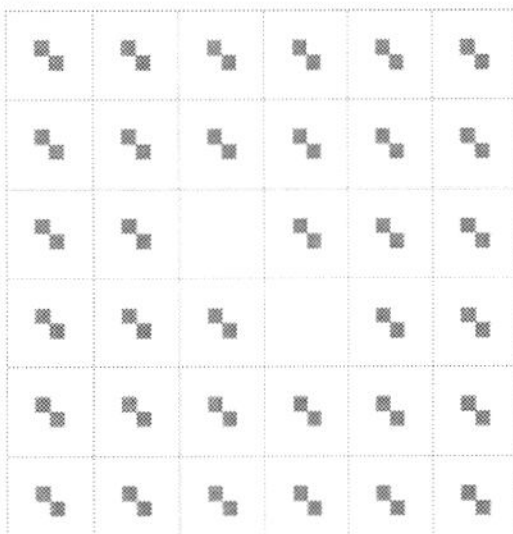

③ $\log_{216} 136 = 0.914$

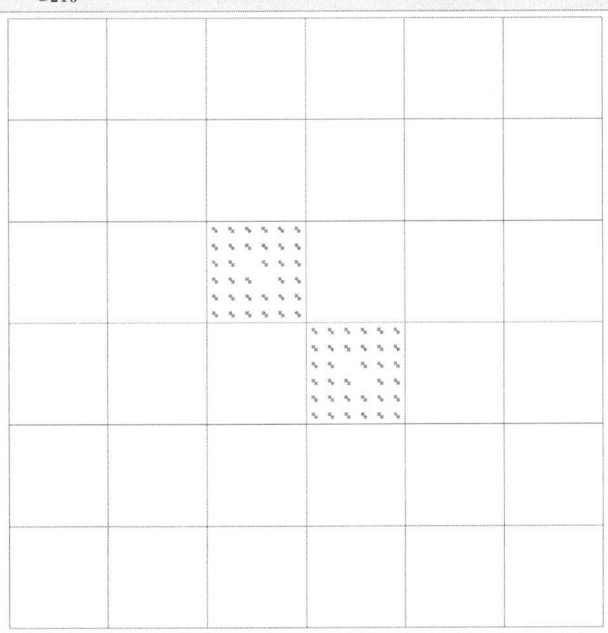

## (2) 1단계 4개

① $\log_6 4 = 0.774$

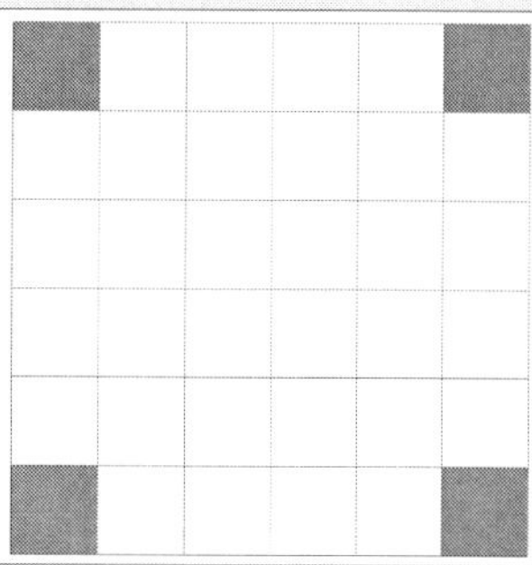

② $\log_{36} 128 = 1.354$

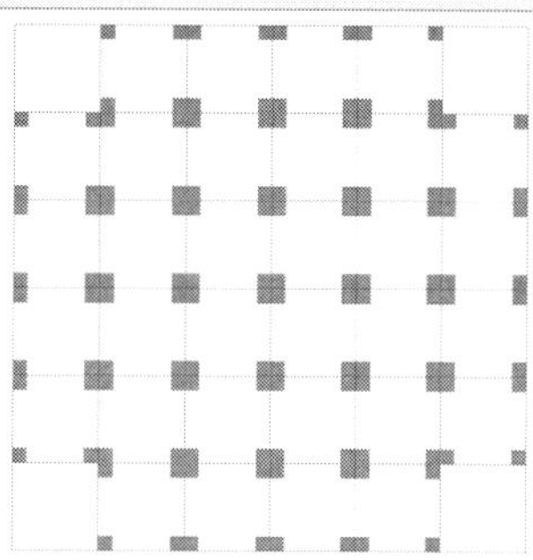

③ $\log_{216} 512 = 1.161$

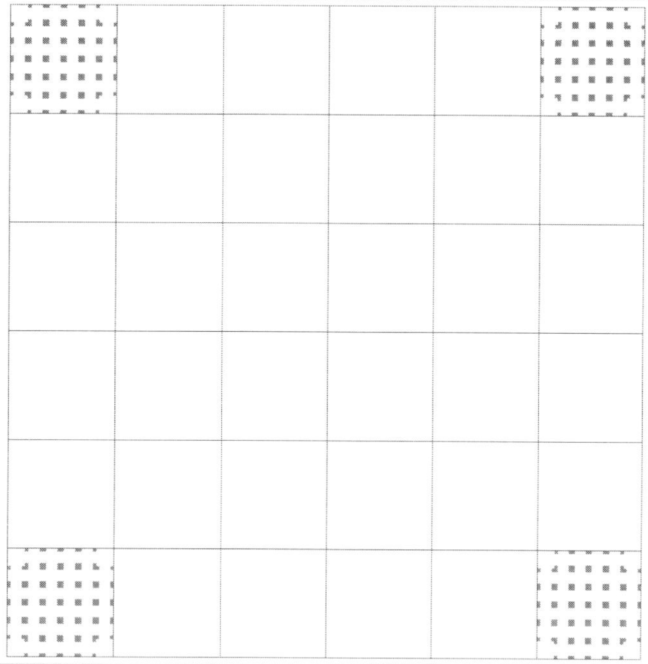

① $\log_6 4 = 0.774$

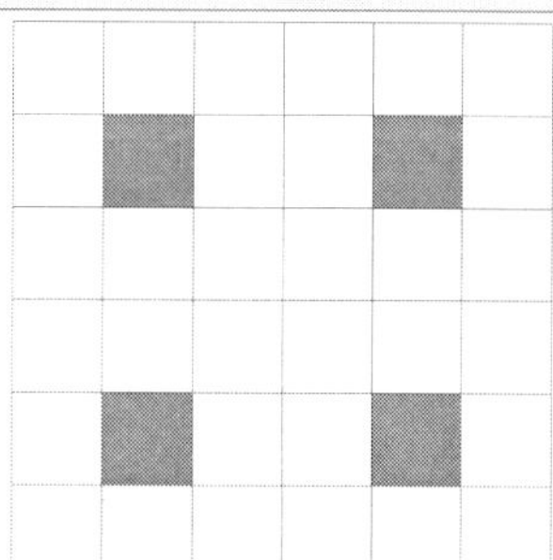

② $\log_{36} 128 = 1.354$

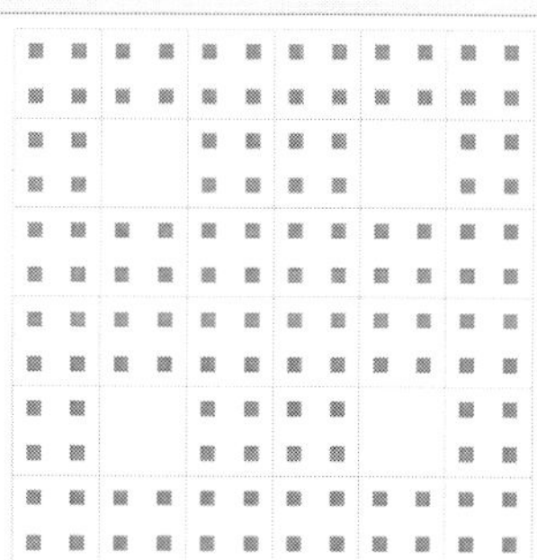

③ $\log_{216} 512 = 1.161$

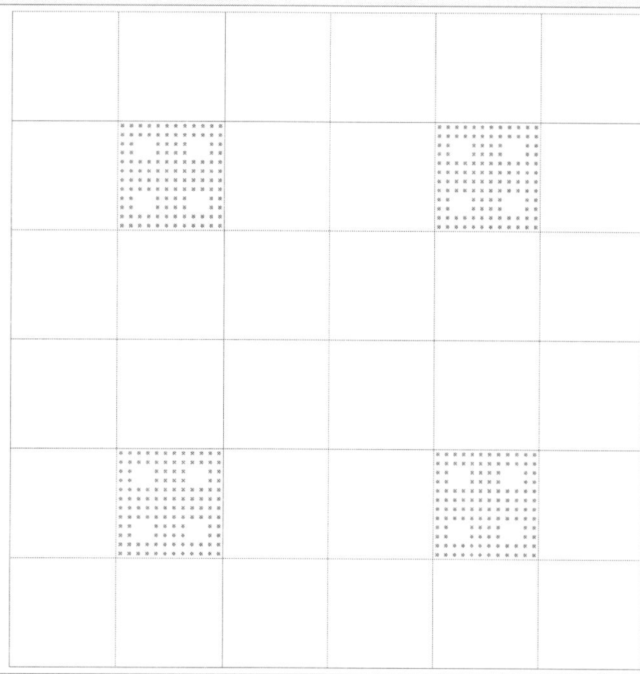

① $\log_6 4 = 0.774$

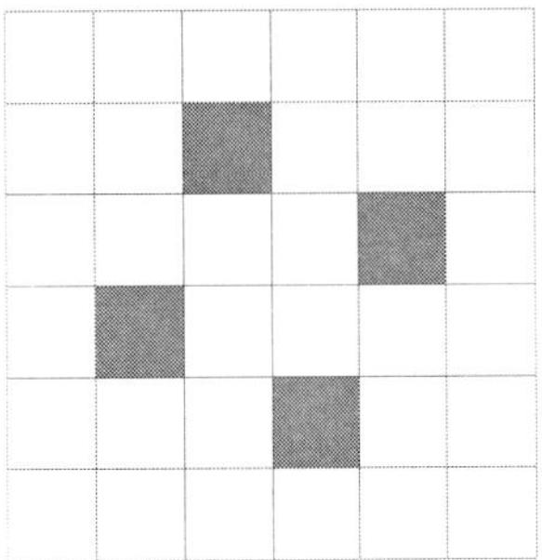

② $\log_{36} 128 = 1.354$

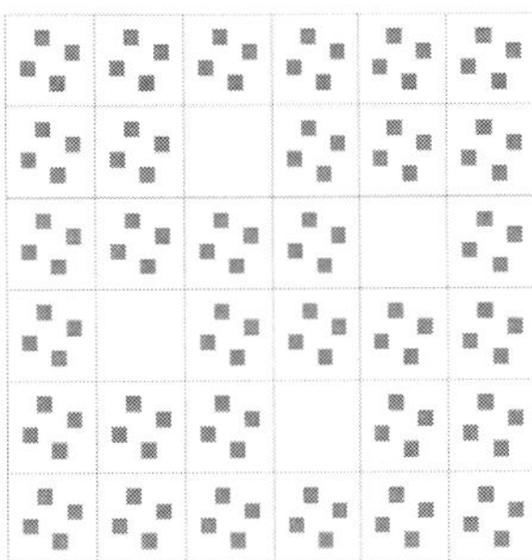

③ $\log_{216} 512 = 1.161$

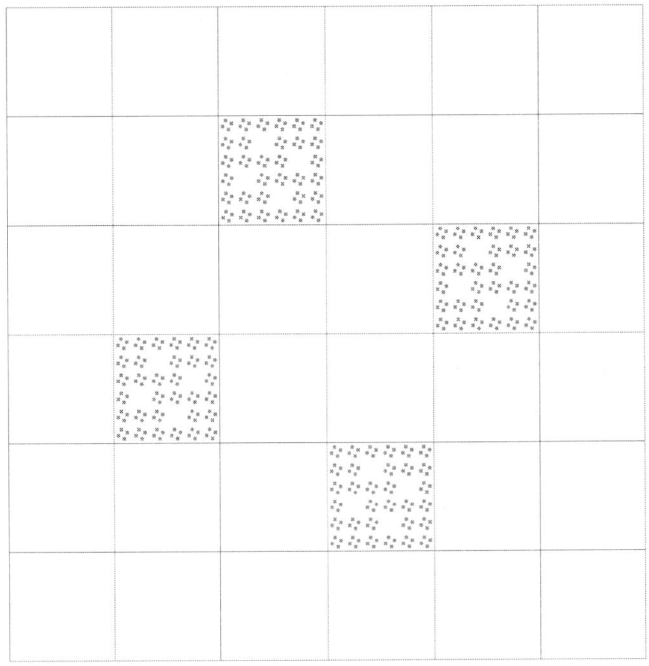

① $\log_6 4 = 0.774$

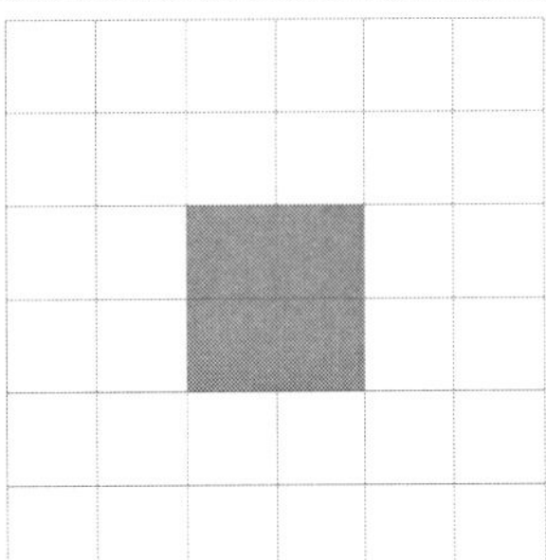

② $\log_{36} 128 = 1.354$

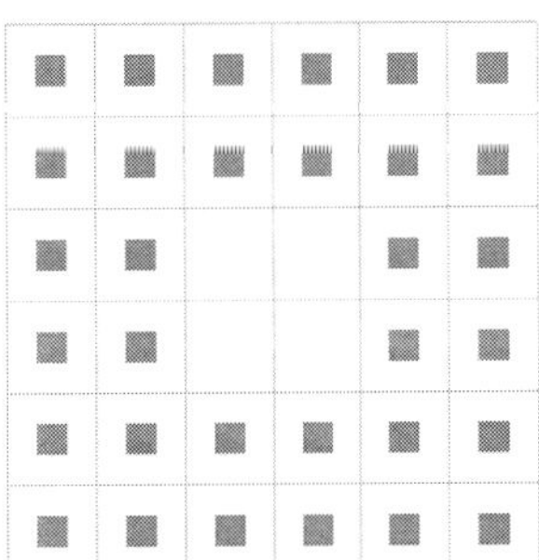

③ $\log_{216} 512 = 1.161$

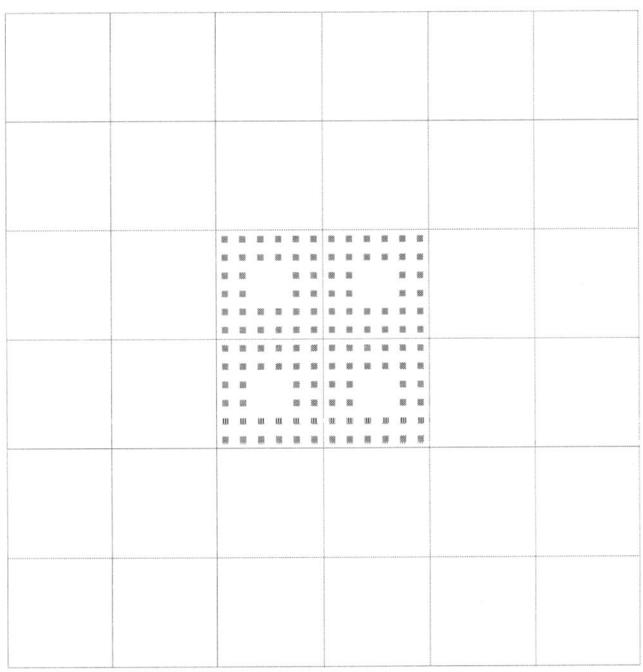

## (3) 1단계 8개

① $\log_6 8 = 1.161$

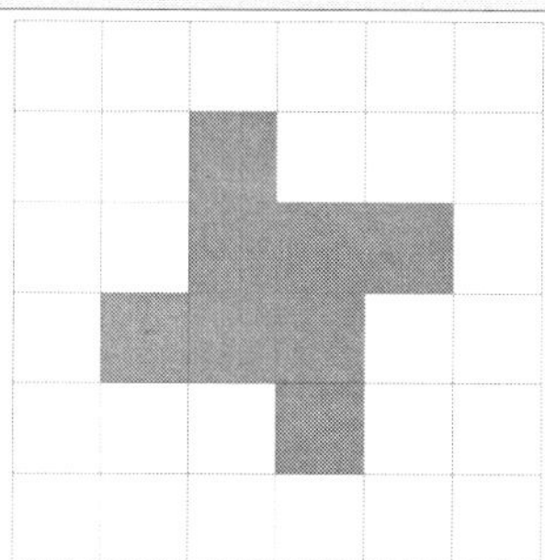

② $\log_{36} 224 = 1.51$

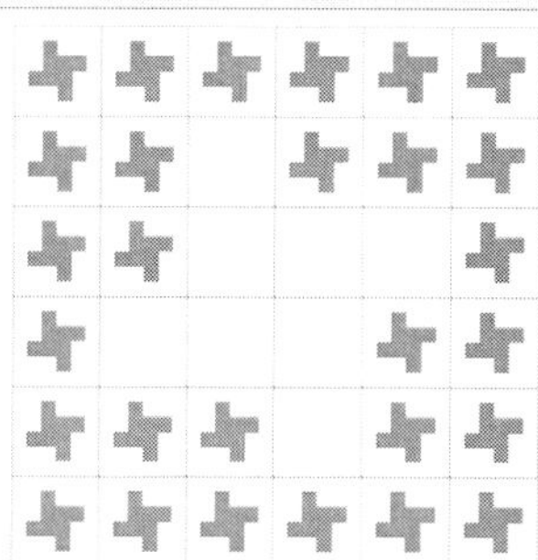

③ $\log_{216} 1792 = 1.394$

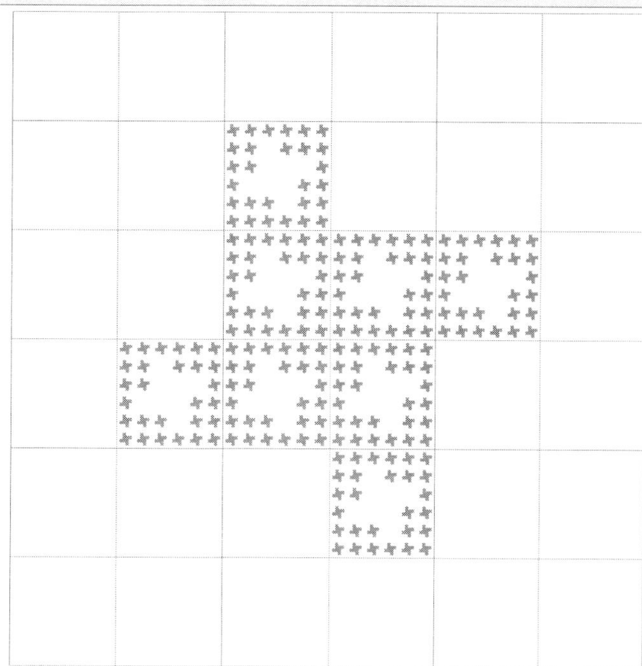

① $\log_6 8 = 1.161$

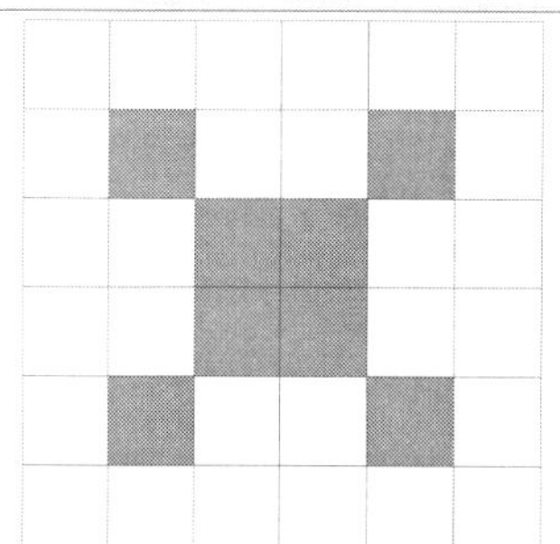

② $\log_{36} 224 = 1.51$

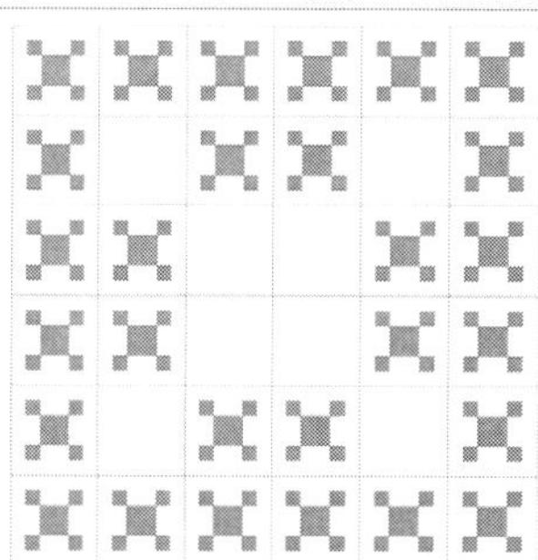

③ $\log_{216} 1792 = 1.394$

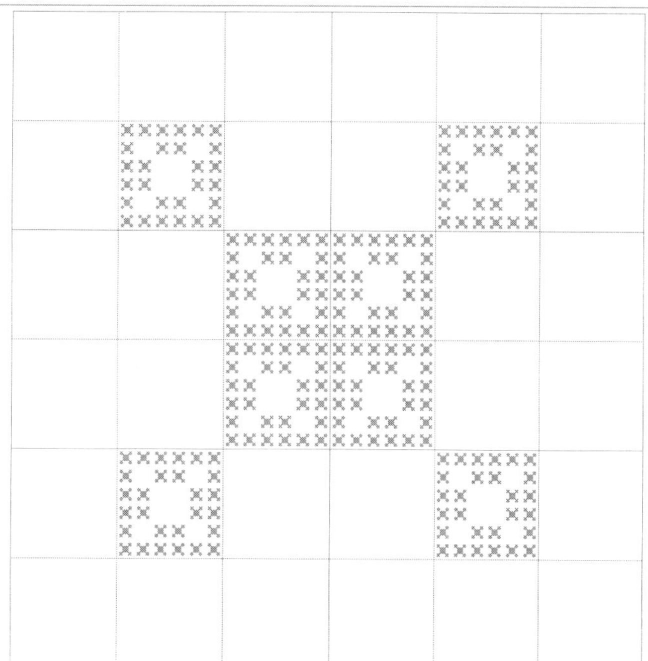

① $\log_{6}8 = 1.161$

② $\log_{36}224 = 1.51$

③ $\log_{216}1792 = 1.394$

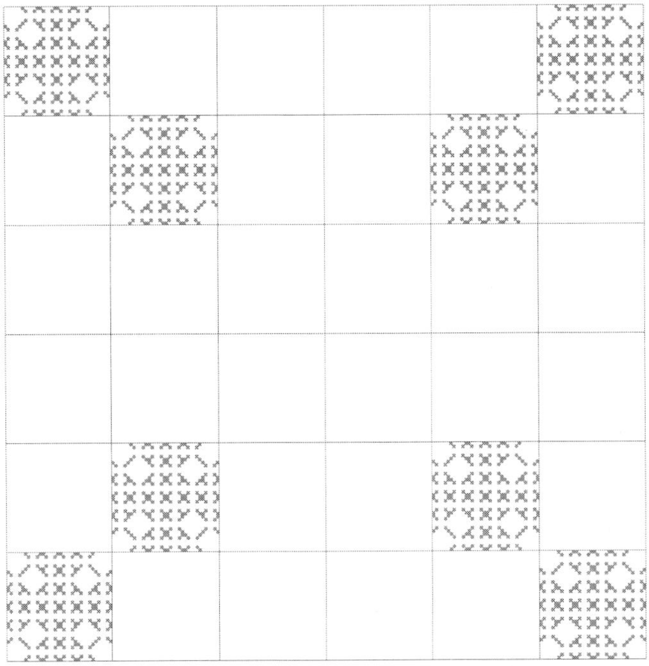

① $\log_{6}8 = 1.161$

② $\log_{36}224 = 1.51$

③ $\log_{216}1792 = 1.394$

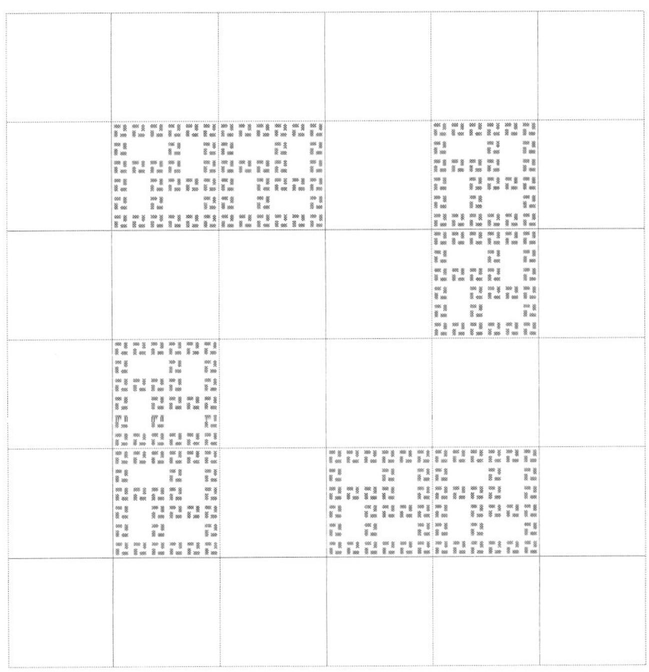

### (4) 1단계 12개

① $\log_{6}12 = 1.387$

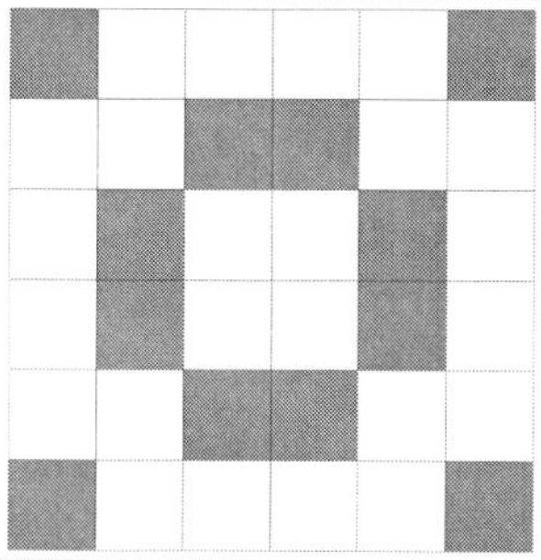

② $\log_{36}288 = 1.58$

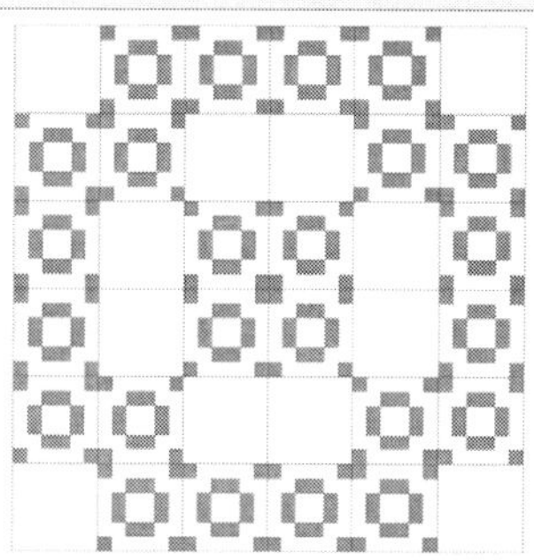

③ $\log_{216}3456 = 1.516$

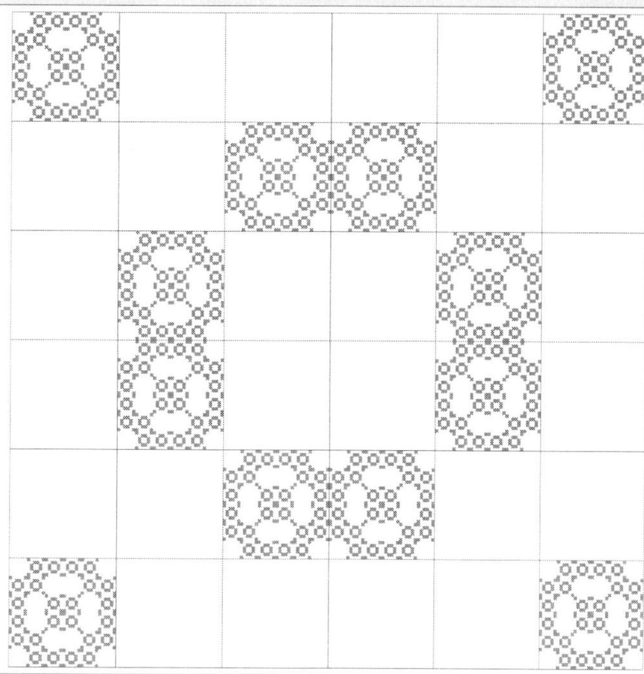

① $\log_{6}12 = 1.387$

② $\log_{36}288 = 1.58$

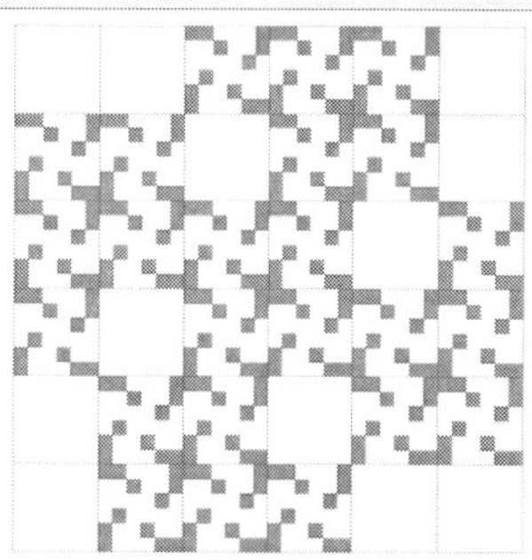

③ $\log_{216}3456 = 1.516$

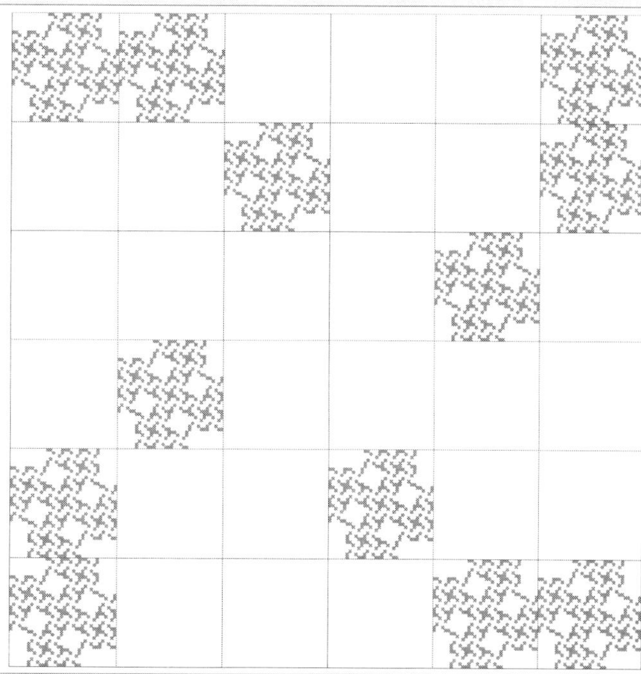

① $\log_{6}12 = 1.387$

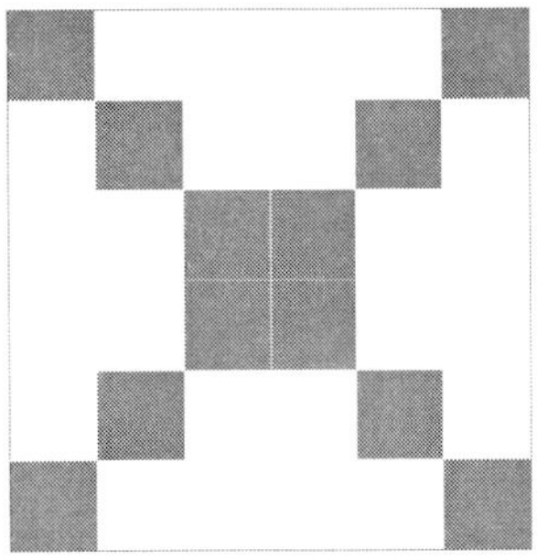

② $\log_{36}288 = 1.58$

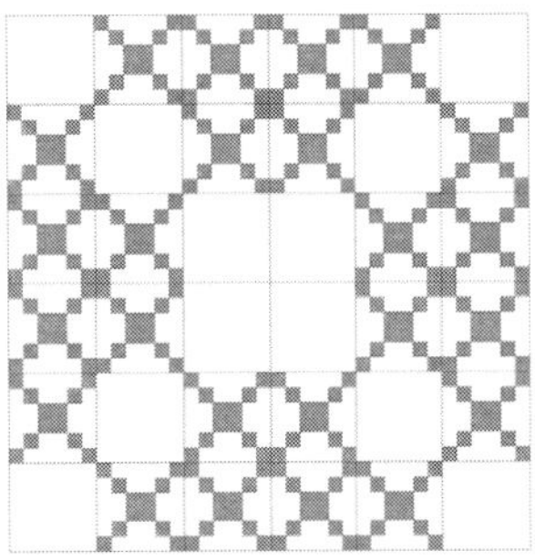

③ $\log_{216}3456 = 1.516$

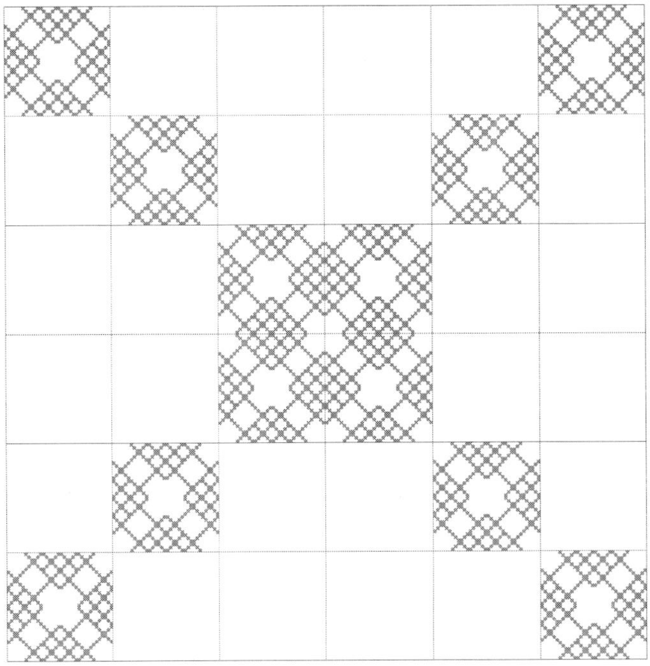

① $\log_{6}12 = 1.387$

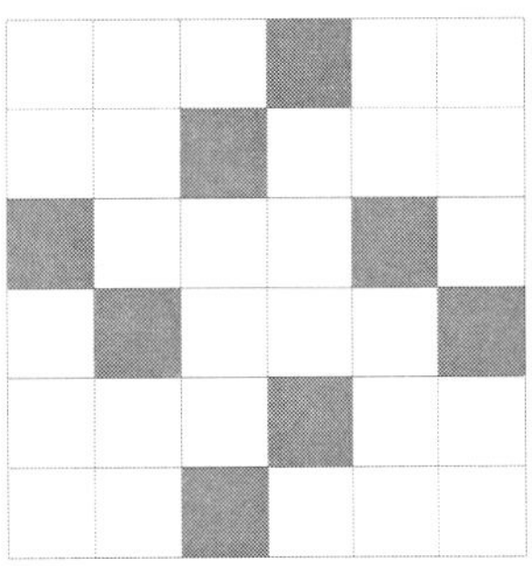

② $\log_{36}288 = 1.58$

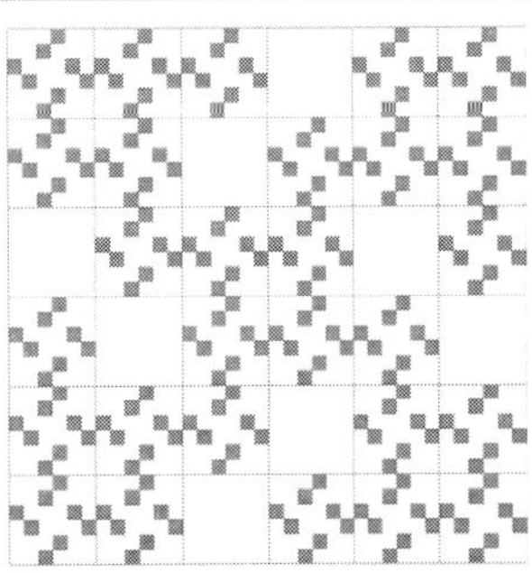

③ $\log_{216}3456 = 1.516$

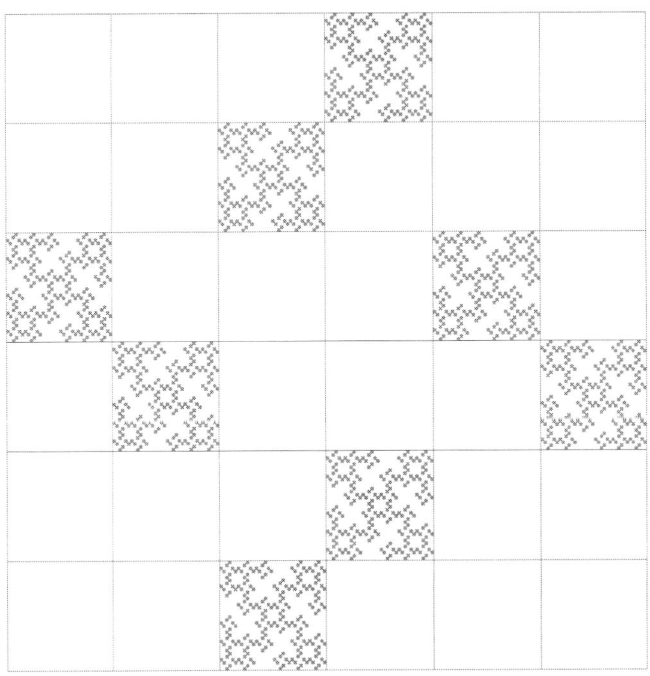

### (5) 1단계 16개

① $\log_6 16 = 1.547$

② $\log_{36} 320 = 1.61$

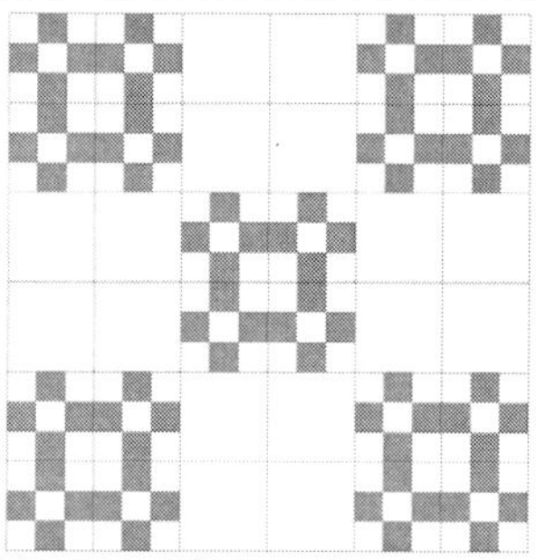

③ $\log_{216} 5120 = 1.589$

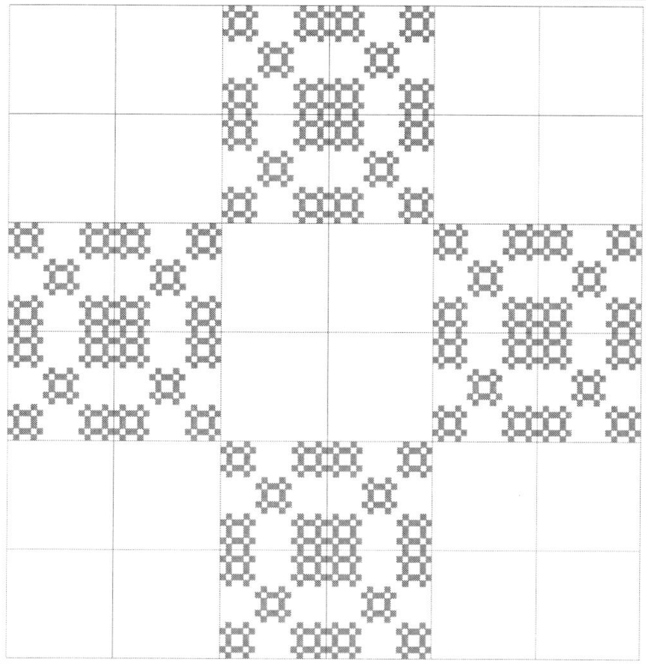

① $\log_6 16 = 1.547$

② $\log_{36} 320 = 1.61$

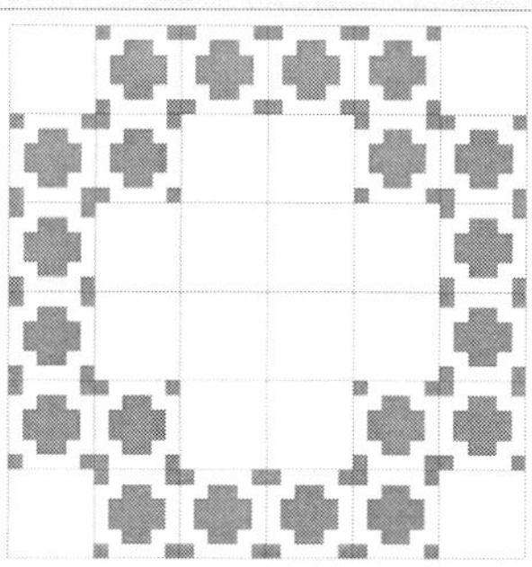

③ $\log_{216} 5120 = 1.589$

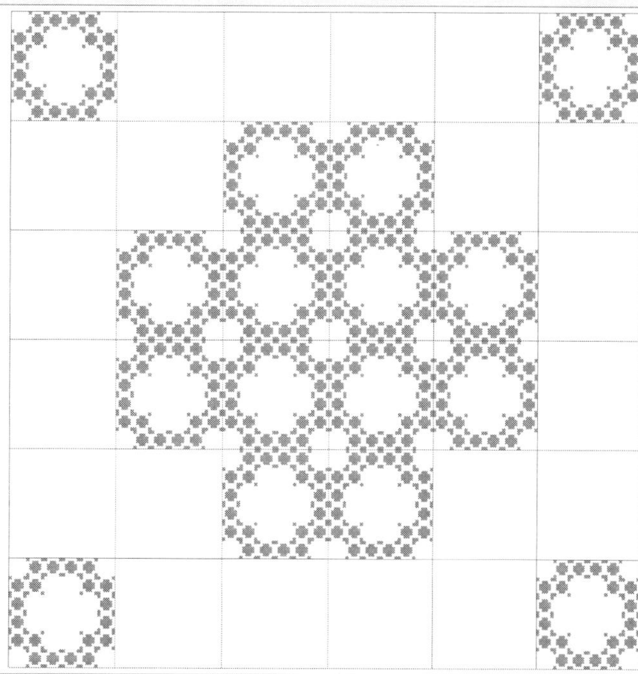

① $\log_6 16 = 1.547$

② $\log_{36} 320 = 1.61$

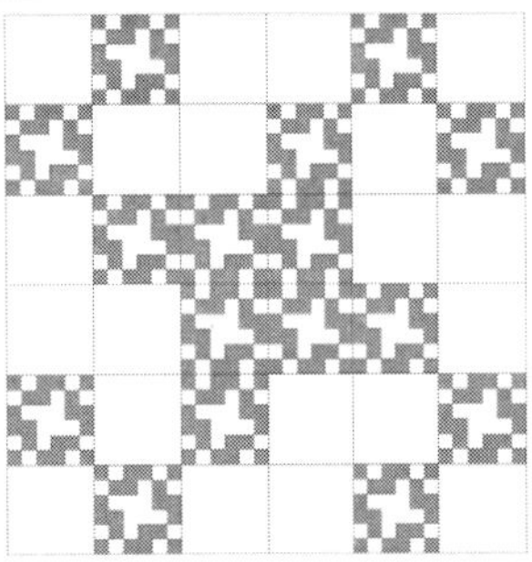

③ $\log_{216} 5120 = 1.589$

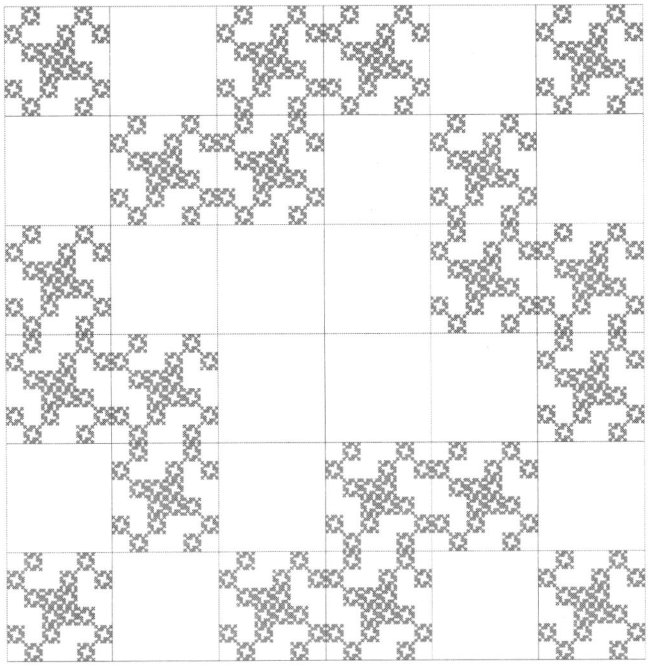

① $\log_6 16 = 1.547$

② $\log_{36} 320 = 1.61$

③ $\log_{216} 5120 = 1.589$

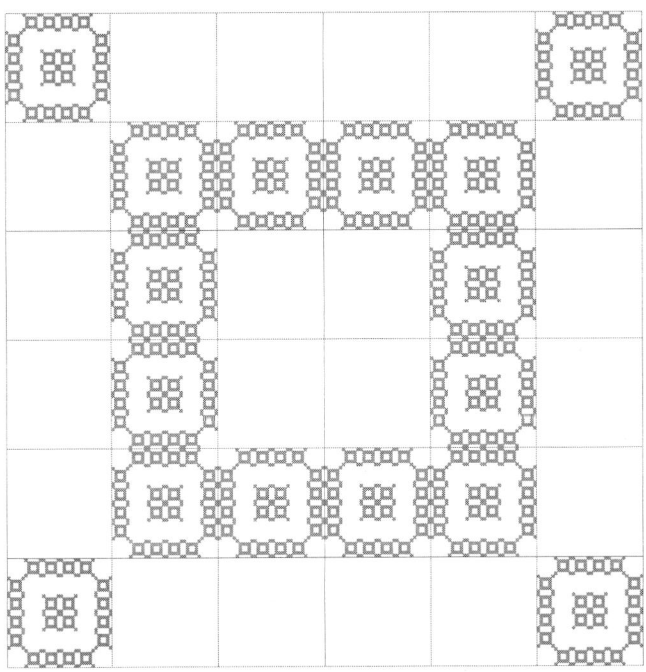

## (6) 1단계 20개

① $\log_{6}20 = 1.762$

② $\log_{36}1040 = 1.939$

③ $\log_{216}20800 = 1.85$

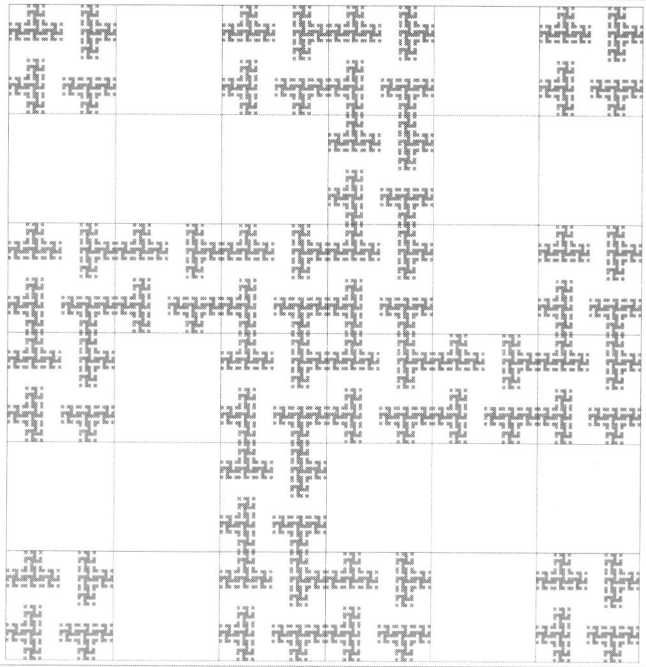

① $\log_{6}20 = 1.762$

② $\log_{36}1040 = 1.939$

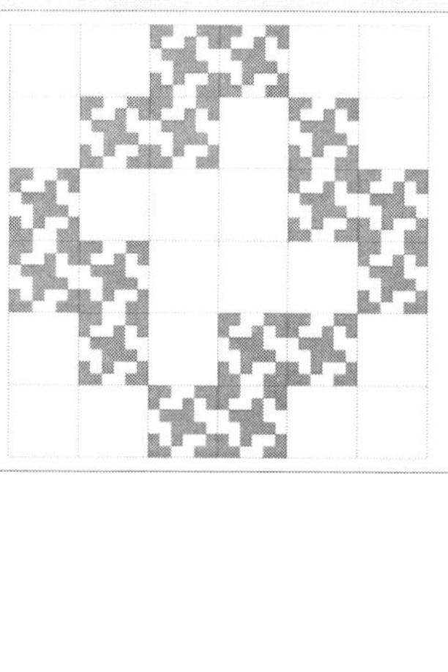

③ $\log_{216}20800 = 1.85$

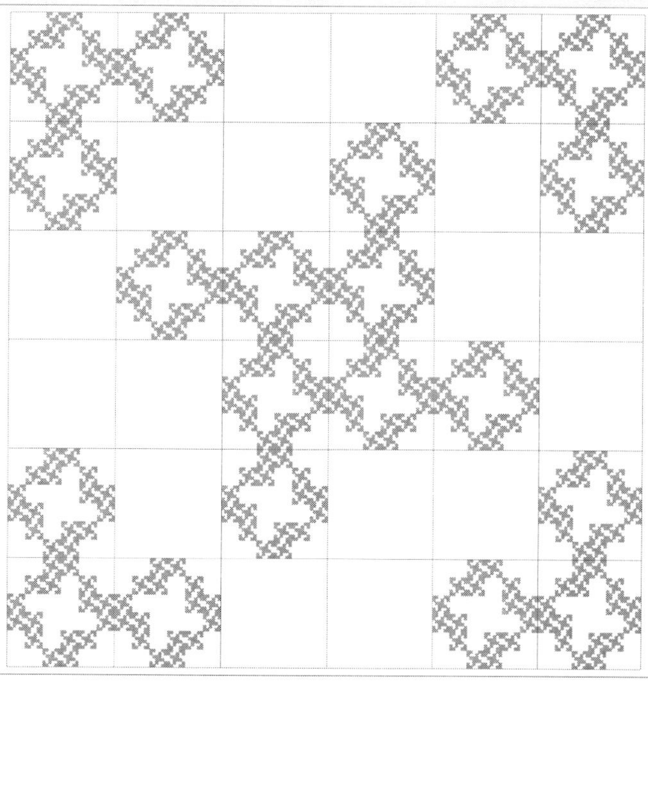

### (7) 1단계 24개

① $\log_6 24 = 1.774$

② $\log_{36} 288 = 1.58$

③ $\log_{216} 6912 = 1.645$

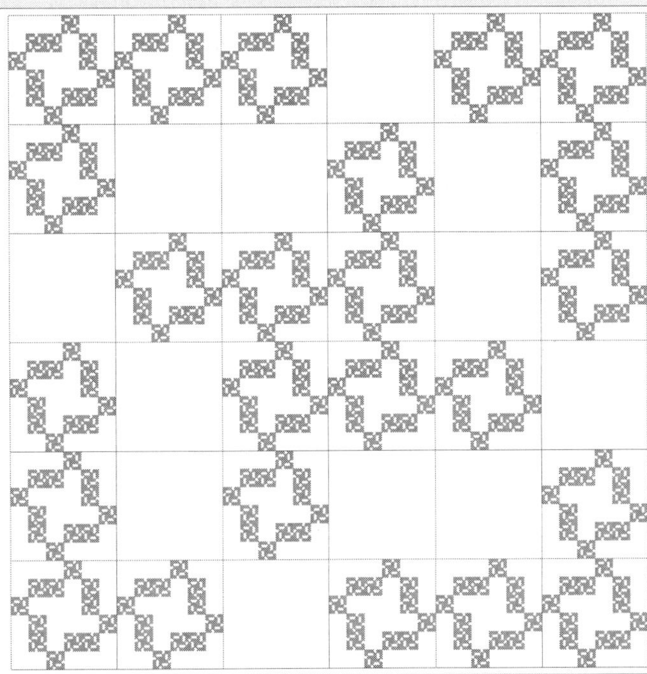

① $\log_6 24 = 1.774$

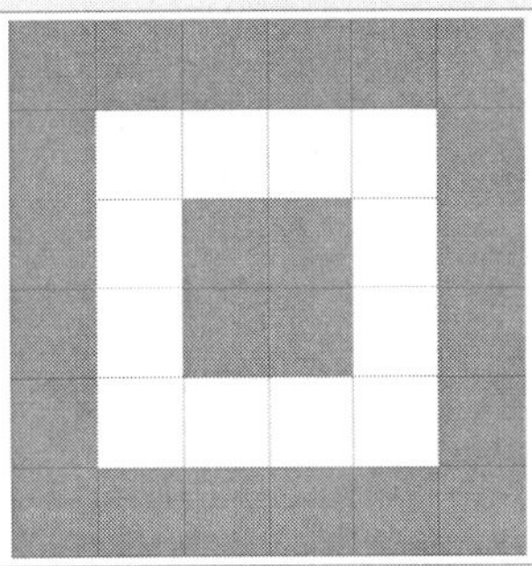

② $\log_{36} 288 = 1.58$

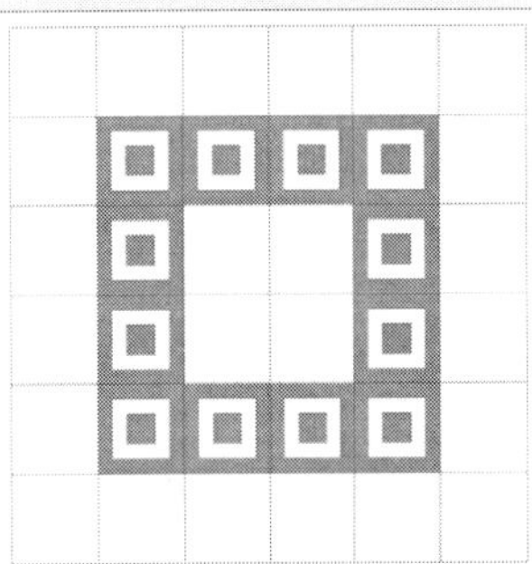

③ $\log_{216} 6912 = 1.645$

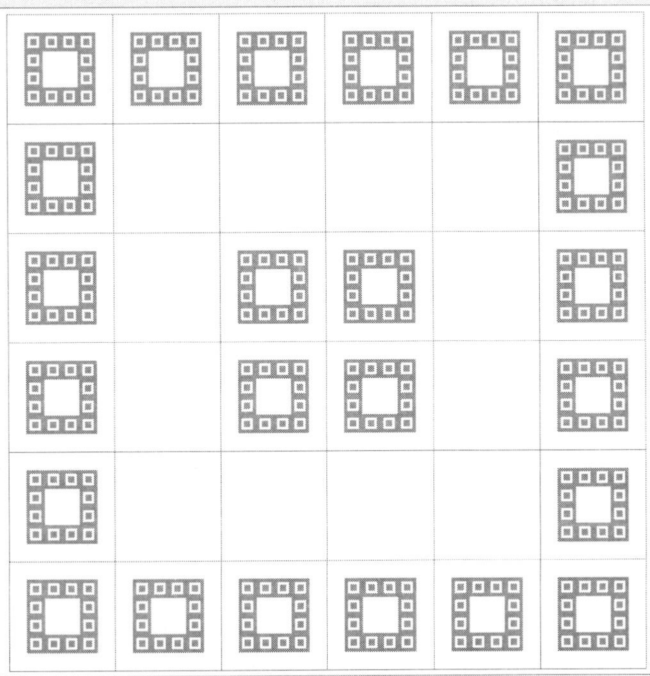

## (8) 1단계 28개

① $\log_6 28 = 1.86$

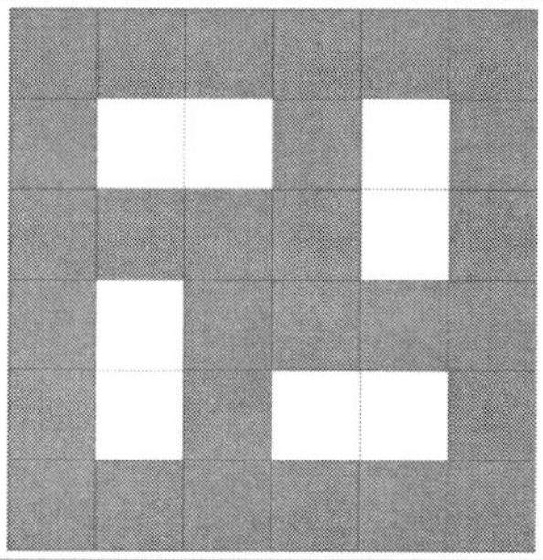

② $\log_{36} 224 = 1.51$

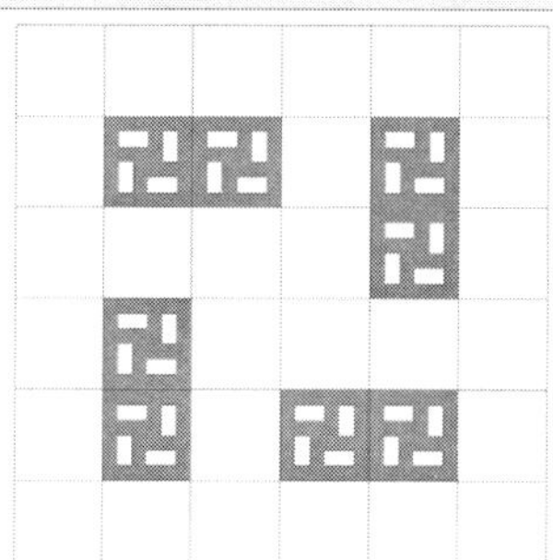

③ $\log_{216} 6272 = 1.627$

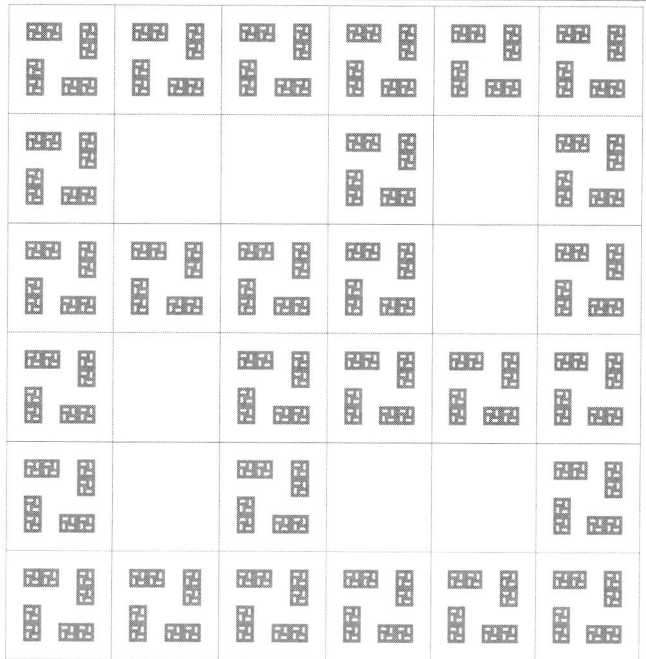

① $\log_6 28 = 1.86$

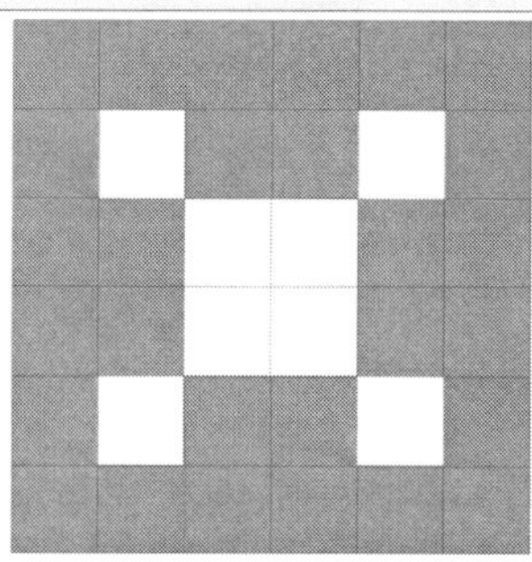

② $\log_{36} 224 = 1.51$

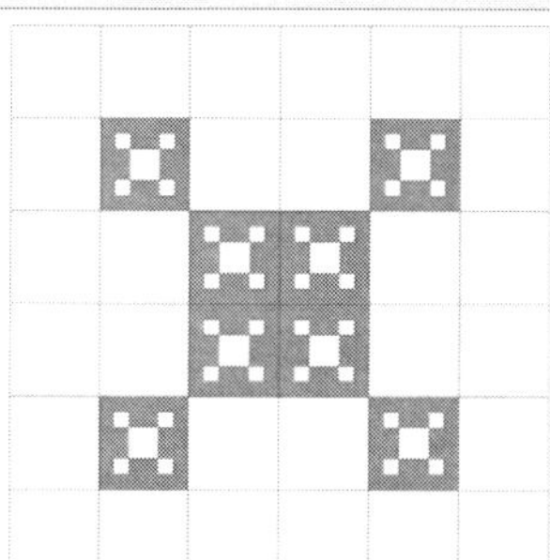

③ $\log_{216} 6272 = 1.627$

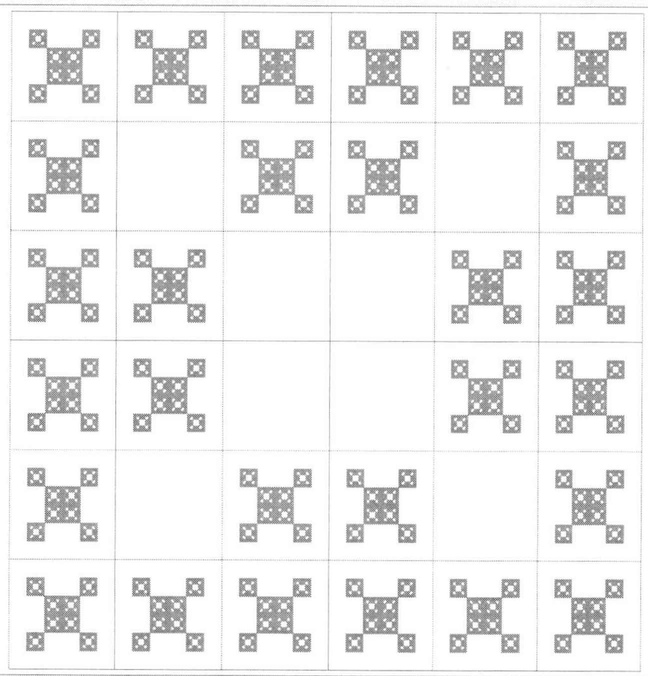

## 5 7×7 뺄셈-곱셈 프랙탈

### (1) 1단계 9개

① $\log_{7}9 = 1.129$

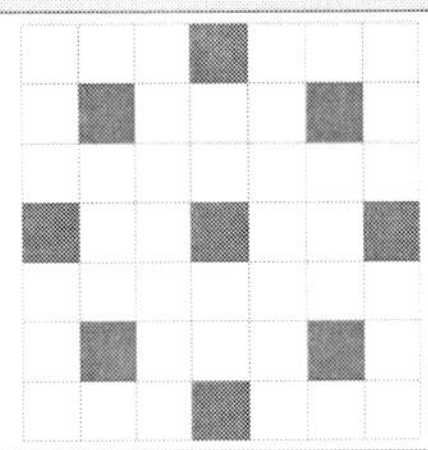

② $\log_{49}360 = 1.512$

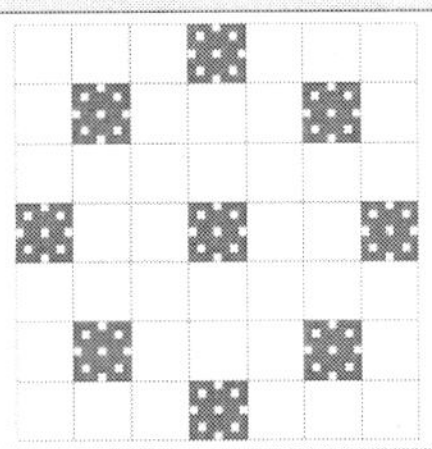

③ $\log_{343}3240 = 1.385$

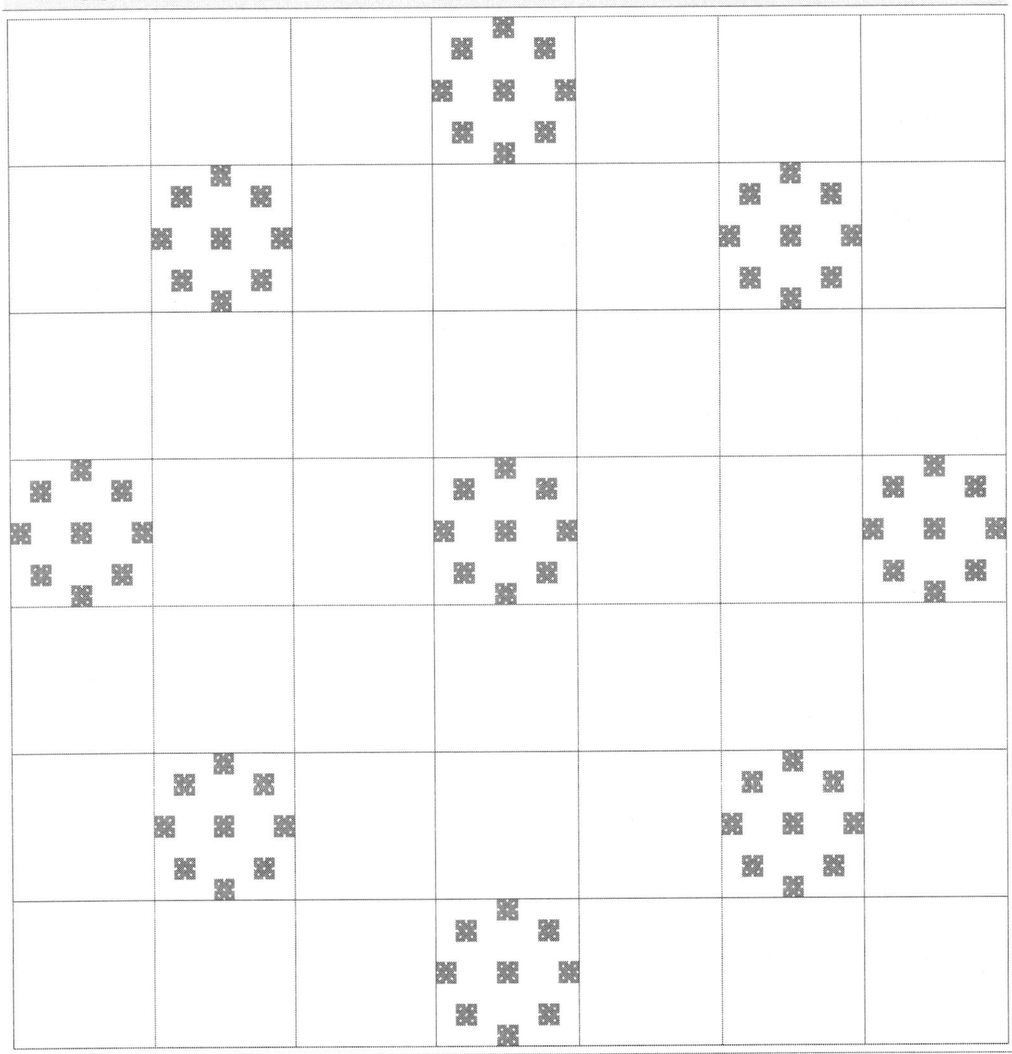

① $\log_7 9 = 1.129$

② $\log_{49} 360 = 1.512$

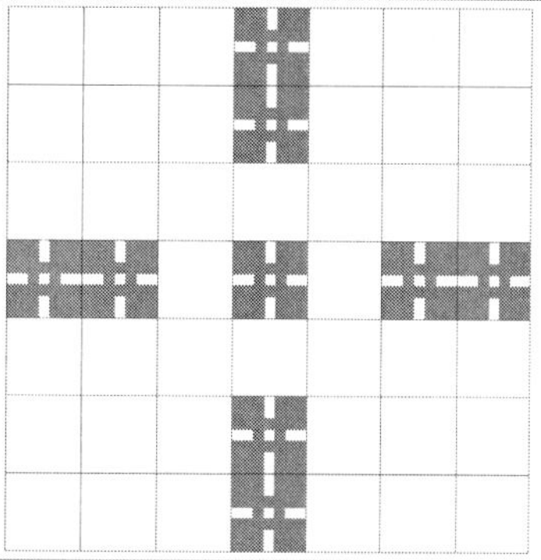

③ $\log_{343} 3240 = 1.385$

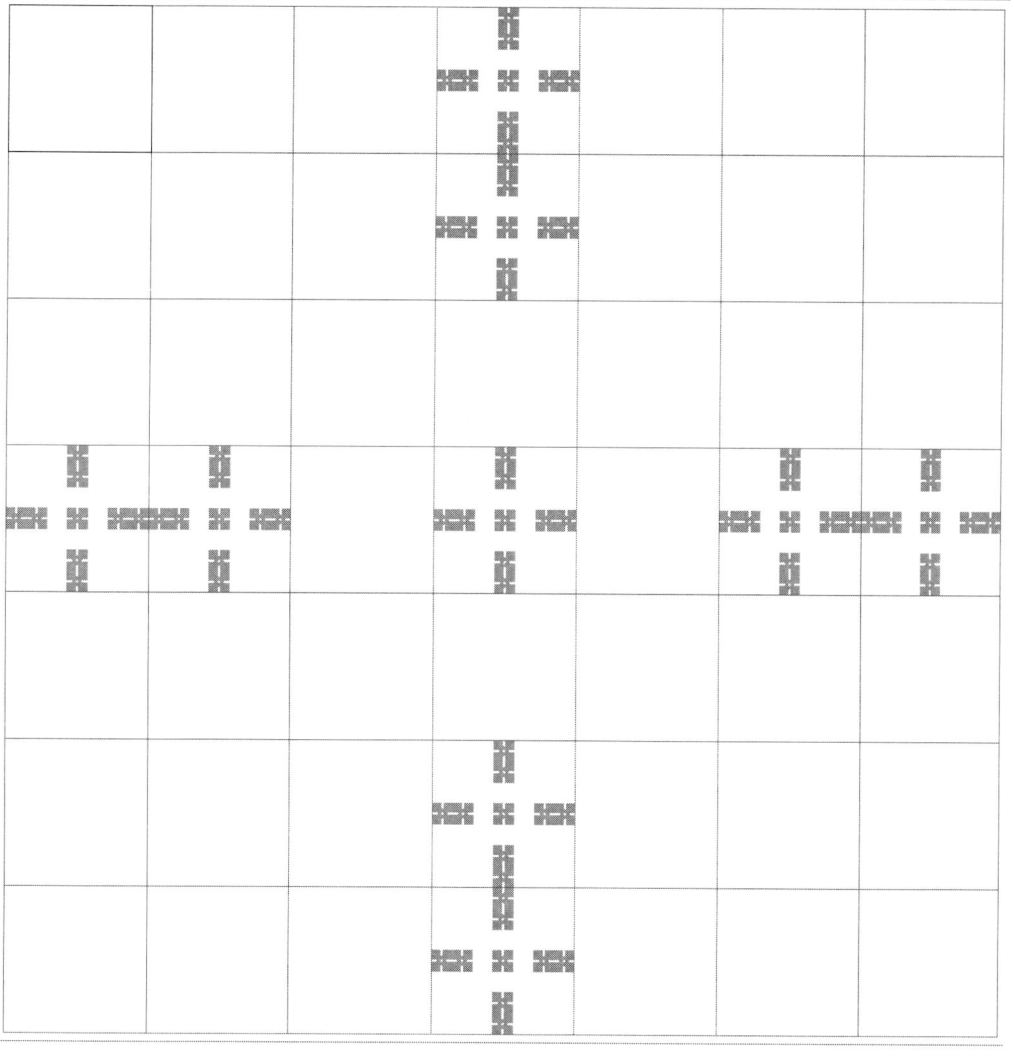

(2) 1단계 10개

| ① $\log_7 10 = 1.183$ | ② $\log_{49} 390 = 1.533$ |
|---|---|
|  |  |

③ $\log_{343} 390 = 1.416$

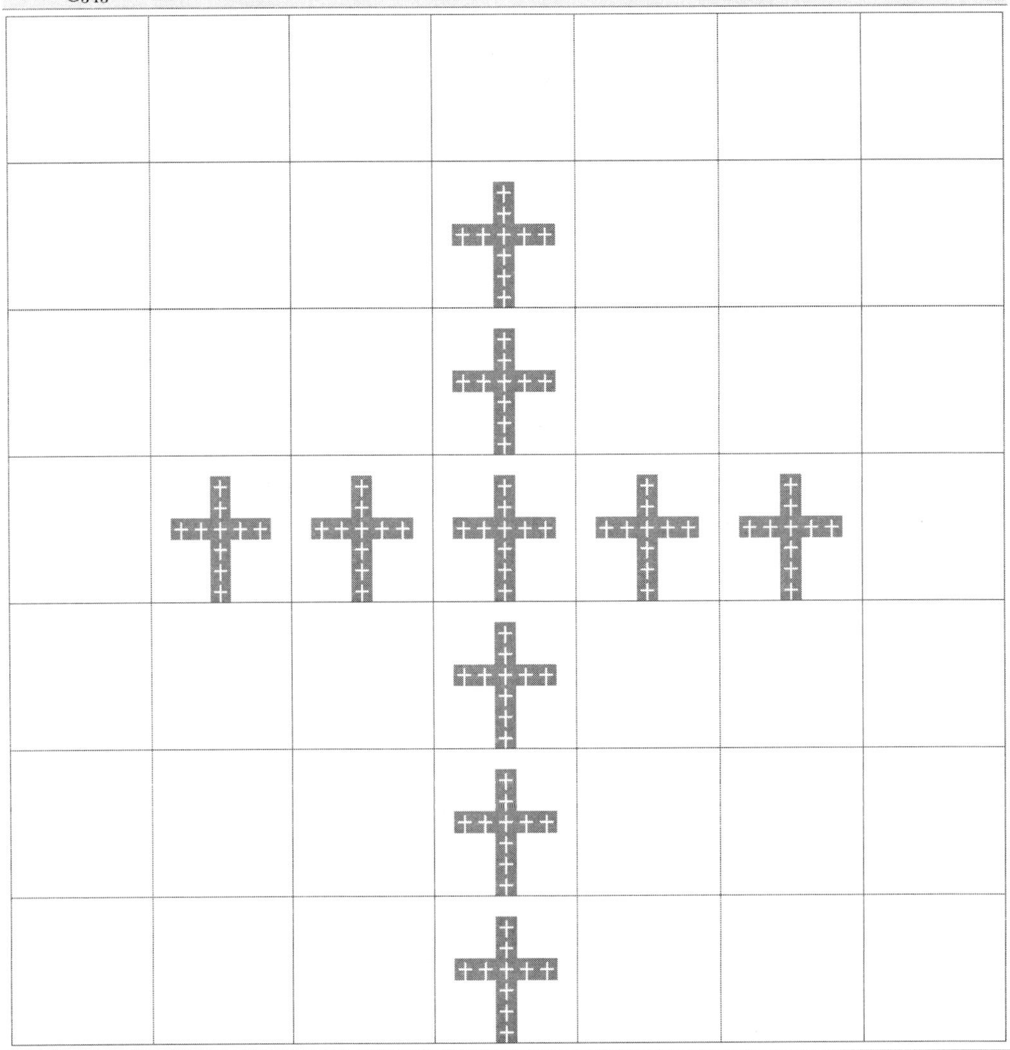

(3) 1단계 12개

① $\log_{7}12 = 1.277$

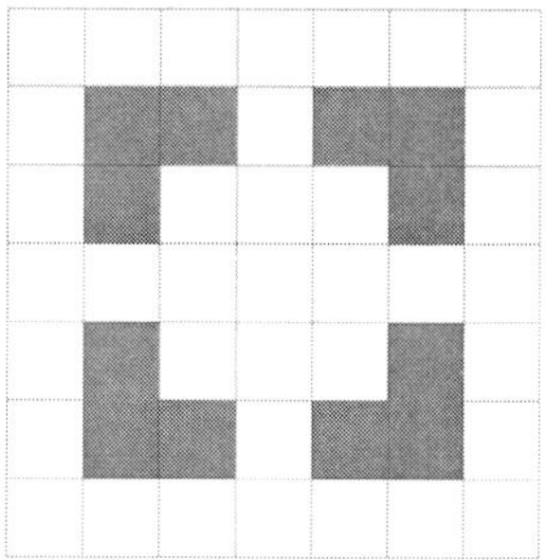

② $\log_{49}444 = 1.566$

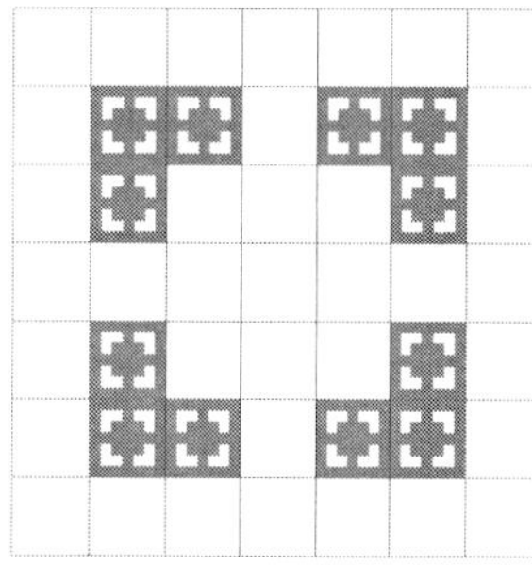

③ $\log_{343}5328 = 1.47$

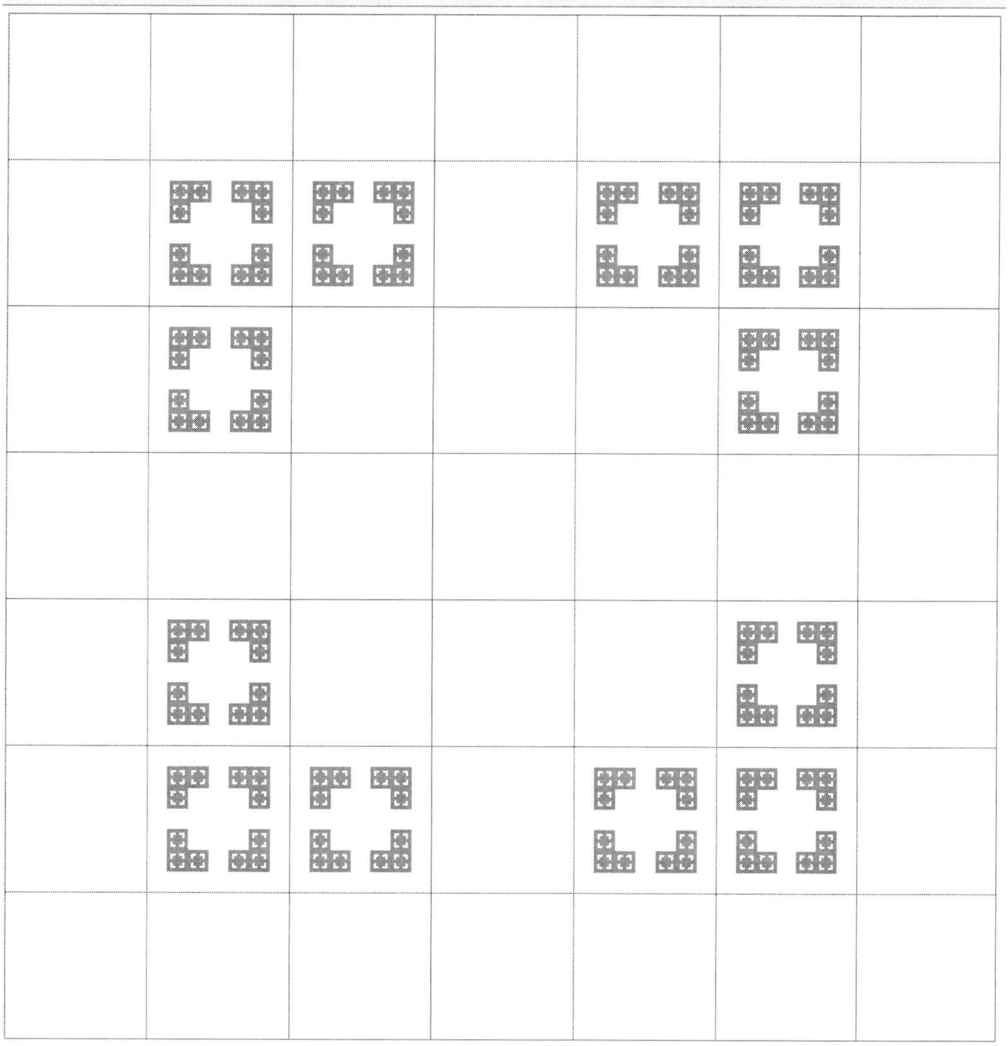

(4) 1단계 13개

① $\log_{7}13 = 1.318$

② $\log_{49}468 = 1.58$

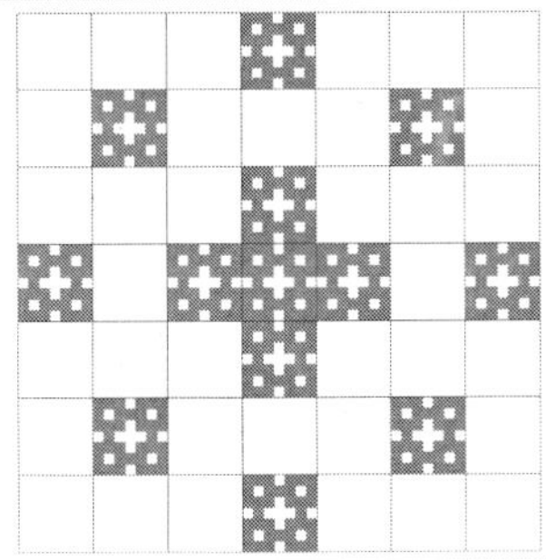

③ $\log_{343}6084 = 1.493$

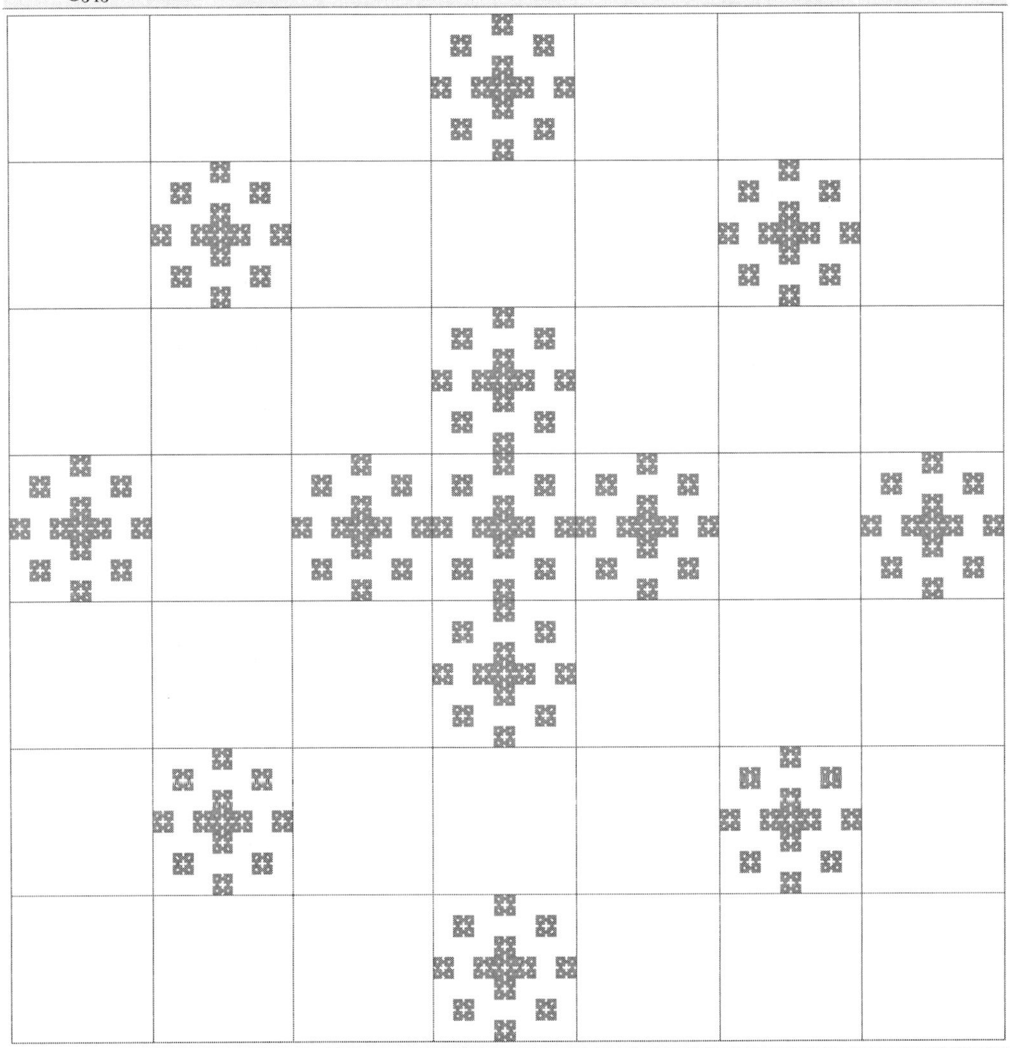

(5) 1단계 16개

| ① $\log_7 16 = 1.425$ | ② $\log_{49} 528 = 1.611$ |
|---|---|
|  | 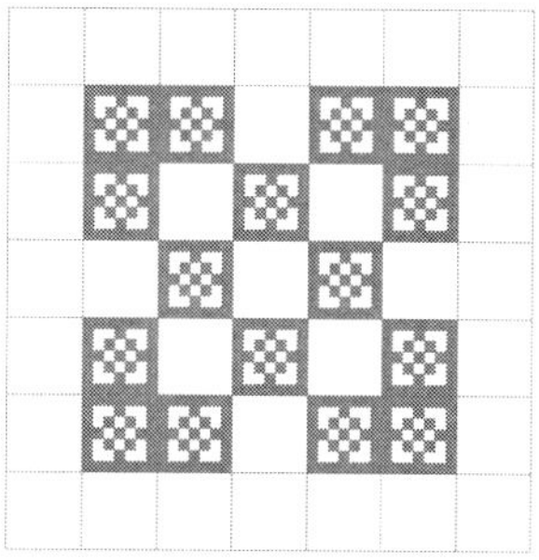 |

③ $\log_{343} 8448 = 1.549$

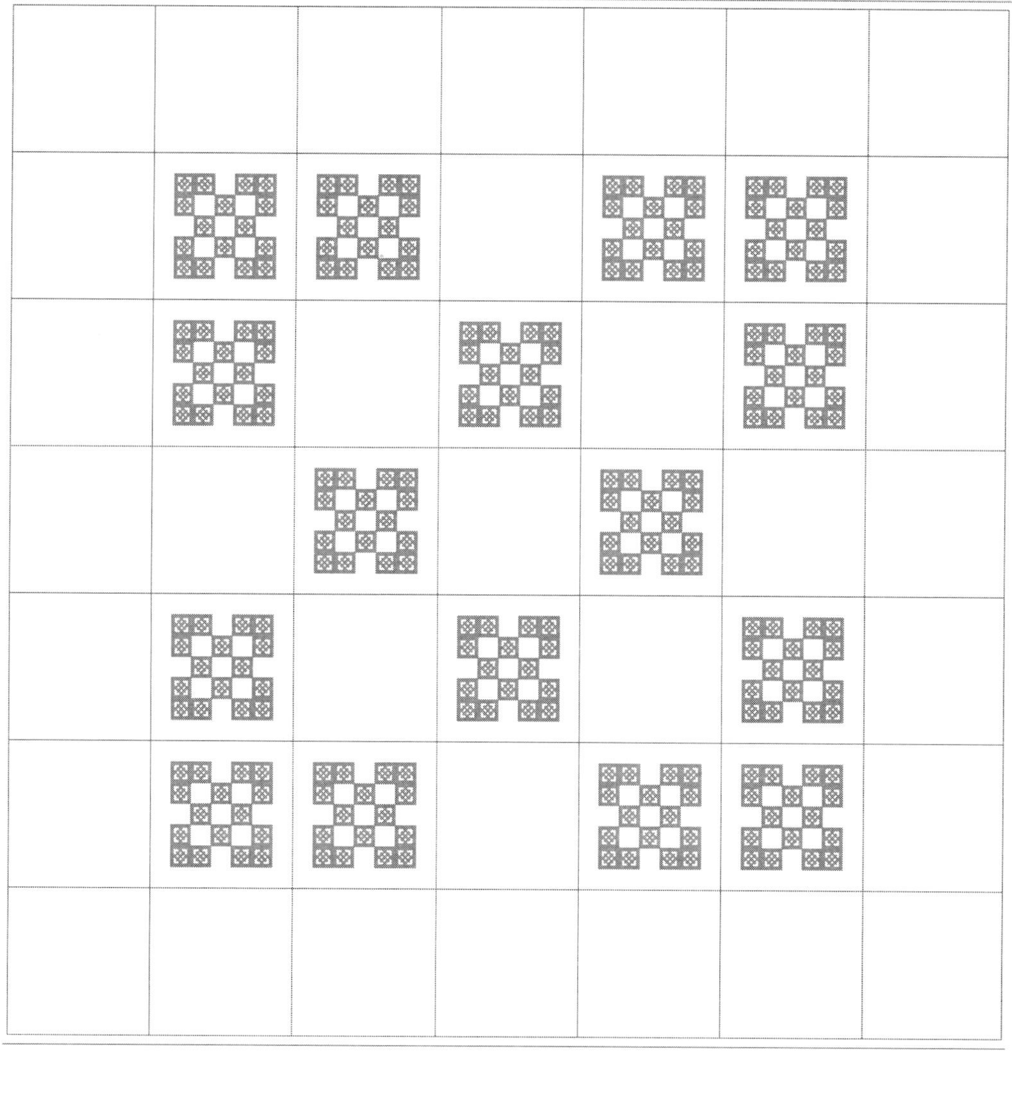

① $\log_7 16 = 1.425$

② $\log_{49} 528 = 1.611$

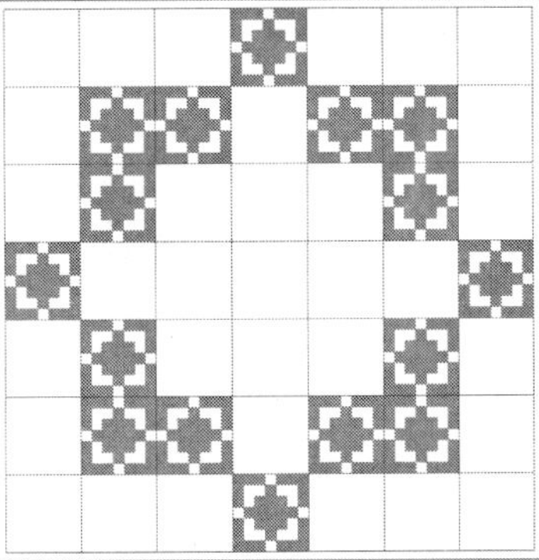

③ $\log_{343} 8448 = 1.549$

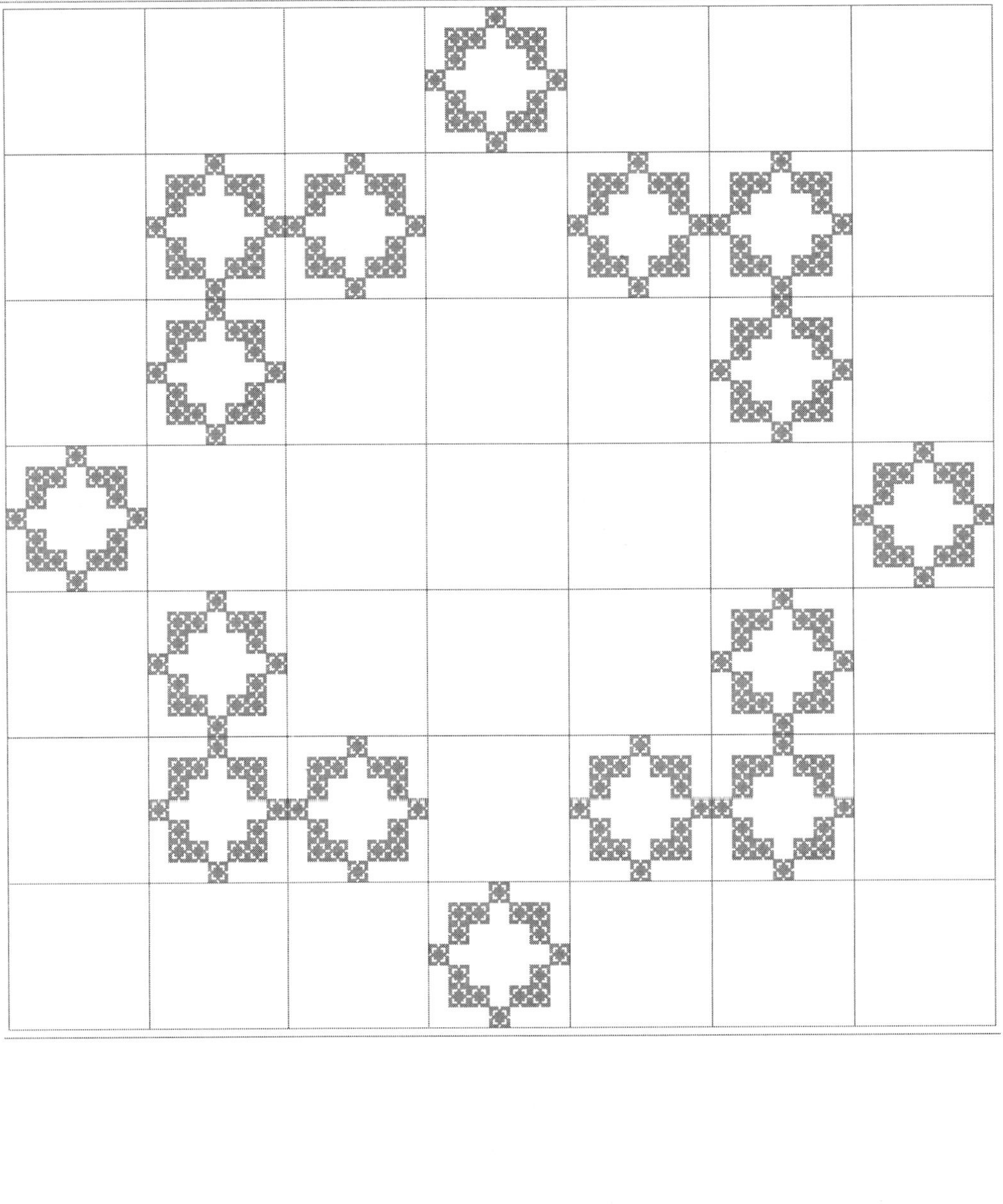

(6) 1단계 17개

① $\log_7 17 = 1.456$

② $\log_{49} 544 = 1.619$

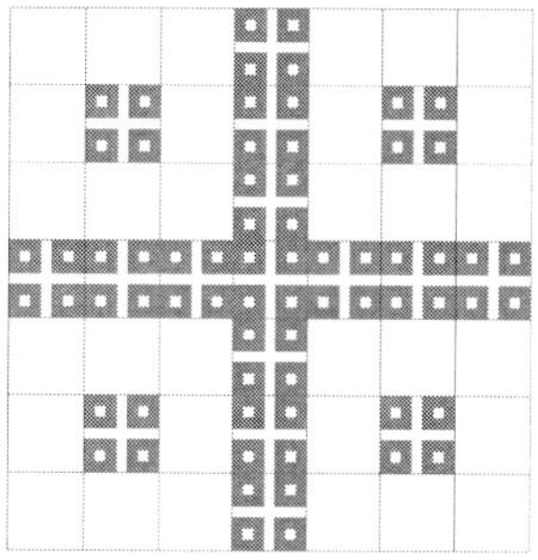

③ $\log_{343} 9248 = 1.564$

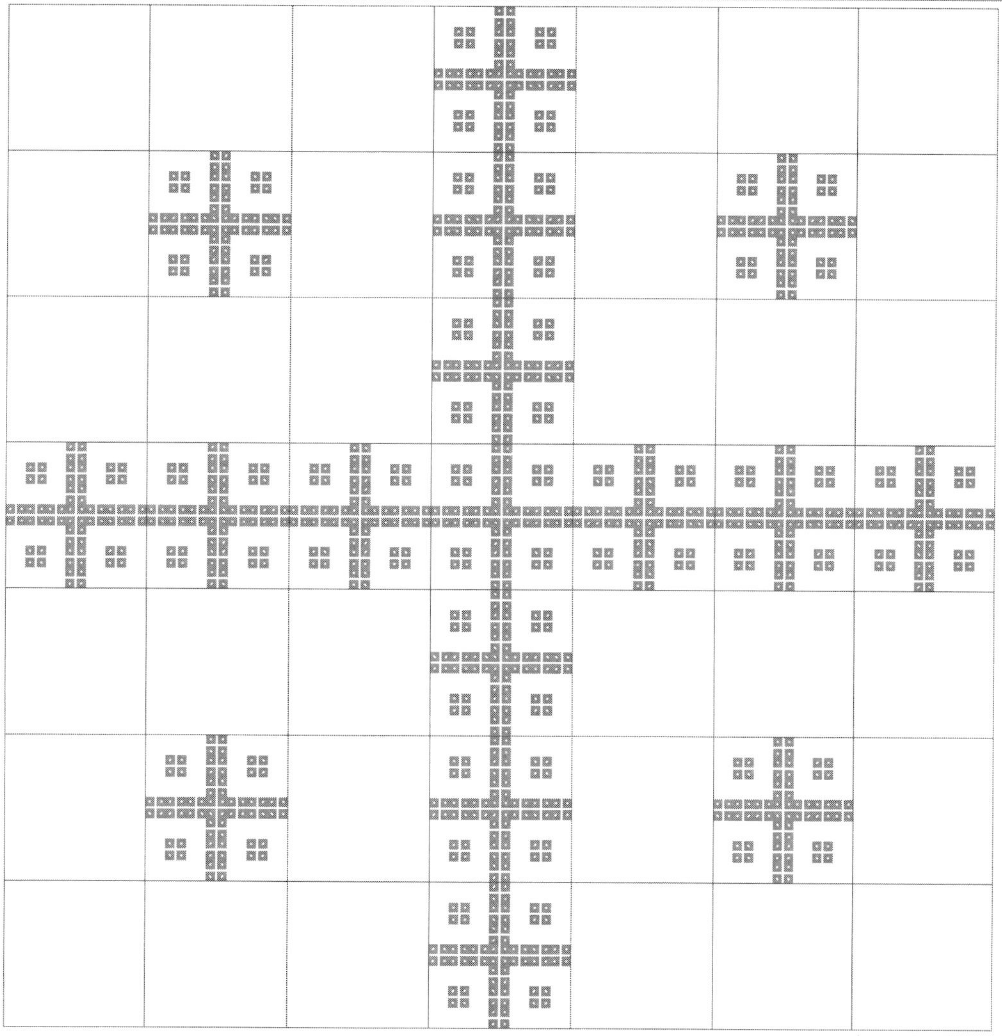

① $\log_{7}17 = 1.456$

② $\log_{49}544 = 1.619$

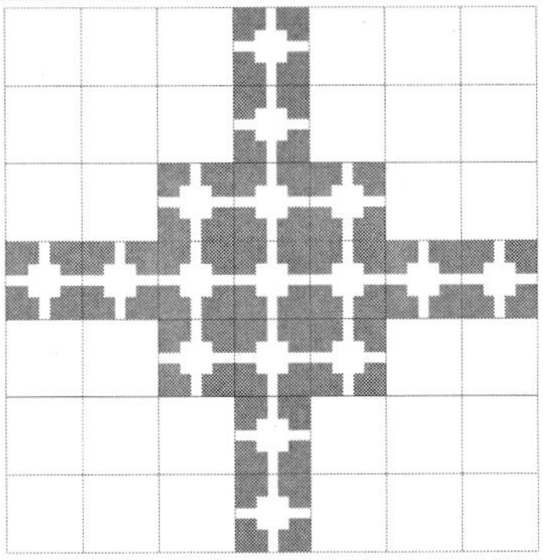

③ $\log_{343}9248 = 1.564$

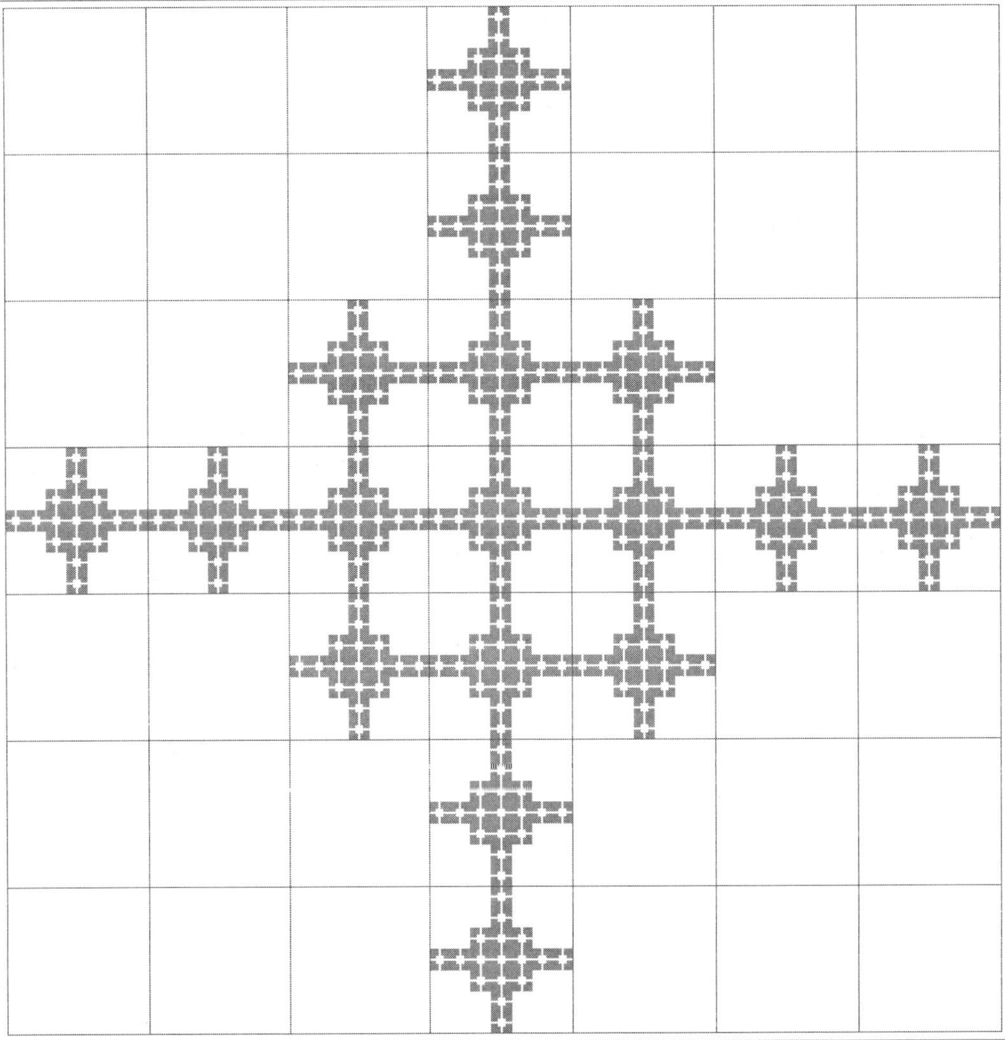

(7) 1단계 20개

① $\log_7 20 = 1.54$

② $\log_{49} 580 = 1.635$

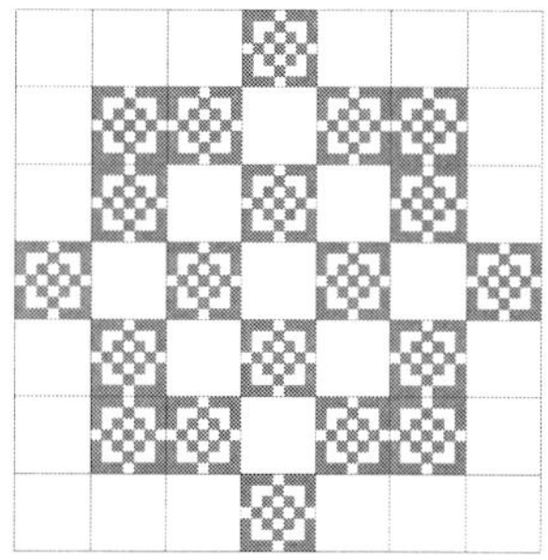

③ $\log_{343} 11600 = 1.603$

① $\log_7 20 = 1.54$

② $\log_{49} 580 = 1.635$

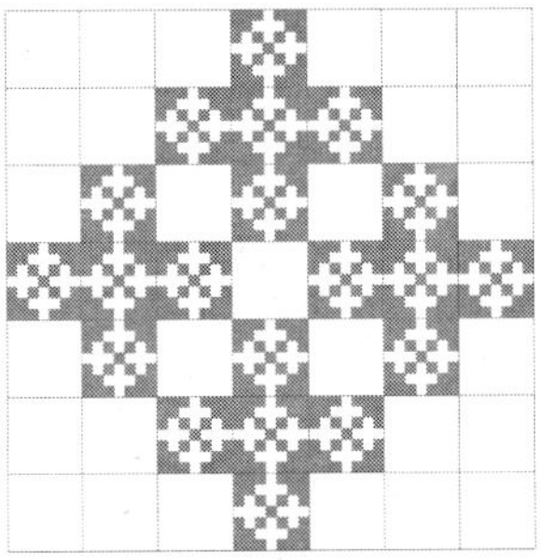

③ $\log_{343} 11600 = 1.603$

① $\log_{7}20 = 1.54$

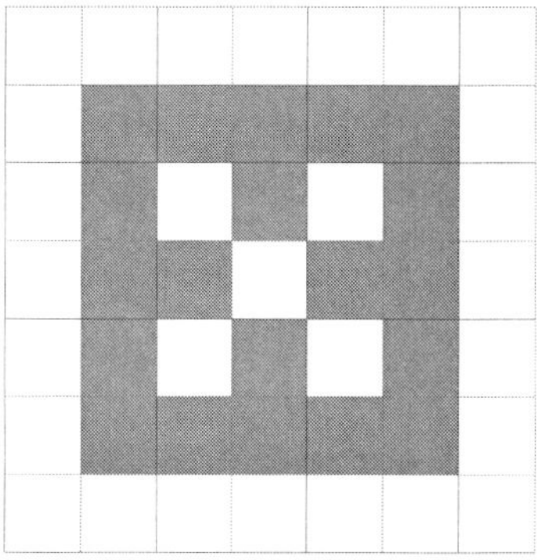

② $\log_{49}580 = 1.635$

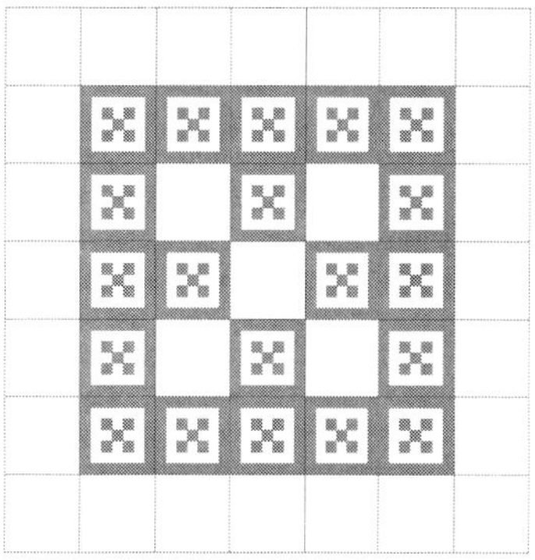

③ $\log_{343}11600 = 1.603$

(8) 1단계 21개

① $\log_{7}21 = 1.565$

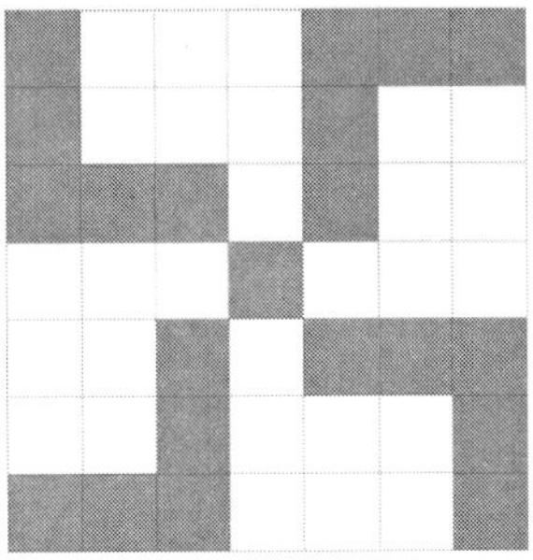

② $\log_{49}588 = 1.638$

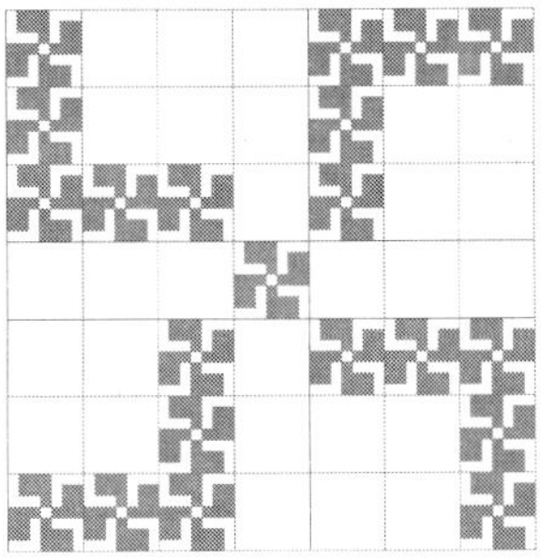

③ $\log_{343}12348 = 1.614$

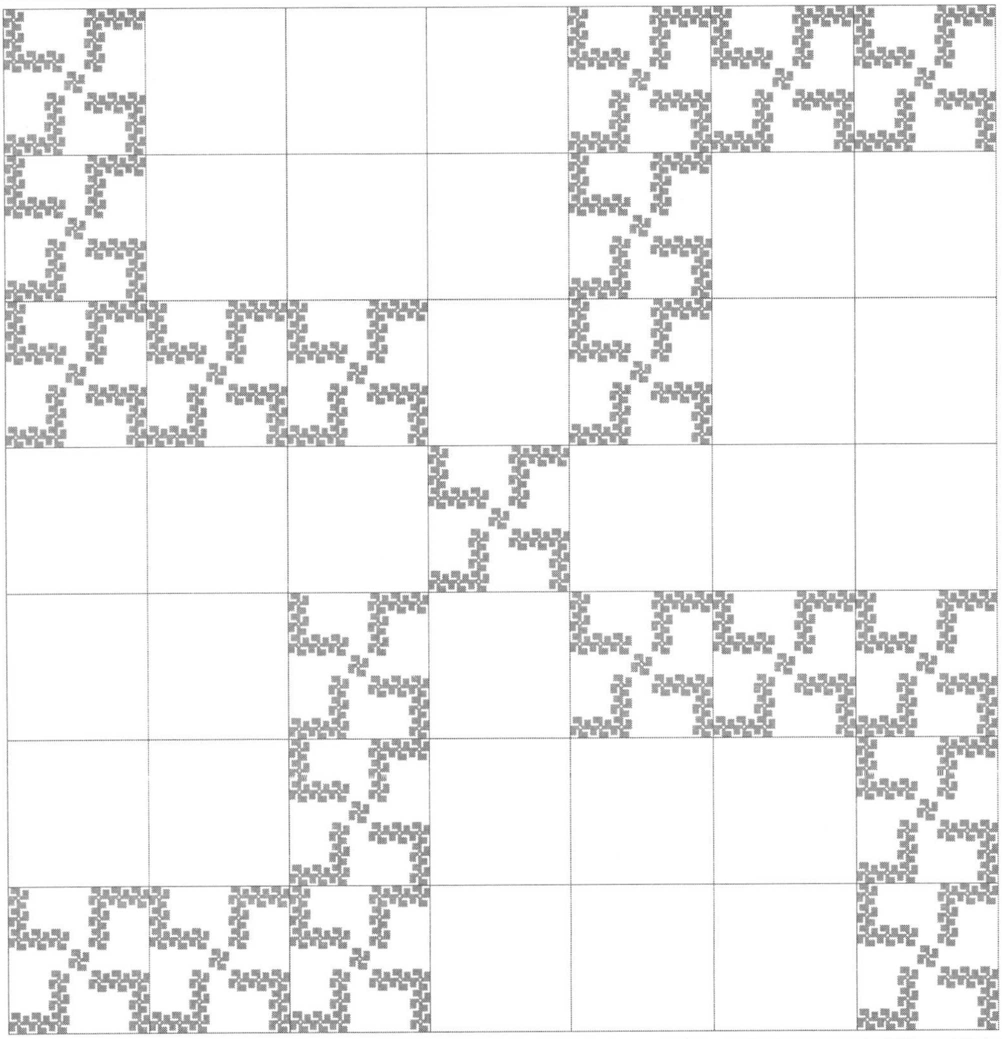

## 6 8×8 빼셈-곱셈 프랙탈

### (1) 1단계 8개

| ① $\log_{8}8 = 1$ | ② $\log_{64}448 = 1.468$ |
|---|---|
| 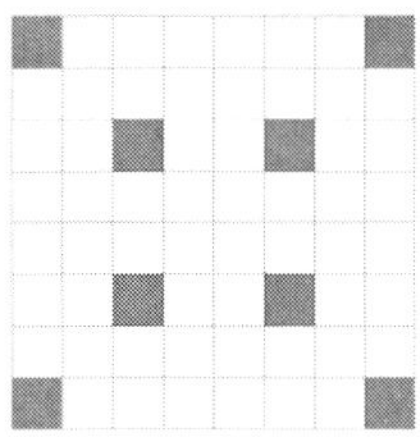 | 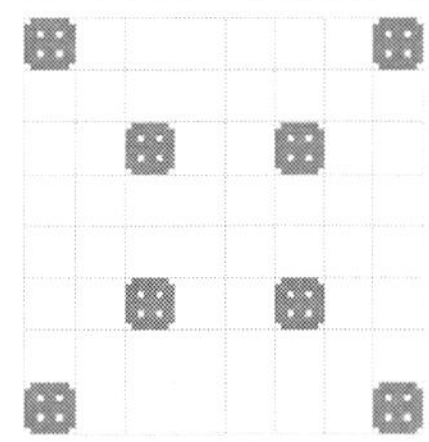 |

③ $\log_{512}3584 = 1.312$

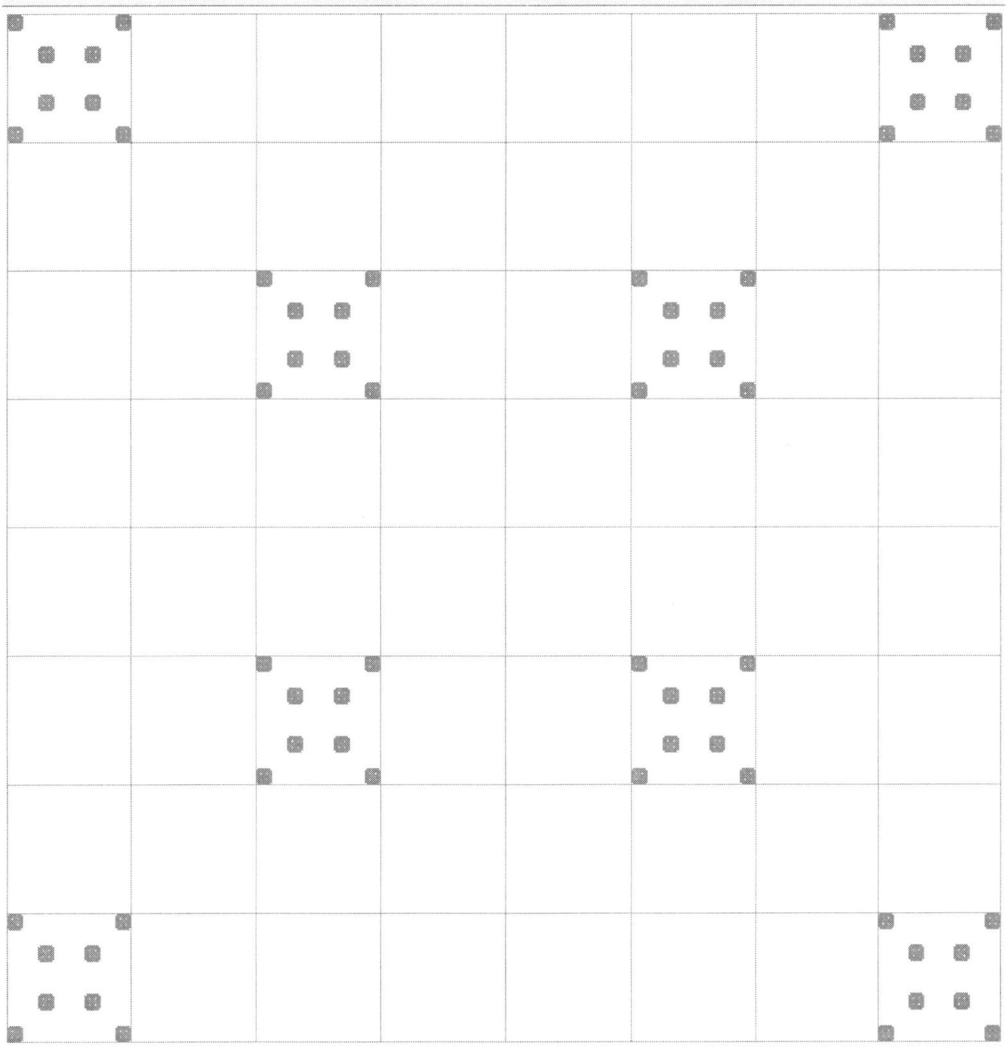

(2) 1단계 12개

| ① $\log_8 12 = 1.195$ | ② $\log_{64} 624 = 1.548$ |
|---|---|
| 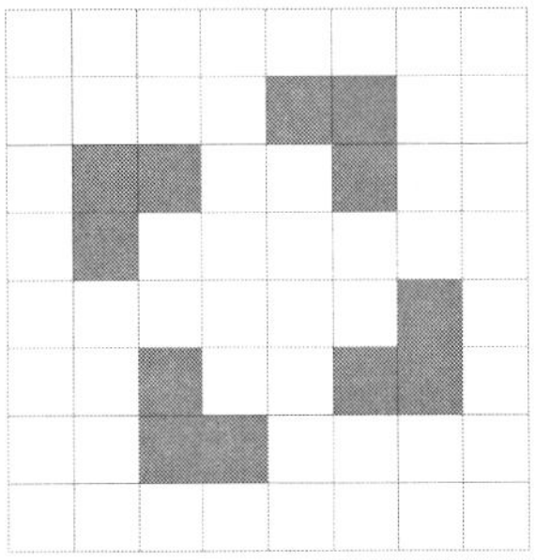 | 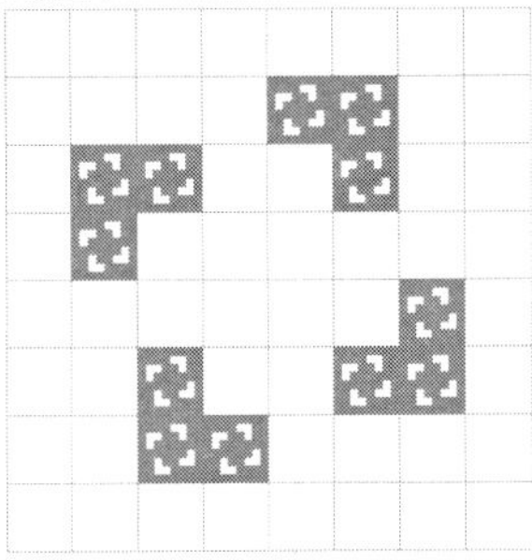 |

③ $\log_{512} 7488 = 1.43$

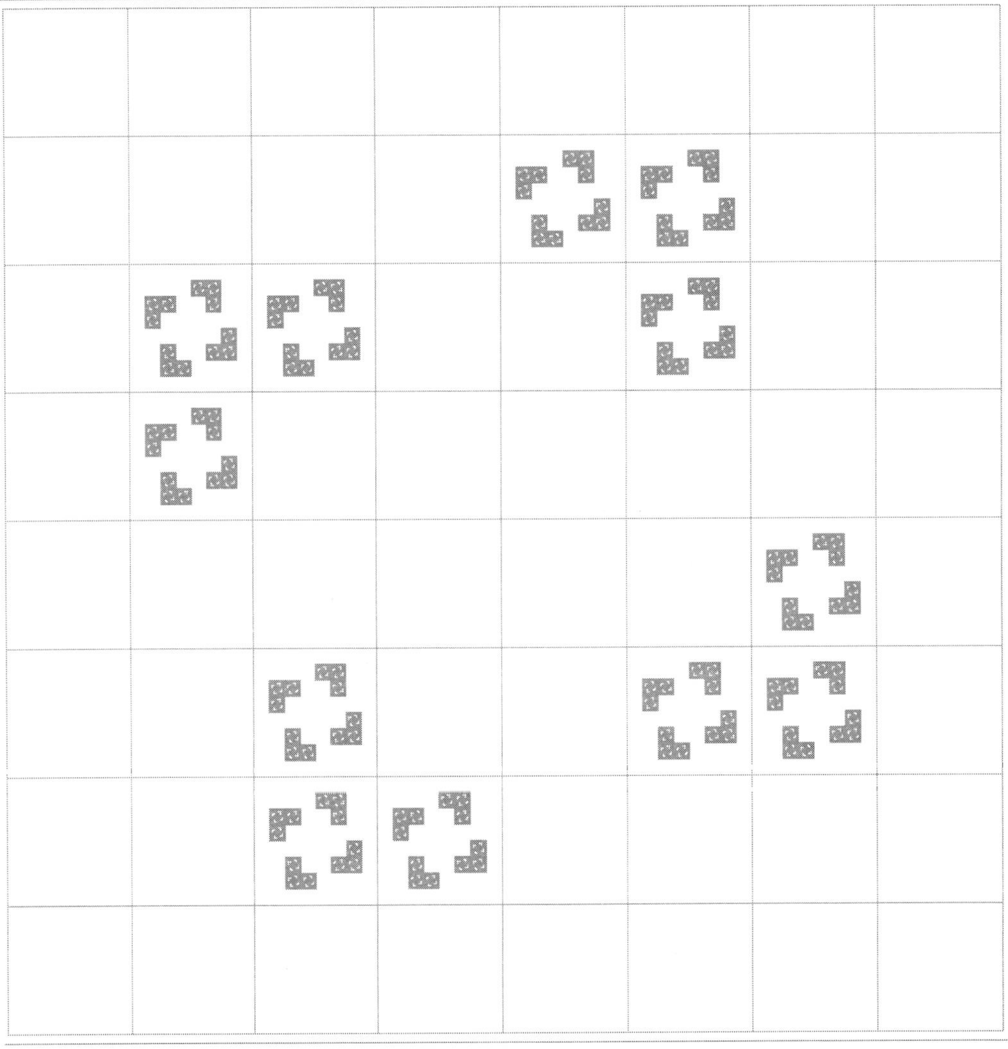

(3) 1단계 16개

① $\log_8 16 = 1.333$

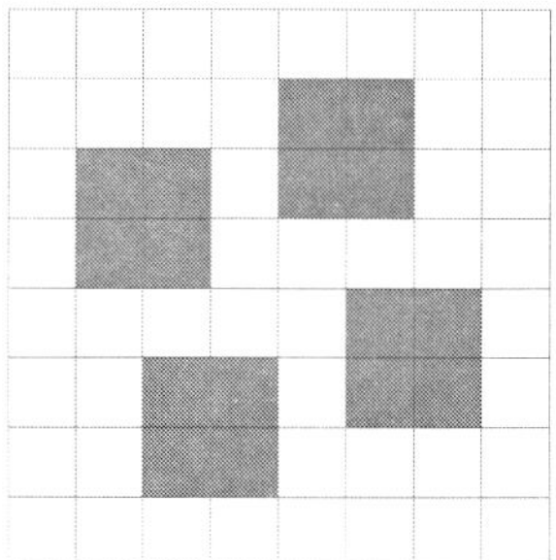

② $\log_{64} 768 = 1.597$

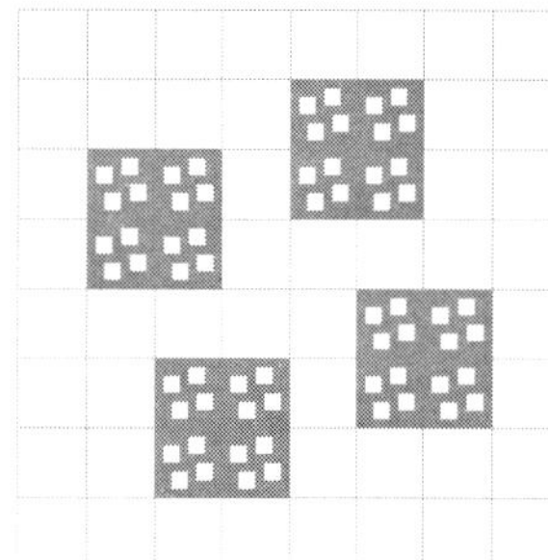

③ $\log_{512} 12288 = 1.509$

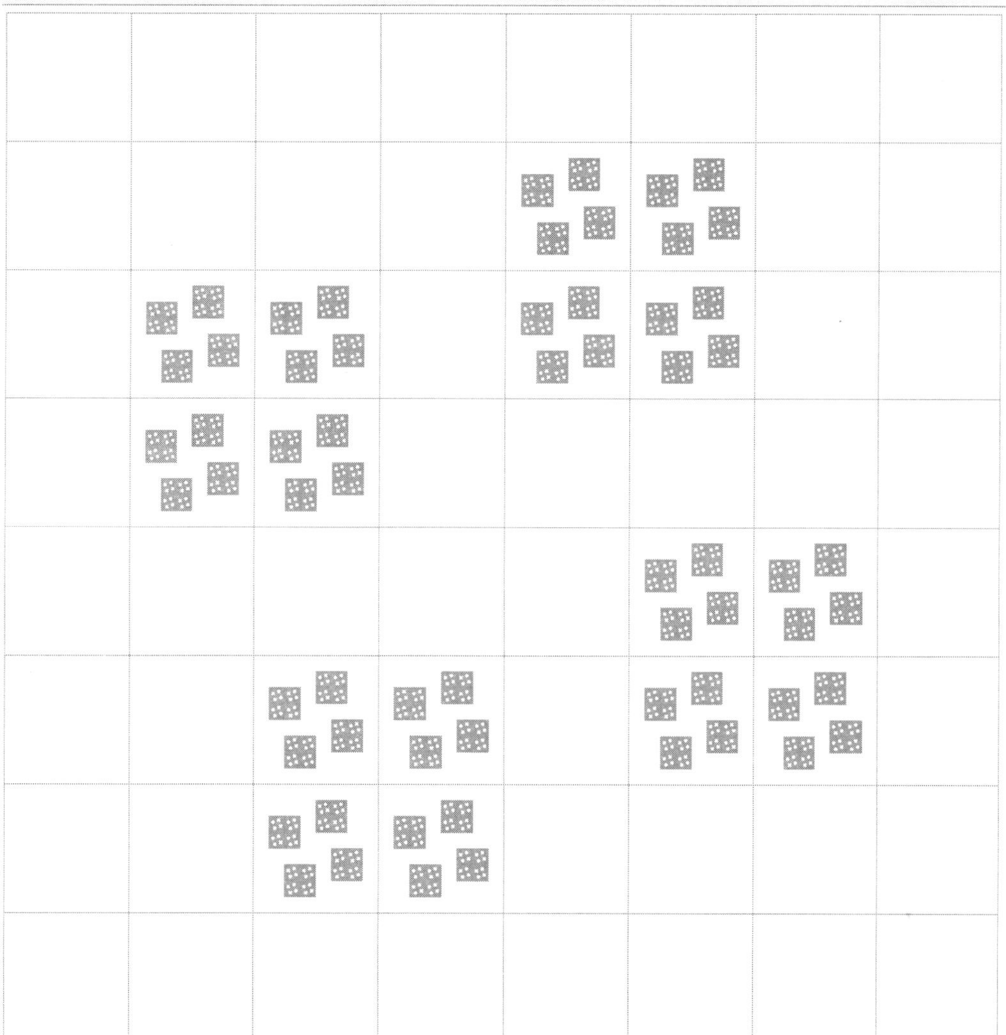

① $\log_8 16 = 1.333$

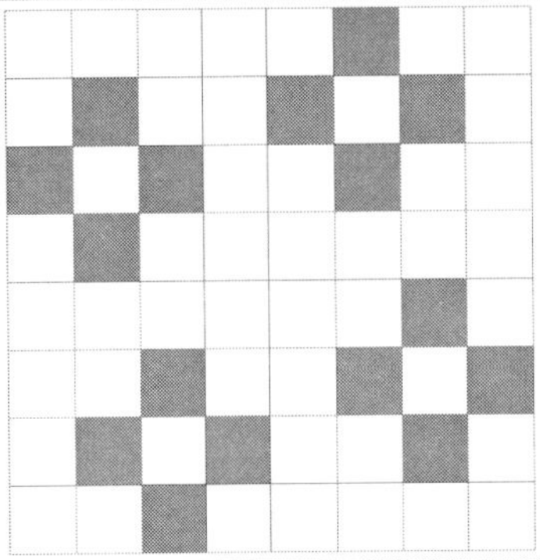

② $\log_{64} 768 = 1.597$

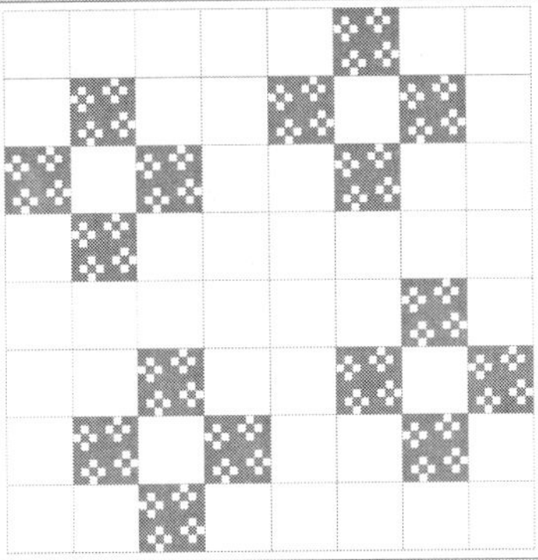

③ $\log_{512} 28672 = 1.645$

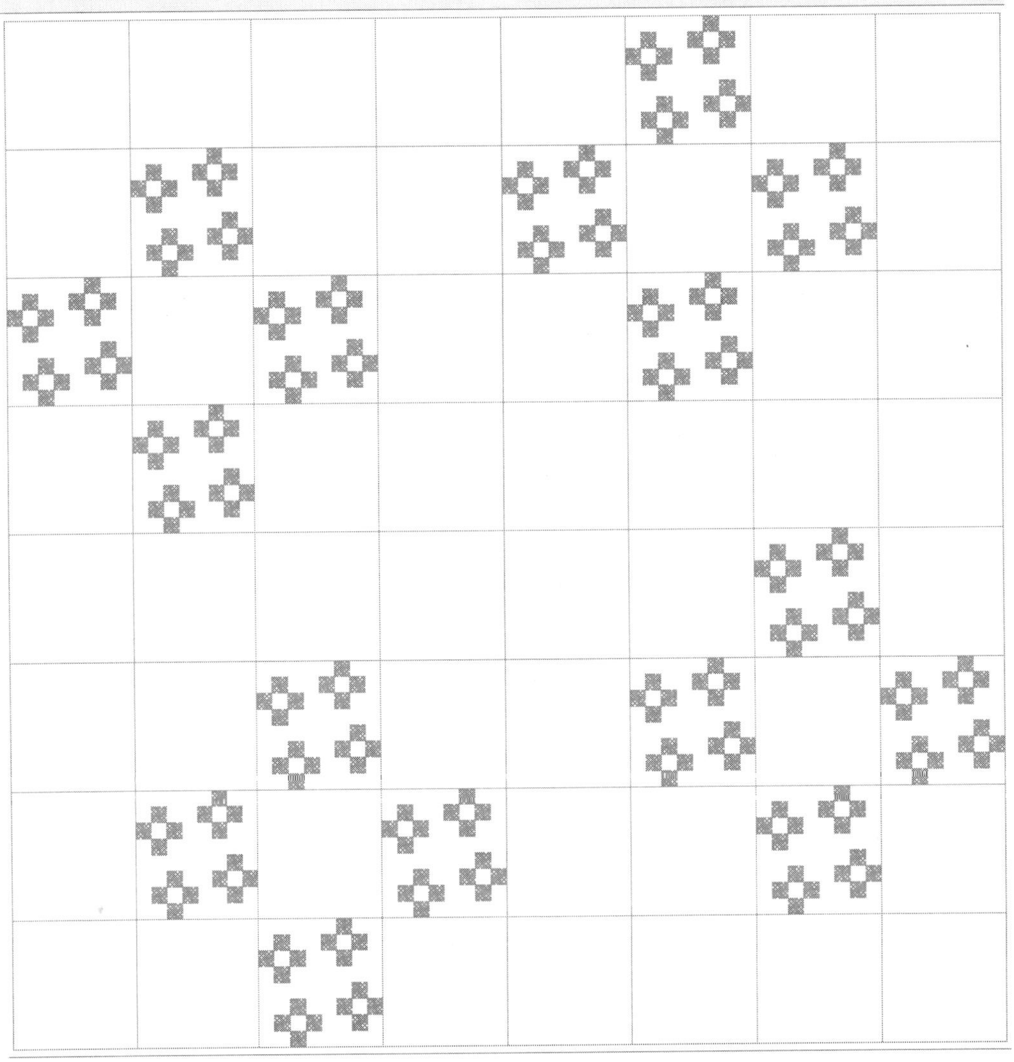

① $\log_8 16 = 1.333$

② $\log_{64} 768 = 1.597$

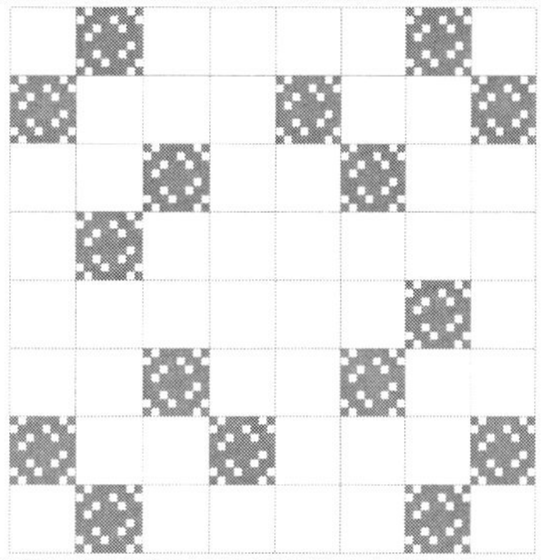

③ $\log_{512} 12288 = 1.509$

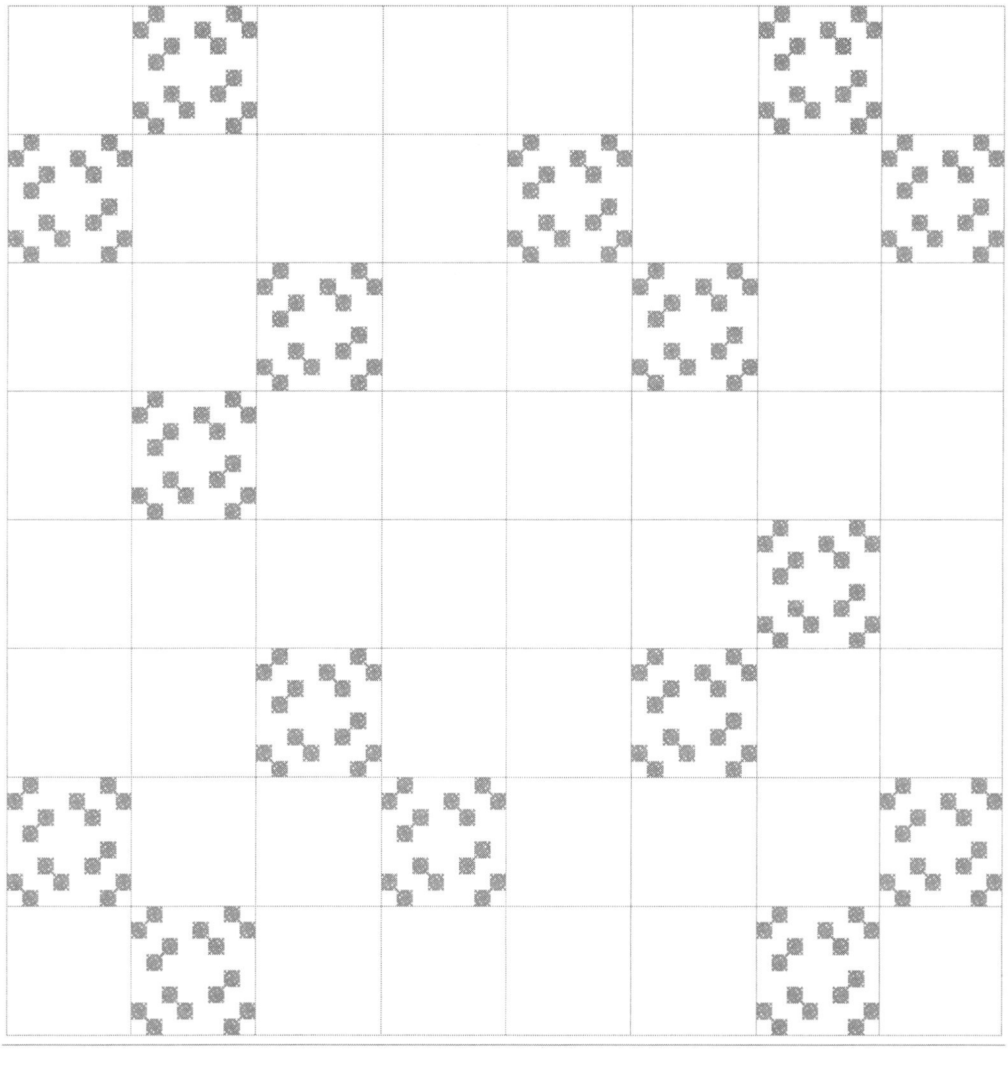

(4) 1단계 20개

① $\log_{8}20 = 1.441$

② $\log_{64}880 = 1.63$

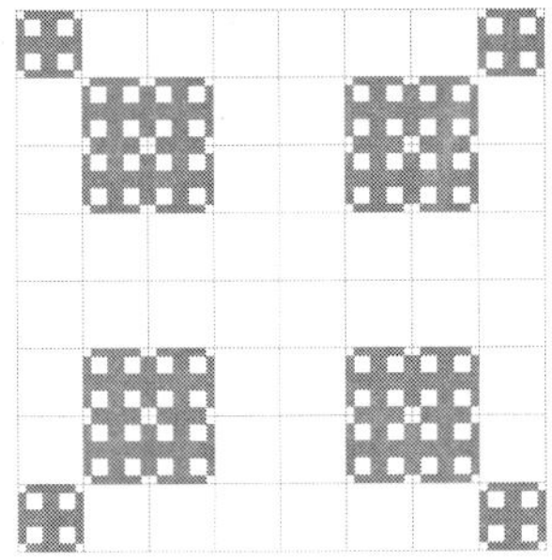

③ $\log_{512}17600 = 1.567$

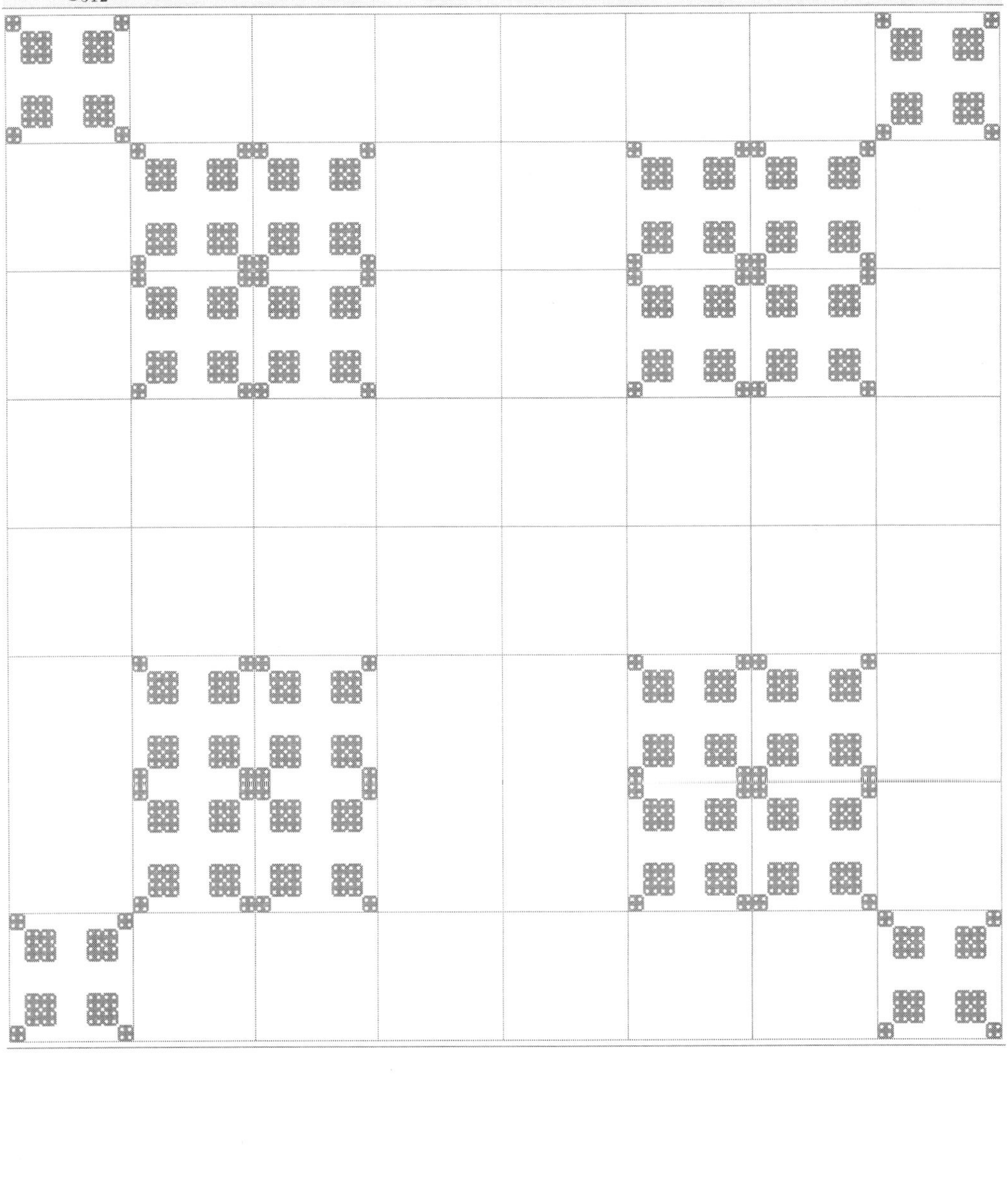

(5) 1단계 24개

| ① $\log_8 24 = 1.528$ | ② $\log_{64} 960 = 1.651$ |
| --- | --- |
|  | 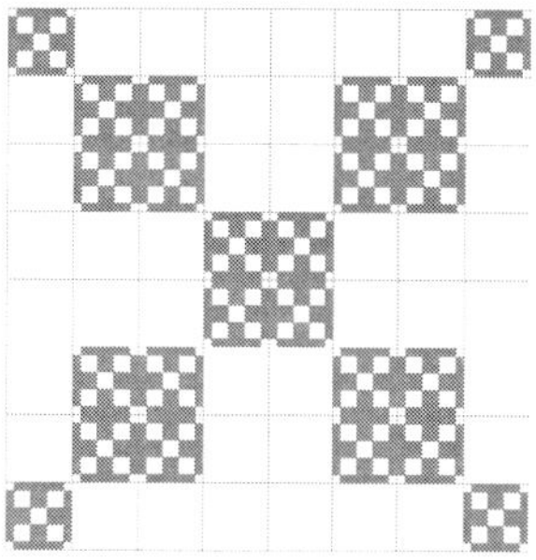 |

③ $\log_{512} 23040 = 1.61$

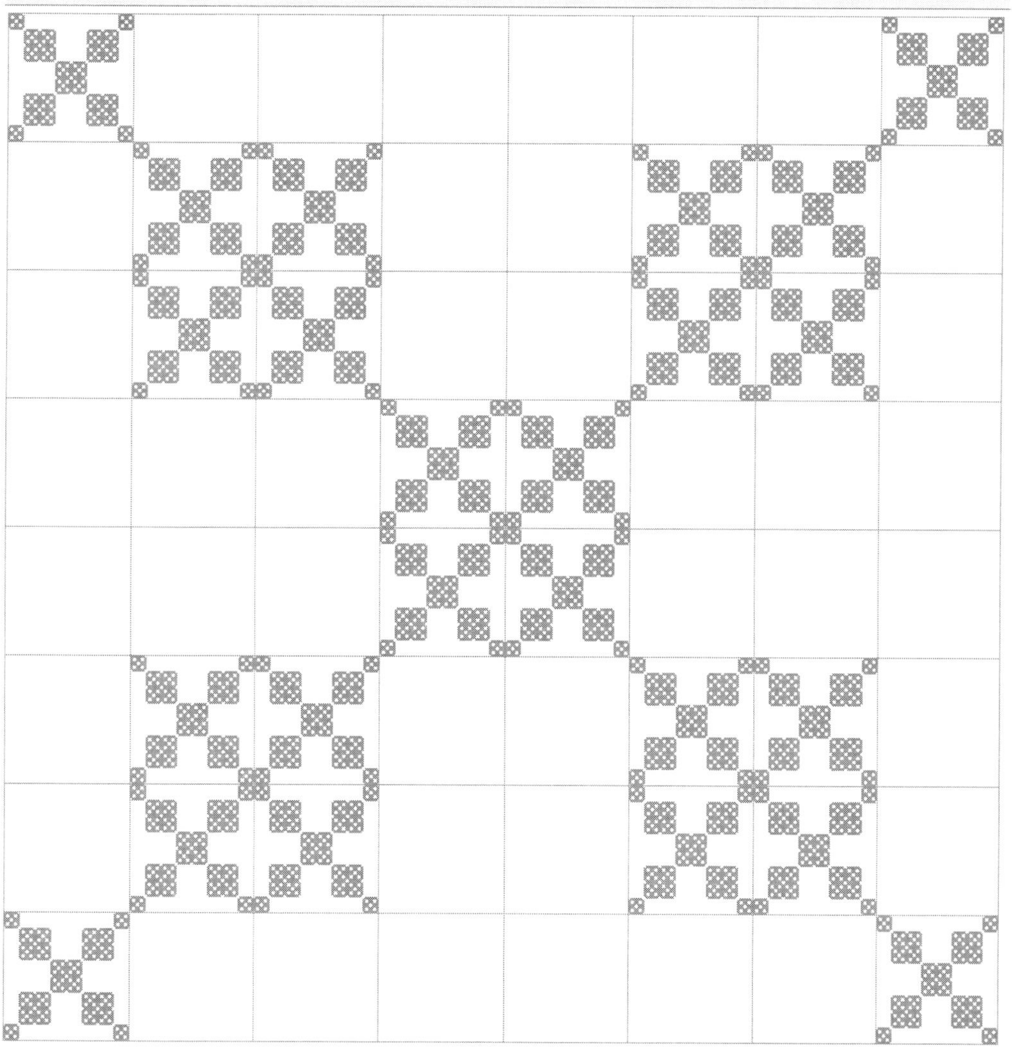

① $\log_{8}24 = 1.528$

② $\log_{64}960 = 1.651$

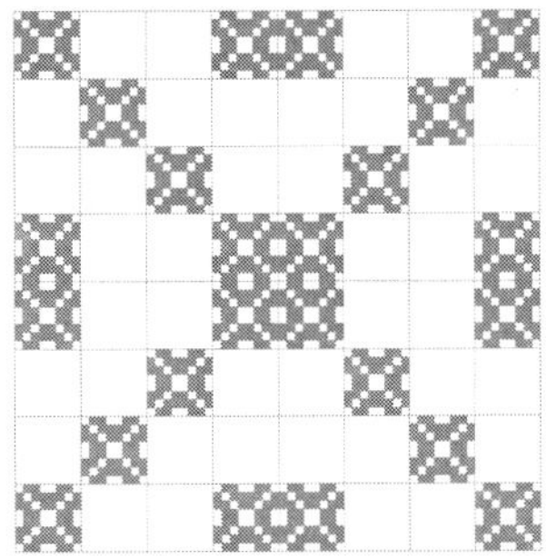

③ $\log_{512}23040 = 1.61$

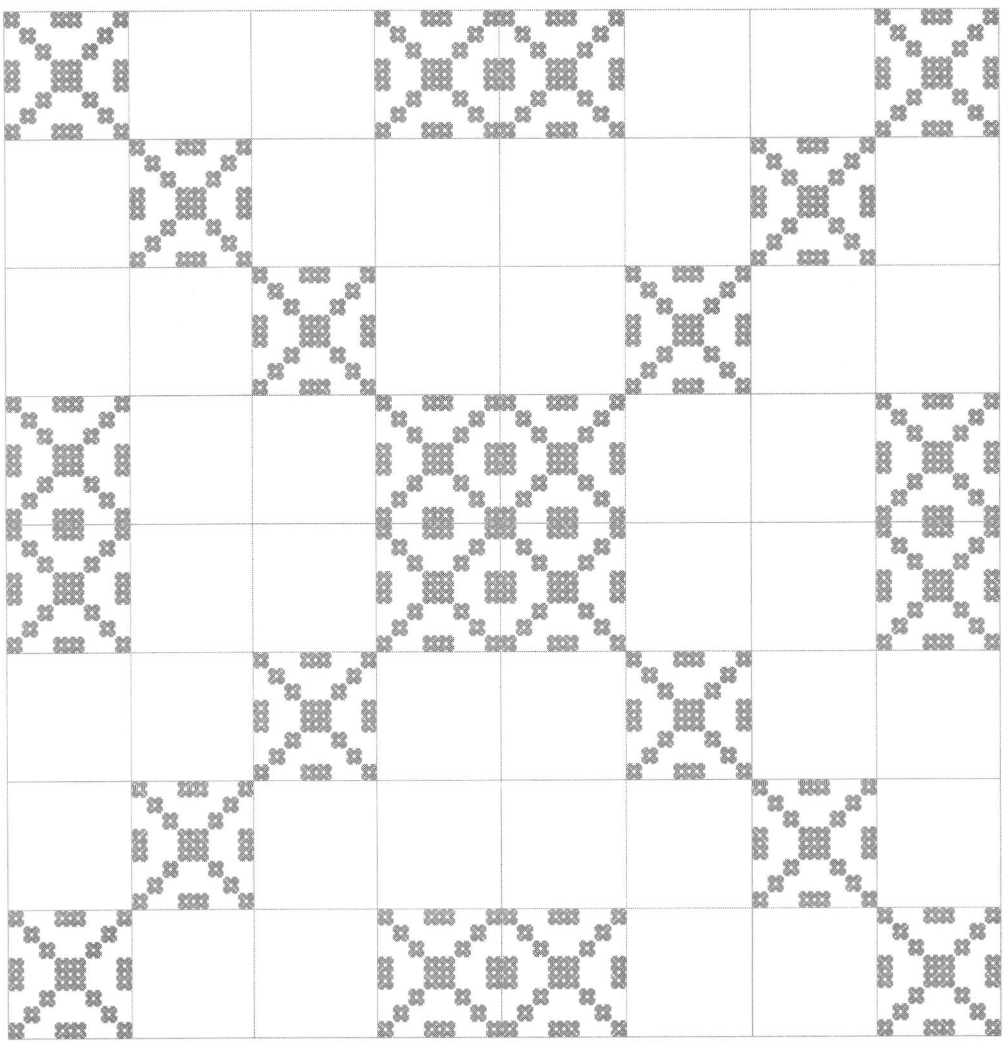

### (6) 1단계 28개

① $\log_{8}28 = 1.602$

② $\log_{64}1008 = 1.663$

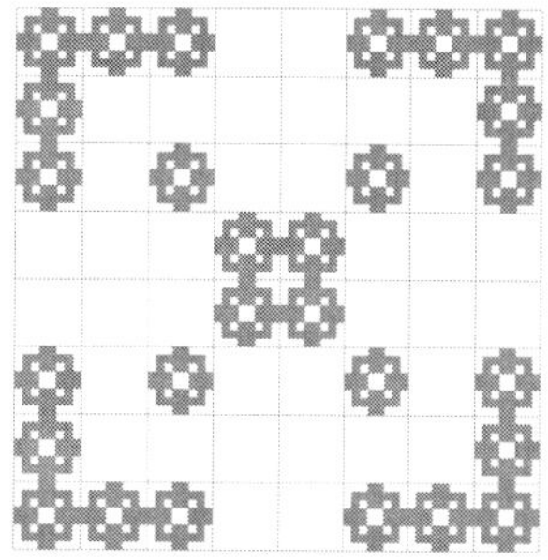

③ $\log_{512}28224 = 1.643$

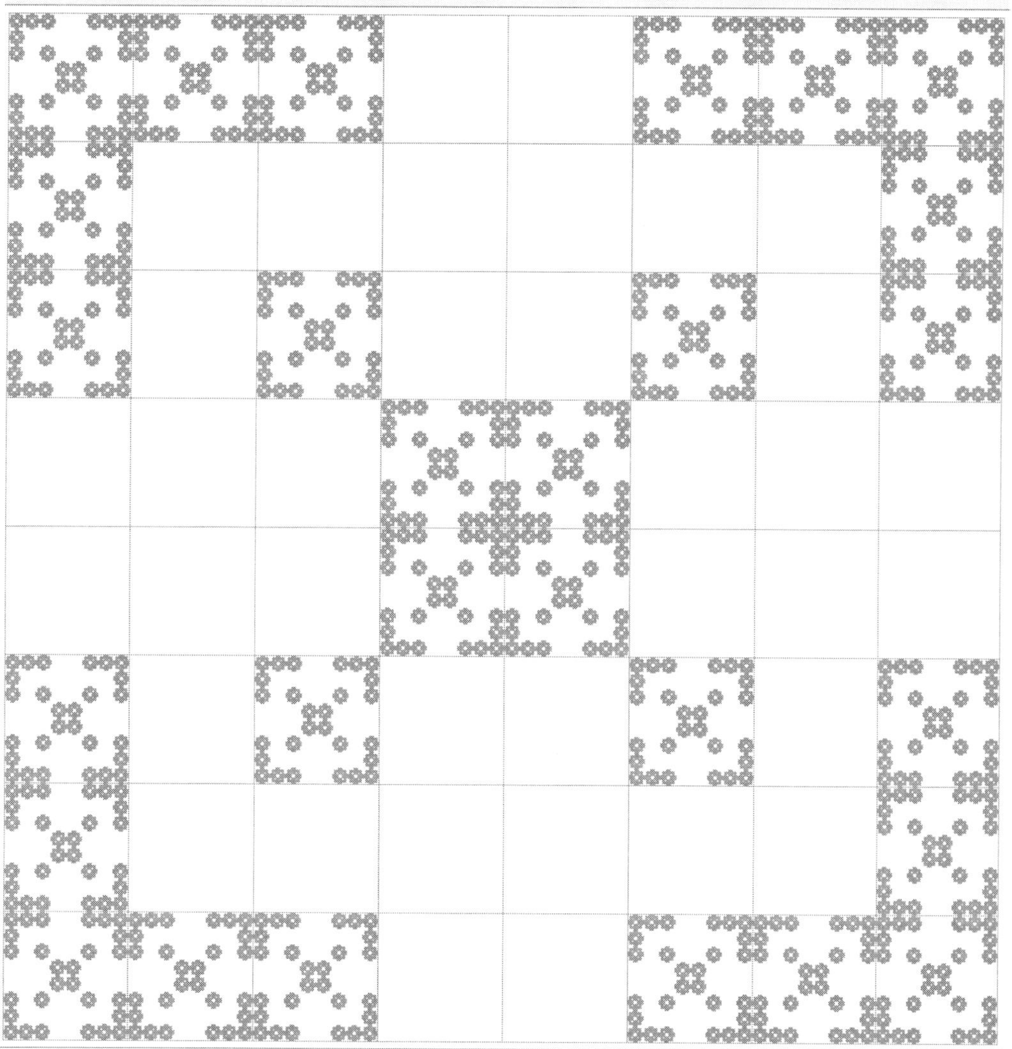

(7) 1단계 32개

| ① $\log_8 32 = 1.667$ | ② $\log_{64} 1024 = 1.667$ |
| --- | --- |
|  | 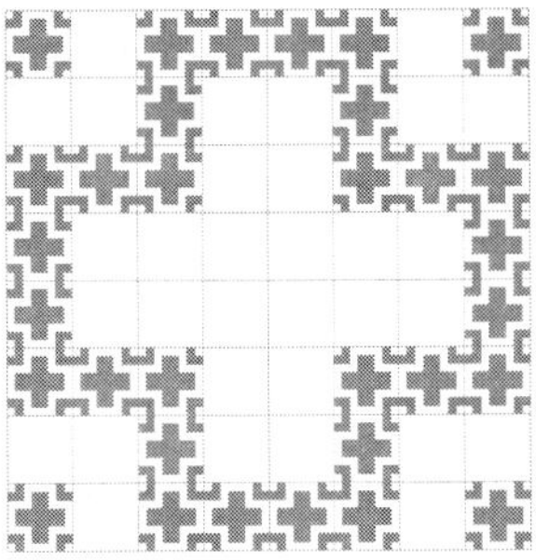 |

③ $\log_{512} 32768 = 1.667$

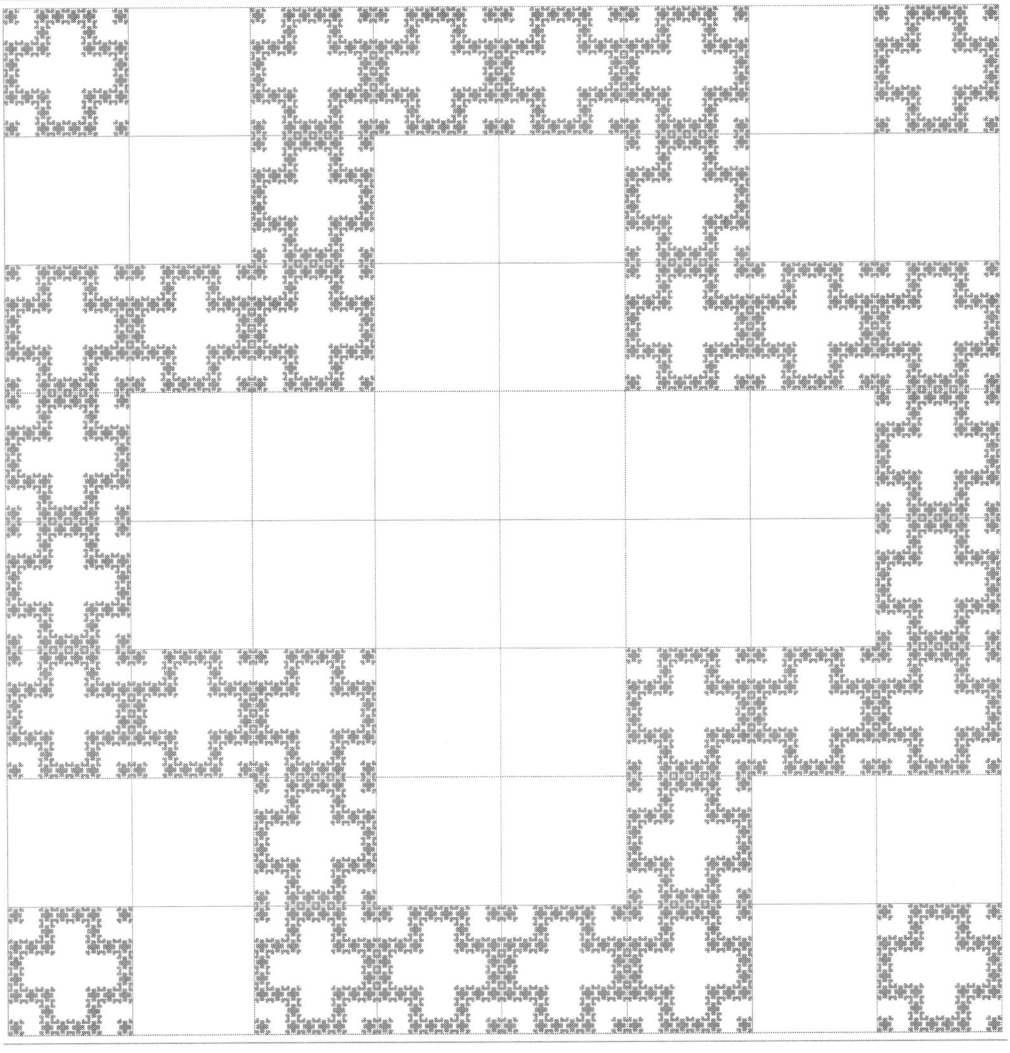

(8) 1단계 36개

① $\log_8 36 = 1.723$

② $\log_{64} 1008 = 1.663$

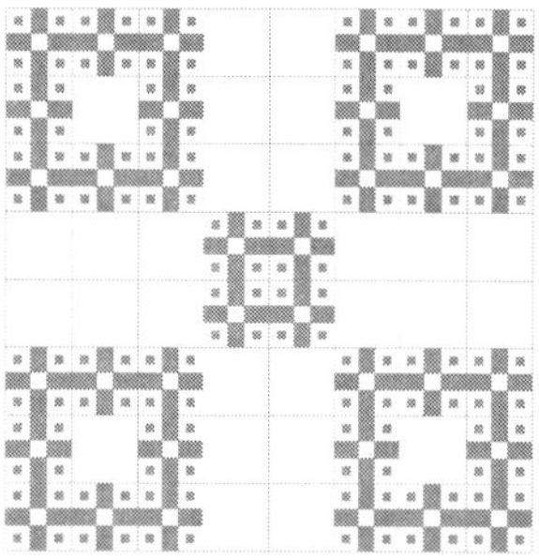

③ $\log_{512} 36288 = 1.683$

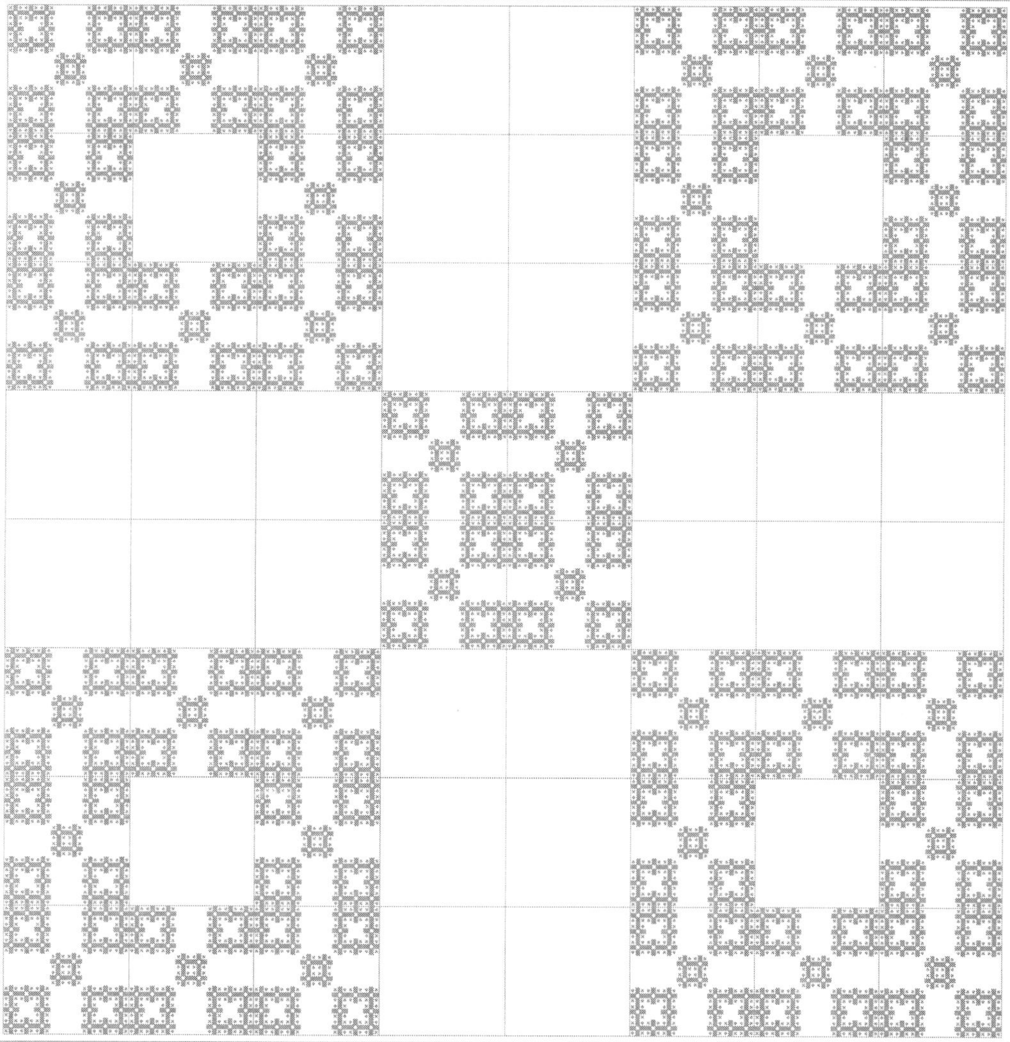

(9) 1단계 40개

① $\log_8 40 = 1.774$

② $\log_{64} 960 = 1.651$

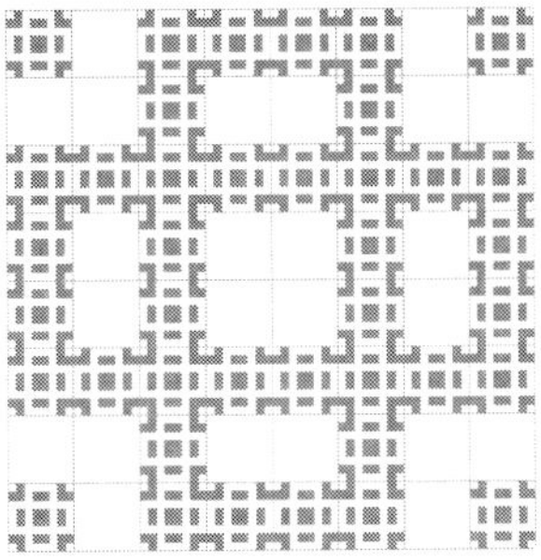

③ $\log_{512} 38400 = 1.692$

(10) 1단계 44개

① $\log_8 44 = 1.82$

② $\log_{64} 880 = 1.63$

③ $\log_{512} 38720 = 1.693$

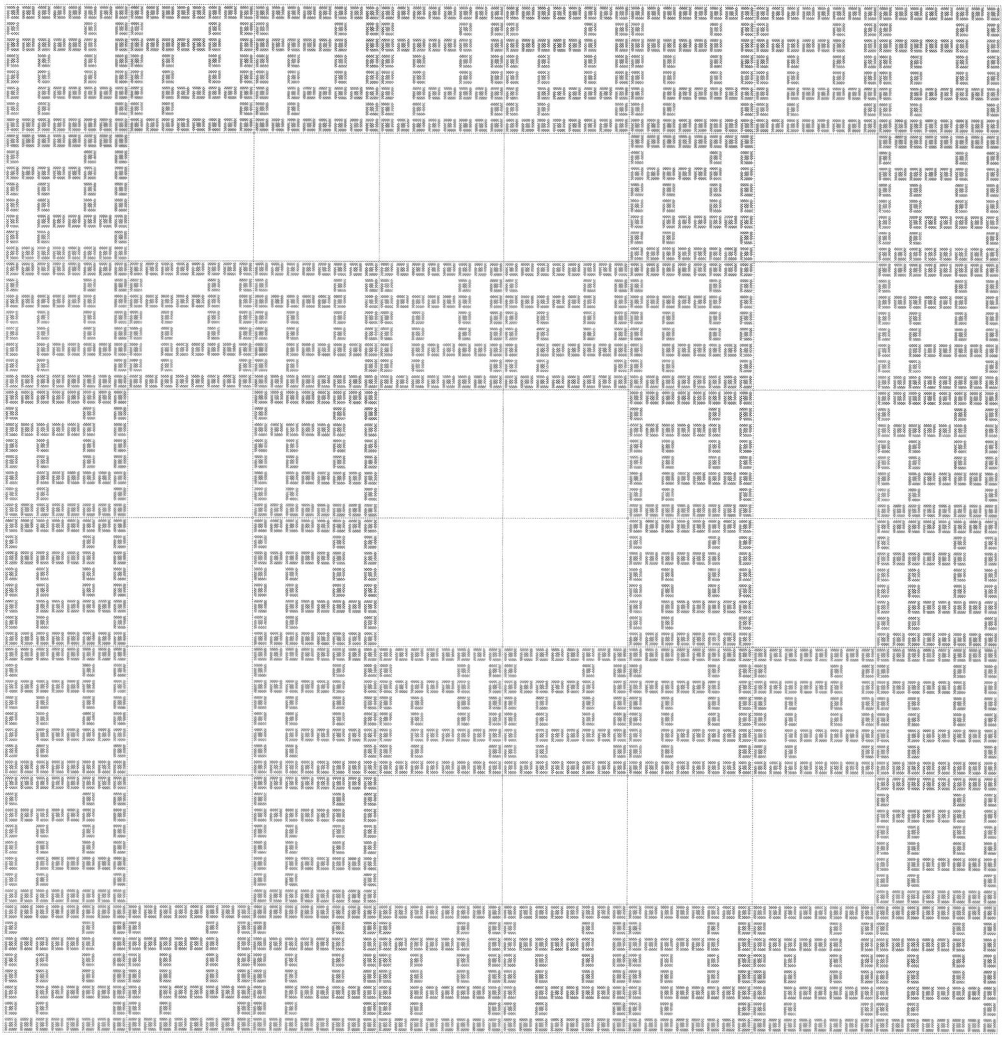

# 제 3 장

# 뺄셈-덧셈 프랙탈 디자인

## 1 3×3 뺄셈-덧셈 프랙탈

### (1) 1단계 1개

① $\log_3 1 = 0$

| 0 | 0 | 0 |
|---|---|---|
| 0 | 1 | 0 |
| 0 | 0 | 0 |

② $\log_9 16 = 1.262$

| 0 | 0 | 0 | 0 | 0 | 0 | 0 | 0 | 0 |
|---|---|---|---|---|---|---|---|---|
| 0 | -1 | 0 | 0 | -1 | 0 | 0 | -1 | 0 |
| 0 | 0 | 0 | 0 | 0 | 0 | 0 | 0 | 0 |
| 0 | 0 | 0 | 1 | 1 | 1 | 0 | 0 | 0 |
| 0 | -1 | 0 | 1 | 0 | 1 | 0 | -1 | 0 |
| 0 | 0 | 0 | 1 | 1 | 1 | 0 | 0 | 0 |
| 0 | 0 | 0 | 0 | 0 | 0 | 0 | 0 | 0 |
| 0 | -1 | 0 | 0 | -1 | 0 | 0 | -1 | 0 |
| 0 | 0 | 0 | 0 | 0 | 0 | 0 | 0 | 0 |

③ $\log_{27} 201 = 1.609$

| 0 | 0 | 0 | 0 | 0 | 0 | 0 | 0 | 0 | 0 | 0 | 0 | 0 | 0 | 0 | 0 | 0 | 0 | 0 | 0 | 0 | 0 | 0 | 0 | 0 | 0 | 0 |
|---|---|---|---|---|---|---|---|---|---|---|---|---|---|---|---|---|---|---|---|---|---|---|---|---|---|---|
| 0 | -1 | 0 | 0 | -1 | 0 | 0 | -1 | 0 | 0 | -1 | 0 | 0 | -1 | 0 | 0 | -1 | 0 | 0 | -1 | 0 | 0 | -1 | 0 | 0 | -1 | 0 |
| 0 | 0 | 0 | 0 | 0 | 0 | 0 | 0 | 0 | 0 | 0 | 0 | 0 | 0 | 0 | 0 | 0 | 0 | 0 | 0 | 0 | 0 | 0 | 0 | 0 | 0 | 0 |
| 0 | 0 | 0 | 1 | 1 | 1 | 0 | 0 | 0 | 0 | 0 | 0 | 1 | 1 | 1 | 0 | 0 | 0 | 0 | 0 | 0 | 1 | 1 | 1 | 0 | 0 | 0 |
| 0 | -1 | 0 | 1 | 0 | 1 | 0 | -1 | 0 | 0 | -1 | 0 | 1 | 0 | 1 | 0 | -1 | 0 | 0 | -1 | 0 | 1 | 0 | 1 | 0 | -1 | 0 |
| 0 | 0 | 0 | 1 | 1 | 1 | 0 | 0 | 0 | 0 | 0 | 0 | 1 | 1 | 1 | 0 | 0 | 0 | 0 | 0 | 0 | 1 | 1 | 1 | 0 | 0 | 0 |
| 0 | 0 | 0 | 0 | 0 | 0 | 0 | 0 | 0 | 0 | 0 | 0 | 0 | 0 | 0 | 0 | 0 | 0 | 0 | 0 | 0 | 0 | 0 | 0 | 0 | 0 | 0 |
| 0 | -1 | 0 | 0 | -1 | 0 | 0 | -1 | 0 | 0 | -1 | 0 | 0 | -1 | 0 | 0 | -1 | 0 | 0 | -1 | 0 | 0 | -1 | 0 | 0 | -1 | 0 |
| 0 | 0 | 0 | 0 | 0 | 0 | 0 | 0 | 0 | 0 | 0 | 0 | 0 | 0 | 0 | 0 | 0 | 0 | 0 | 0 | 0 | 0 | 0 | 0 | 0 | 0 | 0 |
| 0 | 0 | 0 | 0 | 0 | 0 | 0 | 0 | 0 | 1 | 1 | 1 | 1 | 1 | 1 | 1 | 1 | 1 | 0 | 0 | 0 | 0 | 0 | 0 | 0 | 0 | 0 |
| 0 | -1 | 0 | 0 | -1 | 0 | 0 | -1 | 0 | 1 | 0 | 1 | 1 | 0 | 1 | 1 | 0 | 1 | 0 | -1 | 0 | 0 | -1 | 0 | 0 | -1 | 0 |
| 0 | 0 | 0 | 0 | 0 | 0 | 0 | 0 | 0 | 1 | 1 | 1 | 1 | 1 | 1 | 1 | 1 | 1 | 0 | 0 | 0 | 0 | 0 | 0 | 0 | 0 | 0 |
| 0 | 0 | 0 | 1 | 1 | 1 | 0 | 0 | 0 | 1 | 1 | 1 | 2 | 2 | 2 | 1 | 1 | 1 | 0 | 0 | 0 | 1 | 1 | 1 | 0 | 0 | 0 |
| 0 | -1 | 0 | 1 | 0 | 1 | 0 | -1 | 0 | 1 | 0 | 1 | 2 | 1 | 2 | 1 | 0 | 1 | 0 | -1 | 0 | 1 | 0 | 1 | 0 | -1 | 0 |
| 0 | 0 | 0 | 1 | 1 | 1 | 0 | 0 | 0 | 1 | 1 | 1 | 2 | 2 | 2 | 1 | 1 | 1 | 0 | 0 | 0 | 1 | 1 | 1 | 0 | 0 | 0 |
| 0 | 0 | 0 | 0 | 0 | 0 | 0 | 0 | 0 | 1 | 1 | 1 | 1 | 1 | 1 | 1 | 1 | 1 | 0 | 0 | 0 | 0 | 0 | 0 | 0 | 0 | 0 |
| 0 | -1 | 0 | 0 | -1 | 0 | 0 | -1 | 0 | 1 | 0 | 1 | 1 | 0 | 1 | 1 | 0 | 1 | 0 | -1 | 0 | 0 | -1 | 0 | 0 | -1 | 0 |
| 0 | 0 | 0 | 0 | 0 | 0 | 0 | 0 | 0 | 1 | 1 | 1 | 1 | 1 | 1 | 1 | 1 | 1 | 0 | 0 | 0 | 0 | 0 | 0 | 0 | 0 | 0 |
| 0 | 0 | 0 | 0 | 0 | 0 | 0 | 0 | 0 | 0 | 0 | 0 | 0 | 0 | 0 | 0 | 0 | 0 | 0 | 0 | 0 | 0 | 0 | 0 | 0 | 0 | 0 |
| 0 | -1 | 0 | 0 | -1 | 0 | 0 | -1 | 0 | 0 | -1 | 0 | 0 | -1 | 0 | 0 | -1 | 0 | 0 | -1 | 0 | 0 | -1 | 0 | 0 | -1 | 0 |
| 0 | 0 | 0 | 0 | 0 | 0 | 0 | 0 | 0 | 0 | 0 | 0 | 0 | 0 | 0 | 0 | 0 | 0 | 0 | 0 | 0 | 0 | 0 | 0 | 0 | 0 | 0 |
| 0 | 0 | 0 | 1 | 1 | 1 | 0 | 0 | 0 | 0 | 0 | 0 | 1 | 1 | 1 | 0 | 0 | 0 | 0 | 0 | 0 | 1 | 1 | 1 | 0 | 0 | 0 |
| 0 | -1 | 0 | 1 | 0 | 1 | 0 | -1 | 0 | 0 | -1 | 0 | 1 | 0 | 1 | 0 | -1 | 0 | 0 | -1 | 0 | 1 | 0 | 1 | 0 | -1 | 0 |
| 0 | 0 | 0 | 1 | 1 | 1 | 0 | 0 | 0 | 0 | 0 | 0 | 1 | 1 | 1 | 0 | 0 | 0 | 0 | 0 | 0 | 1 | 1 | 1 | 0 | 0 | 0 |
| 0 | 0 | 0 | 0 | 0 | 0 | 0 | 0 | 0 | 0 | 0 | 0 | 0 | 0 | 0 | 0 | 0 | 0 | 0 | 0 | 0 | 0 | 0 | 0 | 0 | 0 | 0 |
| 0 | -1 | 0 | 0 | -1 | 0 | 0 | -1 | 0 | 0 | -1 | 0 | 0 | -1 | 0 | 0 | -1 | 0 | 0 | -1 | 0 | 0 | -1 | 0 | 0 | -1 | 0 |
| 0 | 0 | 0 | 0 | 0 | 0 | 0 | 0 | 0 | 0 | 0 | 0 | 0 | 0 | 0 | 0 | 0 | 0 | 0 | 0 | 0 | 0 | 0 | 0 | 0 | 0 | 0 |

위의 그림에서 0 부분을 보이지 않게 만들어 보자.

| | | |
|---|---|---|
| | | |
| | 1 | |
| | | |

| | | | | | | | | |
|---|---|---|---|---|---|---|---|---|
| | | | | | | | | |
| | -1 | | | -1 | | | -1 | |
| | | | | | | | | |
| | | | 1 | 1 | 1 | | | |
| | -1 | | 1 | | 1 | | -1 | |
| | | | 1 | 1 | 1 | | | |
| | | | | | | | | |
| | -1 | | | -1 | | | -1 | |
| | | | | | | | | |

| | | | | | | | | | | | | | | | | | | | | | | | | | | |
|---|---|---|---|---|---|---|---|---|---|---|---|---|---|---|---|---|---|---|---|---|---|---|---|---|---|---|
| | | | | | | | | | | | | | | | | | | | | | | | | | | |
| | -1 | | | -1 | | | -1 | | | -1 | | | -1 | | | -1 | | | -1 | | | -1 | | | -1 | |
| | | | | | | | | | | | | | | | | | | | | | | | | | | |
| | | | 1 | 1 | 1 | | | | | | | 1 | 1 | 1 | | | | | | | 1 | 1 | 1 | | | |
| | -1 | | 1 | | 1 | | -1 | | | -1 | | 1 | | 1 | | -1 | | | -1 | | 1 | | 1 | | -1 | |
| | | | 1 | 1 | 1 | | | | | | | 1 | 1 | 1 | | | | | | | 1 | 1 | 1 | | | |
| | | | | | | | | | | | | | | | | | | | | | | | | | | |
| | -1 | | | -1 | | | -1 | | | -1 | | | -1 | | | -1 | | | -1 | | | -1 | | | -1 | |
| | | | | | | | | | | | | | | | | | | | | | | | | | | |
| | | | | | | | | | 1 | 1 | 1 | 1 | 1 | 1 | 1 | 1 | 1 | | | | | | | | | |
| | -1 | | | -1 | | | -1 | | 1 | | 1 | 1 | | 1 | 1 | | 1 | | -1 | | | -1 | | | -1 | |
| | | | | | | | | | 1 | 1 | 1 | 1 | 1 | 1 | 1 | 1 | 1 | | | | | | | | | |
| | | | 1 | 1 | 1 | | | | 1 | 1 | 1 | 2 | 2 | 2 | 1 | 1 | 1 | | | | 1 | 1 | 1 | | | |
| | -1 | | 1 | | 1 | | -1 | | 1 | | 1 | 2 | 1 | 2 | 1 | | 1 | | -1 | | 1 | | 1 | | -1 | |
| | | | 1 | 1 | 1 | | | | 1 | 1 | 1 | 2 | 2 | 2 | 1 | 1 | 1 | | | | 1 | 1 | 1 | | | |
| | | | | | | | | | 1 | 1 | 1 | 1 | 1 | 1 | 1 | 1 | 1 | | | | | | | | | |
| | -1 | | | -1 | | | -1 | | 1 | | 1 | 1 | | 1 | 1 | | 1 | | -1 | | | -1 | | | -1 | |
| | | | | | | | | | 1 | 1 | 1 | 1 | 1 | 1 | 1 | 1 | 1 | | | | | | | | | |
| | | | | | | | | | | | | | | | | | | | | | | | | | | |
| | -1 | | | -1 | | | -1 | | | -1 | | | -1 | | | -1 | | | -1 | | | -1 | | | -1 | |
| | | | | | | | | | | | | | | | | | | | | | | | | | | |
| | | | 1 | 1 | 1 | | | | | | | 1 | 1 | 1 | | | | | | | 1 | 1 | 1 | | | |
| | -1 | | 1 | | 1 | | -1 | | | -1 | | 1 | | 1 | | -1 | | | -1 | | 1 | | 1 | | -1 | |
| | | | 1 | 1 | 1 | | | | | | | 1 | 1 | 1 | | | | | | | 1 | 1 | 1 | | | |
| | | | | | | | | | | | | | | | | | | | | | | | | | | |
| | -1 | | | -1 | | | -1 | | | -1 | | | -1 | | | -1 | | | -1 | | | -1 | | | -1 | |
| | | | | | | | | | | | | | | | | | | | | | | | | | | |

1, 2, 3단계에서 0보다 큰 수만 표시해 보자.

① $\log_3 1 = 0$

| 0 | 0 | 0 |
|---|---|---|
| 0 | 1 | 0 |
| 0 | 0 | 0 |

② $\log_9 16 = 1.262$

|  |  |  |  |  |  |  |  |  |
|---|---|---|---|---|---|---|---|---|
|  |  |  |  |  |  |  |  |  |
|  |  |  |  |  |  |  |  |  |
|  |  |  | 1 | 1 | 1 |  |  |  |
|  |  |  | 1 |  | 1 |  |  |  |
|  |  |  | 1 | 1 | 1 |  |  |  |
|  |  |  |  |  |  |  |  |  |
|  |  |  |  |  |  |  |  |  |
|  |  |  |  |  |  |  |  |  |

③ $\log_{27} 201 = 1.609$

|  |  |  |  |  |  |  |  |  |  |  |  |  |  |  |  |  |  |  |  |  |  |  |  |  |  |  |
|---|---|---|---|---|---|---|---|---|---|---|---|---|---|---|---|---|---|---|---|---|---|---|---|---|---|---|
|  |  |  |  |  |  |  |  |  |  |  |  |  |  |  |  |  |  |  |  |  |  |  |  |  |  |  |
|  |  |  |  |  |  |  |  |  |  |  |  |  |  |  |  |  |  |  |  |  |  |  |  |  |  |  |
|  |  |  | 1 | 1 | 1 |  |  |  |  |  |  | 1 | 1 | 1 |  |  |  |  |  |  | 1 | 1 | 1 |  |  |  |
|  |  |  | 1 |  | 1 |  |  |  |  |  |  | 1 |  | 1 |  |  |  |  |  |  | 1 |  | 1 |  |  |  |
|  |  |  | 1 | 1 | 1 |  |  |  |  |  |  | 1 | 1 | 1 |  |  |  |  |  |  | 1 | 1 | 1 |  |  |  |
|  |  |  |  |  |  |  |  |  |  |  |  |  |  |  |  |  |  |  |  |  |  |  |  |  |  |  |
|  |  |  |  |  |  |  |  |  |  |  |  |  |  |  |  |  |  |  |  |  |  |  |  |  |  |  |
|  |  |  |  |  |  |  |  |  |  |  |  |  |  |  |  |  |  |  |  |  |  |  |  |  |  |  |
|  |  |  |  |  |  |  |  |  | 1 | 1 | 1 | 1 | 1 | 1 | 1 | 1 | 1 |  |  |  |  |  |  |  |  |  |
|  |  |  |  |  |  |  |  |  | 1 |  | 1 | 1 |  | 1 | 1 |  | 1 |  |  |  |  |  |  |  |  |  |
|  |  |  |  |  |  |  |  |  | 1 | 1 | 1 | 1 | 1 | 1 | 1 | 1 | 1 |  |  |  |  |  |  |  |  |  |
|  |  |  | 1 | 1 | 1 |  |  |  | 1 | 1 | 1 | 2 | 2 | 2 | 1 | 1 | 1 |  |  |  | 1 | 1 | 1 |  |  |  |
|  |  |  | 1 |  | 1 |  |  |  | 1 |  | 1 | 2 | 1 | 2 | 1 |  | 1 |  |  |  | 1 |  | 1 |  |  |  |
|  |  |  | 1 | 1 | 1 |  |  |  | 1 | 1 | 1 | 2 | 2 | 2 | 1 | 1 | 1 |  |  |  | 1 | 1 | 1 |  |  |  |
|  |  |  |  |  |  |  |  |  | 1 | 1 | 1 | 1 | 1 | 1 | 1 | 1 | 1 |  |  |  |  |  |  |  |  |  |
|  |  |  |  |  |  |  |  |  | 1 |  | 1 | 1 |  | 1 | 1 |  | 1 |  |  |  |  |  |  |  |  |  |
|  |  |  |  |  |  |  |  |  | 1 | 1 | 1 | 1 | 1 | 1 | 1 | 1 | 1 |  |  |  |  |  |  |  |  |  |
|  |  |  |  |  |  |  |  |  |  |  |  |  |  |  |  |  |  |  |  |  |  |  |  |  |  |  |
|  |  |  |  |  |  |  |  |  |  |  |  |  |  |  |  |  |  |  |  |  |  |  |  |  |  |  |
|  |  |  |  |  |  |  |  |  |  |  |  |  |  |  |  |  |  |  |  |  |  |  |  |  |  |  |
|  |  |  | 1 | 1 | 1 |  |  |  |  |  |  | 1 | 1 | 1 |  |  |  |  |  |  | 1 | 1 | 1 |  |  |  |
|  |  |  | 1 |  | 1 |  |  |  |  |  |  | 1 |  | 1 |  |  |  |  |  |  | 1 |  | 1 |  |  |  |
|  |  |  | 1 | 1 | 1 |  |  |  |  |  |  | 1 | 1 | 1 |  |  |  |  |  |  | 1 | 1 | 1 |  |  |  |
|  |  |  |  |  |  |  |  |  |  |  |  |  |  |  |  |  |  |  |  |  |  |  |  |  |  |  |
|  |  |  |  |  |  |  |  |  |  |  |  |  |  |  |  |  |  |  |  |  |  |  |  |  |  |  |
|  |  |  |  |  |  |  |  |  |  |  |  |  |  |  |  |  |  |  |  |  |  |  |  |  |  |  |

0보다 큰 수에만 색칠해 보자.

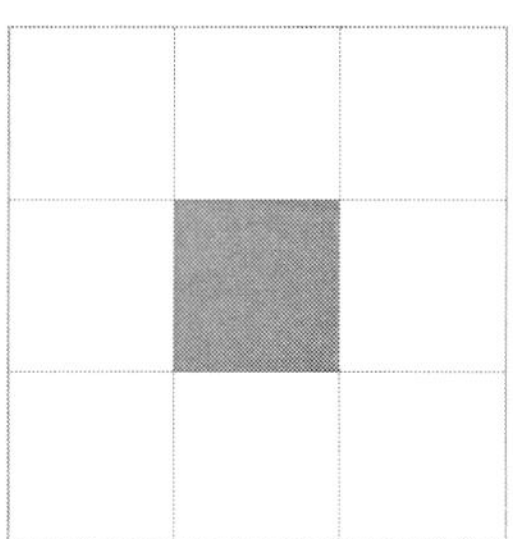

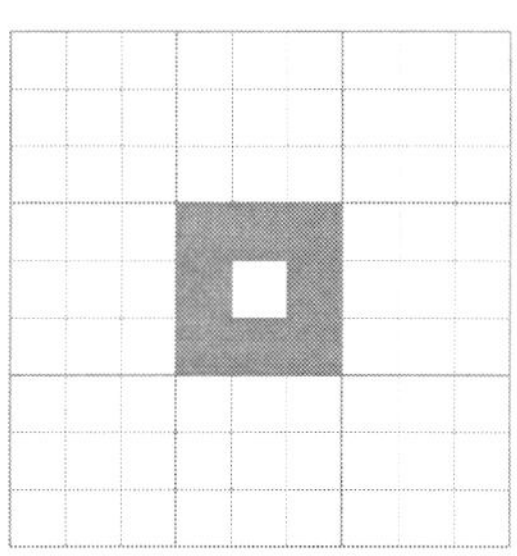

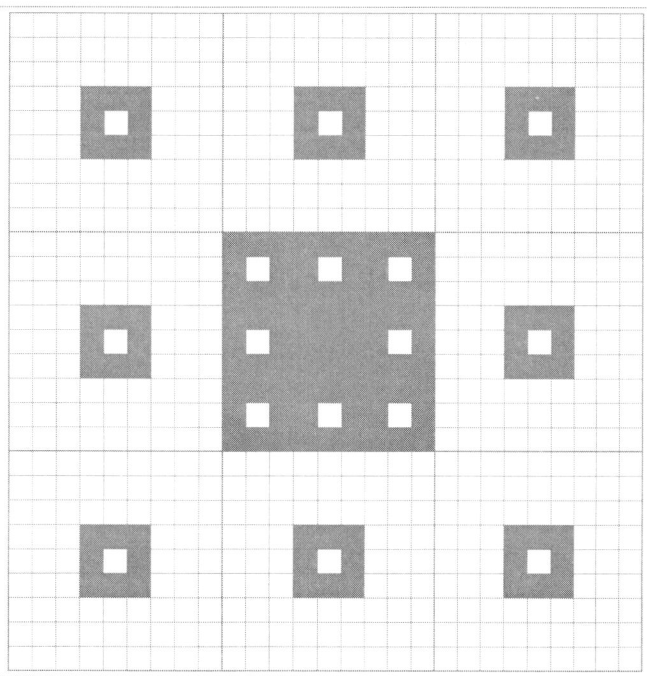

| ① $\log_3 1 = 0$ | ② $\log_9 8 = 1.946$ | ③ $\log_{27} 137 = 1.493$ |
|---|---|---|
|  | 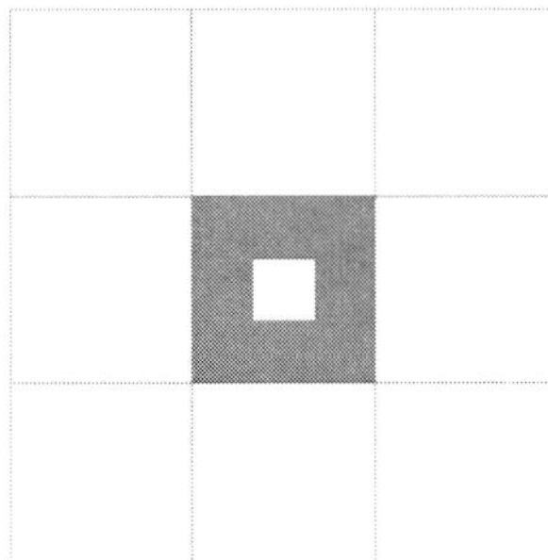 | 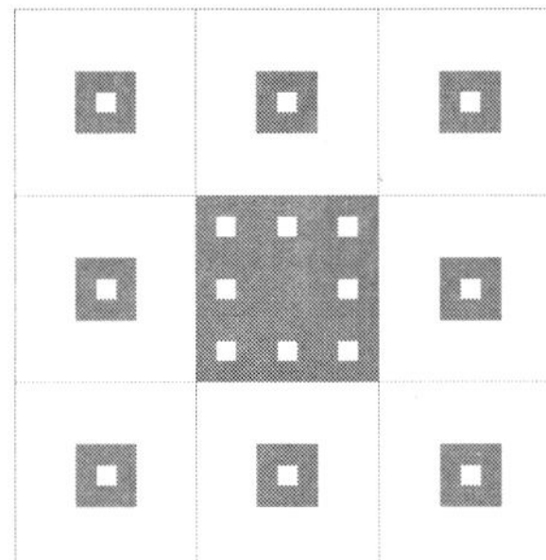 |

(2) 1단계 2개

| ① $\log_3 2 = 0.631$ | ② $\log_9 14 = 1.201$ | ③ $\log_{27} 28 = 1.011$ |
|---|---|---|
| 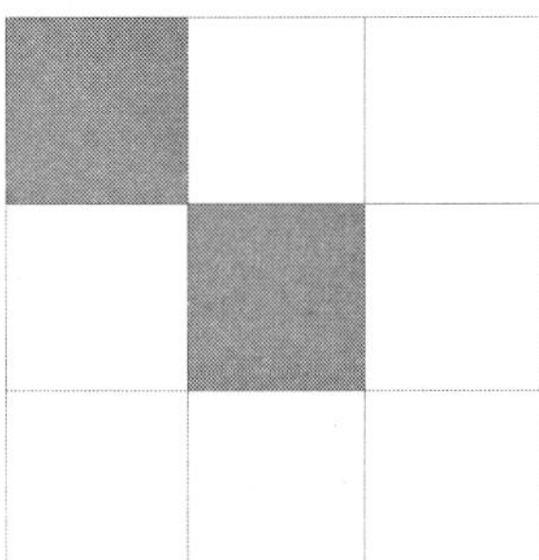 | 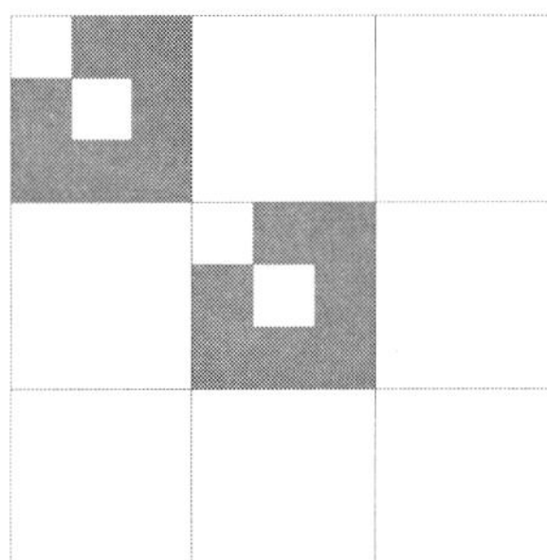 |  |
|  | 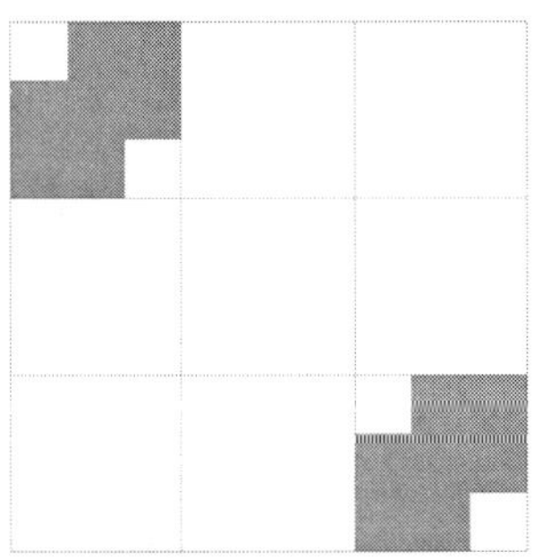 | 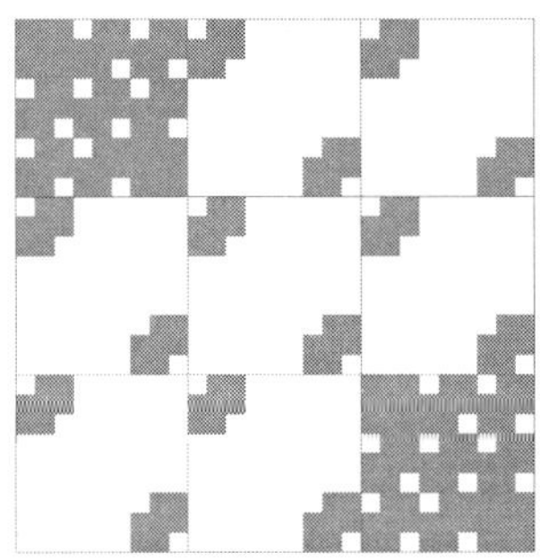 |

## (3) 1단계 3개

| ① $\log_3 3 = 1$ | ② $\log_9 18 = 1.315$ | ③ $\log_{27} 297 = 1.728$ |
|---|---|---|
|  | 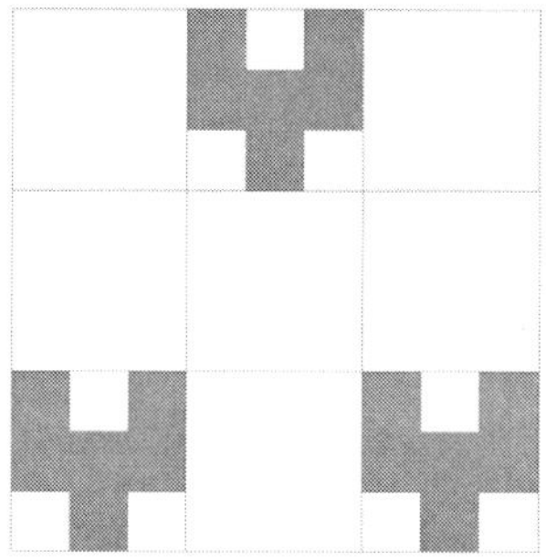 |  |
|  | 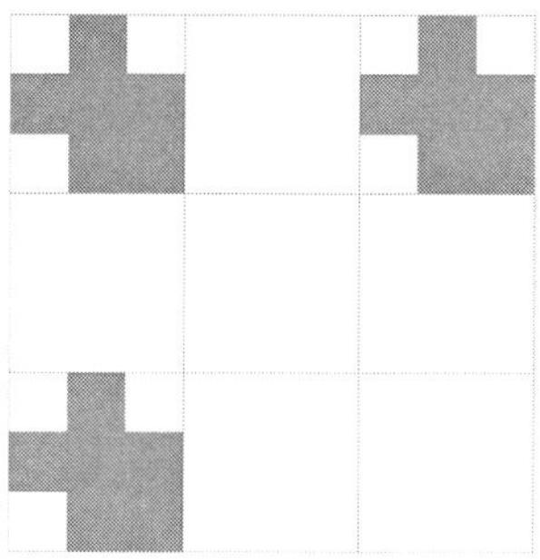 | 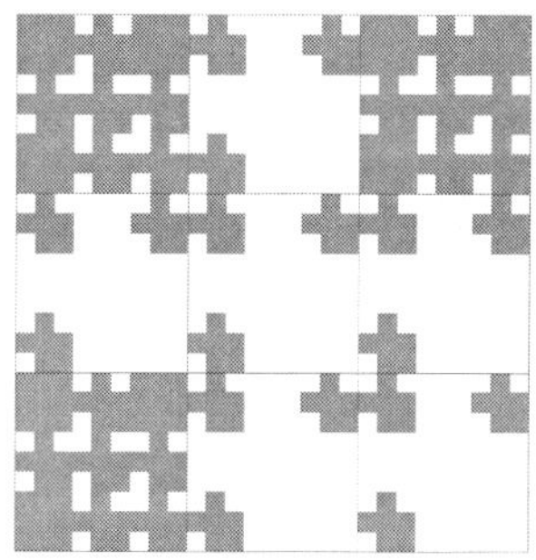 |
|  |  |  |
|  |  | 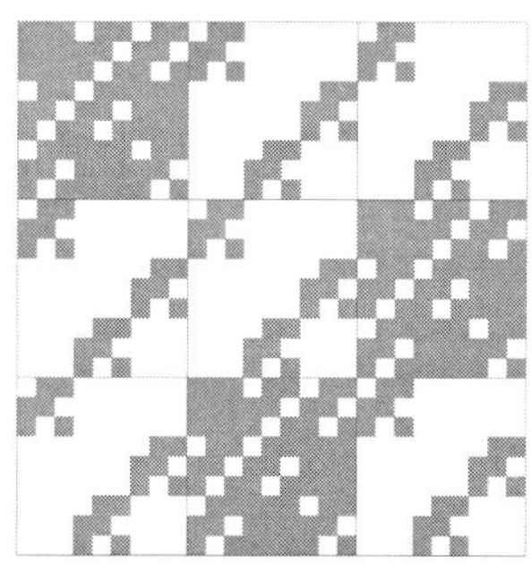 |

## (4) 1단계 4개

| ① $\log_3 4 = 1.262$ | ② $\log_9 20 = 1.363$ | ③ $\log_{27} 344 = 1.772$ |
|---|---|---|
|  |  |  |
|  |  |  |
|  | 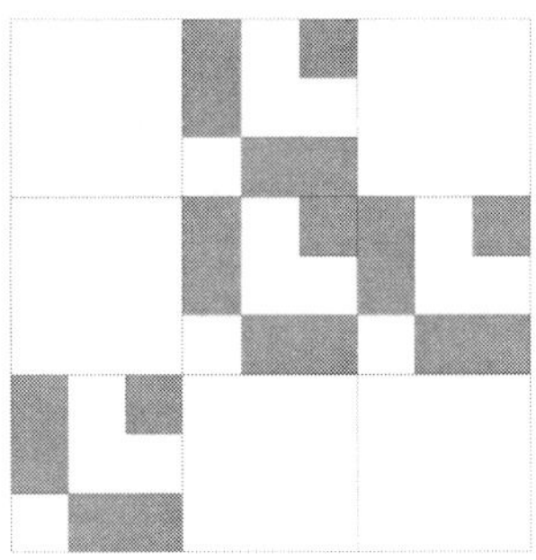 |  |
|  | 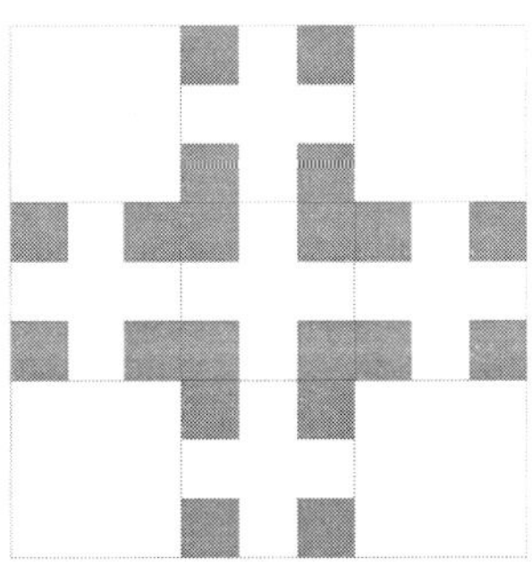 |  |

## (5) 1단계 5개

| ① $\log_3 5 = 1.465$ | ② $\log_9 20 = 1.363$ | ③ $\log_{27} 385 = 1.806$ |
|---|---|---|
|  | 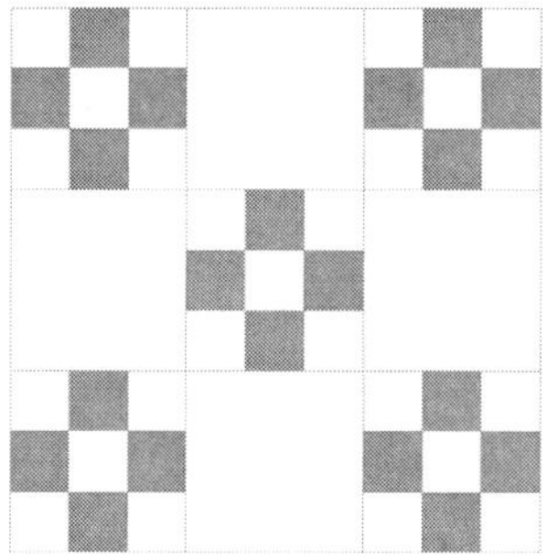 |  |
|  |  |  |
|  | 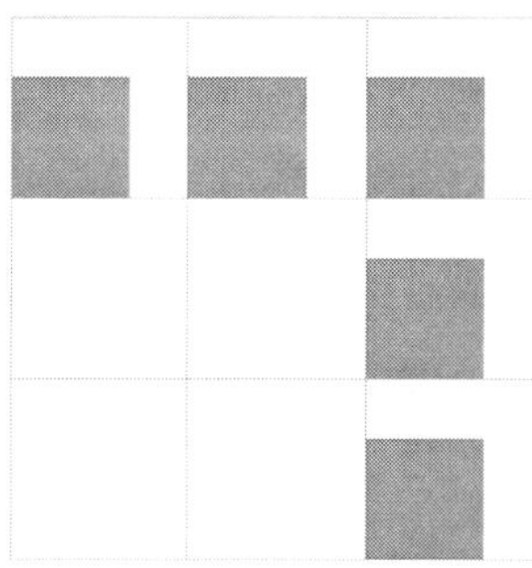 | 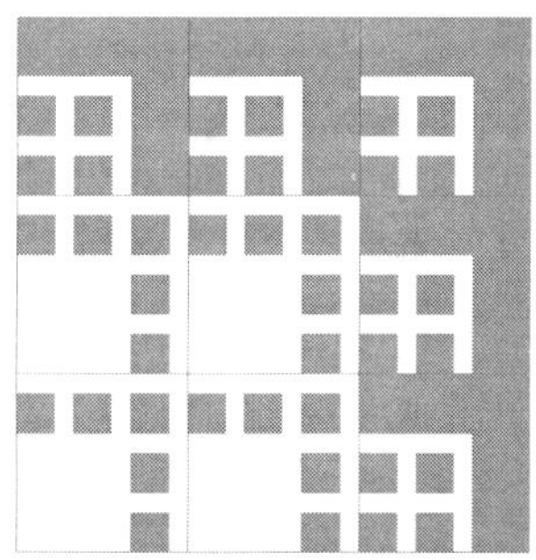 |
|  | 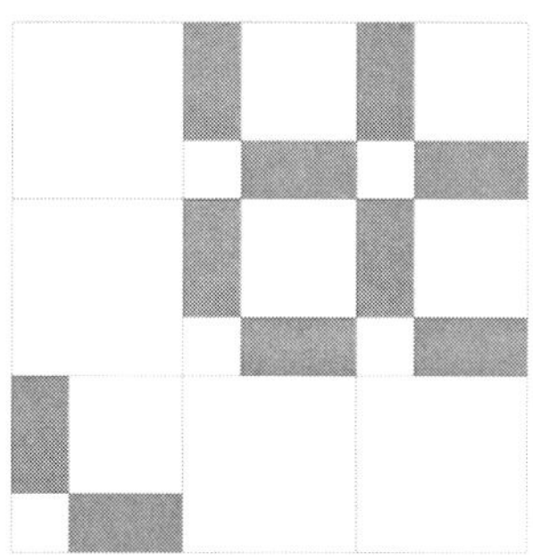 | 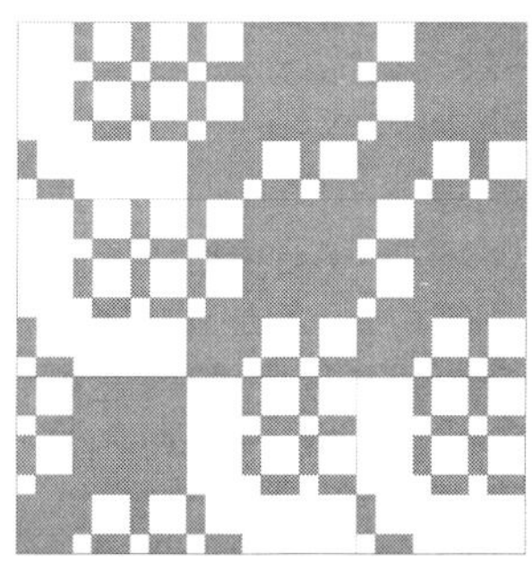 |

(6) 1단계 6개

| ① $\log_3 6 = 1.631$ | ② $\log_9 18 = 1.315$ | ③ $\log_{27} 432 = 1.841$ |
|---|---|---|
|  | 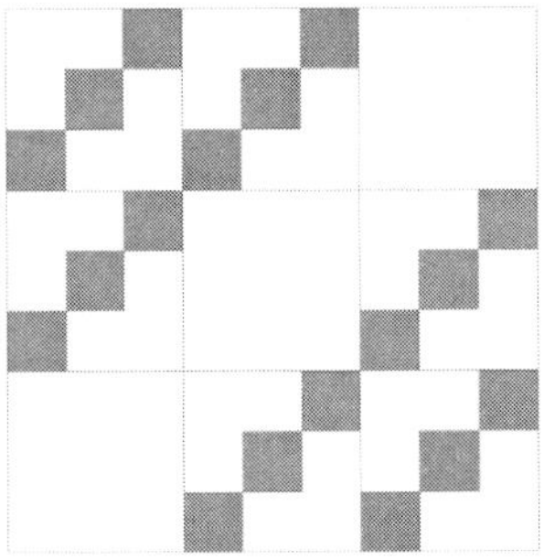 |  |
|  | 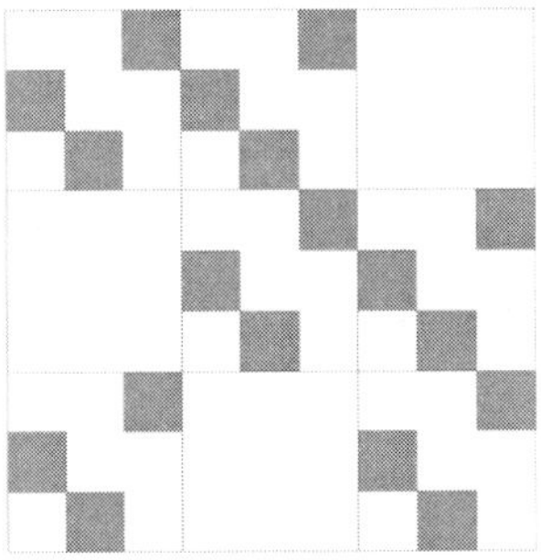 |  |
|  |  | 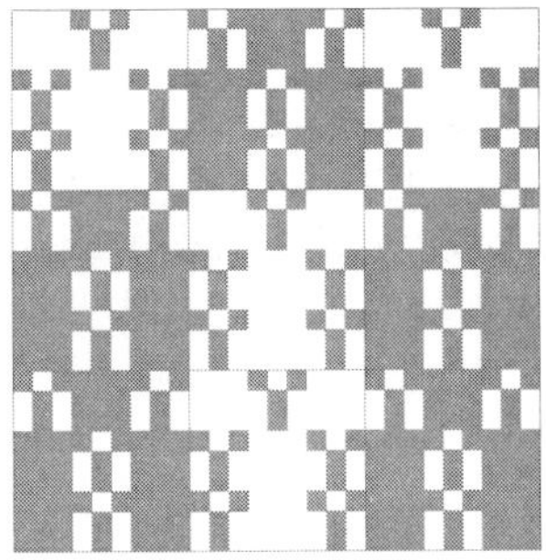 |
|  |  | 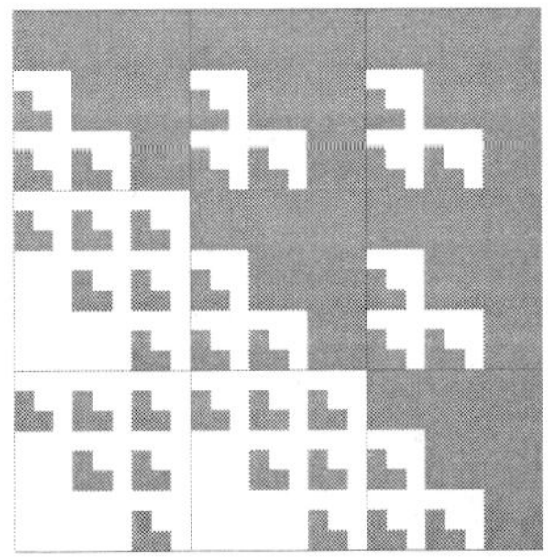 |

(7) 1단계 7개

| ① $\log_3 7 = 1.771$ | ② $\log_9 14 = 1.201$ | ③ $\log_{27} 497 = 1.884$ |
|---|---|---|
|  | 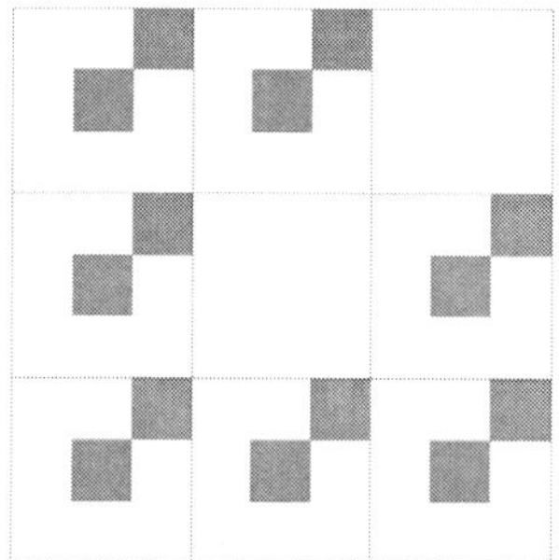 | 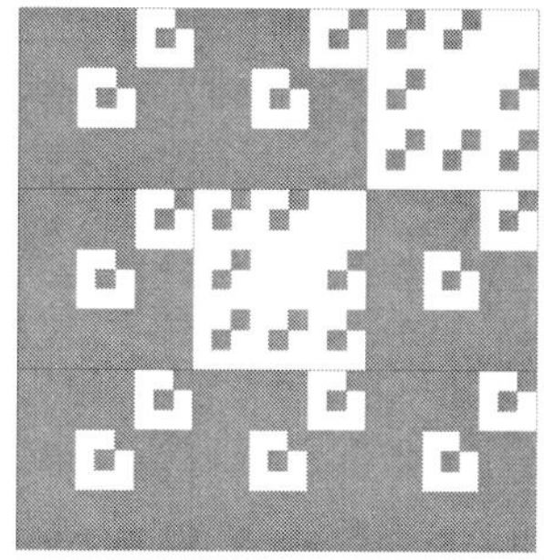 |
|  | 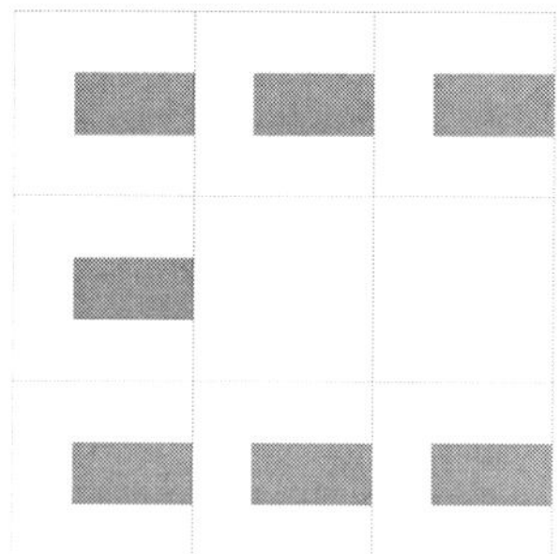 | 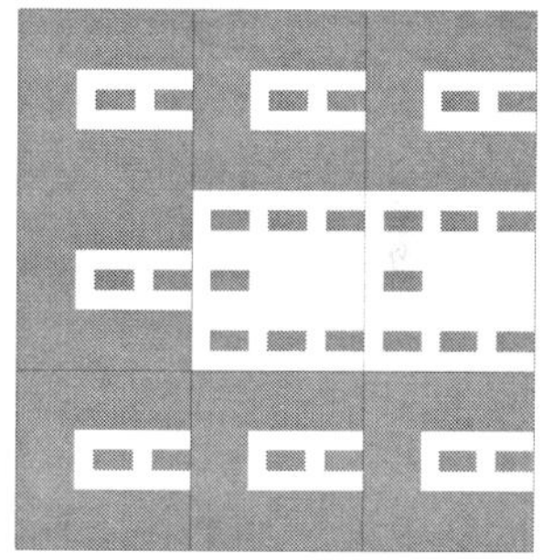 |
|  | 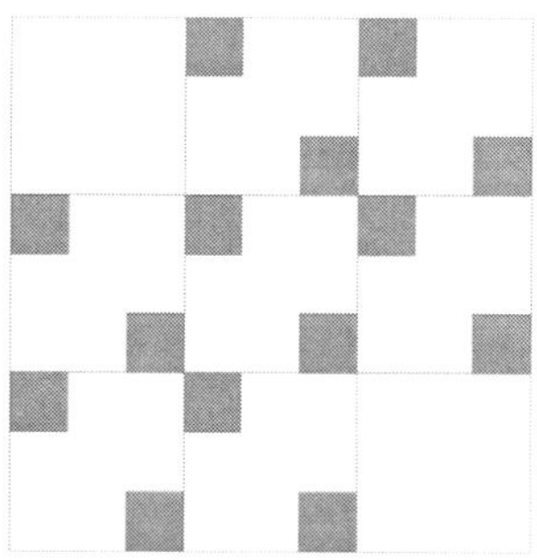 |  |
|  | 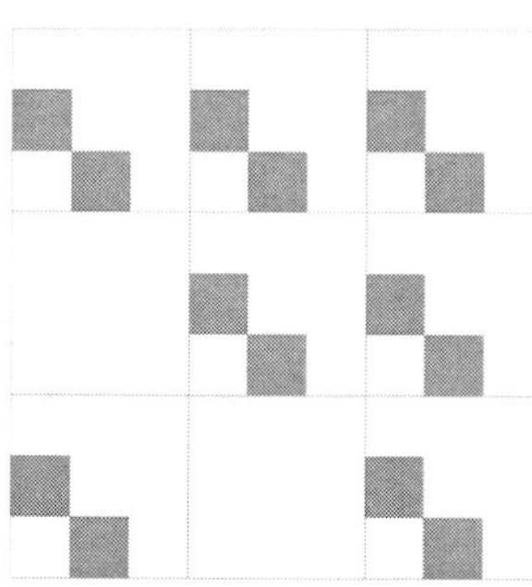 | 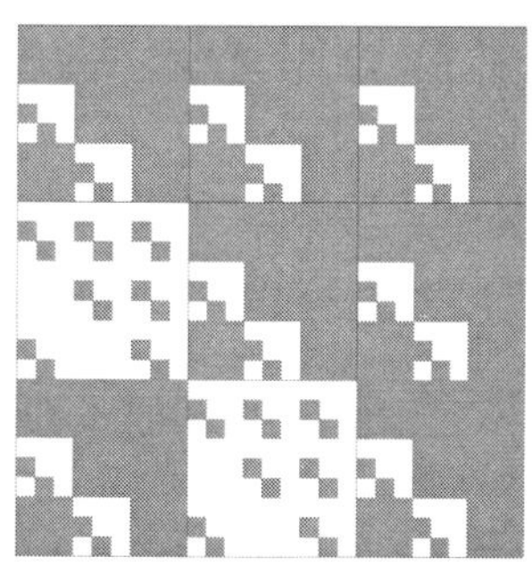 |

| ① $\log_3 7 = 1.771$ | ② $\log_9 14 = 1.201$ | ③ $\log_{27} 98 = 1.391$ |
|---|---|---|
|  | 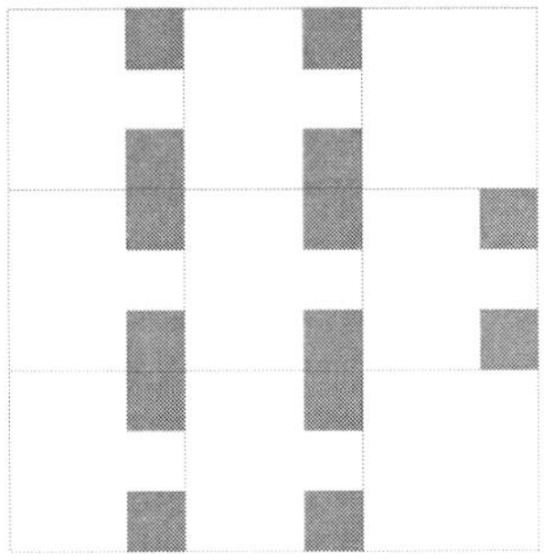 | 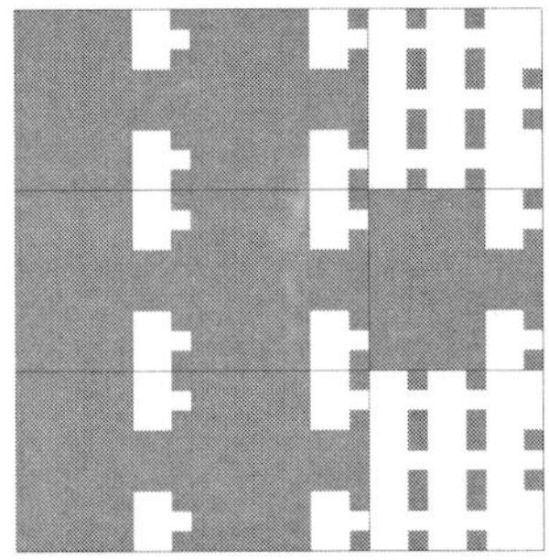 |
| 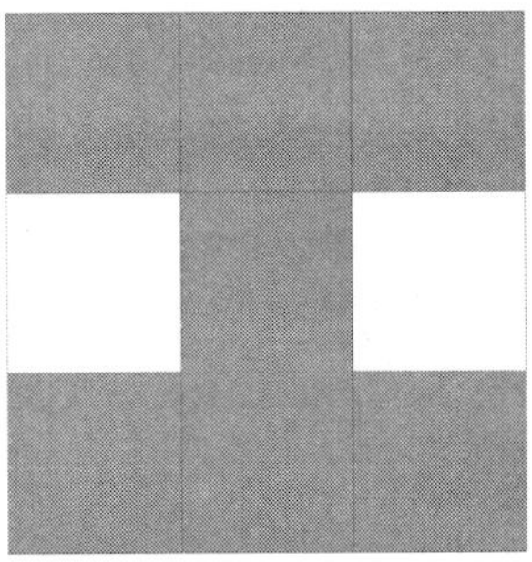 | 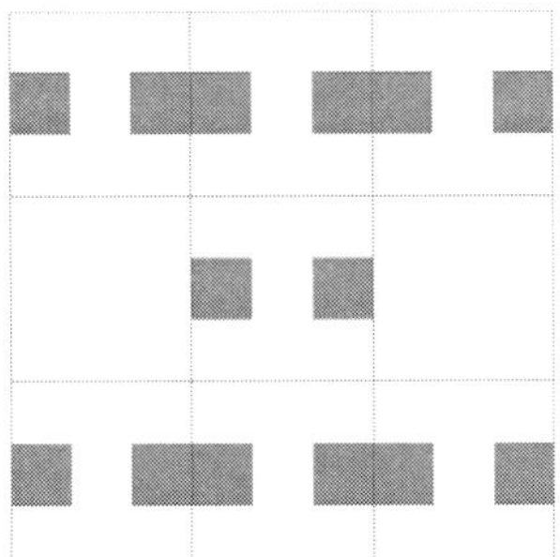 | 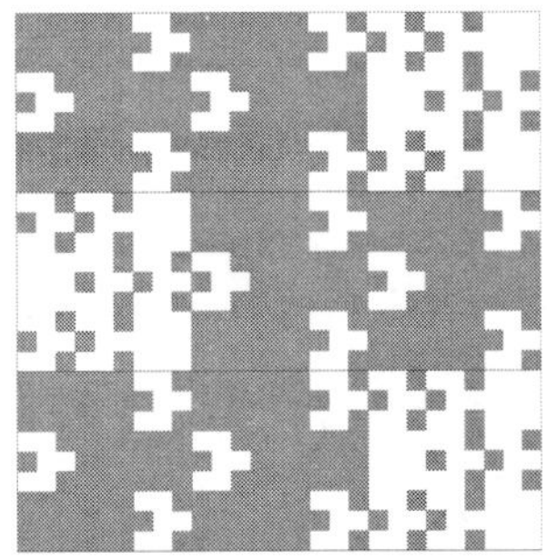 |

(8) 1단계 8개

| ① $\log_3 8 = 1.893$ | ② $\log_9 8 = 0.946$ | ③ $\log_{27} 592 = 1.937$ |
|---|---|---|
|  | 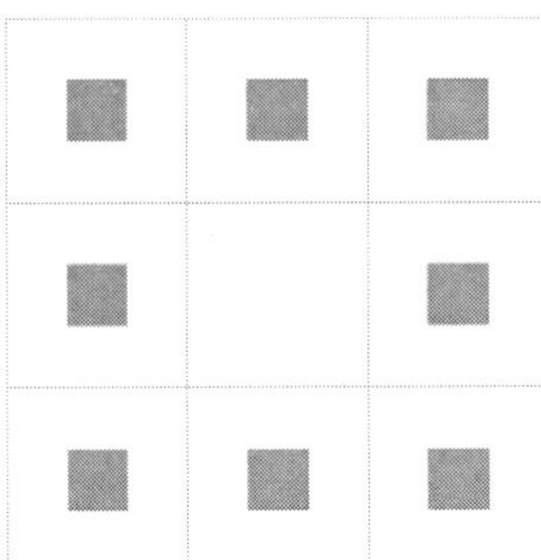 | 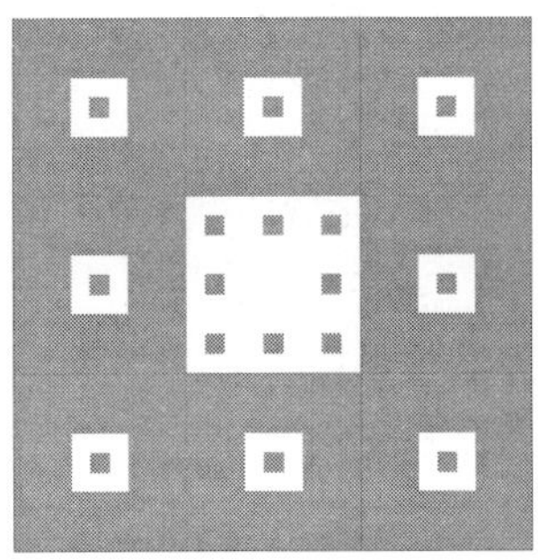 |
|  | 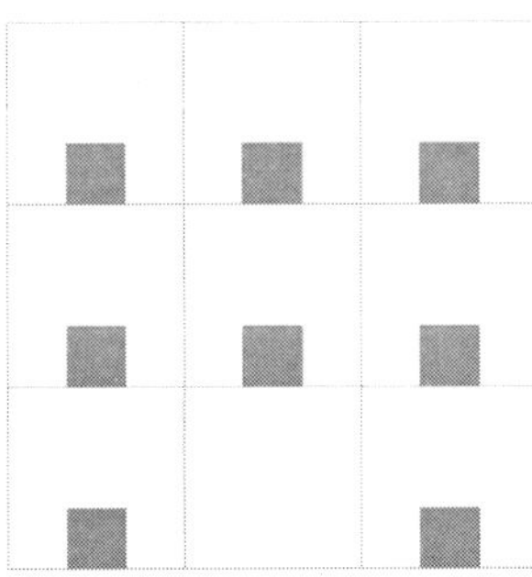 | 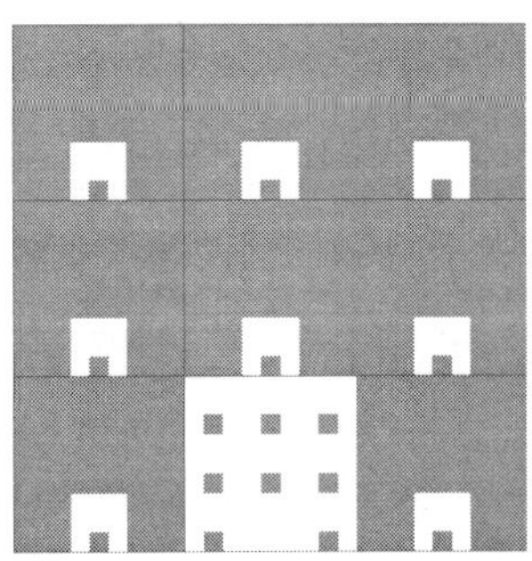 |

## 2 4×4 빼셈-덧셈 프랙탈

### (1) 1단계 3개

| ① $\log_4 3 = 0.792$ | ② $\log_{16} 39 = 1.321$ | ③ $\log_{64} 1158 = 1.696$ |
|---|---|---|

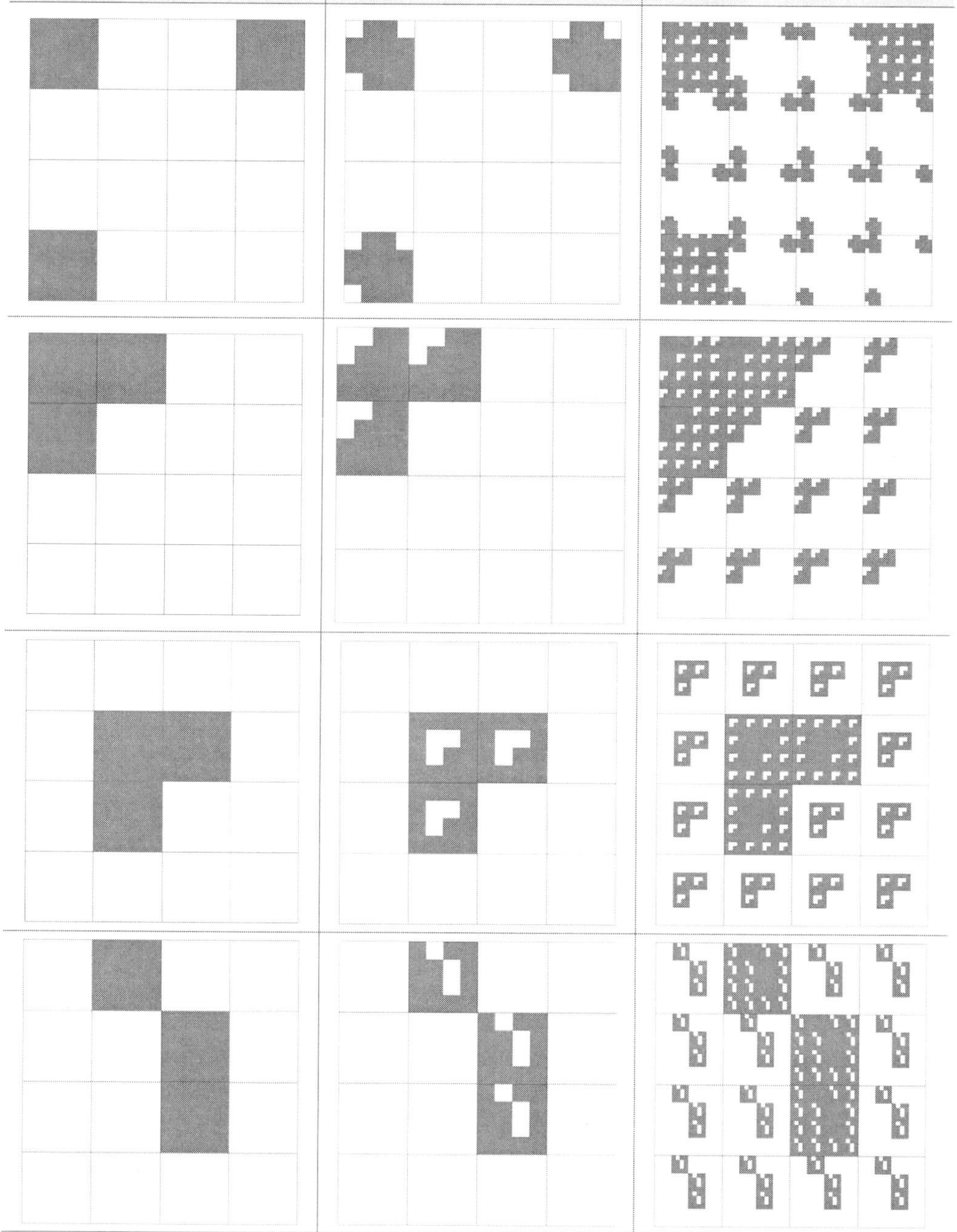

### (2) 1단계 4개

| ① $\log_4 4 = 1$ | ② $\log_{16} 48 = 1.396$ | ③ $\log_{64} 1408 = 1.743$ |
|---|---|---|
|  | 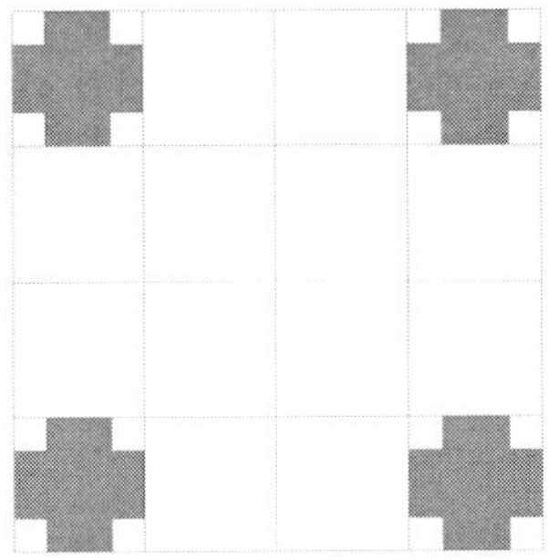 | 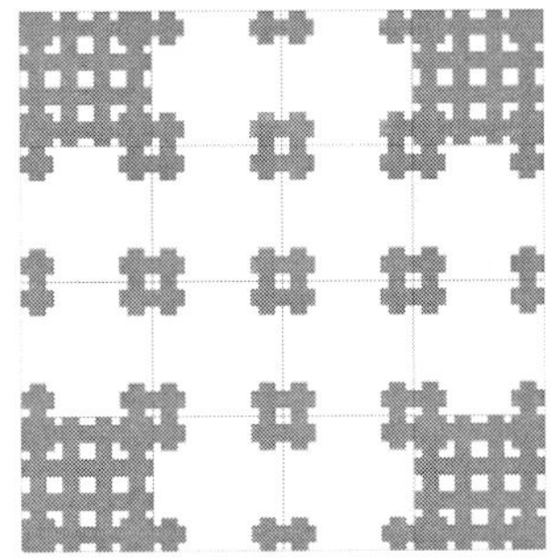 |
|  | 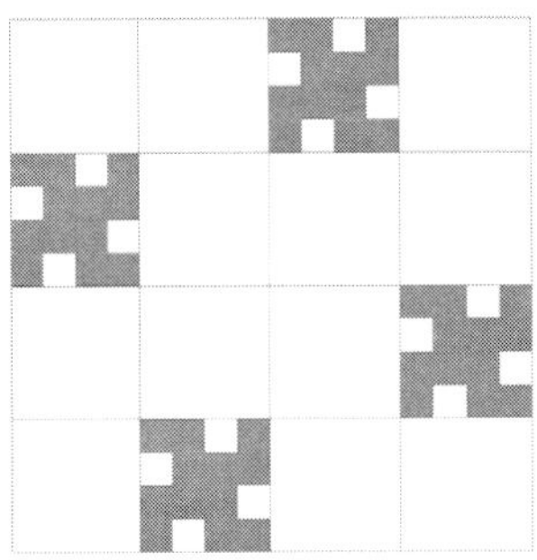 | 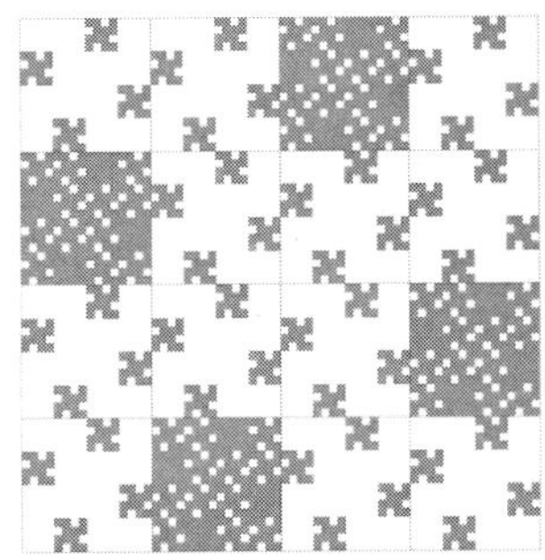 |
|  | 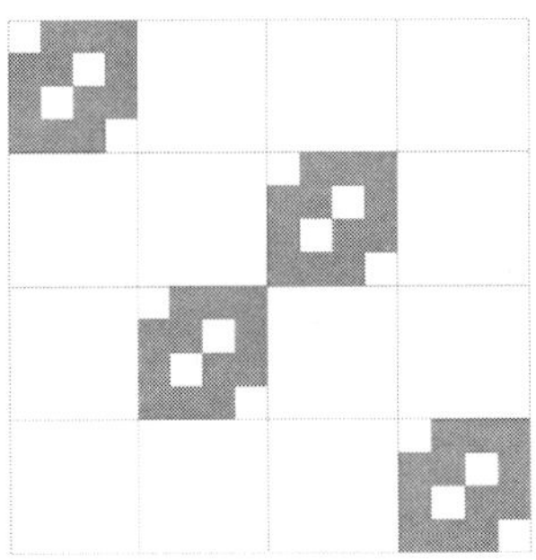 | 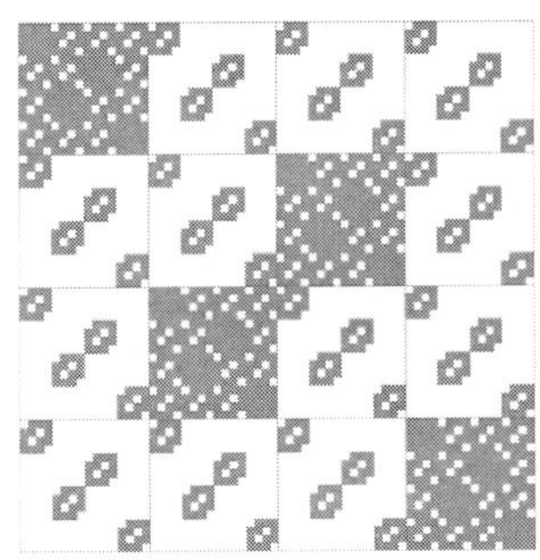 |
| 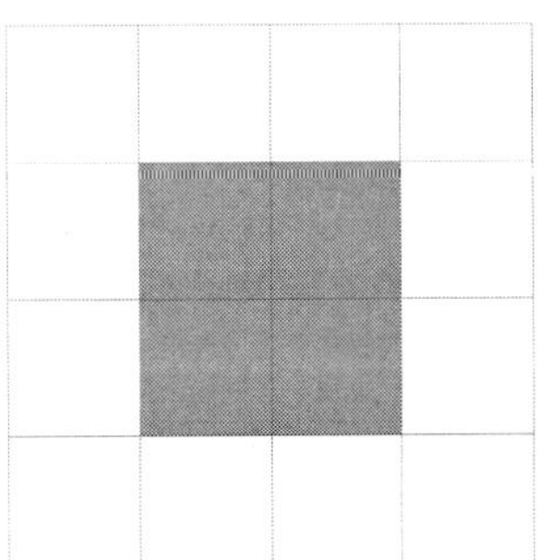 | 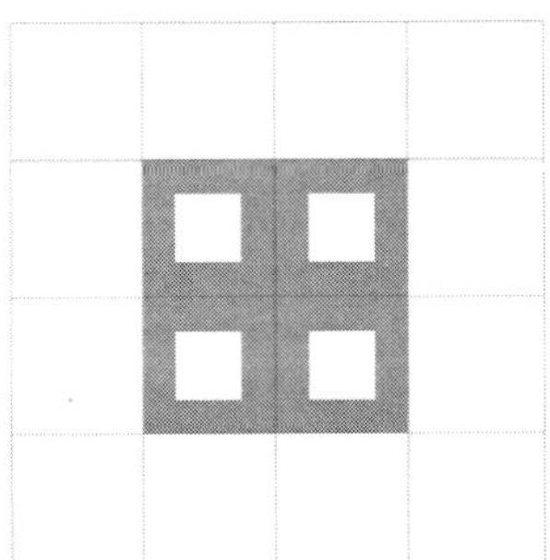 | 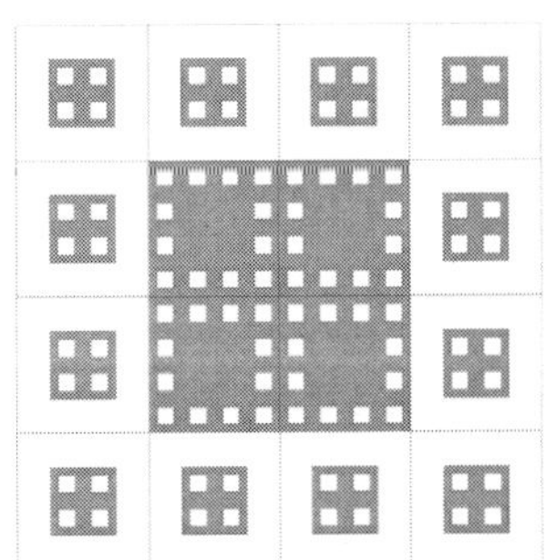 |

### (3) 1단계 5개

| ① $\log_4 5 = 0.161$ | ② $\log_{16} 55 = 1.445$ | ③ $\log_{64} 1610 = 1.775$ |
| --- | --- | --- |
|  | 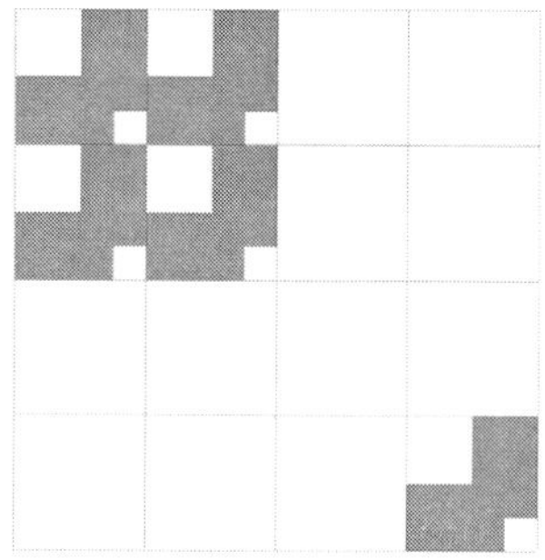 | 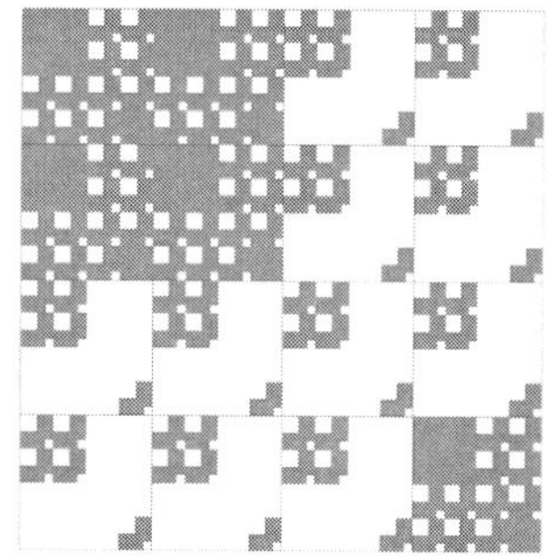 |
|  | 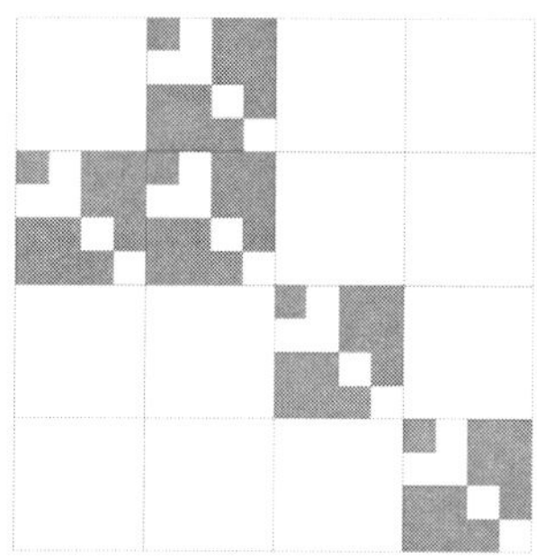 | 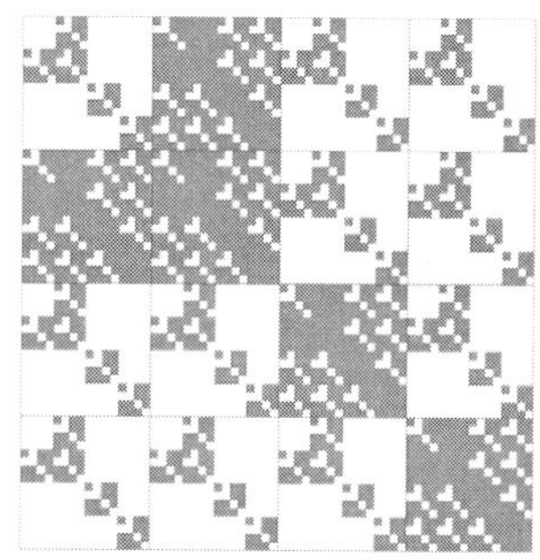 |
|  | 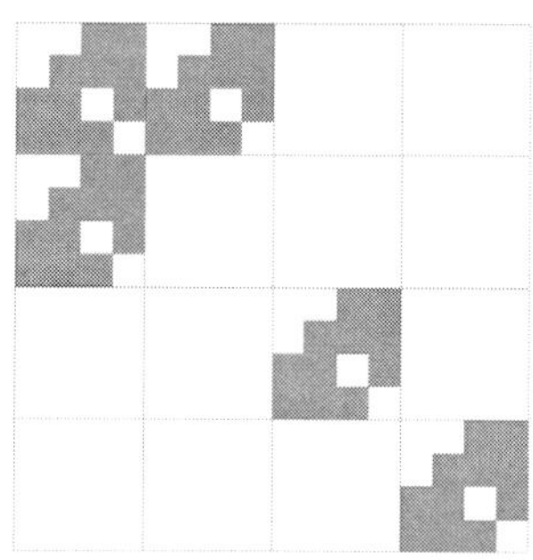 | 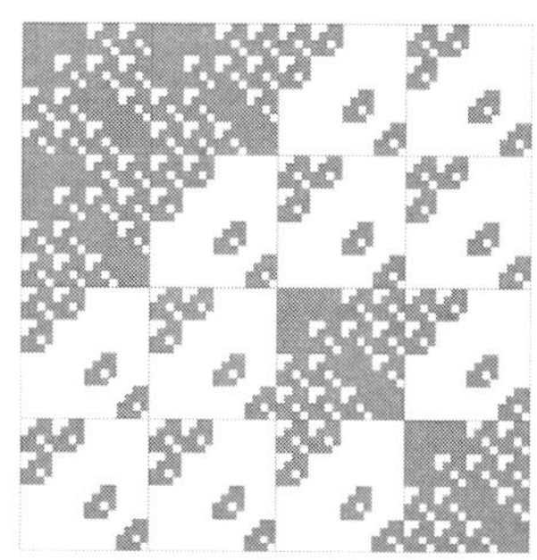 |
|  | 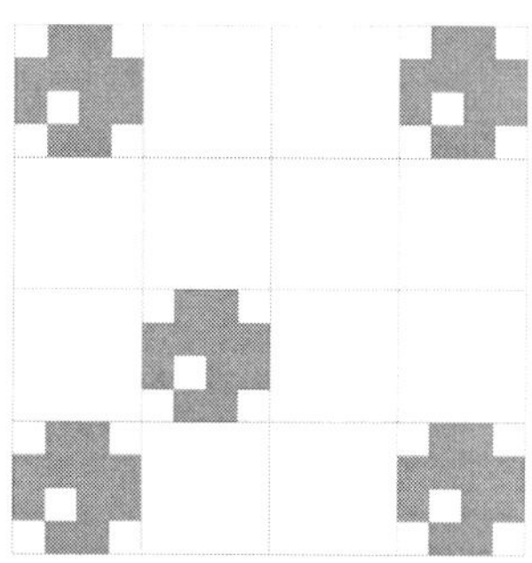 | 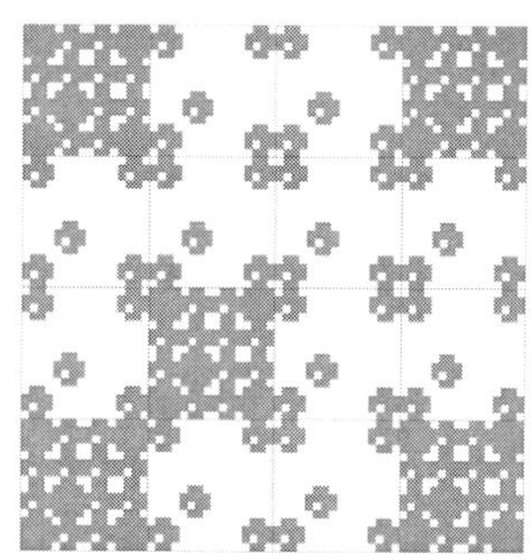 |

## (4) 1단계 6개

| ① $\log_4 6 = 1.292$ | ② $\log_{16} 60 = 1.477$ | ③ $\log_{64} 1776 = 1.799$ |
|---|---|---|
|  | 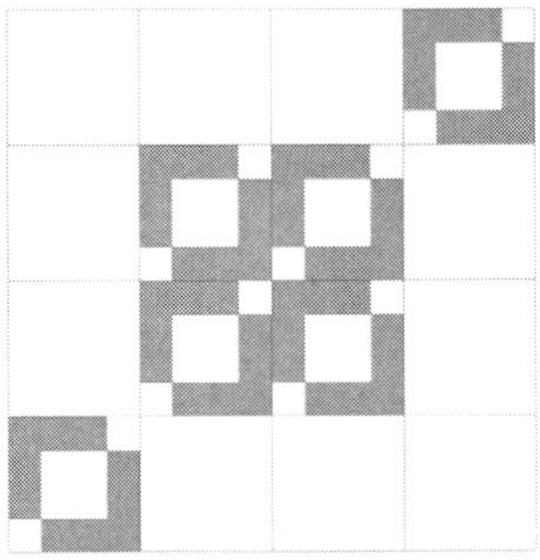 | 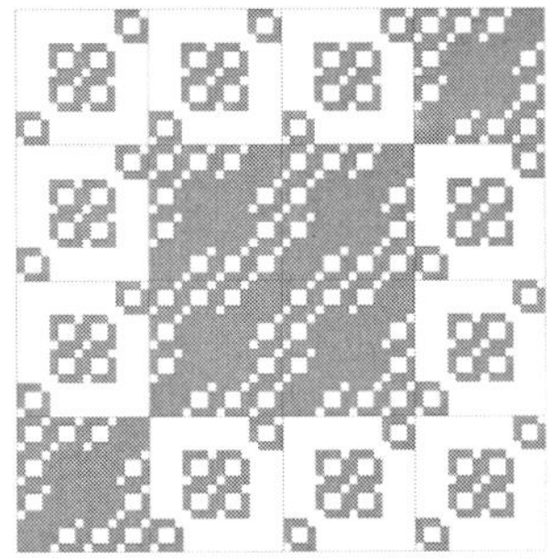 |
|  | 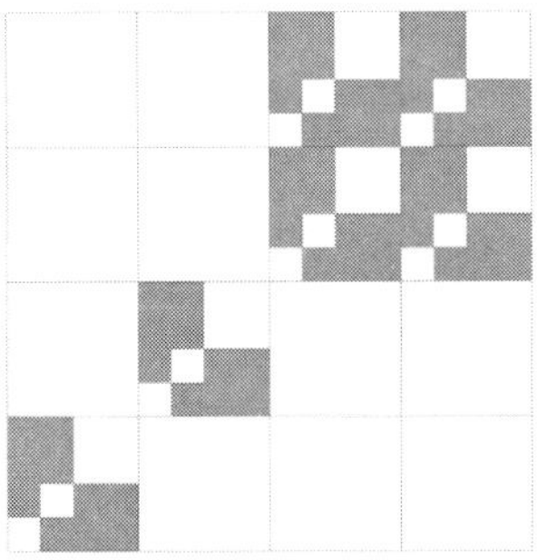 | 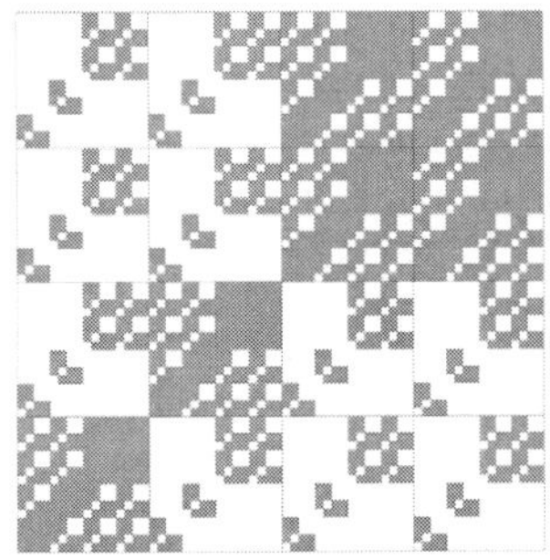 |
|  | 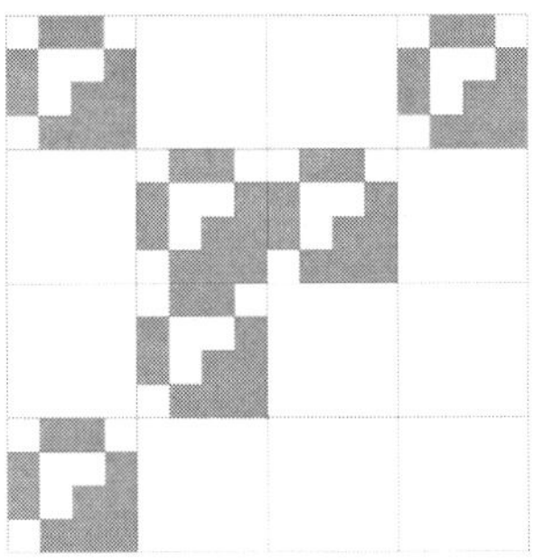 | 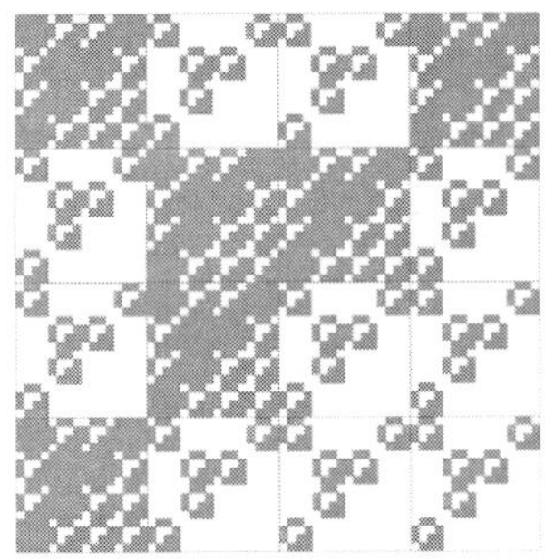 |
|  |  | 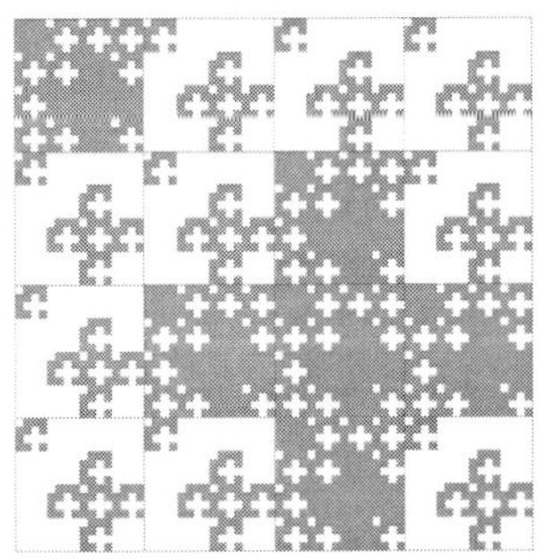 |

## (5) 1단계 7개

| ① $\log_4 7 = 1.404$ | ② $\log_{16} 63 = 1.494$ | ③ $\log_{64} 1918 = 1.818$ |
|---|---|---|
|  | 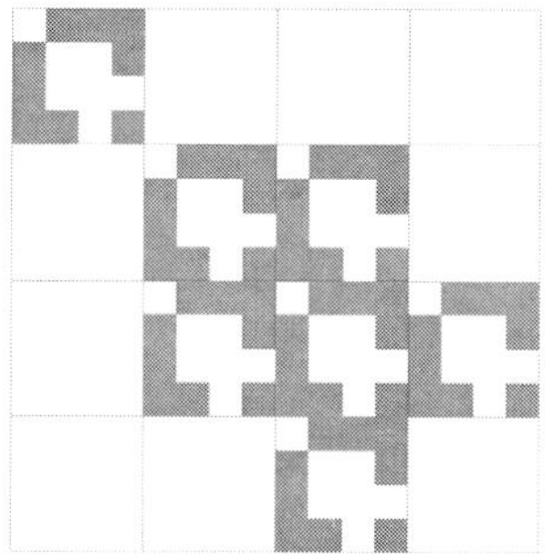 | 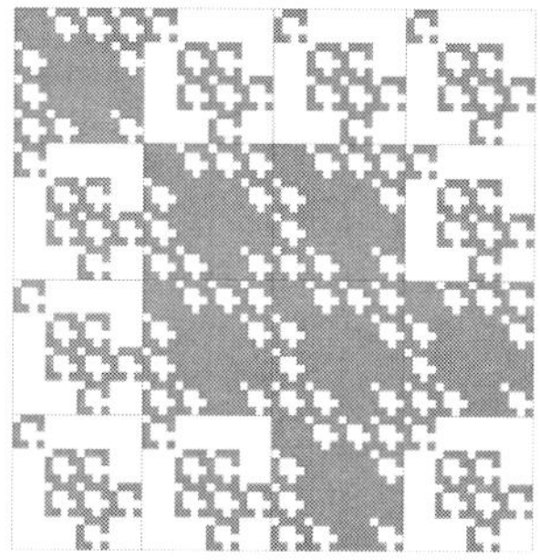 |
|  | 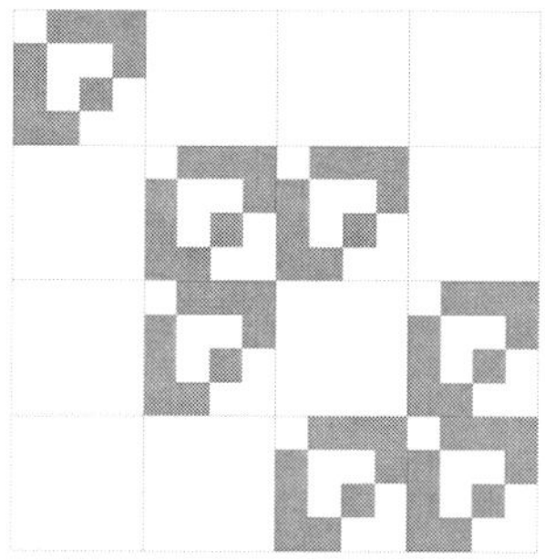 |  |
|  | 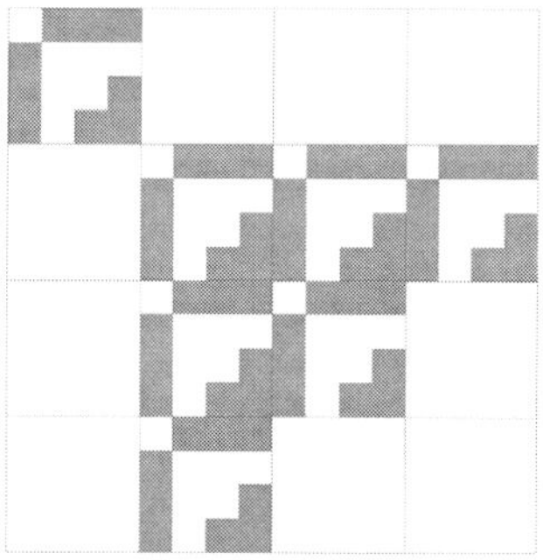 | 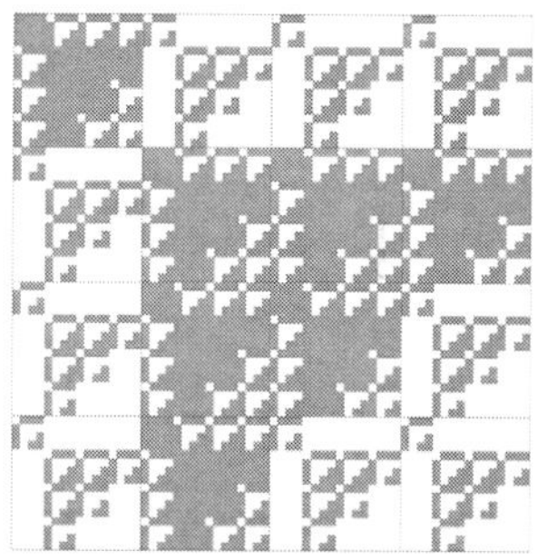 |
|  | 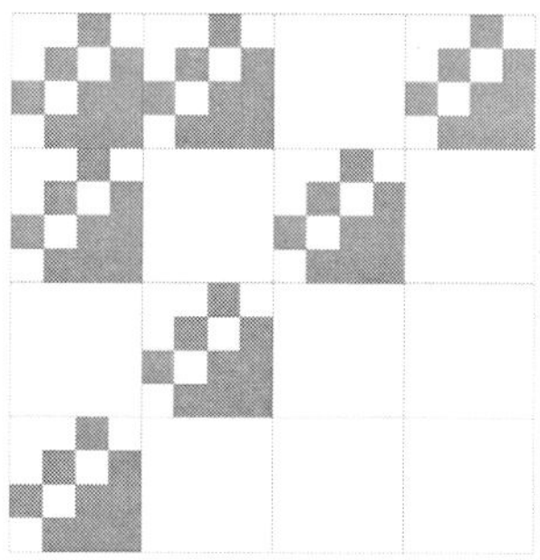 | 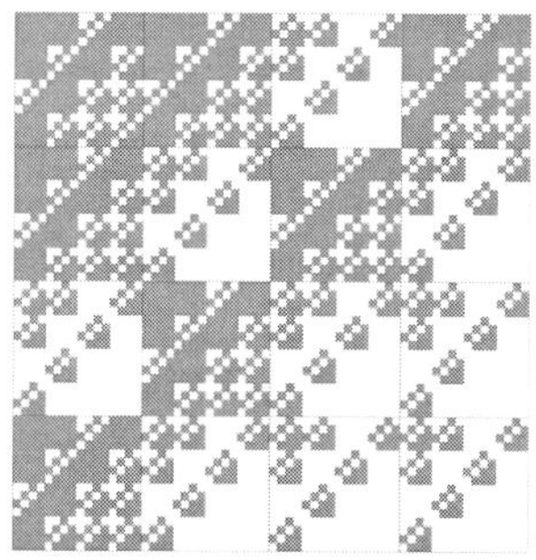 |

## (6) 1단계 8개

| ① $\log_4 8 = 1.5$ | ② $\log_{16} 64 = 1.5$ | ③ $\log_{64} 2048 = 1.833$ |
|---|---|---|
|  | 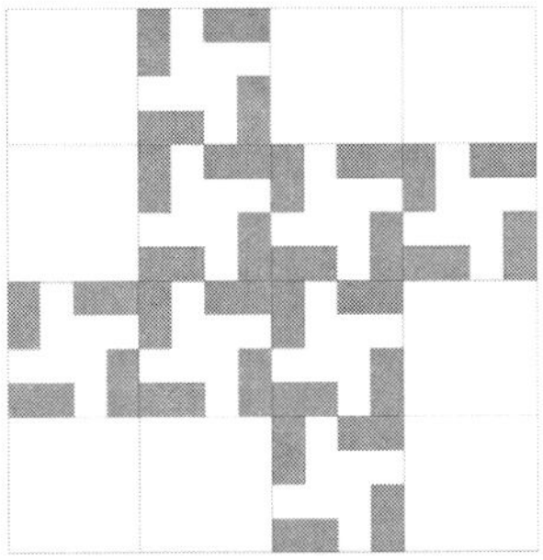 | 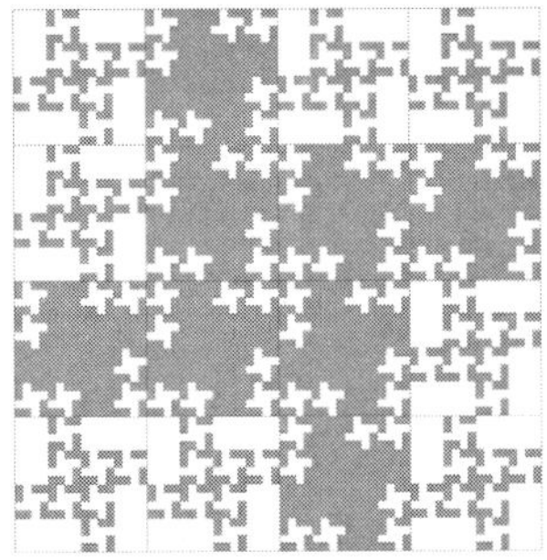 |
|  | 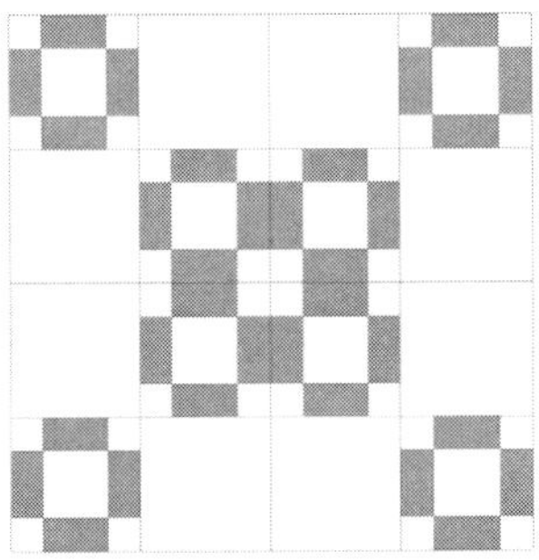 | 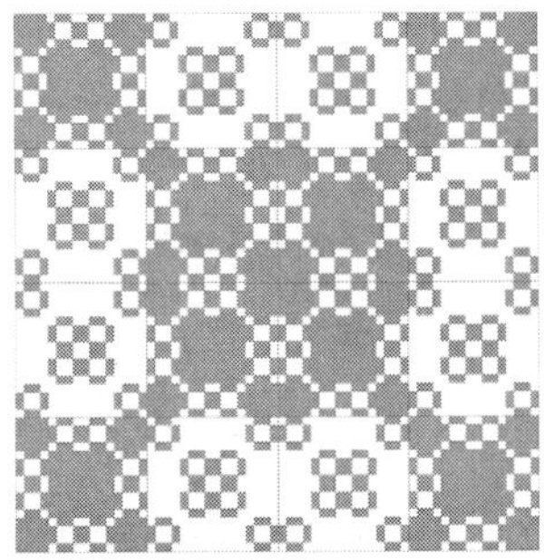 |
|  | 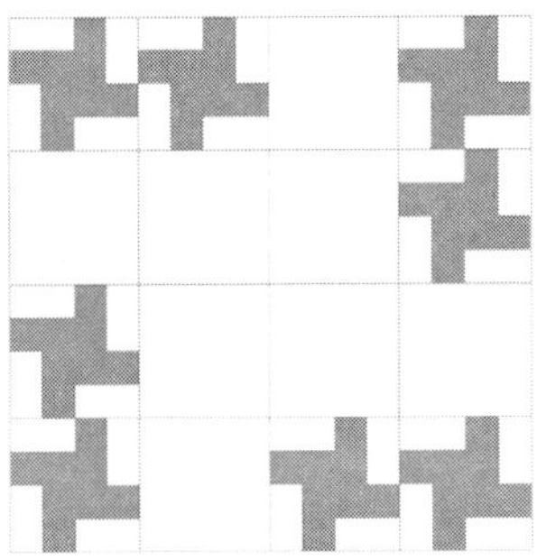 | 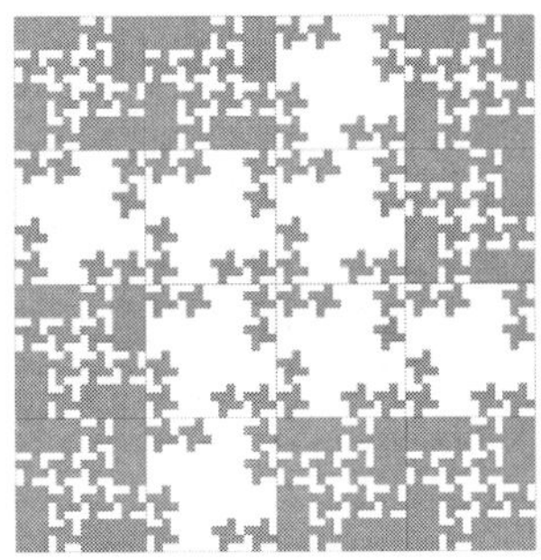 |
|  |  |  |

### (7) 1단계 12개

| ① $\log_4 12 = 1.792$ | ② $\log_{16} 48 = 1.396$ | ③ $\log_{64} 2688 = 1.899$ |
|---|---|---|
|  | 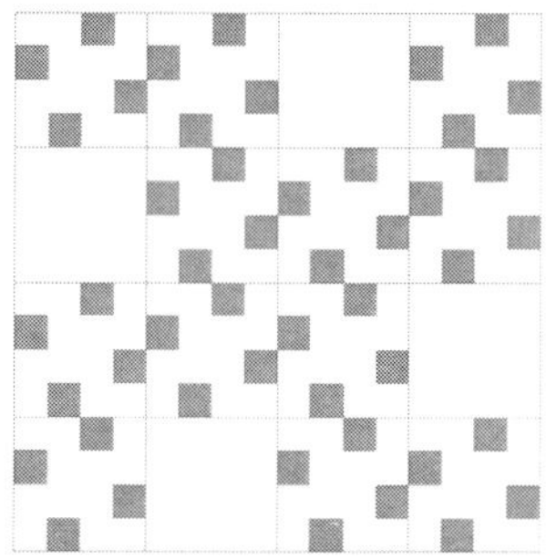 | 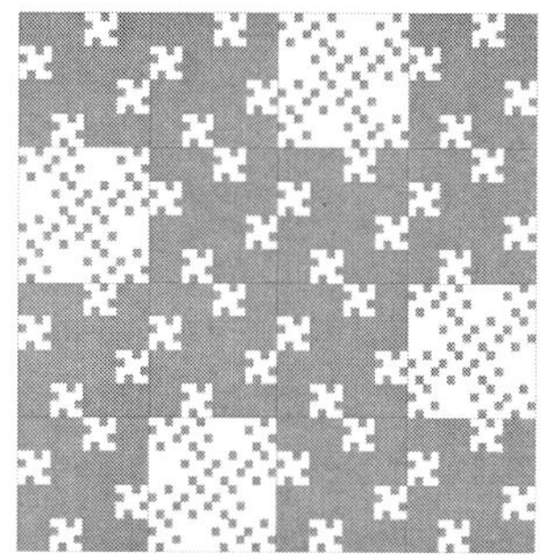 |
|  | 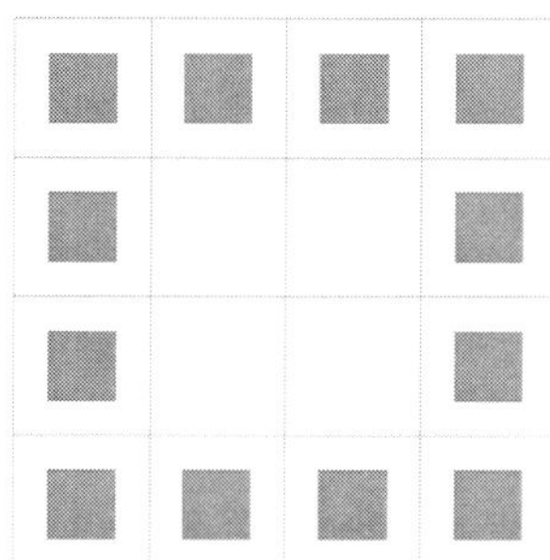 | 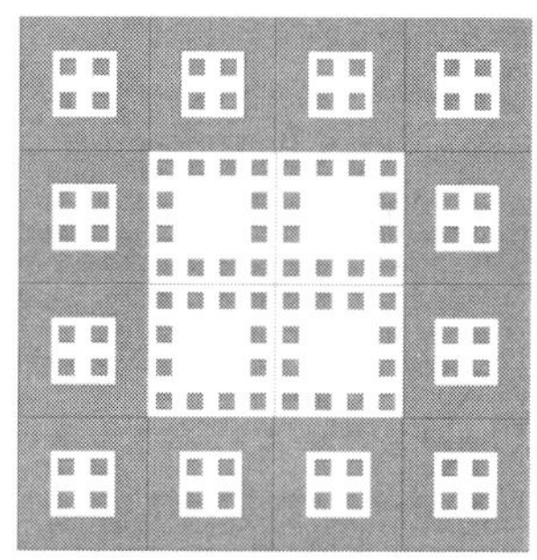 |
| 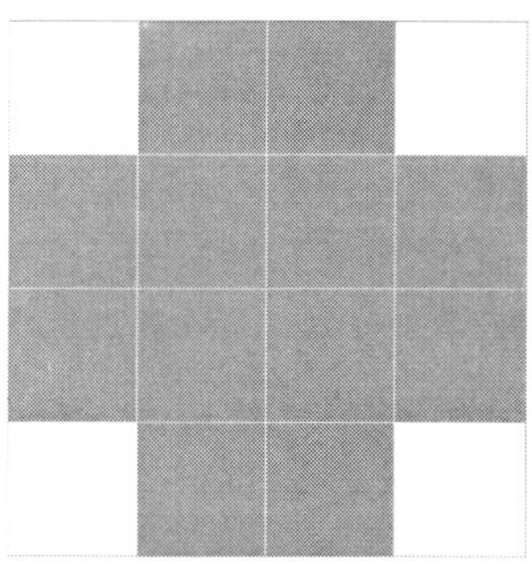 | 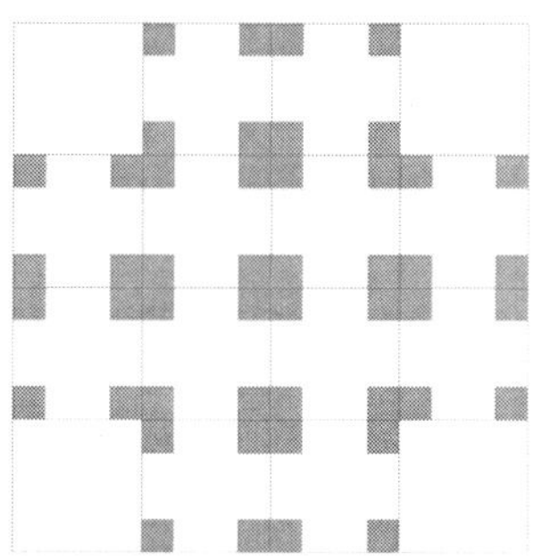 | 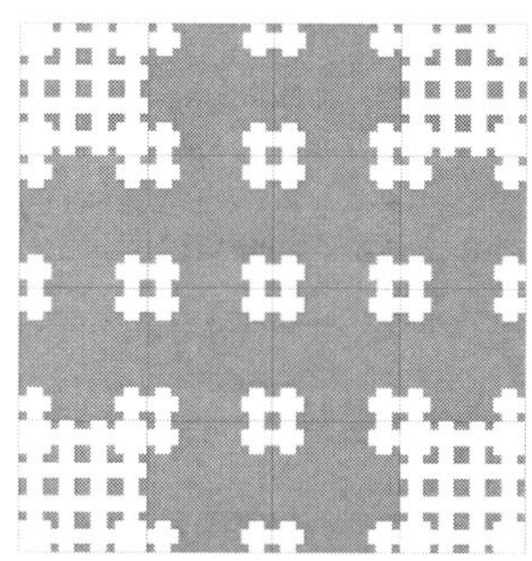 |
|  | 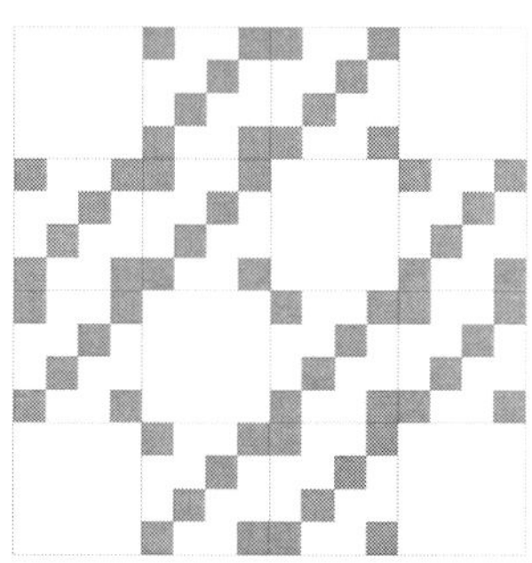 | 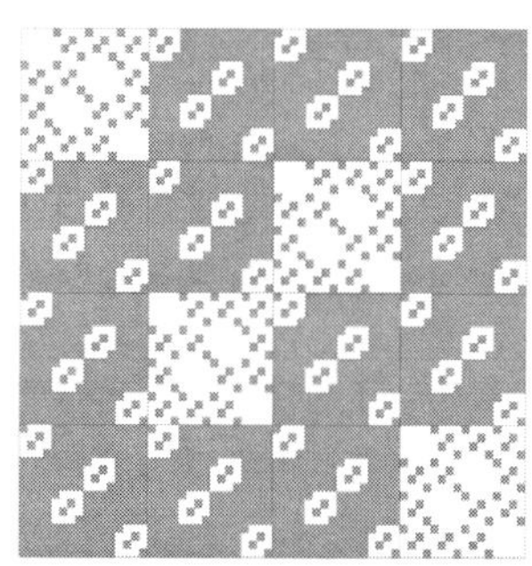 |

## 3 5×5 빼셈-덧셈 프랙탈

### (1) 1단계 5개

① $\log_5 5 = 1$

② $\log_{25} 100 = 1.43$

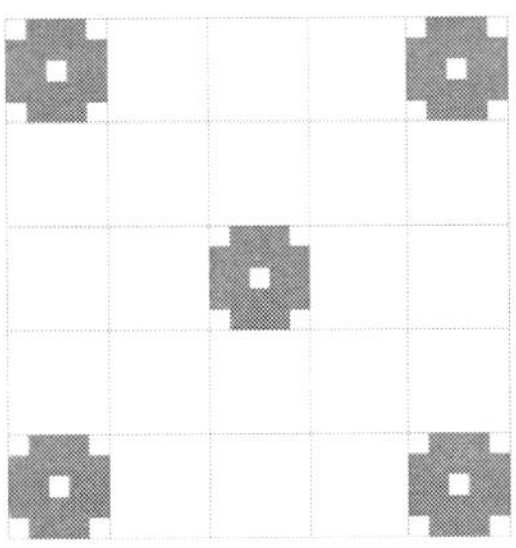

③ $\log_{125} 4625 = 1.748$

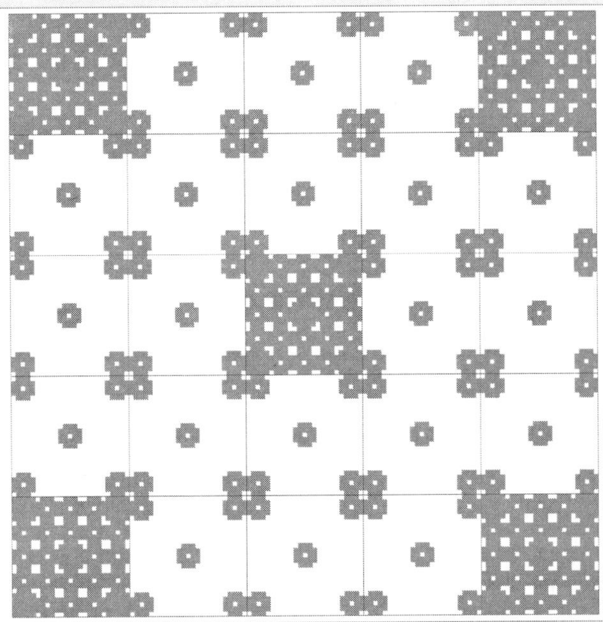

① $\log_5 5 = 1$

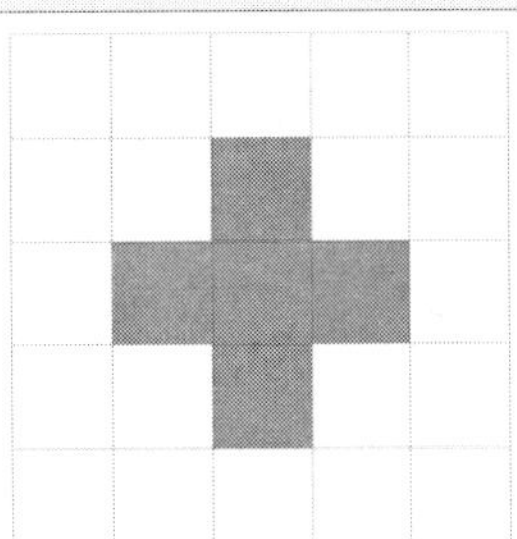

② $\log_{25} 100 = 1.43$

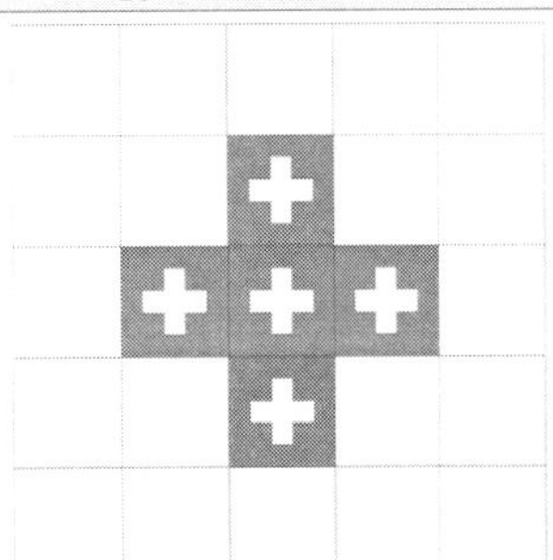

③ $\log_{125} 4625 = 1.748$

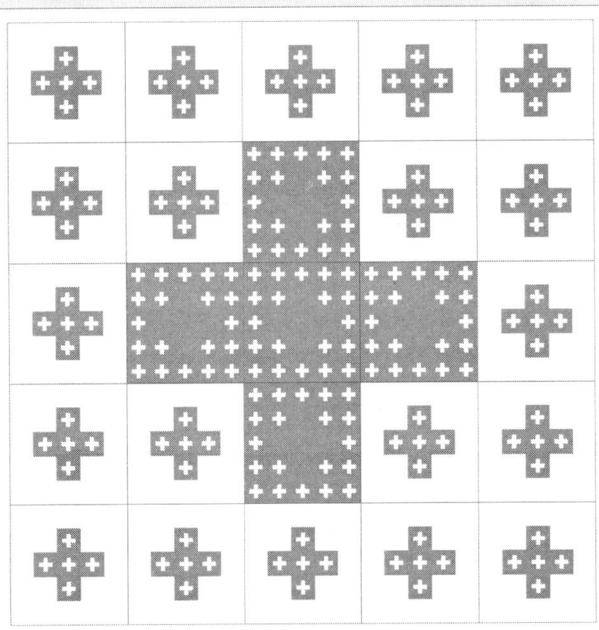

① $\log_5 5 = 1$

② $\log_{25} 100 = 1.43$

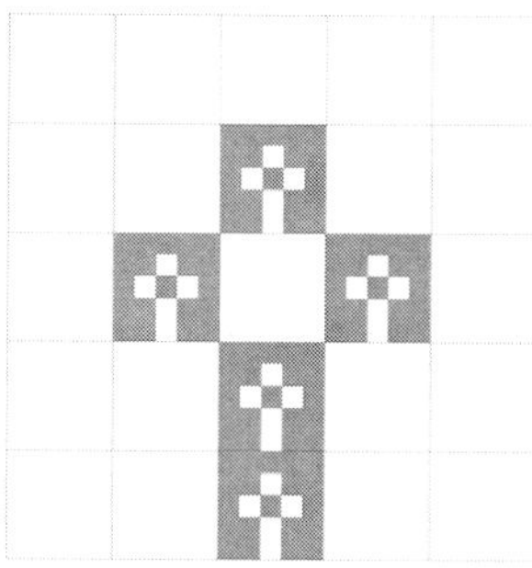

③ $\log_{125} 4625 = 1.748$

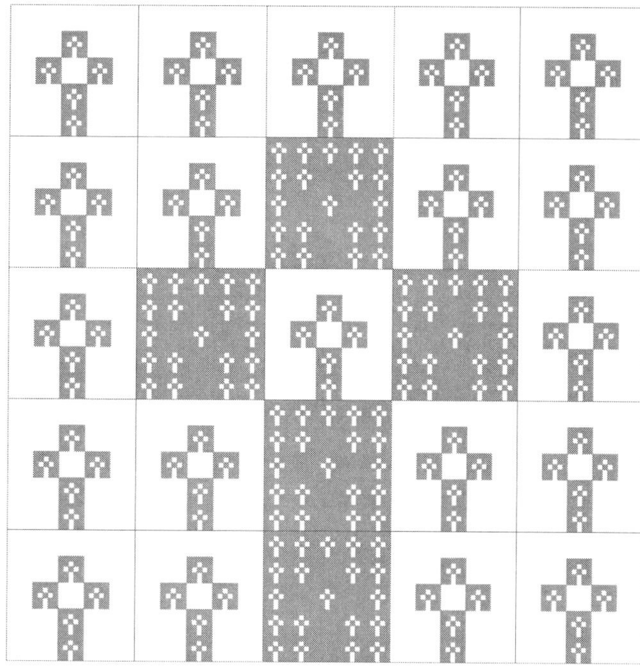

① $\log_5 5 = 1$

② $\log_{25} 100 = 1.43$

③ $\log_{125} 4625 = 1.748$

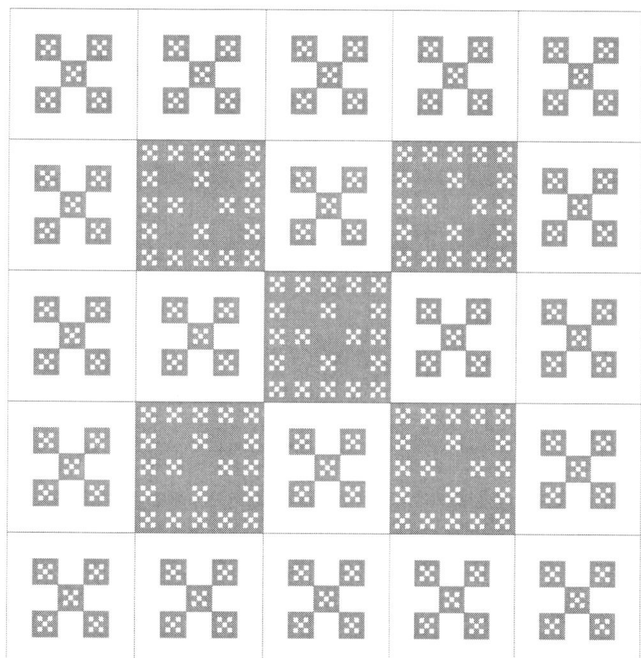

## (2) 1단계 7개

① $\log_5 7 = 1.209$

② $\log_{25} 126 = 1.5$

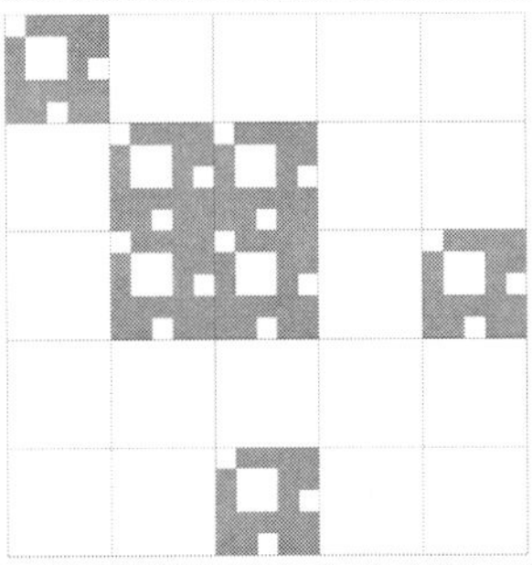

③ $\log_{125} 5761 = 1.793$

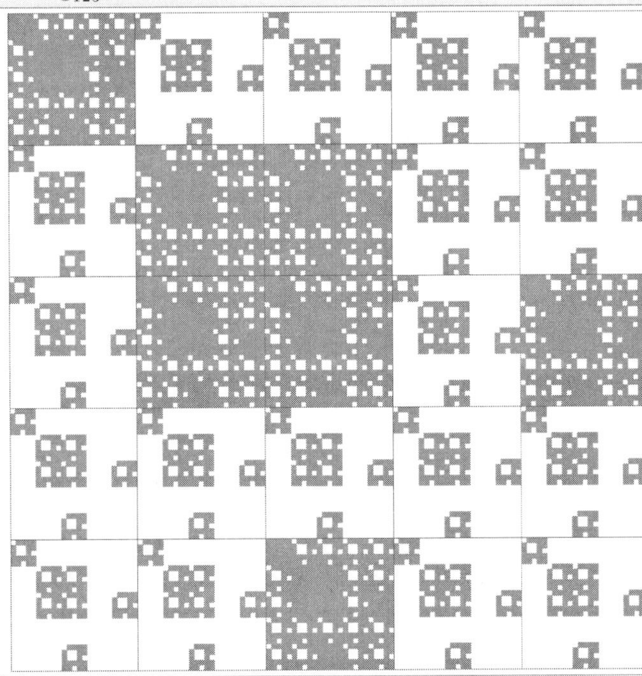

① $\log_5 7 = 1.209$

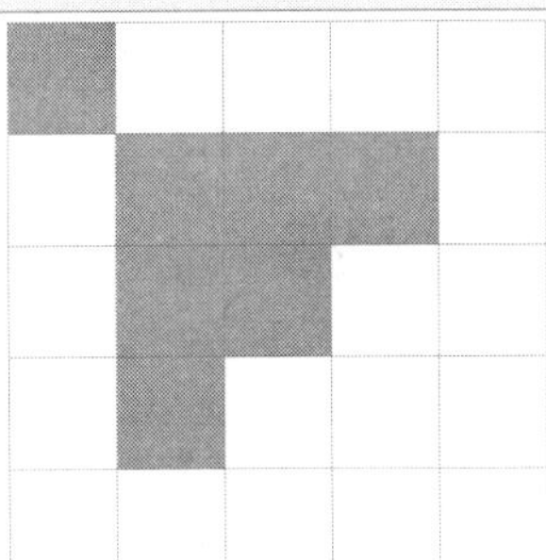

② $\log_{25} 126 = 1.5$

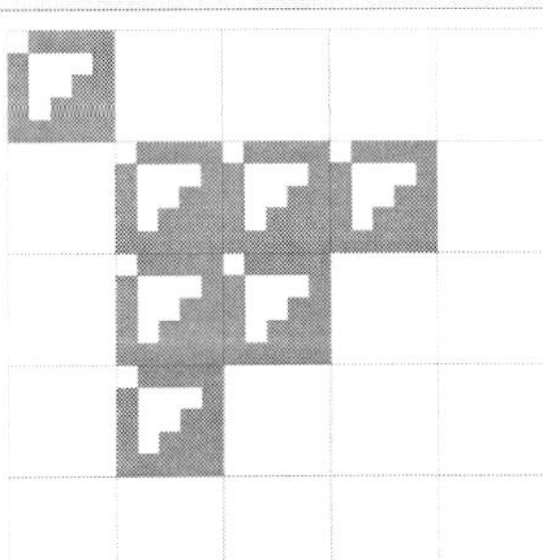

③ $\log_{125} 5761 = 1.793$

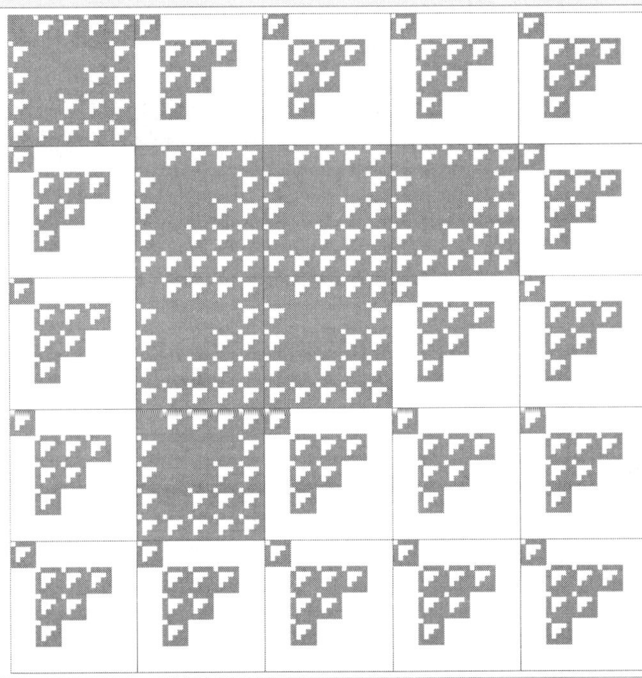

### (3) 1단계 8개

① $\log_5 8 = 1.292$

② $\log_{25} 136 = 1.53$

③ $\log_{125} 6224 = 1.809$

① $\log_5 8 = 1.292$

② $\log_{25} 136 = 1.53$

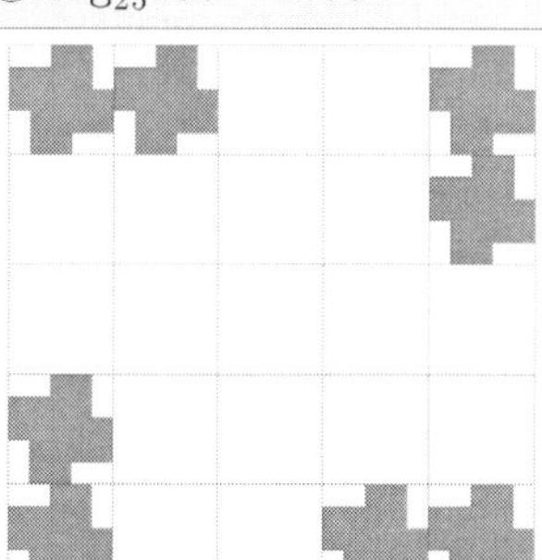

③ $\log_{125} 6224 = 1.809$

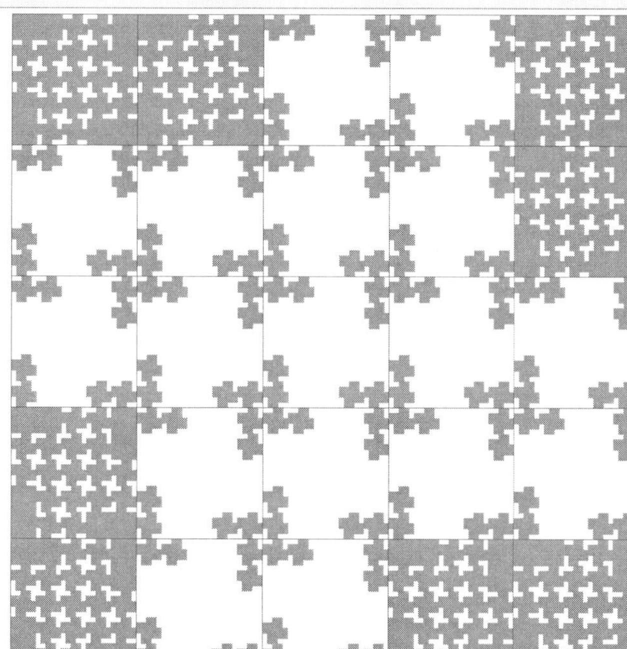

① $\log_5 8 = 1.292$

② $\log_{25} 136 = 1.53$

③ $\log_{125} 6224 = 1.809$

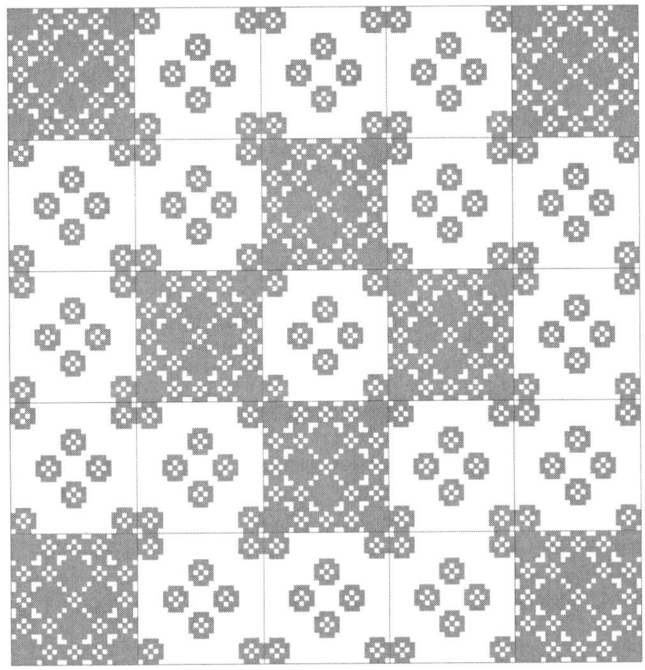

① $\log_5 8 = 1.292$

② $\log_{25} 136 = 1.53$

③ $\log_{125} 6224 = 1.809$

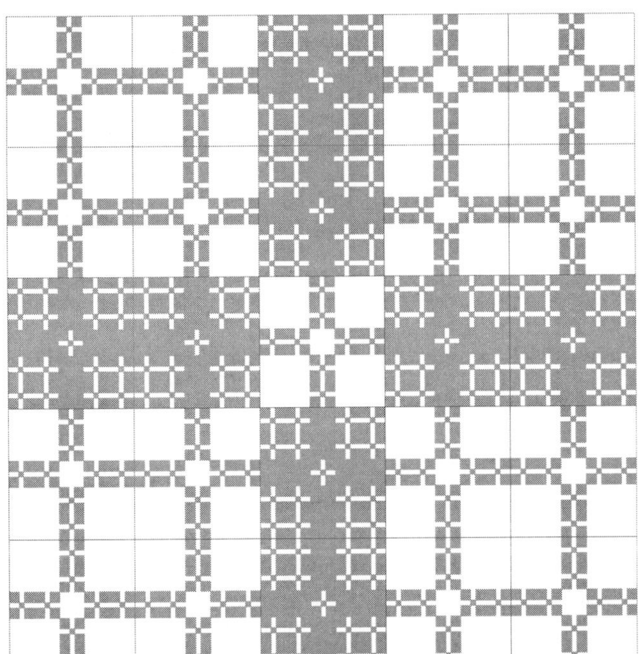

## (4) 1단계 9개

① $\log_5 9 = 1.365$

② $\log_{25} 144 = 1.54$

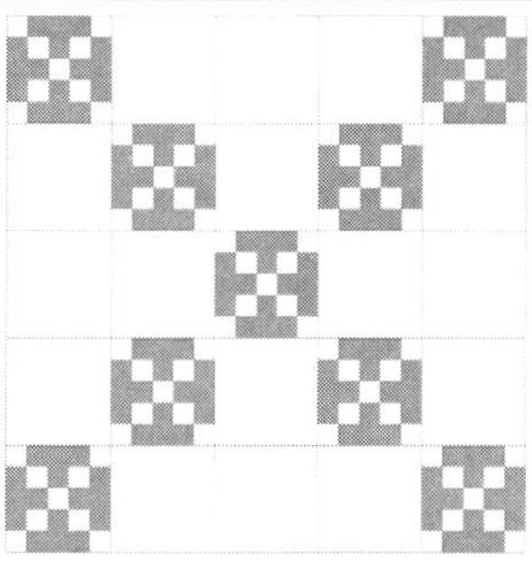

③ $\log_{125} 6633 = 1.823$

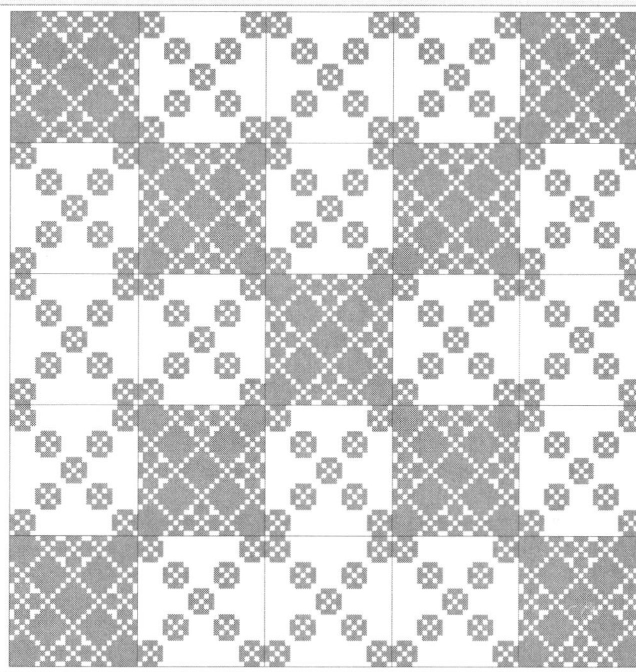

① $\log_5 9 = 1.365$

② $\log_{25} 144 = 1.54$

③ $\log_{125} 6633 = 1.823$

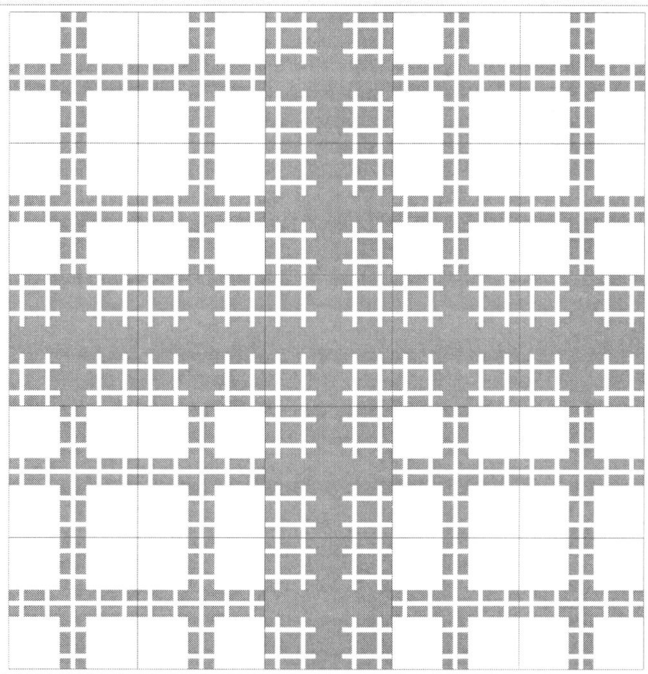

① $\log_5 9 = 1.365$

② $\log_{25} 144 = 1.54$

③ $\log_{125} 6633 = 1.823$

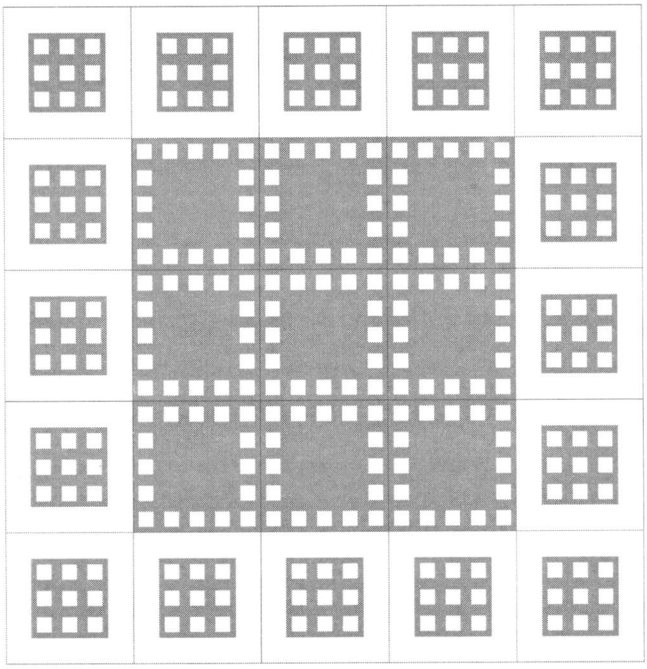

① $\log_5 9 = 1.365$

② $\log_{25} 144 = 1.54$

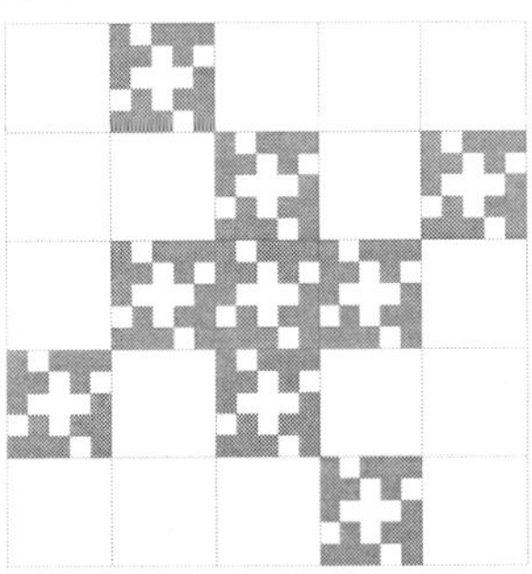

③ $\log_{125} 3321 = 1.679$

## (5) 1단계 10개

① $\log_5 10 = 1.431$

② $\log_{25} 150 = 1.56$

③ $\log_{125} 7000 = 1.834$

① $\log_5 10 = 1.431$

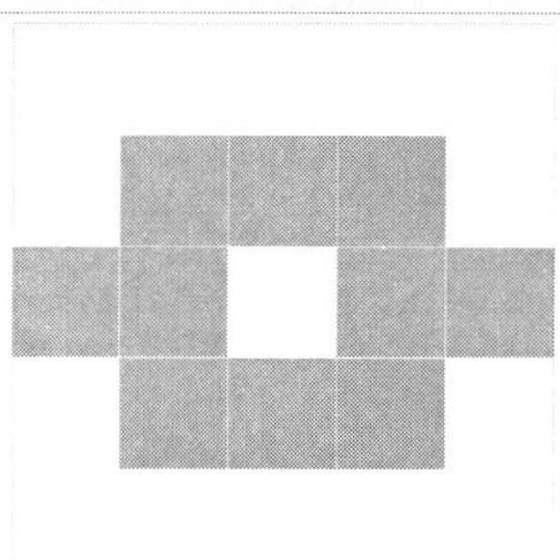

② $\log_{25} 150 = 1.56$

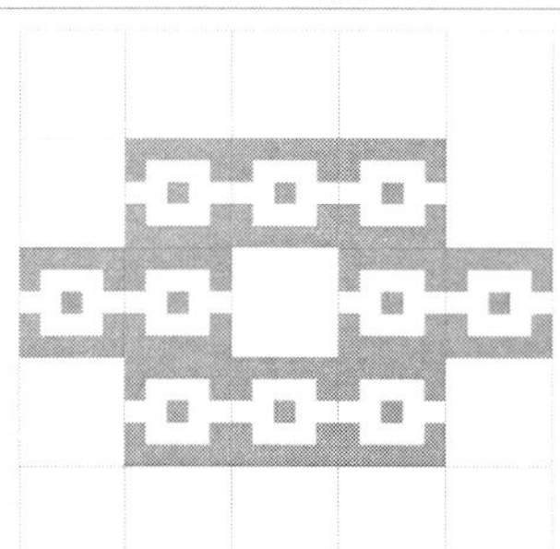

③ $\log_{125} 7000 = 1.834$

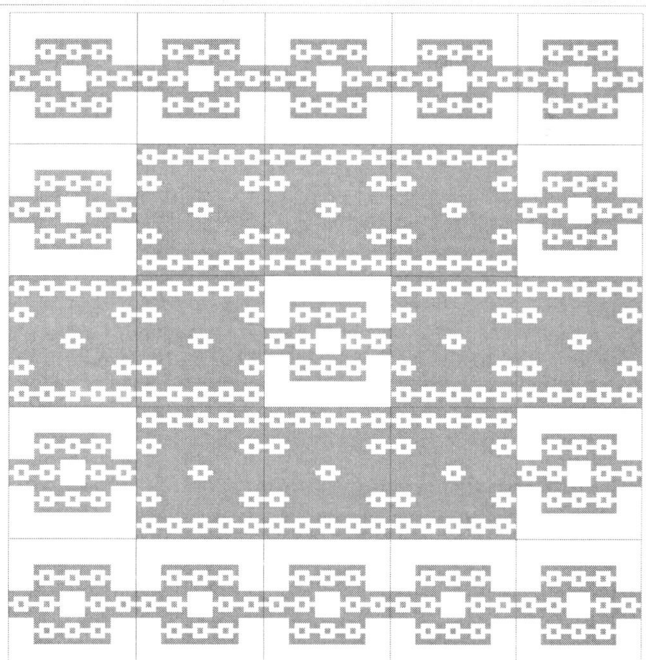

## (6) 1단계 12개

① $\log_5 12 = 1.544$

② $\log_{25} 156 = 1.57$

③ $\log_{125} 7656 = 1.852$

① $\log_5 12 = 1.544$

② $\log_{25} 156 = 1.57$

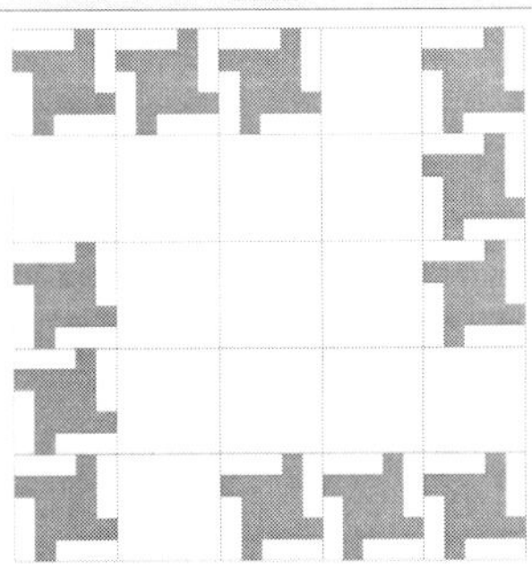

③ $\log_{125} 7656 = 1.852$

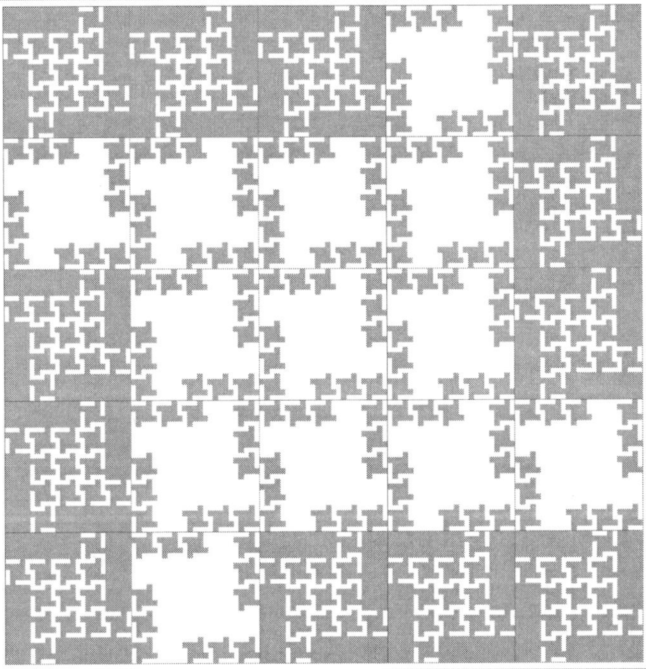

① $\log_5 12 = 1.544$

② $\log_{25} 156 = 1.57$

③ $\log_{125} 7656 = 1.852$

① $\log_5 12 = 1.544$

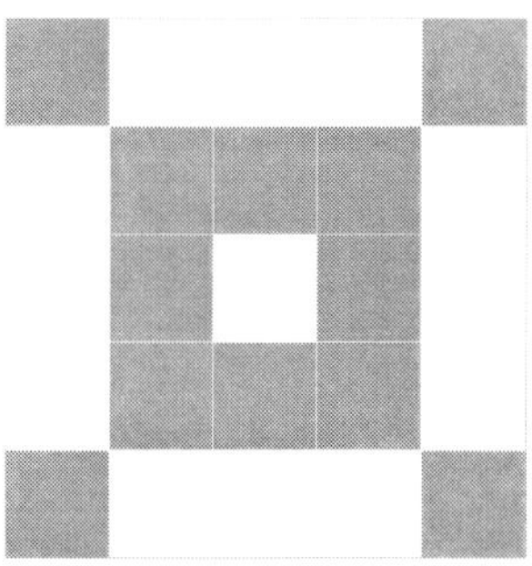

② $\log_{25} 156 = 1.57$

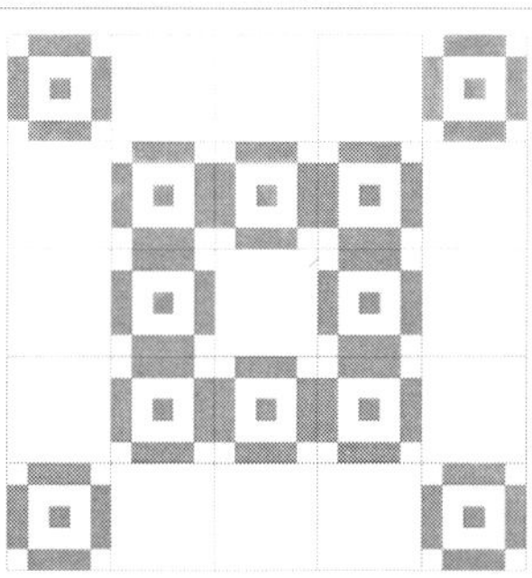

③ $\log_{125} 7656 = 1.852$

### (7) 1단계 13개

① $\log_5 13 = 1.594$

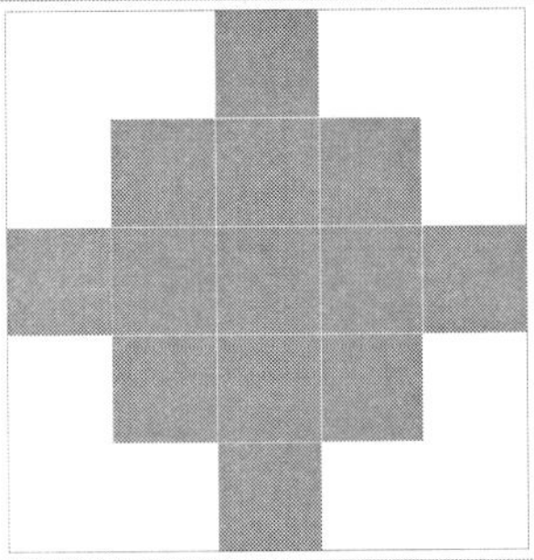

② $\log_{25} 156 = 1.57$

③ $\log_{125} 7969 = 1.861$

① $\log_5 13 = 1.594$

② $\log_{25} 156 = 1.57$

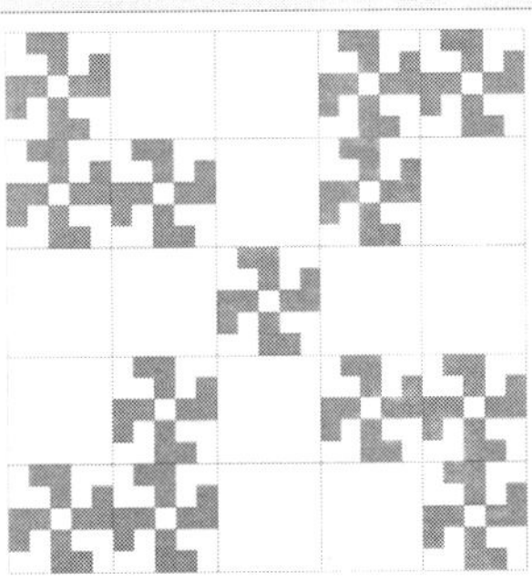

③ $\log_{125} 2028 = 1.577$

① $\log_5 13 = 1.594$

② $\log_{25} 156 = 1.57$

③ $\log_{125} 2028 = 1.577$

① $\log_5 13 = 1.594$

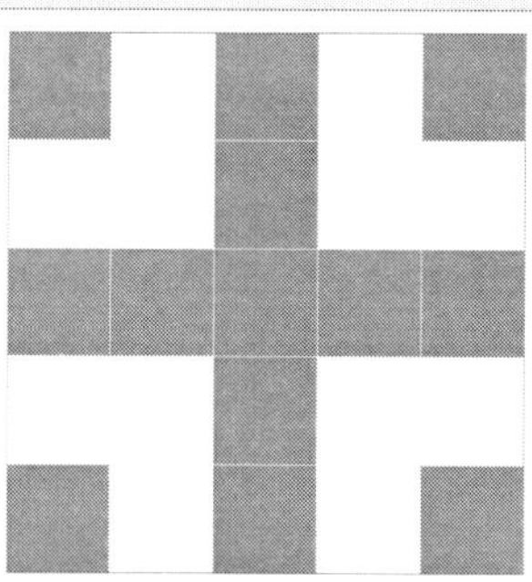

② $\log_{25} 156 = 1.57$

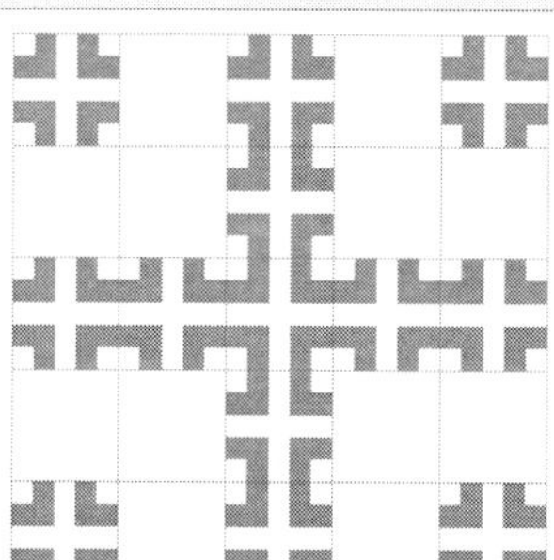

③ $\log_{125} 2028 = 1.577$

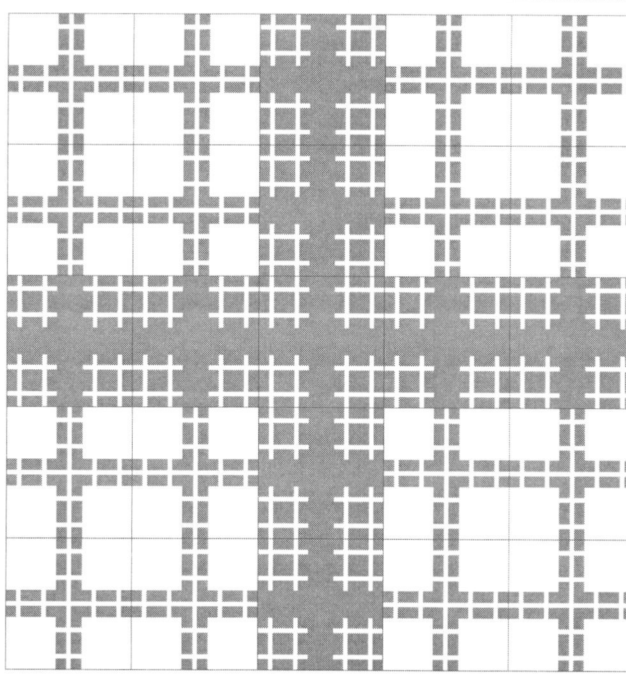

### (8) 1단계 16개

① $\log_5 16 = 1.723$

② $\log_{25} 144 = 1.54$

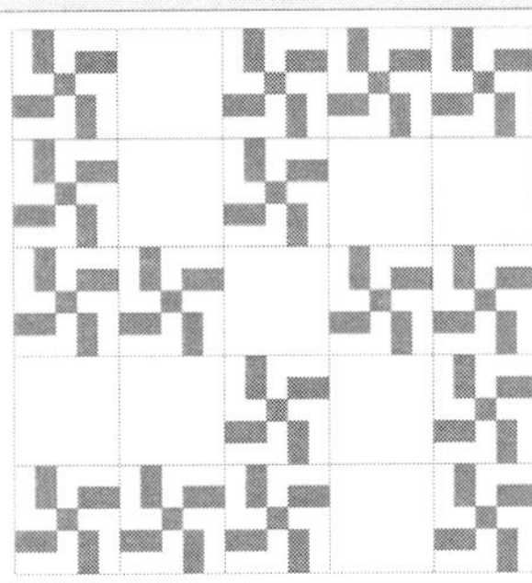

③ $\log_{125} 8992 = 1.886$

① $\log_5 16 = 1.723$

② $\log_{25} 144 = 1.54$

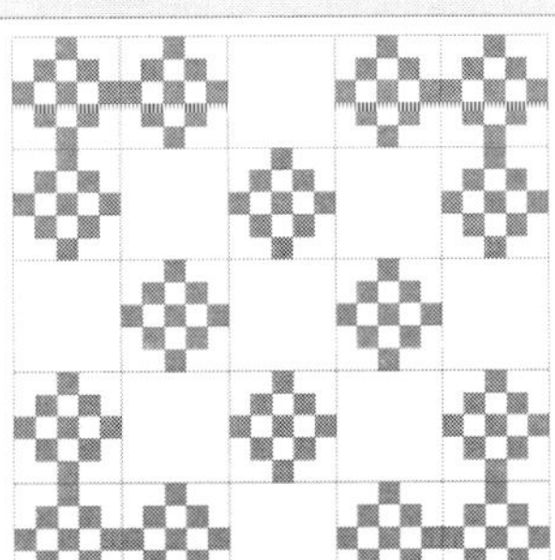

③ $\log_{125} 8992 = 1.886$

① $\log_5 16 = 1.723$

② $\log_{25} 144 = 1.54$

③ $\log_{125} 8992 = 1.886$

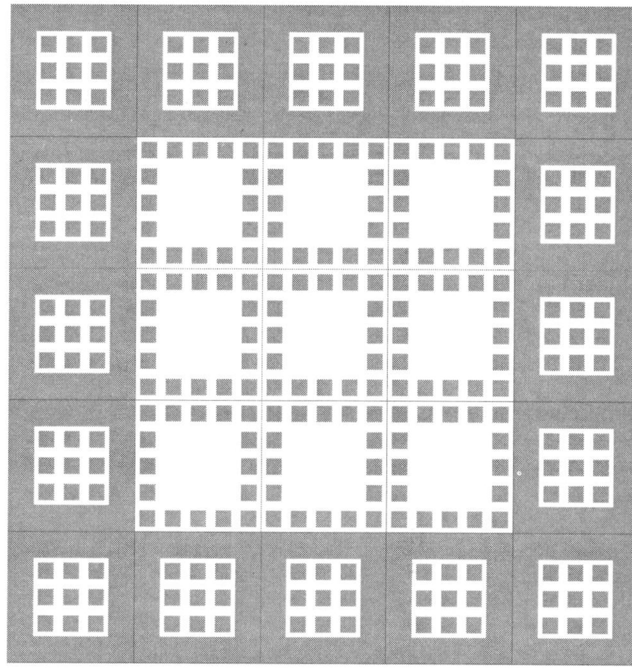

① $\log_5 16 = 1.723$

② $\log_{25} 144 = 1.54$

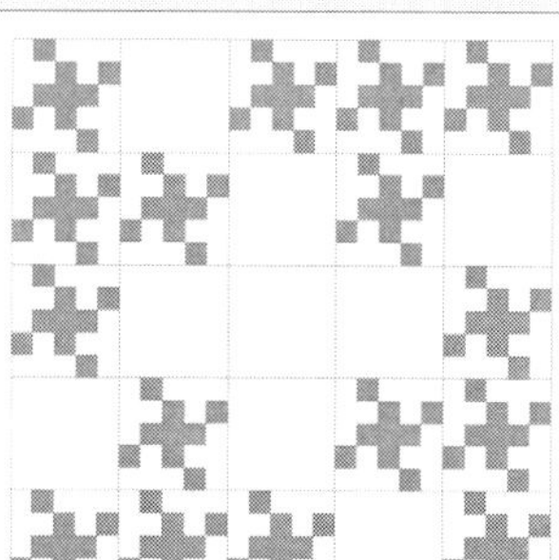

③ $\log_{125} 8992 = 1.886$

## 4 6×6 빨셈-덧셈 프랙탈

### (1) 1단계 8개

① $\log_6 8 = 1.161$

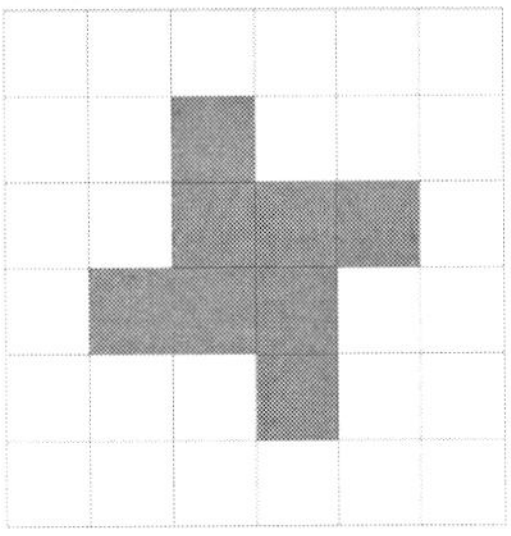

② $\log_{36} 224 = 1.51$

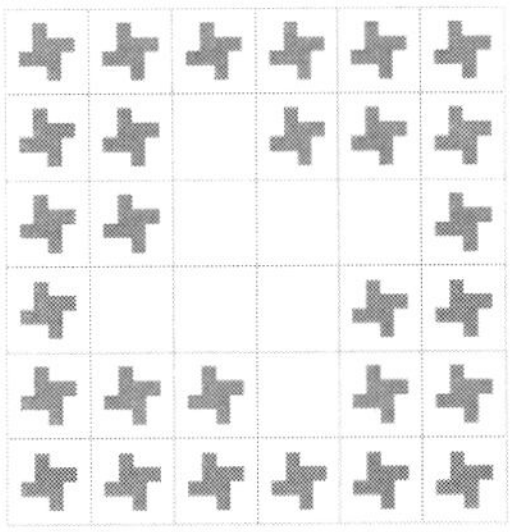

③ $\log_{216} 14848 = 1.787$

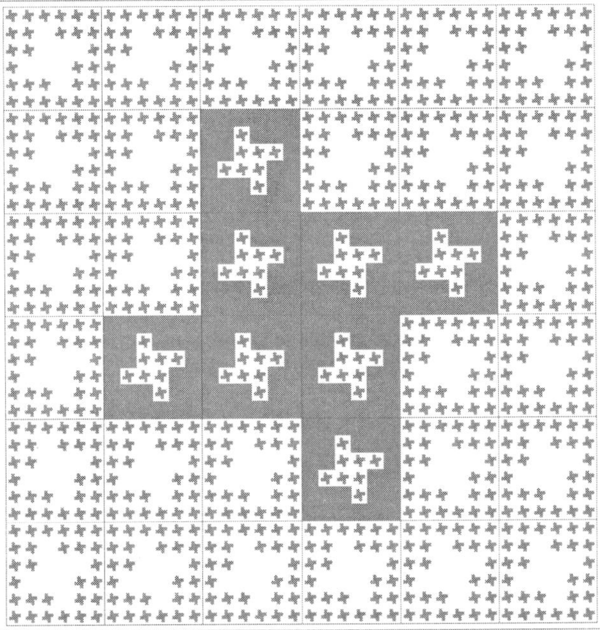

① $\log_6 8 = 1.161$

② $\log_{36} 224 = 1.51$

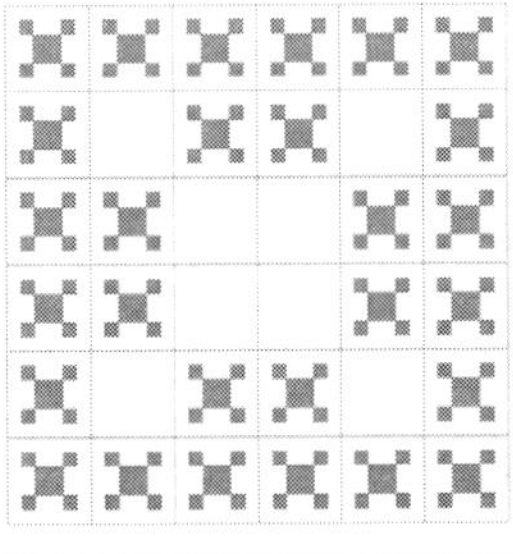

③ $\log_{216} 1792 = 1.394$

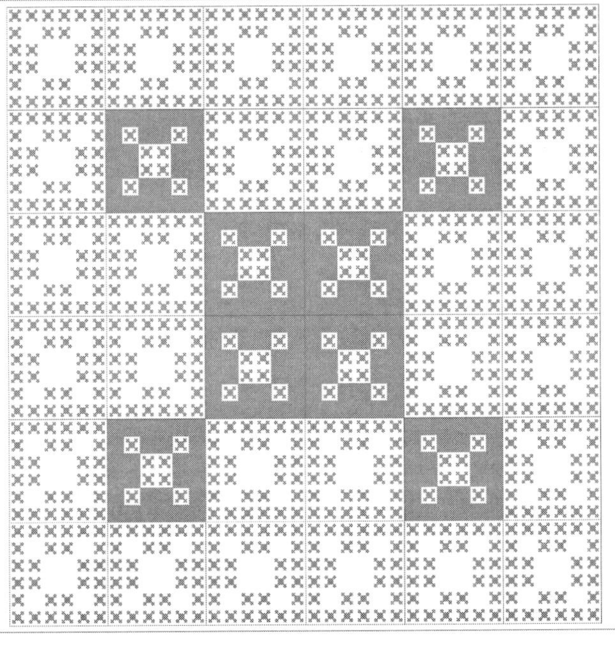

## (2) 1단계 12개

① $\log_6 12 = 1.387$

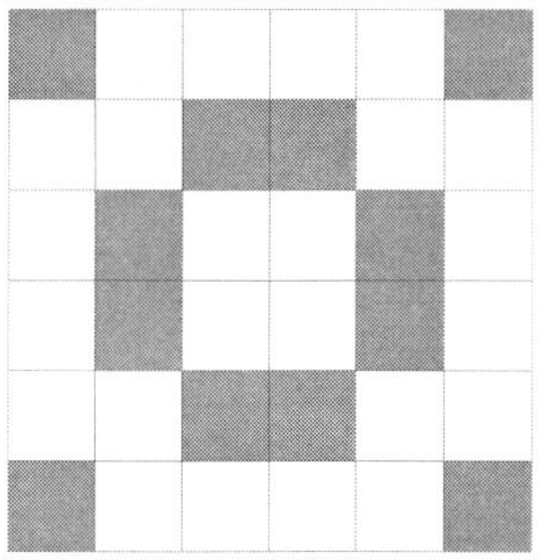

② $\log_{36} 288 = 1.58$

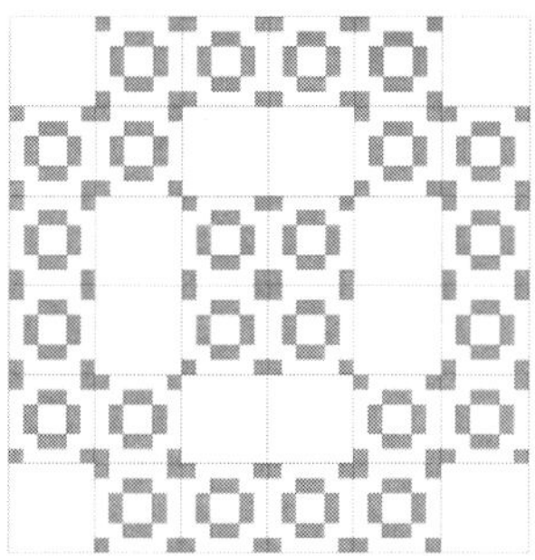

③ $\log_{216} 19008 = 1.833$

① $\log_6 12 = 1.387$

② $\log_{36} 288 = 1.58$

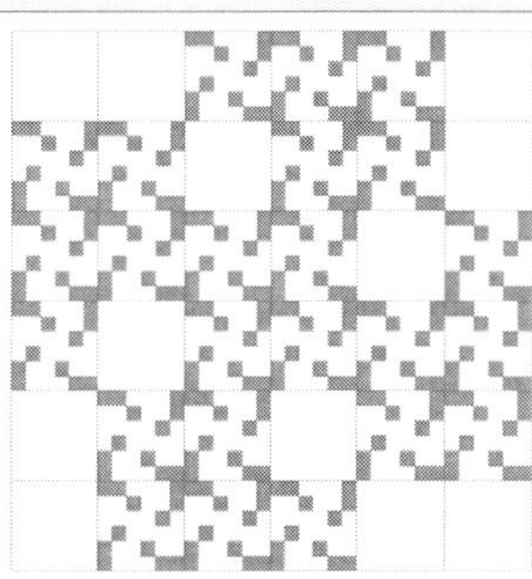

③ $\log_{216} 19008 = 1.833$

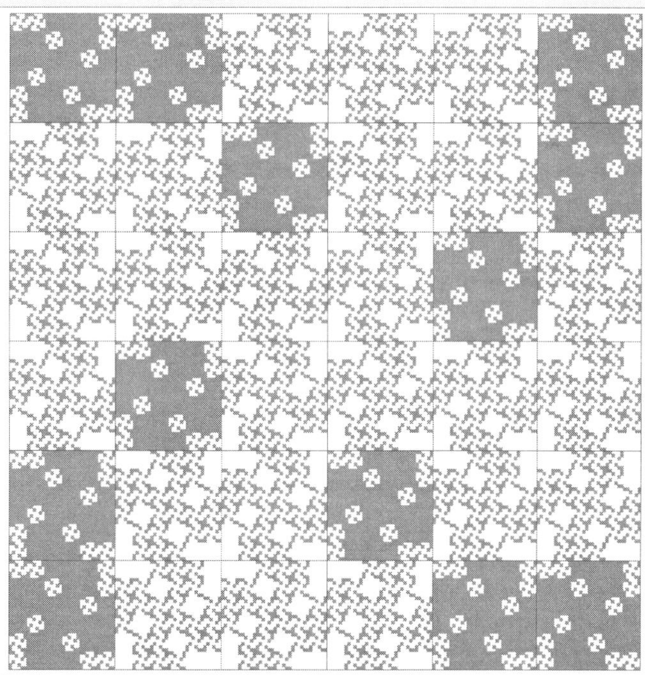

① $\log_{6}12 = 1.387$

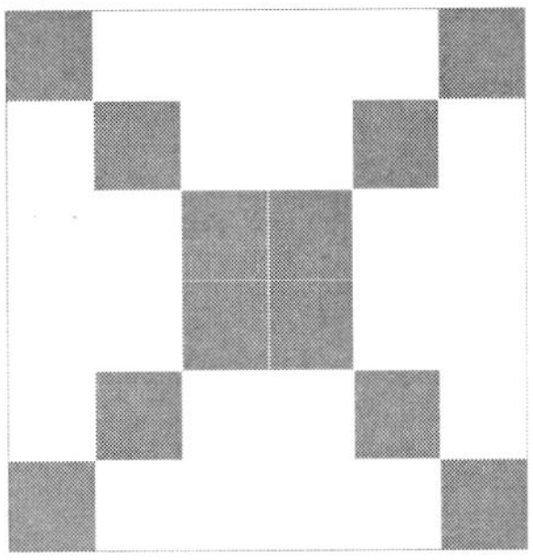

② $\log_{36}288 = 1.58$

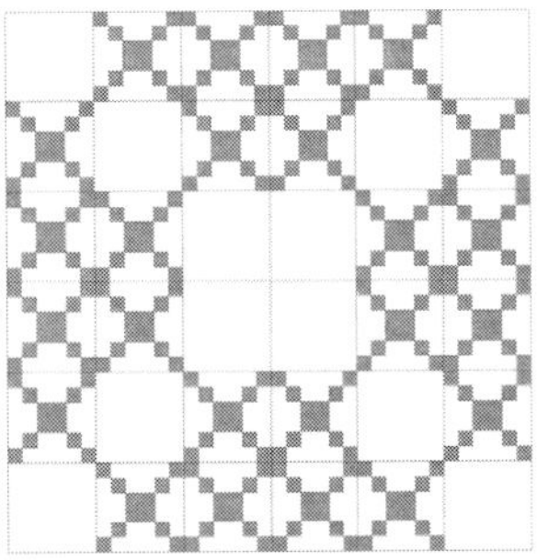

③ $\log_{216}19008 = 1.833$

① $\log_{6}12 = 1.387$

② $\log_{36}288 = 1.58$

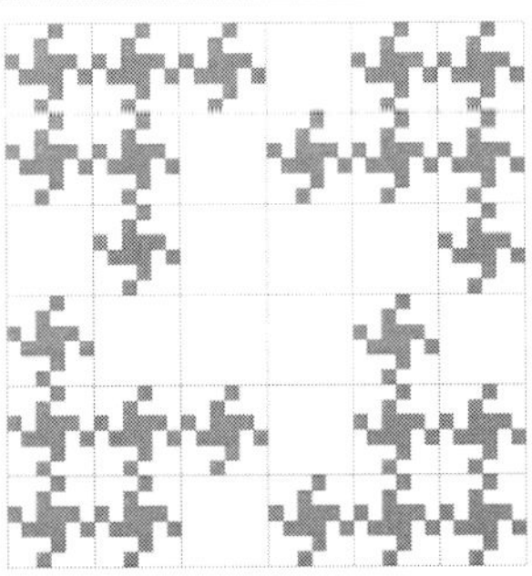

③ $\log_{216}19008 = 1.833$

## (3) 1단계 16개

① $\log_6 16 = 1.547$

② $\log_{36} 320 = 1.61$

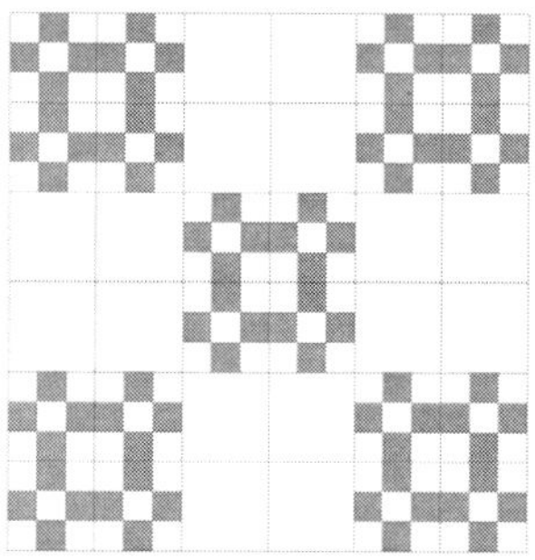

③ $\log_{216} 22016 = 1.86$

① $\log_6 16 = 1.547$

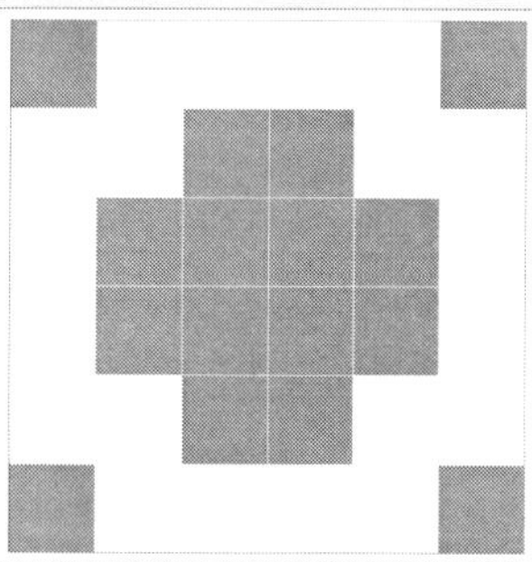

② $\log_{36} 320 = 1.61$

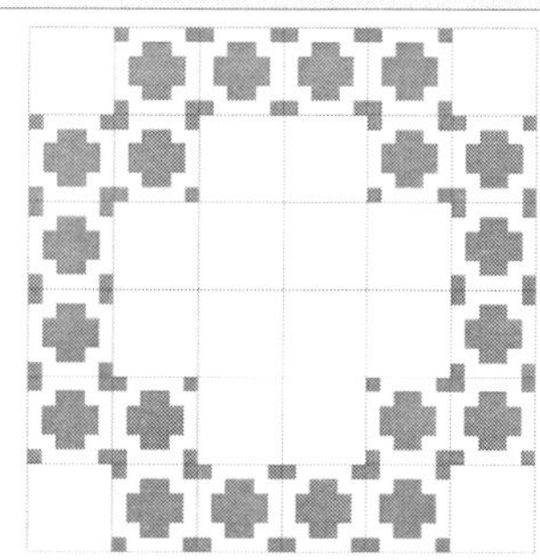

③ $\log_{216} 22016 = 1.86$

① $\log_6 16 = 1.547$

② $\log_{36} 320 = 1.61$

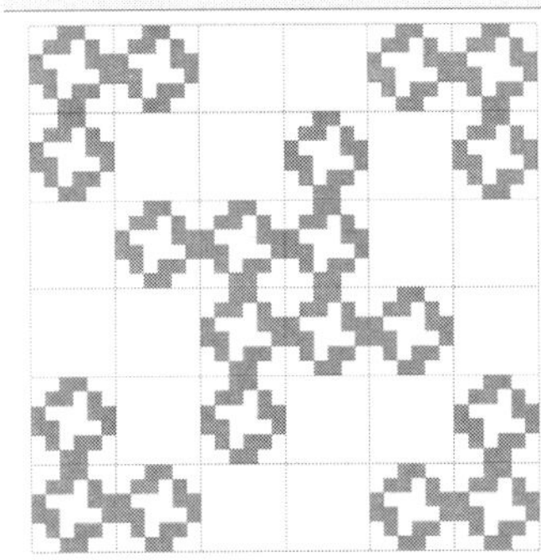

③ $\log_{216} 22016 = 1.86$

① $\log_6 16 = 1.547$

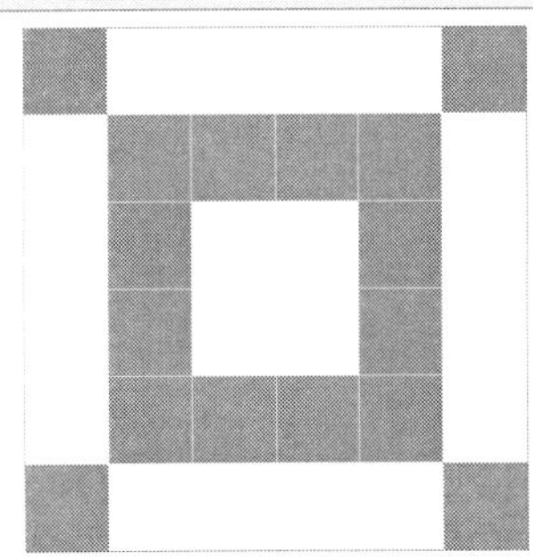

② $\log_{36} 320 = 1.61$

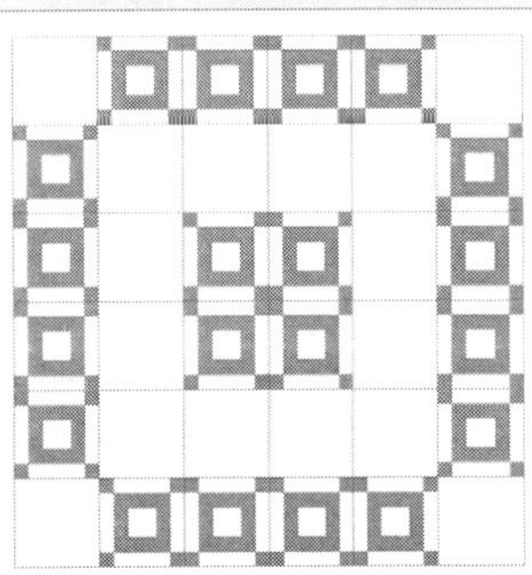

③ $\log_{216} 22016 = 1.86$

## (4) 1단계 20개

① $\log_6 20 = 1.762$

② $\log_{36} 1040 = 1.939$

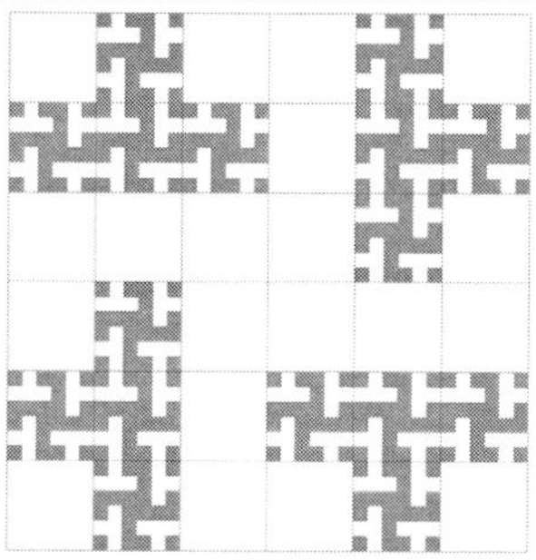

③ $\log_{216} 20800 = 1.85$

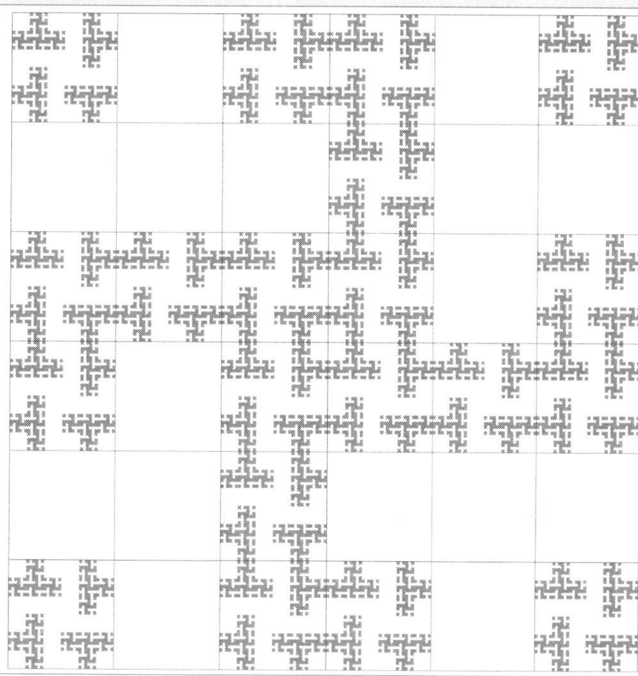

① $\log_6 20 = 1.762$

② $\log_{36} 1040 = 1.939$

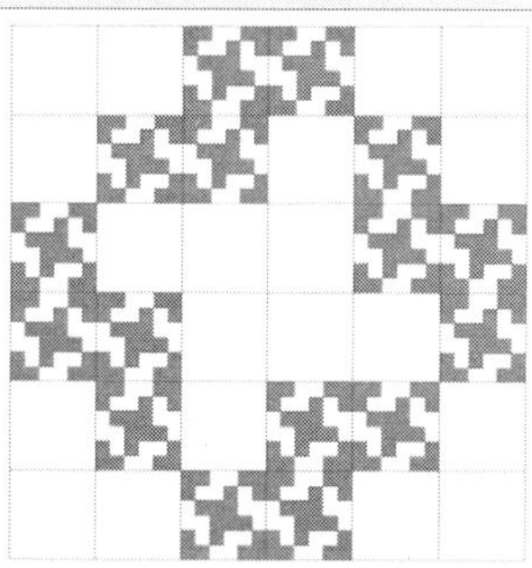

③ $\log_{216} 20800 = 1.85$

① $\log_6 20 = 1.762$

② $\log_{36} 1040 = 1.939$

③ $\log_{216} 20800 = 1.85$

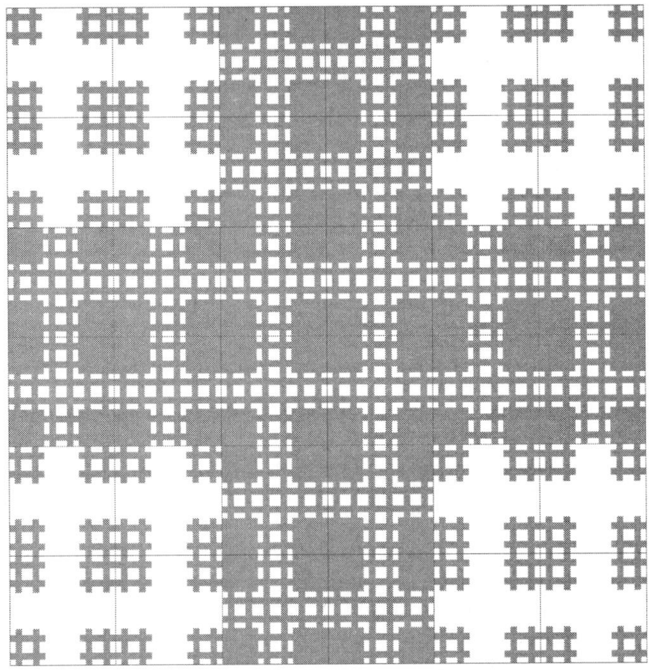

① $\log_6 20 = 1.762$

② $\log_{36} 1040 = 1.939$

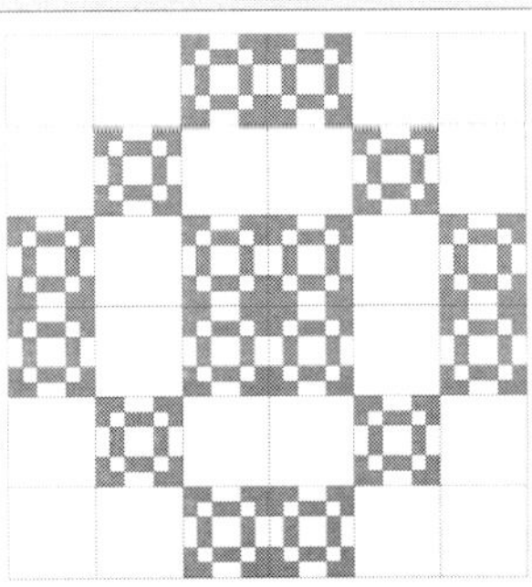

③ $\log_{216} 20800 = 1.85$

## (5) 1단계 24개

① $\log_{6}24 = 1.774$

② $\log_{36}288 = 1.58$

③ $\log_{216}27648 = 1.903$

① $\log_{6}24 = 1.774$

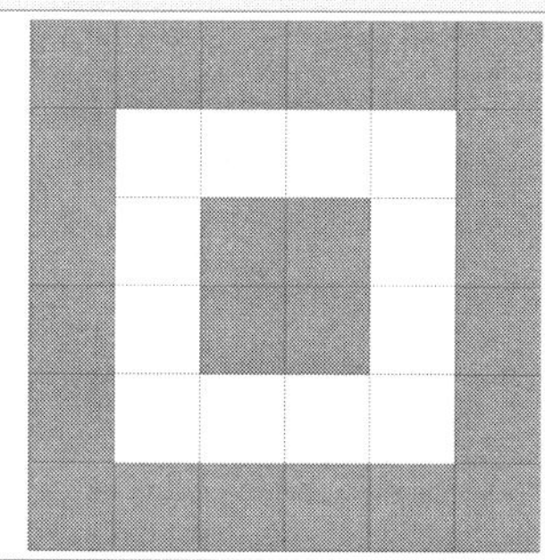

② $\log_{36}288 = 1.58$

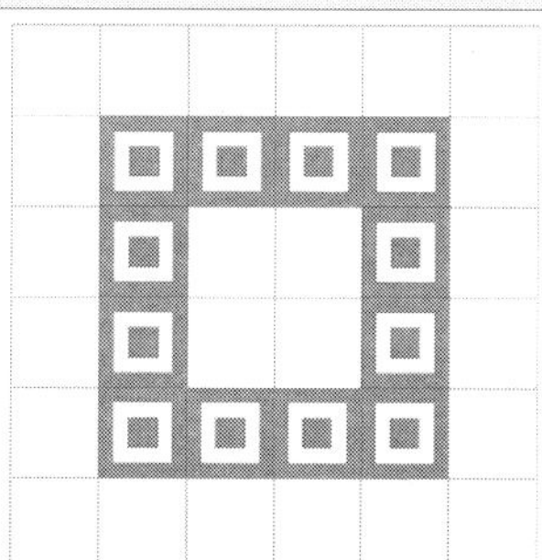

③ $\log_{216}27648 = 1.903$

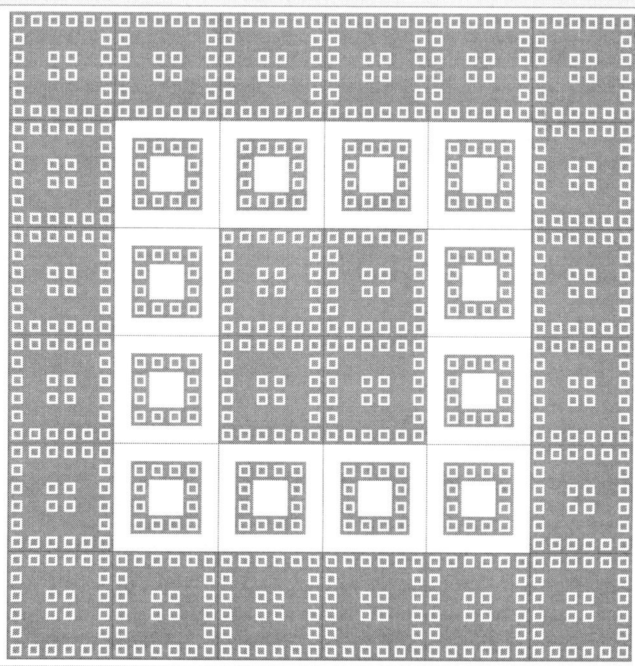

## (6) 1단계 28개

① $\log_6 28 = 1.86$

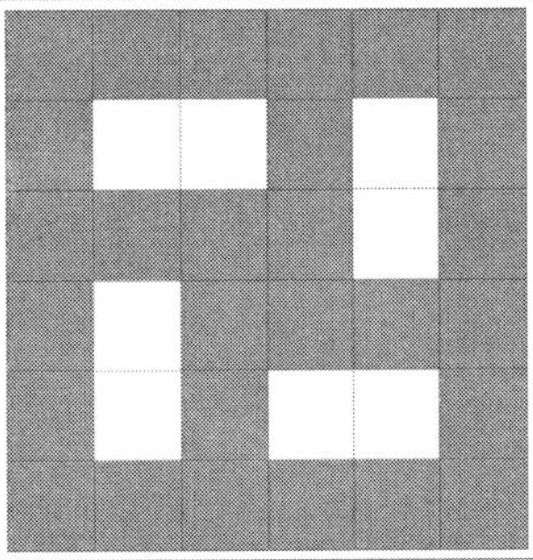

② $\log_{36} 224 = 1.51$

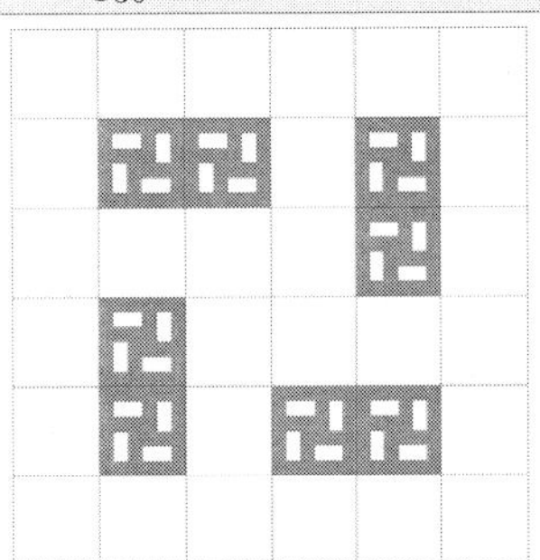

③ $\log_{216} 31808 = 1.929$

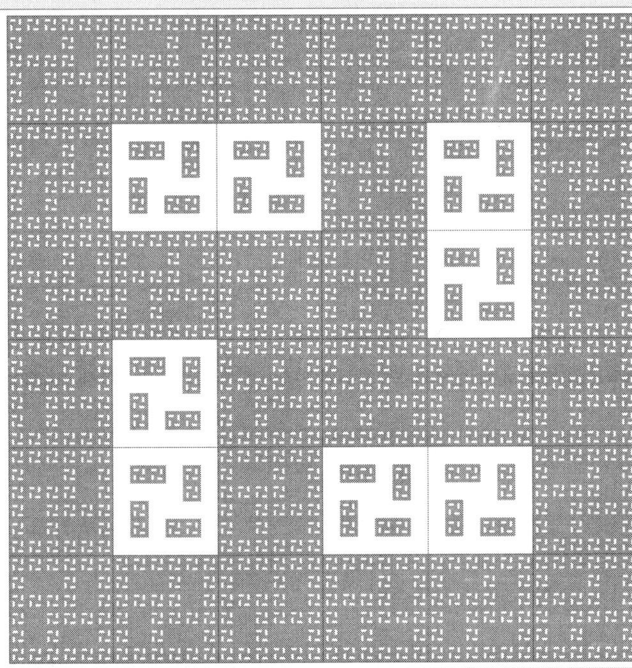

① $\log_6 28 = 1.86$

② $\log_{36} 224 = 1.51$

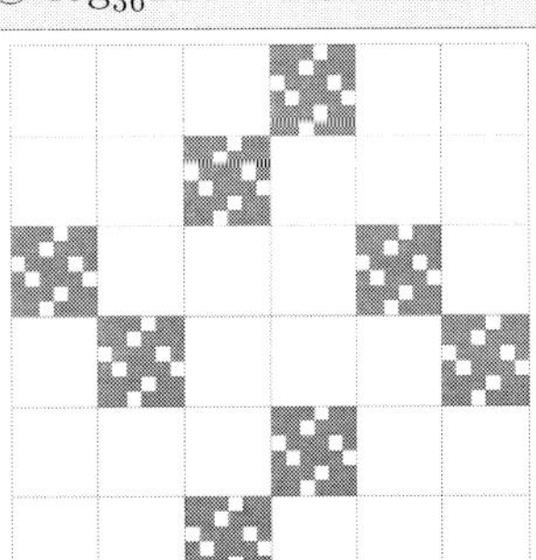

③ $\log_{216} 31808 = 1.929$

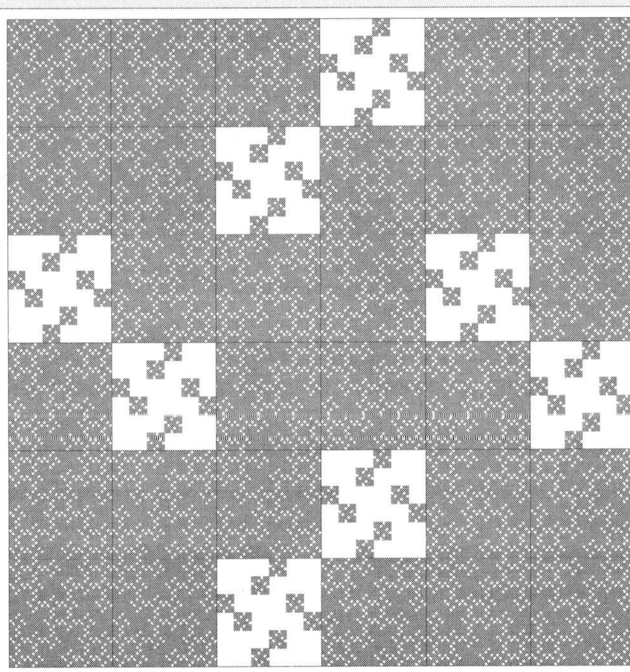

## 5 7×7 빽셈-덧셈 프랙탈

### (1) 1단계 5개

① $\log_7 5 = 0.827$

② $\log_{49} 220 = 1.386$

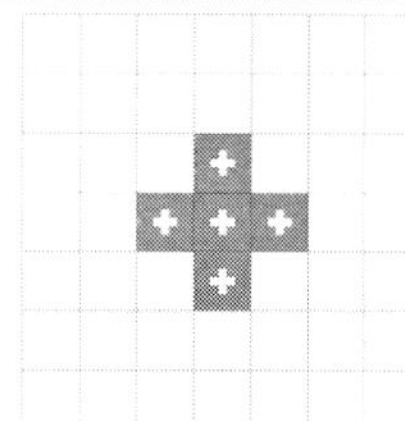

③ $\log_{343} 20585 = 1.701$

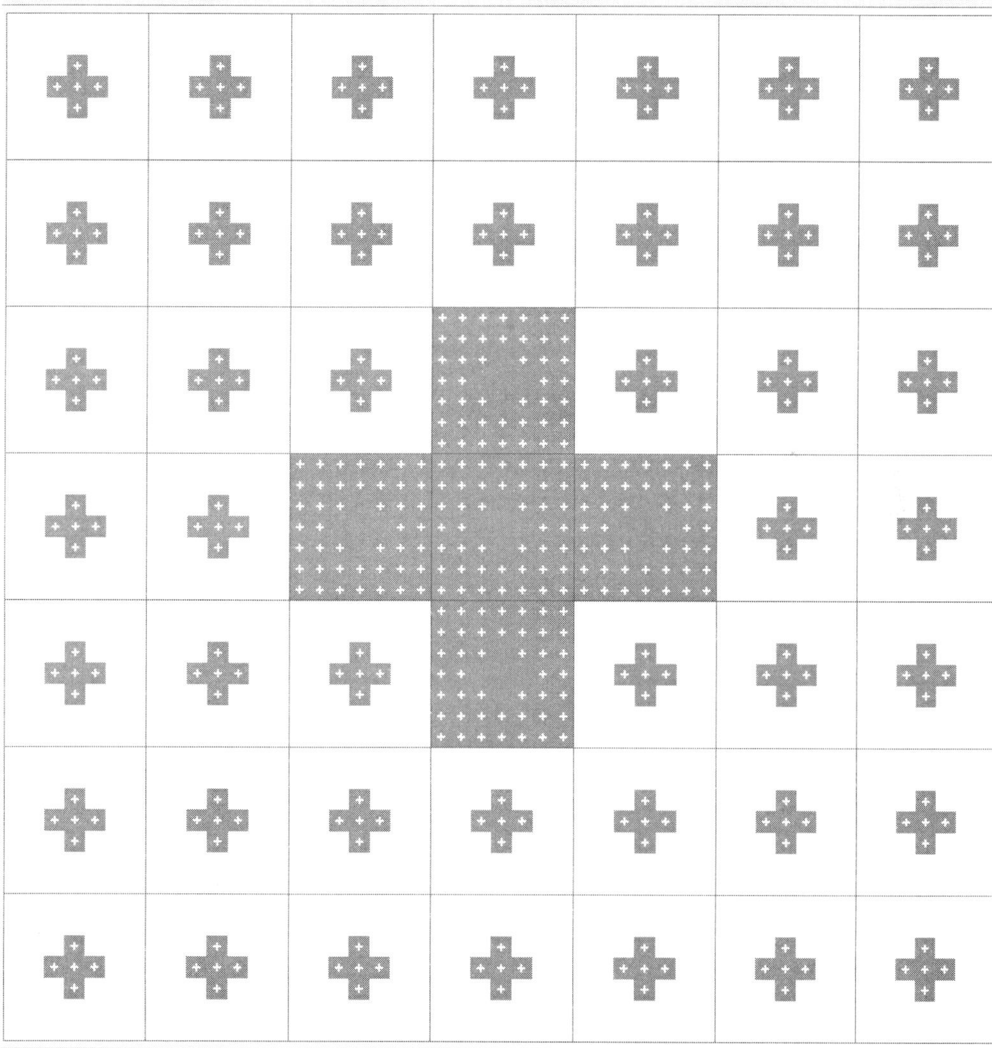

(2) 1단계 9개

| ① $\log_7 9 = 1.129$ | ② $\log_{49} 360 = 1.512$ |
| --- | --- |
|  | 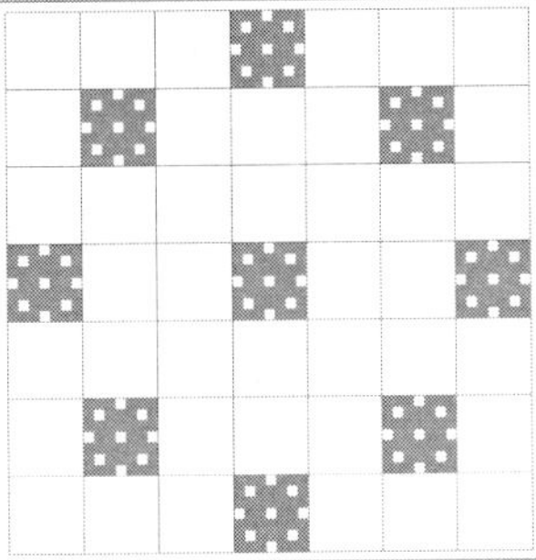 |

③ $\log_{343} 32769 = 1.781$

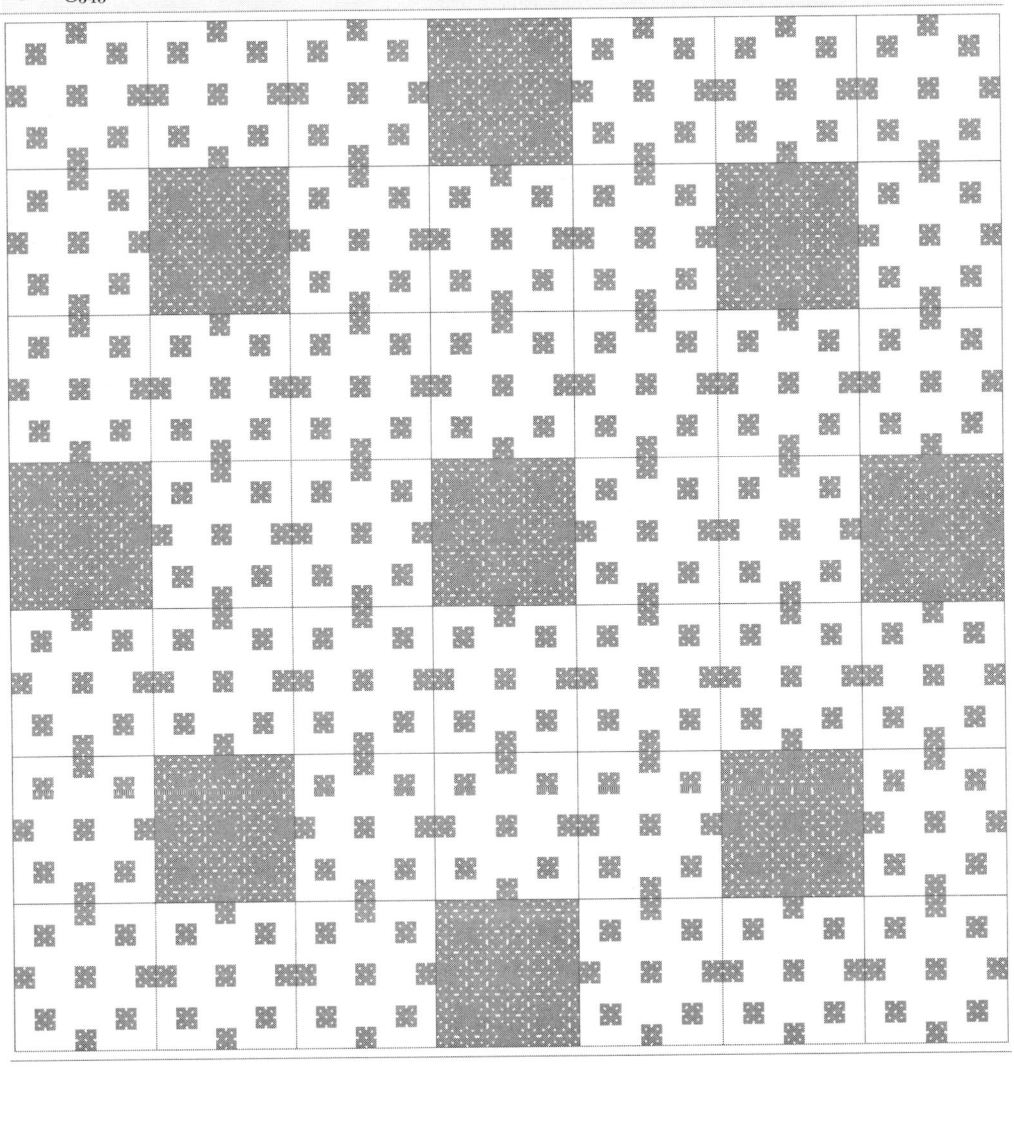

① $\log_7 9 = 1.129$

② $\log_{49} 360 = 1.512$

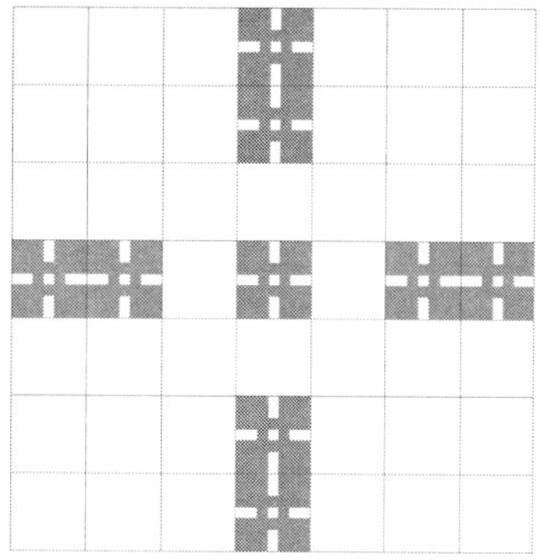

③ $\log_{343} 32769 = 1.781$

(3) 1단계 10개

① $\log_7 10 = 1.183$

② $\log_{49} 390 = 1.533$

③ $\log_{343} 35320 = 1.794$

(4) 1단계 12개

① $\log_{7}12 = 1.277$

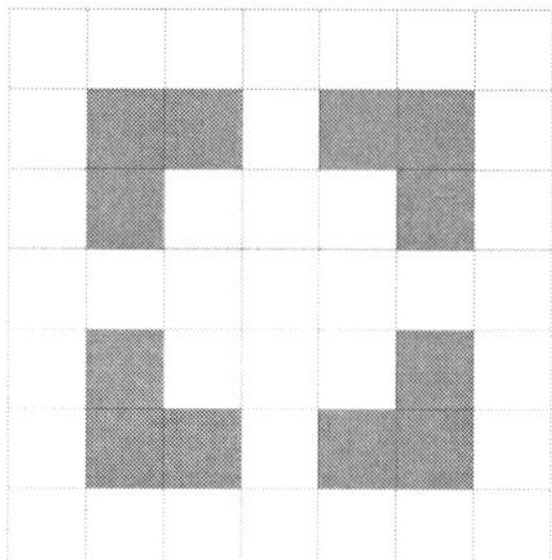

② $\log_{49}444 = 1.566$

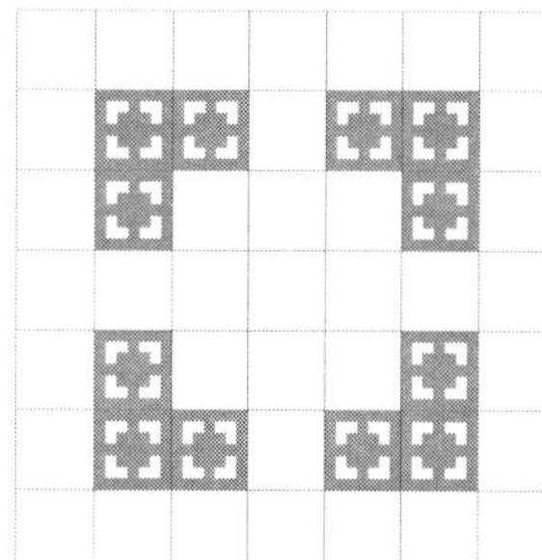

③ $\log_{343}39912 = 1.815$

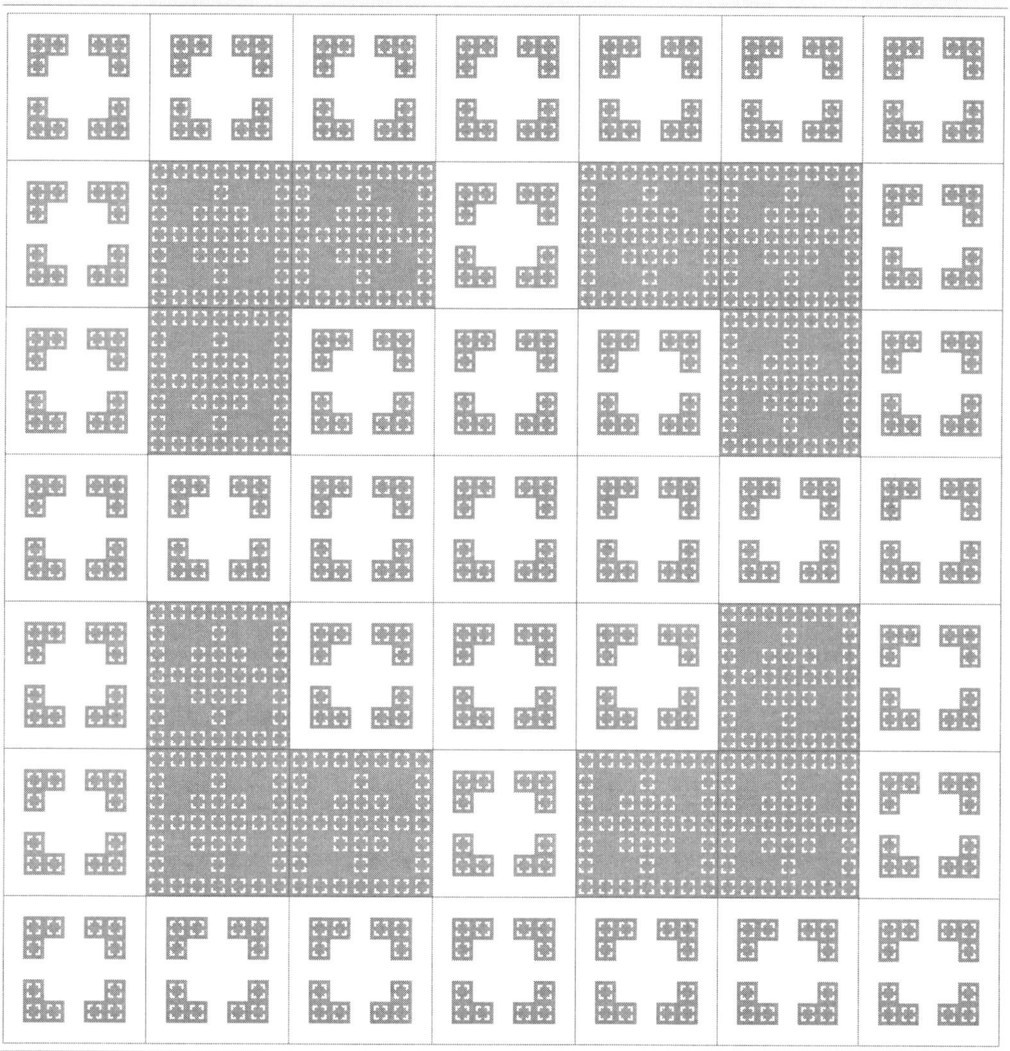

(5) 1단계 13개

① $\log_7 13 = 1.318$

② $\log_{49} 468 = 1.58$

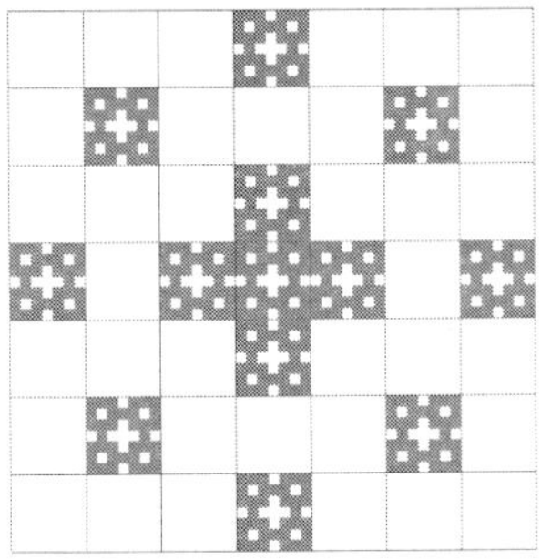

③ $\log_{343} 41977 = 1.823$

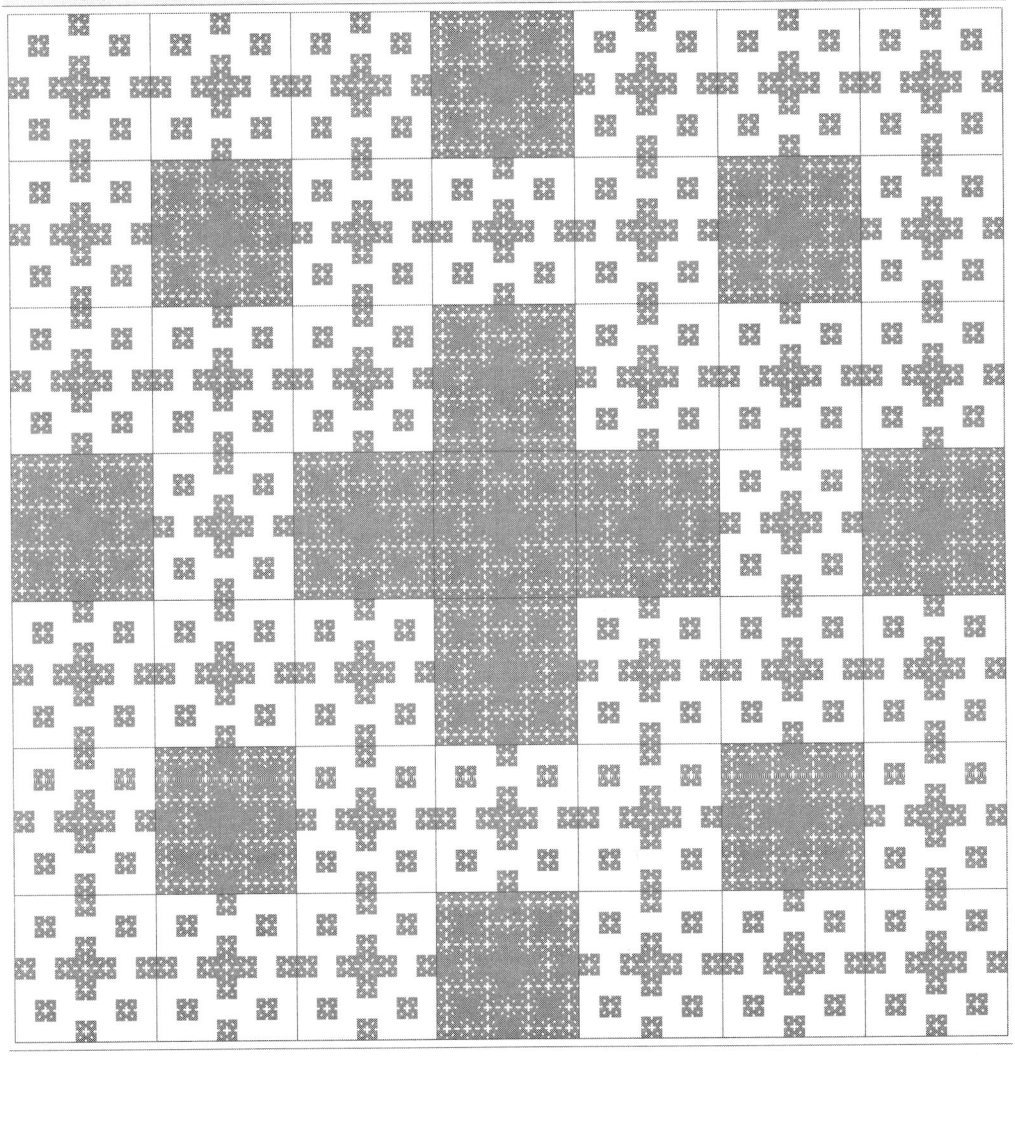

### (6) 1단계 16개

① $\log_{7}16 = 1.425$

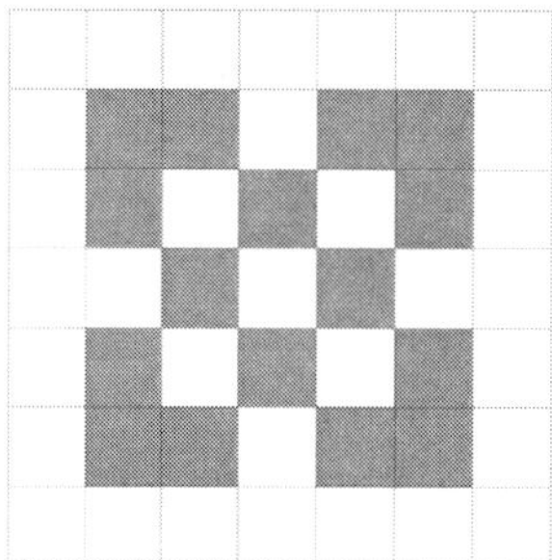

② $\log_{49}528 = 1.611$

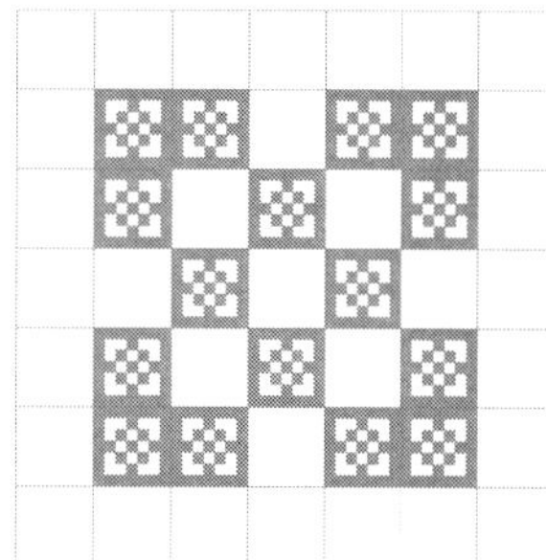

③ $\log_{343}47392 = 1.844$

① $\log_7 16 = 1.425$

② $\log_{49} 528 = 1.611$

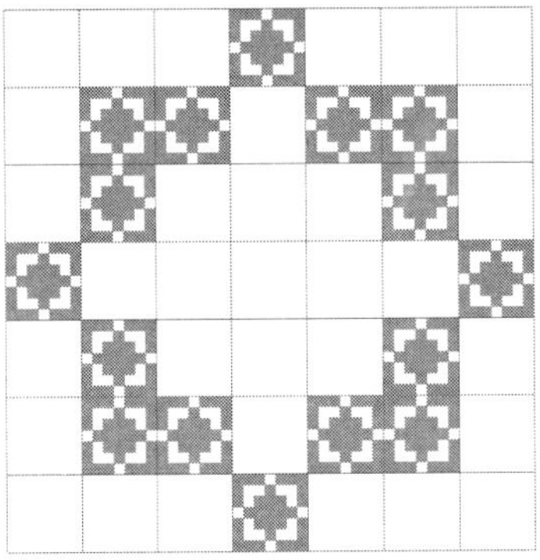

③ $\log_{343} 47392 = 1.844$

(7) 1단계 17개

① $\log_{7}17 = 1.456$

② $\log_{49}544 = 1.619$

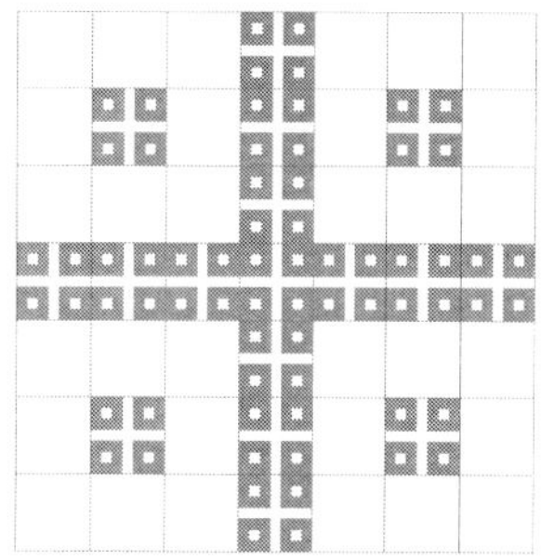

③ $\log_{343}48977 = 1.85$

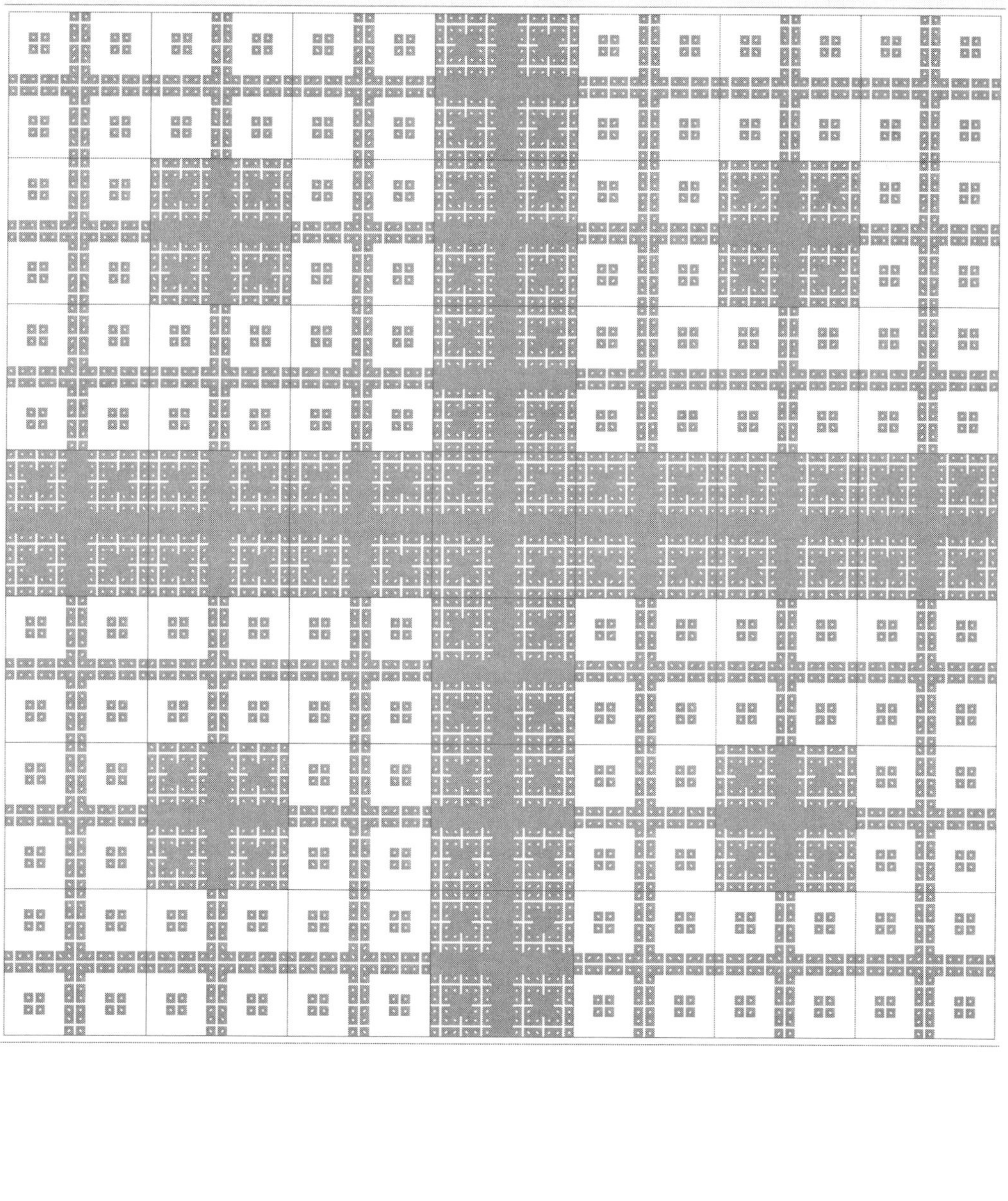

① $\log_7 17 = 1.456$

② $\log_{49} 544 = 1.619$

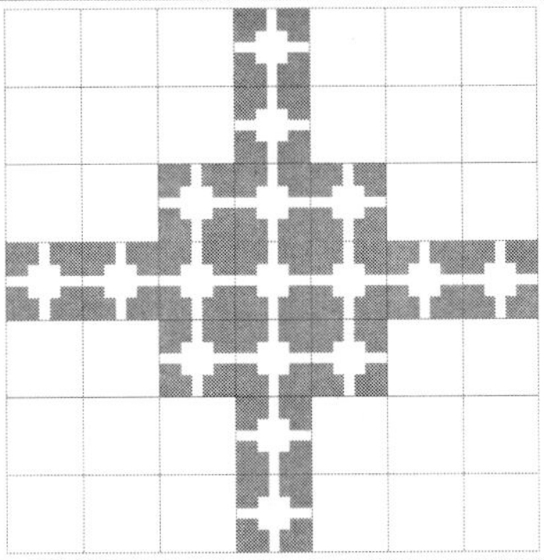

③ $\log_{343} 48977 = 1.85$

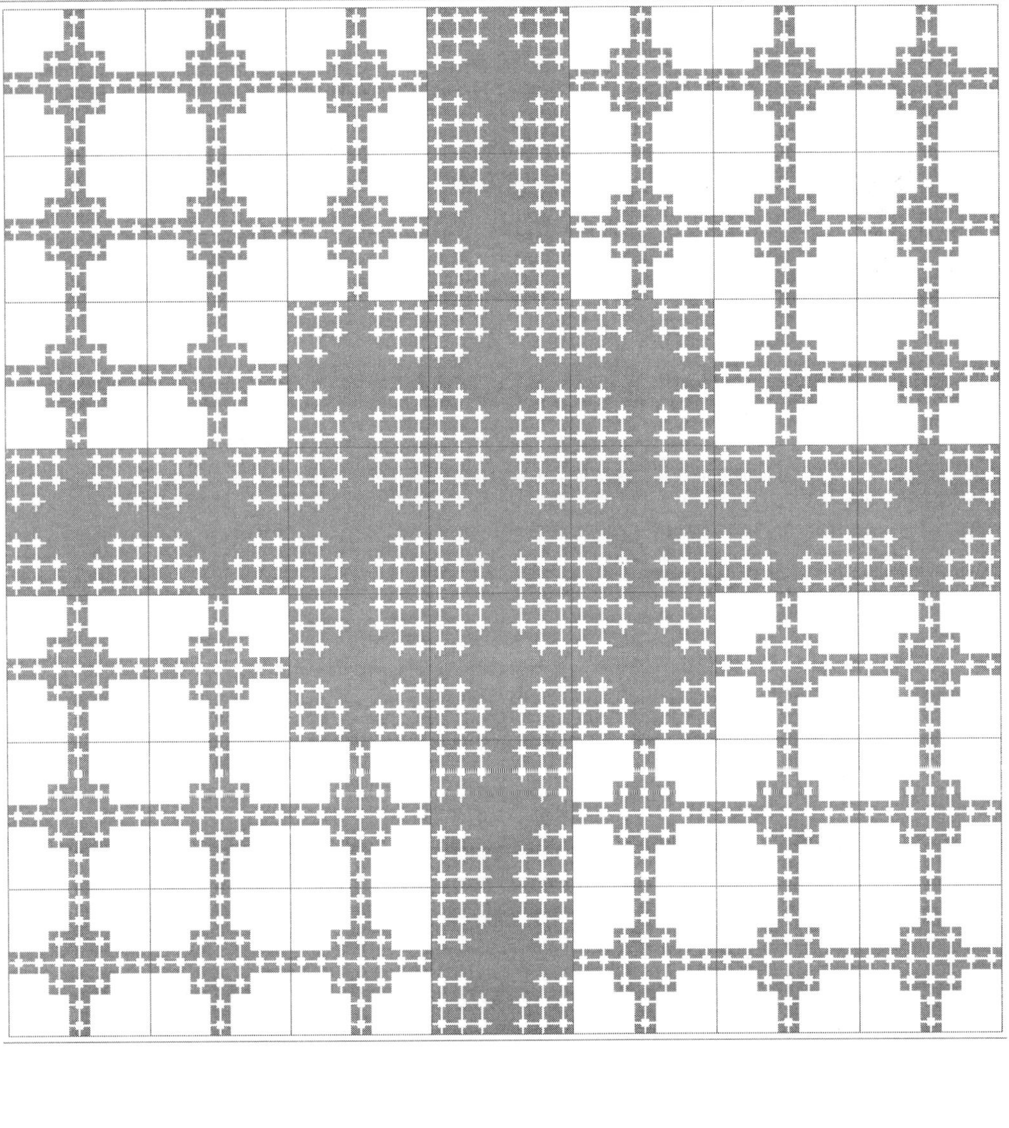

(8) 1단계 20개

| ① $\log_{7}20 = 1.54$ | ② $\log_{49}580 = 1.635$ |
|---|---|
|  | 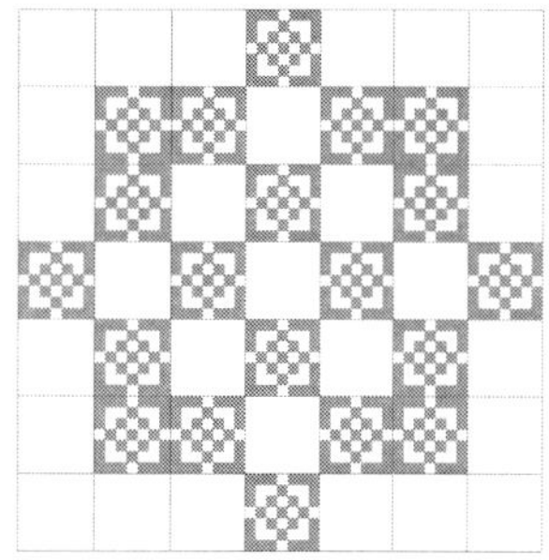 |

③ $\log_{343}53240 = 1.864$

① $\log_7 20 = 1.54$

② $\log_{49} 580 = 1.635$

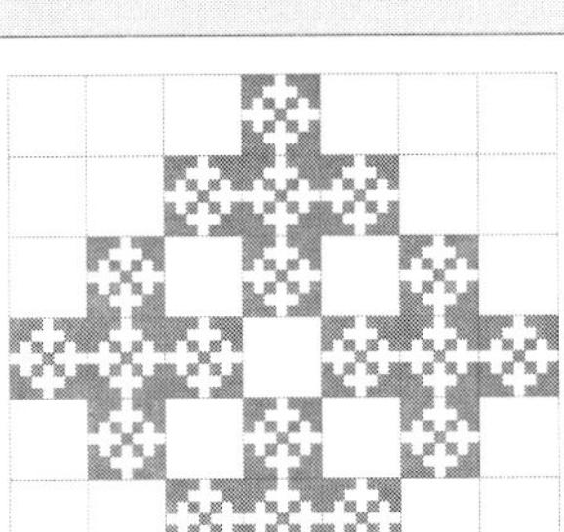

③ $\log_{343} 53240 = 1.864$

| ① $\log_7 20 = 1.54$ | ② $\log_{49} 580 = 1.635$ |
|---|---|
| 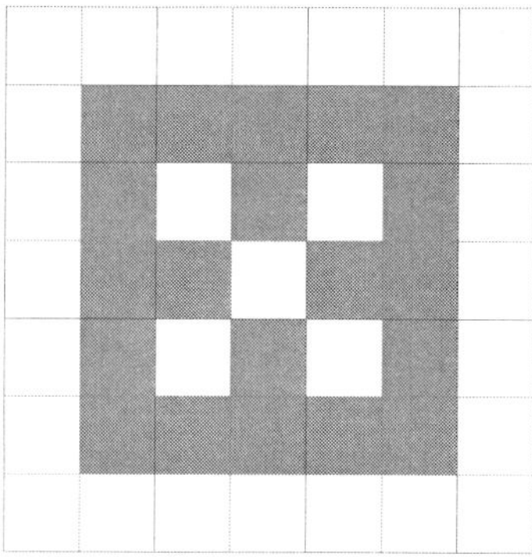 | 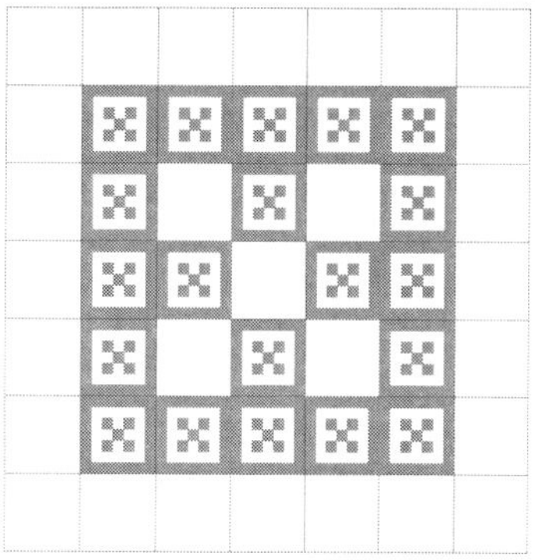 |

③ $\log_{343} 53240 = 1.864$

(9) 1단계 21개

| ① $\log_7 21 = 1.565$ | ② $\log_{49} 588 = 1.638$ |
|---|---|
|  | 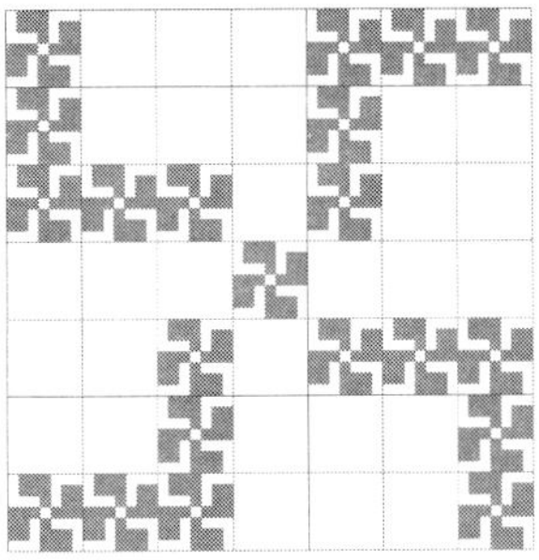 |

③ $\log_{343} 54537 = 1.868$

## 6 8×8 빼셈-덧셈 프랙탈

### (1) 1단계 8개

| ① $\log_8 8 = 1$ | ② $\log_{64} 448 = 1.468$ |
|---|---|
| 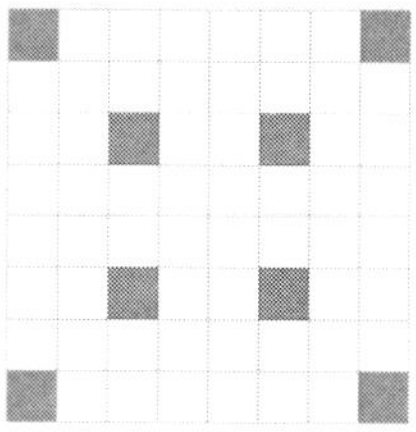 | 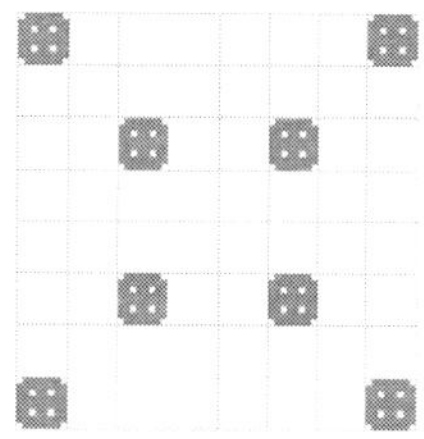 |

③ $\log_{512} 54272 = 1.748$

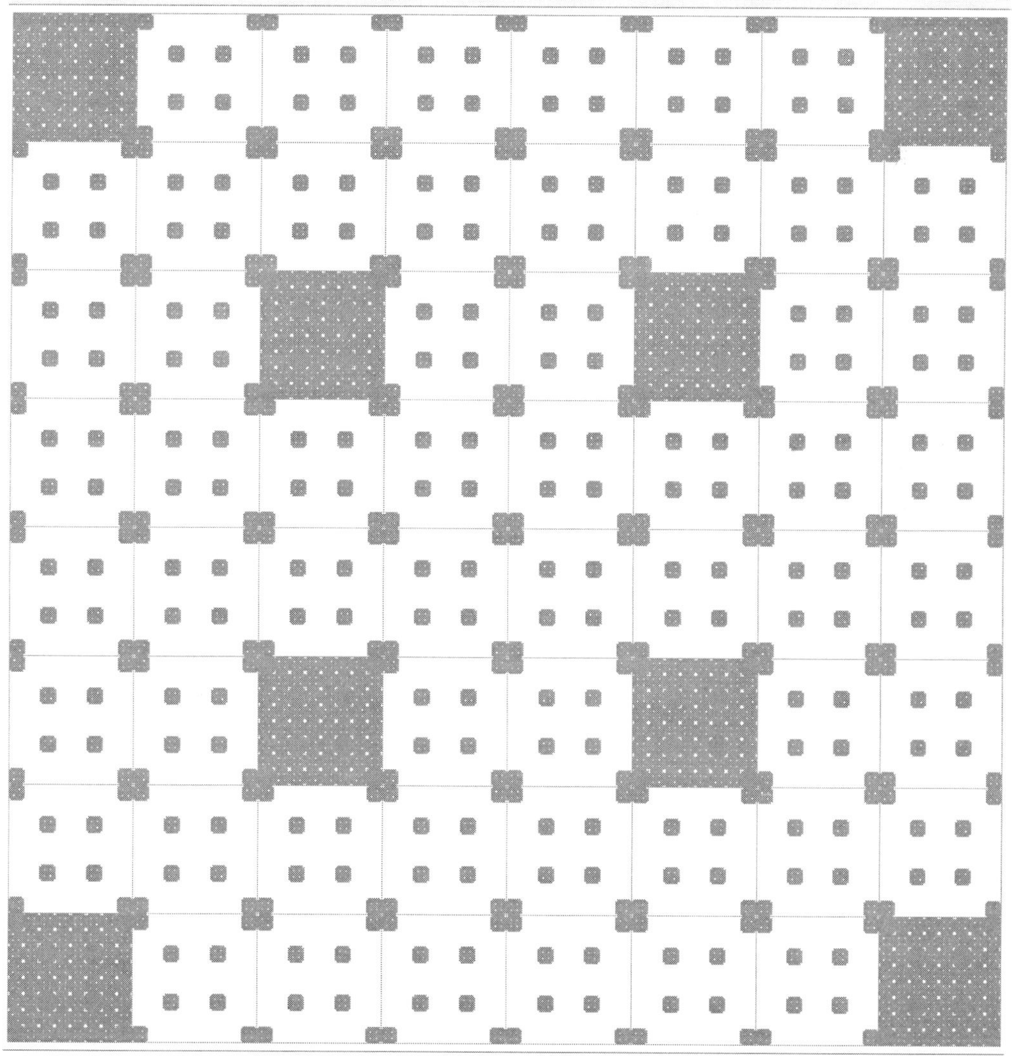

(2) 1단계 12개

① $\log_{8}12 = 1.195$

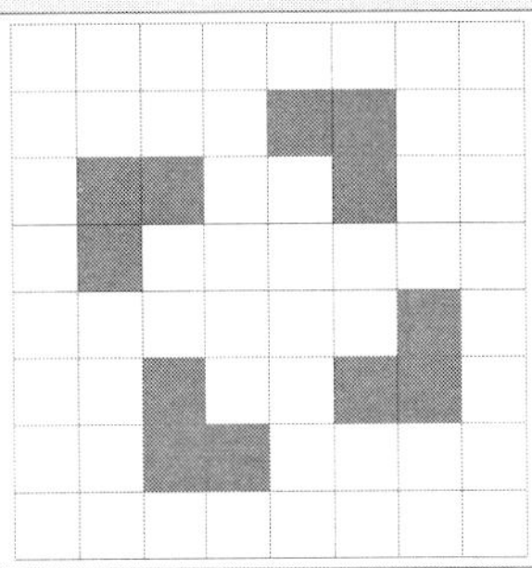

② $\log_{64}624 = 1.548$

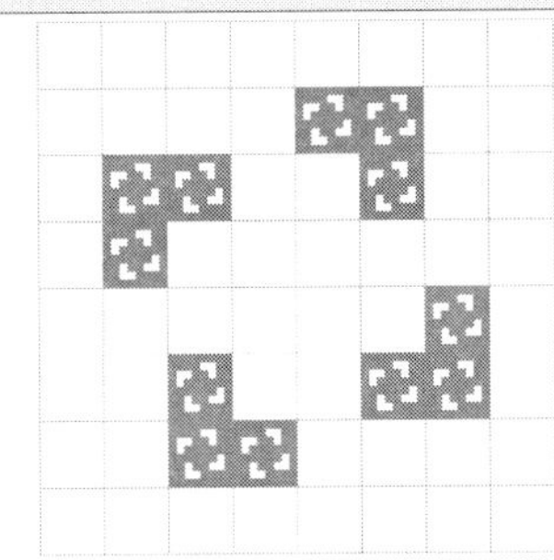

③ $\log_{512}74112 = 1.797$

(3) 1단계 16개

① $\log_{8}16 = 1.333$

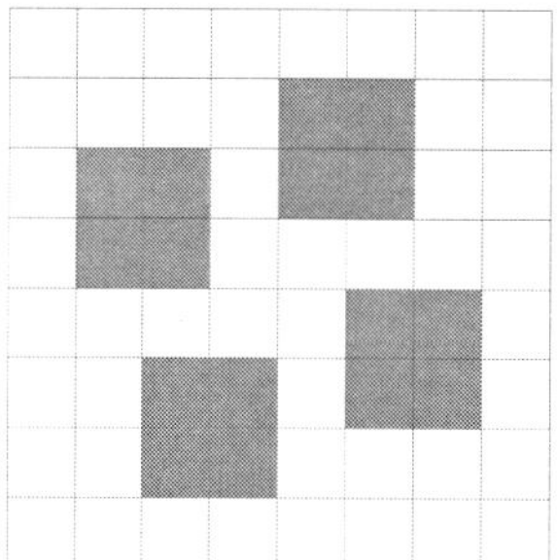

② $\log_{64}768 = 1.597$

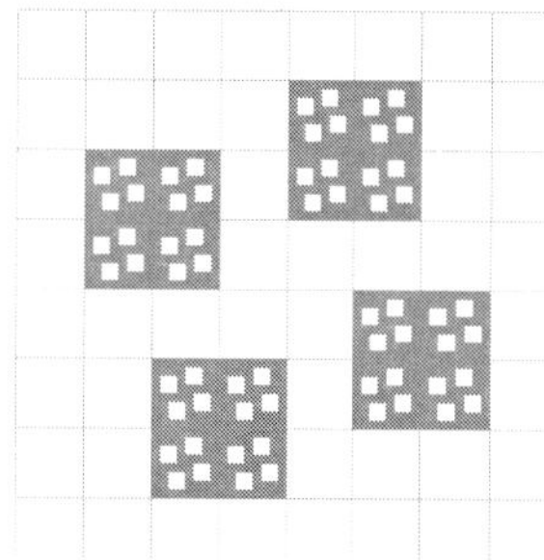

③ $\log_{512}90112 = 1.829$

① $\log_8 16 = 1.333$

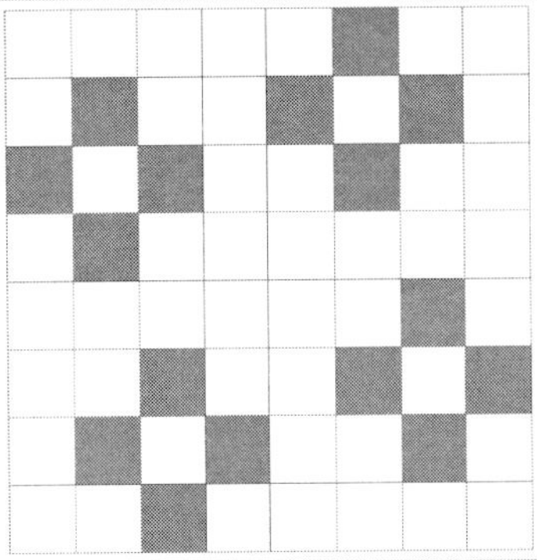

② $\log_{64} 768 = 1.597$

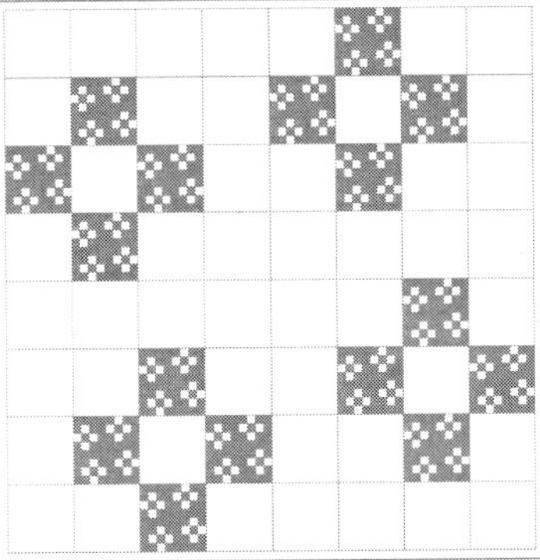

③ $\log_{512} 90112 = 1.829$

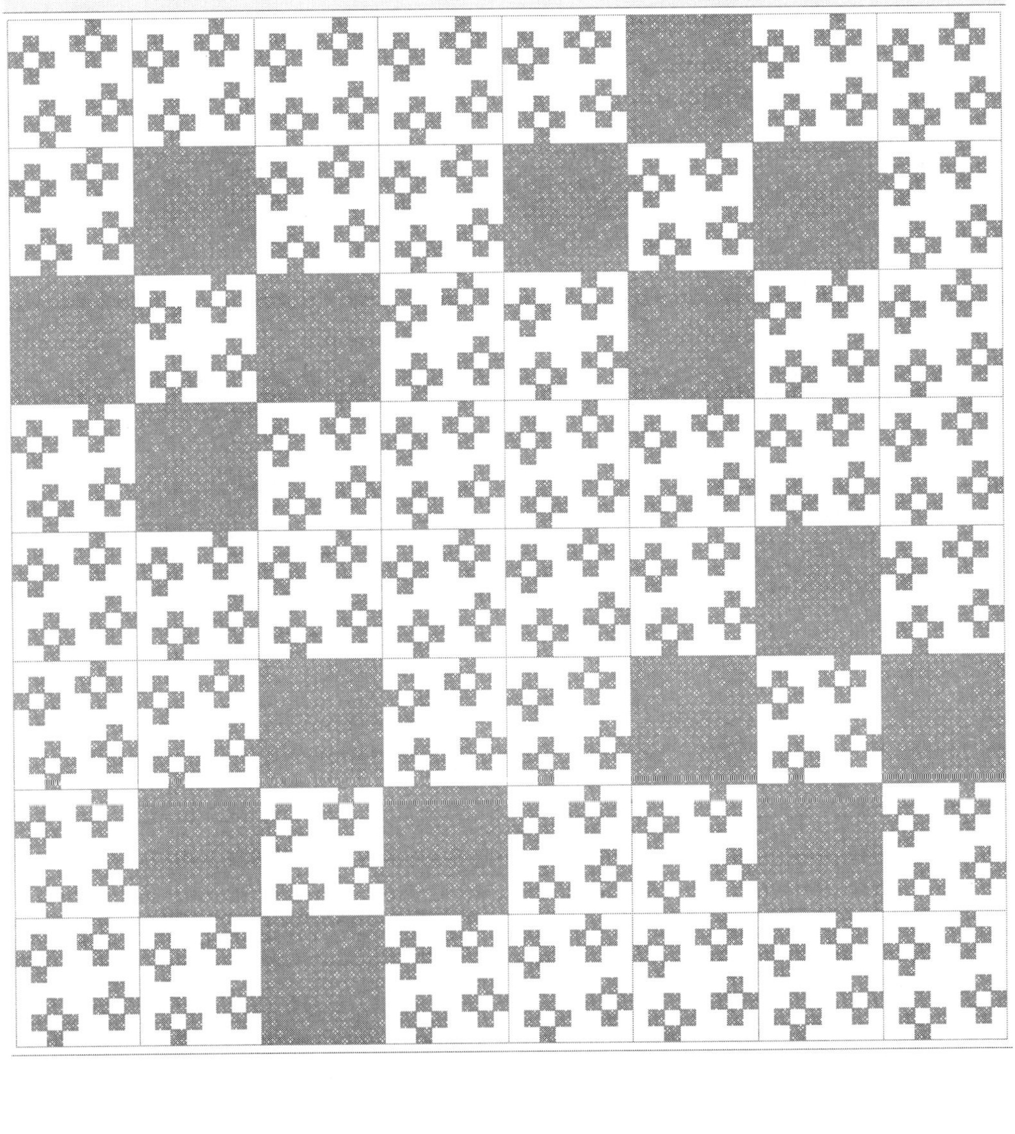

① $\log_8 16 = 1.333$

② $\log_{64} 768 = 1.597$

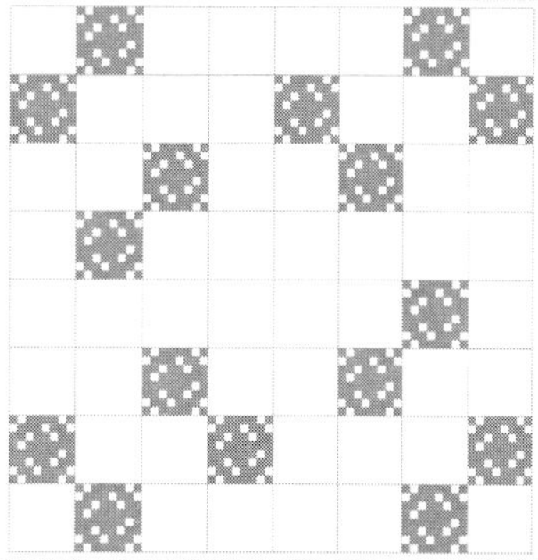

③ $\log_{512} 90112 = 1.829$

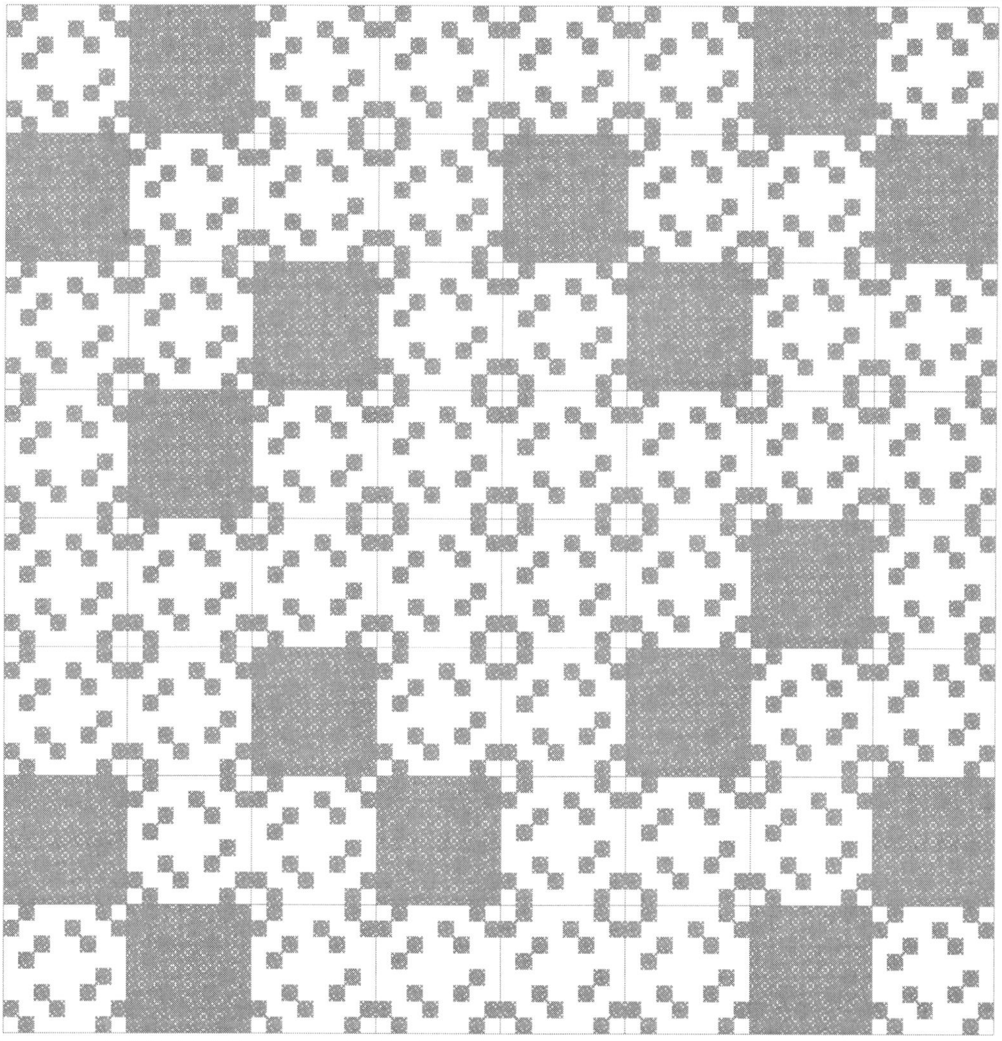

(4) 1단계 20개

| ① $\log_{8}20 = 1.441$ | ② $\log_{64}880 = 1.63$ |
|---|---|
|  | 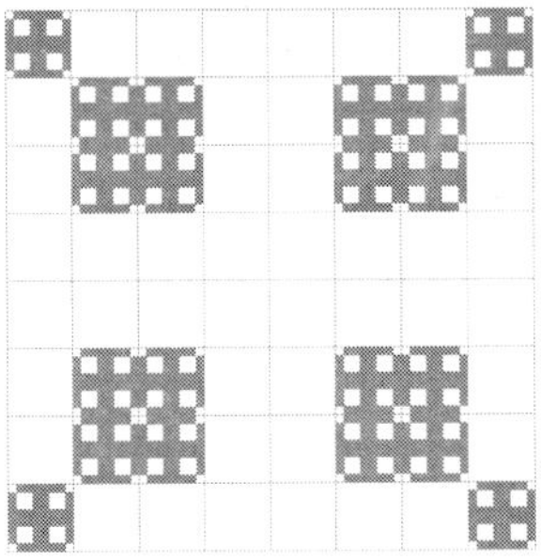 |

③ $\log_{512}103040 = 1.85$

## (5) 1단계 24개

① $\log_8 24 = 1.528$

② $\log_{64} 960 = 1.651$

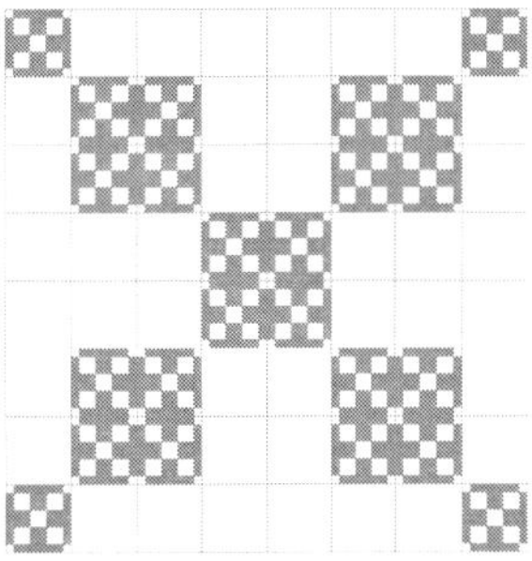

③ $\log_{512} 113664 = 1.866$

| ① $\log_8 24 = 1.528$ | ② $\log_{64} 960 = 1.651$ |
|---|---|
|  | 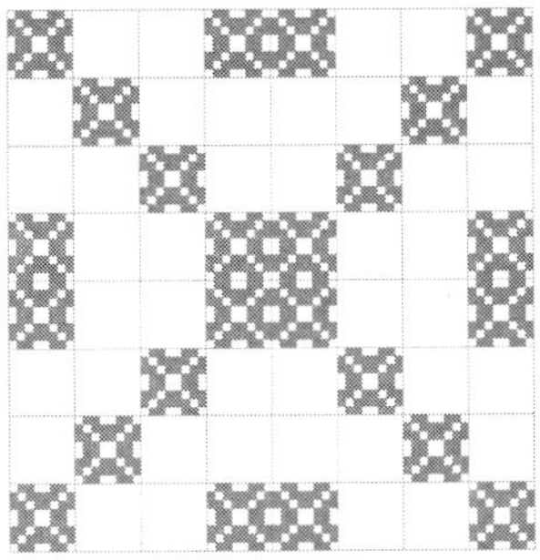 |

③ $\log_{512} 113664 = 1.866$

① $\log_8 24 = 1.528$

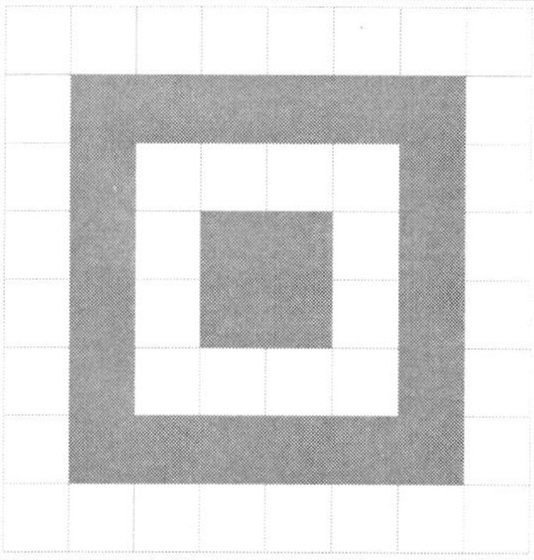

② $\log_{64} 960 = 1.651$

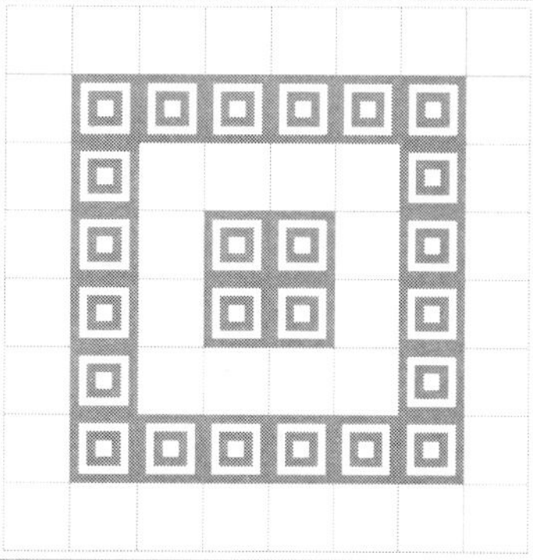

③ $\log_{512} 113664 = 1.866$

### (6) 1단계 28개

① $\log_{8}28 = 1.602$

② $\log_{64}1008 = 1.663$

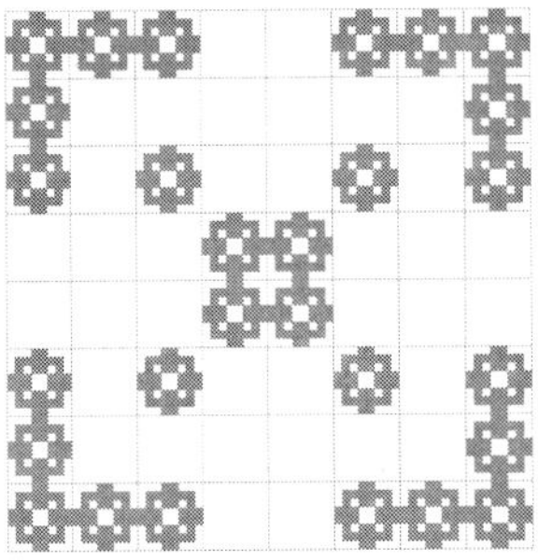

③ $\log_{512}122752 = 1.878$

① $\log_8 28 = 1.602$

② $\log_{64} 1008 = 1.663$

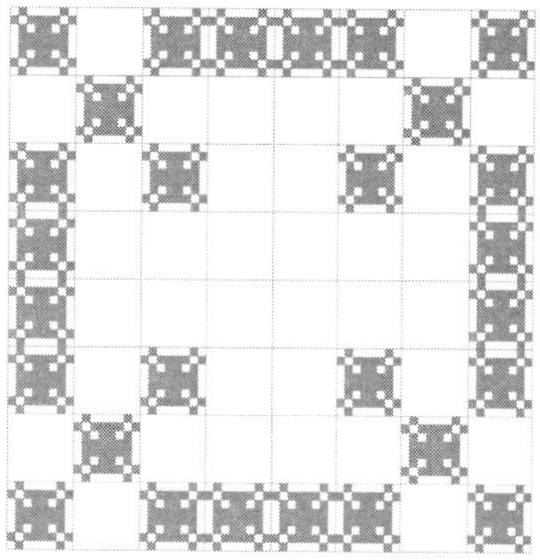

③ $\log_{512} 122752 = 1.878$

(7) 1단계 32개

| ① $\log_8 32 = 1.667$ | ② $\log_{64} 1024 = 1.667$ |
|---|---|
|  |  |

③ $\log_{512} 131072 = 1.889$

## (8) 1단계 36개

| ① $\log_{8}36 = 1.723$ | ② $\log_{64}1008 = 1.663$ |
|---|---|
|  | 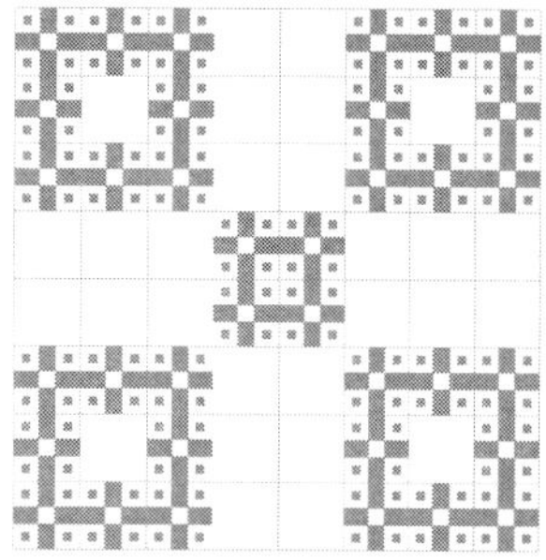 |

③ $\log_{512}139392 = 1.899$

(9) 1단계 40개

① $\log_8 40 = 1.774$

② $\log_{64} 960 = 1.651$

③ $\log_{512} 148480 = 1.909$

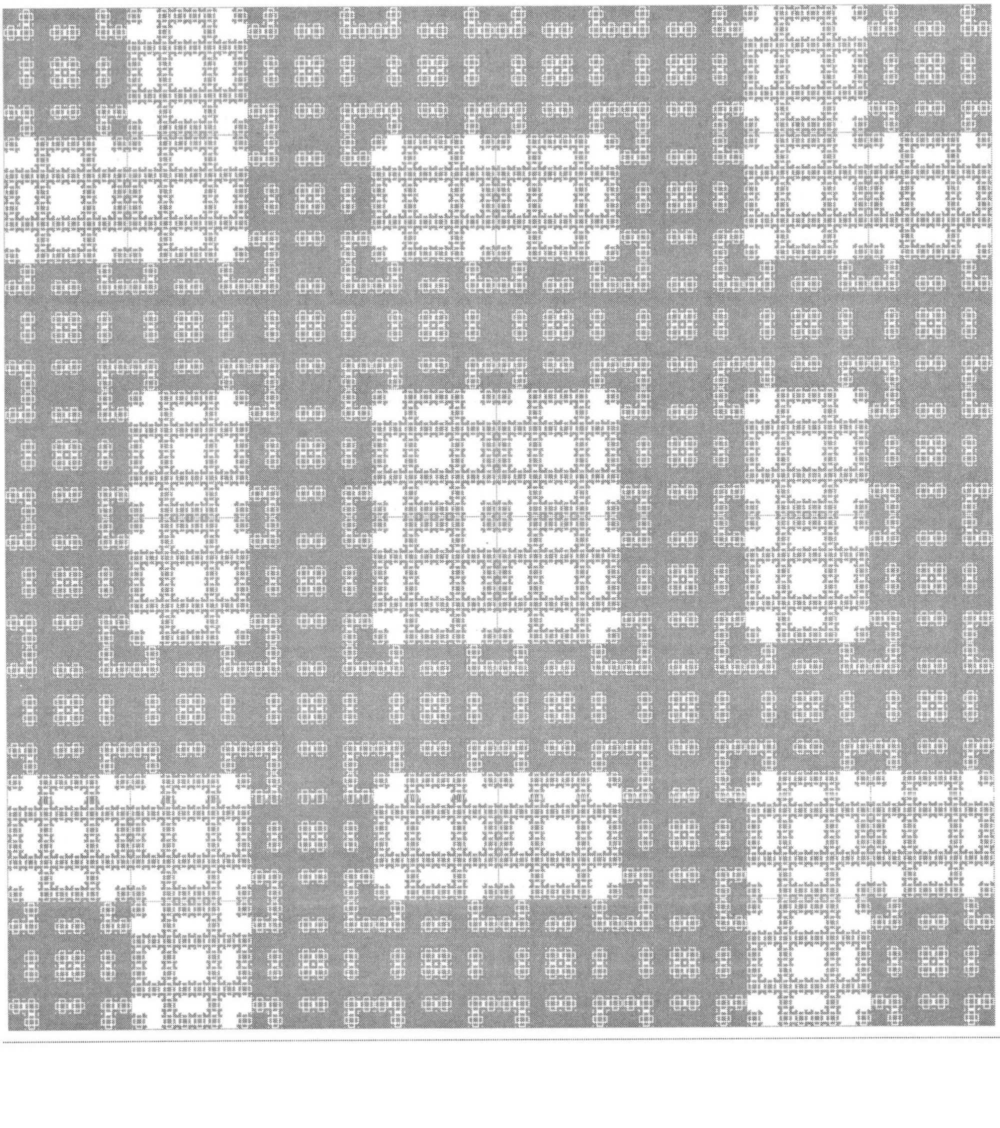

① $\log_8 40 = 1.774$

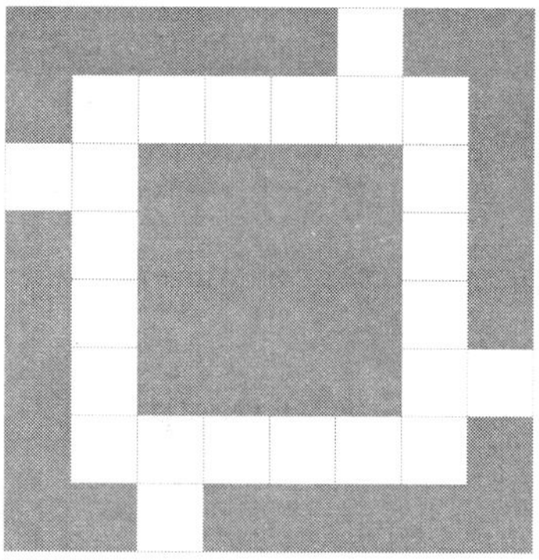

② $\log_{64} 960 = 1.651$

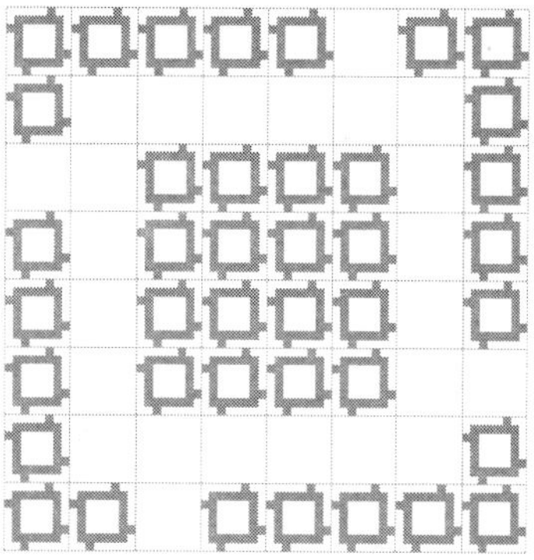

③ $\log_{512} 148480 = 1.909$

(10) 1단계 44개

| ① $\log_8 44 = 1.82$ | ② $\log_{64} 880 = 1.63$ |
|---|---|
|  |  |

③ $\log_{512} 159104 = 1.92$

지은이_ 안대영

• 네이버 카페 프랙탈을 찾는 사람들
(http://cafe.naver.com/chaosfractals)
• 한국교원대학교 수학교육 박사
• 충청북도 수석교사

• 저서 〈융합교육시리즈〉
① 프랙탈과 카오스
② 수학에서 느끼는 삶의 지혜
③ 프랙탈 디자인을 유혹하다
④ 수학의 본질은 디자인이다
⑤ 디자인을 사랑한 수학
⑥ 나는 프랙탈 디자이너
⑦ 프랙탈 디자인을 말하다
⑧ 덧셈 프랙탈 디자인을 만나다
⑨ 뺄셈 프랙탈 디자인을 만나다
⑩ 곱셈 프랙탈 디자인을 만나다
⑪ 나눗셈 프랙탈 디자인을 만나다

융합교육 시리즈 ⑨
**뺄셈 프랙탈 디자인을 만나다**

2016년 1월 11일 초판 발행
2023년 8월 10일 초판 1쇄 발행

저 자 안대영
발행자 오판근
발행처 교우사

주 소 서울특별시 동대문구 제기동 148-19 교우빌딩 2층
전 화 925-2861~2, 편집부 / 925-2825, 홈쇼핑 / 969-5762
팩 스 925-2860

E-mail kyowoo@kyowoo.co.kr
홈페이지 http://www.kyowoo.co.kr
북스토어(쇼핑몰) http://www.kyowoo.co.kr

등 록 1994. 3. 24 제6-0256호

ISBN 979-11-251-0147-5
979-11-251-0028-7(세트)
값 24,000원